U0202902

大学物理通用教程 主编 钟锡华 陈熙谋

《力学》内容简介

全套教程包括《力学》《热学》《电磁学》《光学》《近代物理》和《习题解答》.

《力学》一书包括质点运动学、牛顿力学基本定律、动量定理、机械能定理、角动量定理、质心力学定理、刚体力学、振动、波动、流体力学和哈密顿原理,共计十一章,并配有 181 道习题.本书以力学基本规律和概念、典型现象和应用为主体内容,同时注重知识的扩展和适度的深化,包括学科发展前沿评介、某些历史背景和注记,以及对学生在学习上的指导.崇尚结构、承袭传统、力求平实、注重扩展是本书的特色.这是一本通用教程,大体上与讲授 36 课时相匹配,适合于理、工、农、医和师范院系使用.

大学物理通用教程

力　　学

（第二版）

钟锡华　周岳明　编著

图书在版编目(CIP)数据

大学物理通用教程. 力学 / 钟锡华, 周岳明编著. —2 版. —北京: 北京大学出版社, 2010.2

ISBN 978-7-301-16097-8

Ⅰ.大…　Ⅱ.①钟…②周…　Ⅲ.①物理学-高等学校-教材②力学-高等学校-教材　Ⅳ.O4

中国版本图书馆 CIP 数据核字（2010）第 021095 号

书　　名　大学物理通用教程·力学(第二版)
著作责任者　钟锡华　周岳明　编著
责任编辑　瞿　定　顾卫宇
标准书号　ISBN 978-7-301-16097-8
出版发行　北京大学出版社
地　　址　北京市海淀区成府路 205 号　100871
网　　址　http://www.pup.cn　　新浪微博　@北京大学出版社
电子信箱　zpup@pup.cn
电　　话　邮购部 62752015　发行部 62750672　编辑部 62752021
印 刷 者　河北滦县鑫华书刊印刷厂
经 销 者　新华书店
890 毫米×1240 毫米　A5　10.75 印张　308 千字
2000 年 12 月第 1 版
2010 年 2 月第 2 版　2024 年 8 月第15次印刷
印　　数　52001—56000 册
定　　价　28.00 元

大学物理通用教程

第二版说明

这套教程自本世纪初陆续面世以来，至今已重印七次．这第二版的主要变化是，将原《光学·近代物理》一本书改版为《光学》和《近代物理》两本书，均以两学分即30学时的体量来扩充内容，以适应不同专业或不同教学模块的需求．

这第二版大学物理通用教程全套包括《力学》《热学》《电磁学》《光学》《近代物理》《习题解答》．在每本书的第二版说明中作者将给出各自修订、改动和变化之处，以便于查对．

这第二版大学物理通用教程系普通高等教育“十一五”国家级规划教材．作者感谢广大师生多年来对本套教材赐予的许多宝贵意见和建议，感谢北京大学教材建设委员会给予本套教材建设立项的支持，感谢北京大学出版社及其编辑出色而辛勤的工作．

钟锡华　陈熙谋

2009年7月22日日全食之日
于北京大学物理学院

《力学》第二版说明

本书第一版自2001年面世以来，至今已重印七次.这第二版在篇幅上增长了约5%，其主要变化在以下三个方面.

其一，考虑到原书文句精练，而不免有时显得简略，这次再版对全书通篇文句作了润色，并在解说上多处作了稀释.

其二，在章节安排上唯一的变动是，将9.7节“拍与李萨茹图形”提前到第8章，单独开列8.9节“振动的合成”予以介绍.原先那样安排是基于一种考虑，即振动合成的内容过于数学化，若将其作为振动运动学的内容在开篇介绍，势必推迟振动动力学问题作为主角的登场，而将振动合成的出现场合置于两列波的叠加区域显得更为物理.现在我们尊重传统习惯，置其于振动一章的最后一节，还是恰当的.

其三，添加了若干节段包括例题.将它们开列如下以备查考：天文单位，科里奥利力公式的另一种推导，子弹冲击木棒一例，动滑轮加速度一例，用准静态能量法求出弹簧有效质量，流体内部压强具有各向同性的说明，旋转流体自由表面弯曲一例.

钟锡华　周岳明

2009年7月于北京大学物理学院

大学物理通用教程

第一版序

概况与适用对象 这套大学物理通用教程分四册出版，即《力学》《热学》《电磁学》和《光学·近代物理》，共计约130万字. 原本是为化学系、生命科学系、力学系、数学系、地学系和计算机科学系等非物理专业的系科，所开设的物理学课程而编写的，其内容和分量大体上与一学年课程140学时数相匹配. 这套教程具有较大的通用性，也适用于工科、农医科和师范院校同类课程. 编写此书是希望非物理类专业的学生熟悉物理学、应用物理学，并对物理学原理是如何形成的有个较深入的理解，从而使他们意识到，物理学的学习在帮助他们提出和解决他们各自领域中的问题时所具有的价值. 为此，首先让我们大略地认识一下物理学.

物理学概述 物理学成为一门自然科学，这起始于伽利略-牛顿时代，经350多年的光辉历程发展到今天，物理学已经是一门宏大的有众多分支的基础科学. 这些分支是，经典力学、热学、热力学与经典统计力学、经典电磁学与经典电动力学、光学、狭义相对论与相对论力学、广义相对论与万有引力的基本理论、量子力学、量子电动力学、量子统计力学. 其中的每个分支均有自己的理论结构、概念体系和独特的数理方法. 将这些理论应用于研究不同层次的物质结构，又形成了原子物理学、原子核物理学、粒子物理学、凝聚态物理学和等离子体物理学，等等.

从而,我们可以概括地说,物理学研究物质存在的各种主要的基本形式,它们的性质、运动和转化,以及内部结构;从而认识这些结构的组元及其相互作用、运动和转化的基本规律.与自然科学的其他门类相比较,物理学既是一门实验科学,一门定量科学,又是一门崇尚理性、注重抽象思维和逻辑推理的科学,一门富有想象力的科学.正是具有了这些综合品质,物理学在诸多自然科学门类中成为一门伟大的处于先导地位的科学.

在物理学基础性研究的过程中所形成和发展起来的基本概念、基本理论、基本实验方法和精密测试技术,越来越广泛地应用于其他学科,从而产生了一系列交叉学科,诸如化学物理、生物物理、大气物理、海洋物理、地球物理和天体物理,以及电子信息科学,等等.总之,物理学以及与其他学科的互动,极大地丰富了人类对物质世界的认识,极大地推动了科学技术的创新和革命,极大地促进了社会物质生产的繁荣昌盛和人类文明的进步.

编写方针　一本教材,在内容选取、知识结构和阐述方式上与作者的学识——科学观、知识观和教学思想,是密切相关的.我们在编写这套以非物理专业的学生为对象的大学物理通用教程时,着重明确了以下几个认识,拟作编写方针.

1. 确定了以基本概念和规律、典型现象和应用为教程的主体内容;对主体内容的阐述应当是系统的,以合乎认识逻辑或科学逻辑的理论结构铺陈主体内容.知识结构,如同人体的筋骨和脉络,是知识更好地被接受、被传承和被应用的保证,是知识生命力之本源,是知识再创新之基础.知识的力量不仅取决于其本身价值的大小,更取决于它是否被传播,以及被传播的深度和广度.而决定知识被传播的深度和广度的首要因素,乃是知识的结构和表述.

2. 然而,本课程学时总数毕竟仅有物理专业普通物理课程的40%,故降低教学要求是必然的出路.我们认为,降低要求主要体现在习题训练上,即习题的数量和难度要降低,对解题的熟练程度和技巧性要求要降低.降低教学要求也体现在简化或省略某些定理证明、理论推导和数学处理上.

3. 重点选择物理专业后继理论课程和近代物理课程中某些篇

章于这套通用教程中，以使非物理专业的学生在将来应用物理学于本专业领域时，具有更强的理论背景，也使他们对物理学有更为全面和深刻的认识.《力学》中的哈密顿原理;《热学》中的经典统计和量子统计原理;《电磁学》中的电磁场理论应用于超导介质;《光学·近代物理》中的变换光学原理、相对论和量子力学，均系这一选择的结果.

4. 积极吸收现代物理学进展和学科发展前沿成果于这套通用教程中，以使它更具活力和现代气息.这在每册书中均有不少节段给予反映，在此恕不一一列举，留待每册书之作者前言中明细.值得提出的是，本教程对那些新进展新成果的介绍或论述是认真的，是充分尊重初学者的可接受性而恰当地引入和展开的.

应当写一套新的外系用的物理学教材，这在我们教研室已闲散地议论多年，终于在室主任舒幼生和王稼军的积极策划和热心推动下，得以启动并实现.北大出版社编辑周月梅和瞿定，多次同我们研讨编写方针和诸多事宜，使这套教材得以新面貌而适时面世.北大出版社曾于1989年前后，出版了一套非物理专业用普通物理学教材共四册，系我教研室包科达、胡望雨、励子伟和吴伟文等编著，它们在近十年的教学过程中发挥了很好的作用.现今这套通用教程，在编撰过程中作者充分重视并汲取前套教材的成功经验和学识.本套教材的总冠名，经多次议论最终赞赏陈秉乾教授的提议——大学物理通用教程.

一本教材，宛如一个人.初次见面，观其外表和容貌;接触多了，知其作风和性格;深入打交道，方能度其气质和品格.我们衷心期望使用这套教程的广大师生给予评论和批判.愿这套通用教程，迎着新世纪的曙光，伴你同行于科技创新的大道上，助年轻的朋友茁壮成长.

钟锡华　陈熙谋

2000年8月8日于北京大学物理系

作 者 前 言

这本力学分册内容共十一章.质点运动学为首章,篇幅占全书10%.后续四章占全书25%,论述牛顿运动定律和万有引力定律,以及动量变化定理、机械能变化定理和角动量变化定理,它们构成了牛顿力学的基础框架和严整的理论体系.无疑,在这一体系中牛顿运动定律,即质点运动的动力学方程是根基,三个变化定理合成为一个主干.而有关质点组质心的五个力学定理,专辟第6章予以集中论述,占全书4%,这出于作者对质心的偏爱,不乐意将其力学全貌分散于多处介绍.接着的四章为刚体力学、振动、波动和流体力学,占全书51%,它们可以被看作牛顿力学的发展;其中波动一章占有较大篇幅,从波动理论到波动应用和最新发展,均有了明显的加强,这与波动作为物质运动两种最基本形式之一的地位是相称的,教师可根据专业特点和个人兴趣选用.最后一章为哈密顿原理,篇幅占全书10%.将原本属于分析力学的理论要点,吸收到这本通用教程中来,是基于以下两点考虑:其一,非物理专业系科的学生无后继的理论力学课程,现在有了这一章垫底,使他们在今后学习量子化学或分子生物学这类课程中,接触到哈密顿原理和哈密顿量时,不至于感到突然和陌生.其二,哈密顿力学独树一帜,以与牛顿力学完全不同的方式表达力学规律。牛顿力学以微分方程形式即逐点渐变的方式表达运动规律,哈密顿力学以变分方程即路径积分为极值的方式表达运动规律,两者却是等价的.因此,通过这一章的学习,将有助于学生开阔理论视野,增长科学世界观,这原本也是开设物理课程的初衷之一——让学生欣赏一种思维方式,就是物理学家看待世界、说明自然界如何运行时所采取的思维方式.

我们注意到了,20世纪90年代以来国内出版的若干力学教程中,突出地强调了对称性与守恒律,试图努力以动量、能量和角动量三个守恒律为核心来展开力学.我们没有采纳这一思想,因为我们认为守恒并不永恒,守恒是有条件的.对称性可爱,非对称可亲,动力学方程才是根本.尤其是在经典力学范畴,动力学方程已经被确立,由此自然地导出了守恒律.力学系统的一种对称性联系着一个守恒量,这个概念无疑是重要的.在开始讲授本书的两个月后,在最后一章哈密顿原理中,对此将顺乎其然地给出明确的论证.我们在北京大学的生物学系用了4个学时讲授这一章,学生可以接受,可供其他院校参考.

本书以力学基本规律和概念、典型现象和应用为主体内容,同时注重知识的扩展和适度的深化,这包括某些历史背景和注记,学科发展前沿评介,以及有关学习的指导.对于诸如非线性振动、混沌、非线性波动、孤波、激波、超流、湍流,哈勃定律、失重态的适应和太空站微重力科学、通信和气象卫星、傅里叶分析和频谱、波包群速和波包展宽、双原子分子和三原子分子的简正模和生理流动等内容,本书均有认真的描述.本书力求语言平实明净,论述方式快切快入.

综上所述,崇尚结构、力求平实、承袭传统、注重扩展,是本书的编写方针和倾向.

本书由钟锡华撰写第1章、第2章2.2,2.6节、第3～10章;由周岳明撰写第2章2.1,2.3,2.4,2.5节和第11章,并编配全书习题.两位作者从1985年开始至今,先后为化学系、生物学系、力学系、地学系和计算机科学系讲授力学课程.此课程系物理学B类课程,约36学时.本书内容分量大体上与这个学时数匹配.

力学是整个物理学的基础,是学生进入物理科学宏伟大厦的第一馆,它一如既往地起着基石和入门的作用.作者愿以此书献给新世纪的大学生们,希望本书能对他们的成长和事业有所裨益和帮助.本书若有不妥和错误之处,欢迎读者批评指正.

钟锡华 周岳明

2000年5月于北京大学物理系

目　　录

力学引言

物质世界存在多种多样的运动形态，其中机械运动是最基本最直观的运动形态. 简单地说，机械运动是指物体位置的变动，也包括物体内部各部分的相对运动即形变. 力学是研究机械运动基本规律的一门学科. 其主要内容可概括为以下几个方面.

· 研究物体的运动轨道，研究决定运动轨道的动力学因素，建立动力学方程.

· 研究物体与物体之间属于机械运动范畴的相互作用，诸如，推动、冲击、碰撞、支持、摩擦、吸引和排斥，等等；研究这类相互作用过程中物体运动量的交换和变化的规律.

· 寻求物体运动过程中或相互作用过程中的守恒量及相应的守恒条件.

它们构成了牛顿力学的基本内容，它们至今依然是研究复杂运动的基础和入门. 本书第 1 章至第 6 章论述牛顿力学的理论体系及其典型现象与重要应用，随后的第 7 章至第 10 章为刚体力学、振动、波动和流体力学，它们可以被看作牛顿力学的推广和发展. 特别是关于波动与流体力学，其研究对象已经由先前的离散物体发展为连续介质，研究重点已经由先前的物体运动规律发展为介质元的运动和运动在介质中的传播规律，以及整个流速场的基本规律.

力学按研究内容划分为运动学和动力学. 经典力学按研究方法或研究路线划分为牛顿力学和分析力学. 哈密顿原理是分析力学中最重要的一个基本原理，在本书最后一章给予简明而系统的阐述，旨在为今后学习分子生物学、量子化学等高级课程提供理论基础，也使我们欣赏到关于物理学规律的一种新颖的表述方式.

1 质点运动学

1.1 时间与空间

- 时空概念起源于运动
- 时间单位与基准
- 自然界中的时间量级
- 长度单位与基准
- 自然界中的长度量级
- 天文单位

● 时空概念起源于运动

日月经天,江河行地,飞禽走兽,车水马龙,春夏秋冬,草木枯荣,宇宙万物无不在运动变化之中.先哲们正是在对自然现象和天体运动的观察和感悟中,逐渐形成时间与空间概念.随时间而在空间中变化的现象,概被言之谓运动.常言道,流水年华,光阴似箭,斗转星移,一晃五十年,如白驹过隙.由此可见,与运动图像相比,空间概念对于人们较为抽象,而时间概念就更为抽象了.人们好用具体形象的运动的空间图景来刻画时间.时空概念起源于运动,起源于人们对运动的观察和感悟.一旦形成了概念,时间与空间便超脱于运动,而成为两个独立的物理量,被用以描述运动,将人们对物体运动的认识从最初的直观的唯象的水平,提高到定量的清晰的可分析的境界.因此,时空概念被首选为本章质点运动学之开篇.

上下四方,谓之宇.往古来今,谓之宙.

如果用极简练的语言定义时间与空间,那可采取如下的一种表述:时间与空间表示事物之间的次序——时间描述事件的先后顺序,而空间描述物体的位形,表示物体分布的秩序.

- **时间单位与基准**

在国际单位制中,时间的单位为秒,记作 s.最早,人们是利用地球自转运动来计量时间的,其基本单位是平太阳日.19 世纪末,将一个平太阳日的 1/86 400 作为 1 秒,被称为世界时秒.由于地球的自转运动存在着不规则变化,并有长期减慢的趋势,使得世界时秒逐年变化,不能保持恒定.按此定义复现秒的准确度只能达到 1×10^{-8}.随着科学技术的不断发展及其对计时准确度要求的日益提高,关于秒的定义曾有过两次重大的修改.

第一次是在 1960 年,国际计量大会决定采用以地球公转运动为基础的历书时秒,作为时间单位,其措辞是"将 1900 年初附近,太阳的几何平黄经为 279°41′48.04″ 的瞬间作为 1900 年 1 月 0 日 12 时整,从该时刻起算的回归年的 1/31 556 925.974 7 作为 1 秒".换句话说,一回归年等于 31 556 925.974 7 秒.按此定义复现秒的准确度提高到 1×10^{-9}.

第二次是在 1967 年,国际计量大会决定采用原子秒定义取代历书时秒定义,其措辞是"秒是铯-133 原子基态的两个超精细能级之间跃迁相对应的辐射的 9 192 631 770 个周期所持续的时间".按此定义复现秒的准确度已优于 1×10^{-13}.原子在发生能级间跃迁时以电磁波形式辐射或吸收能量,该电磁波的频率或周期精确地与原子微观结构相对应,因而极为稳定.人们利用这一特性制成了各种各样性能优异的原子钟.其中实验室型铯束原子钟,具有最高的准确度和长期稳定度,是复现原子秒定义的时间频率基准器.

用选定的某一特定时刻作为原点,用选定的时间单位"秒"进行连续不断的积累,就构成一个时间参照坐标系——时标.原子时标是由连续不断工作着的原子钟得到的.以各国有关研究所运转的原子钟的读数为依据，进行加权平均而建立的时标被称作国际原子时(TAI)，它的起点是1958年1月1日0时0分0秒.

- **自然界中的时间量级**

▲ 人体心律周期约0.8 s.
▲ 太阳光传播到地球的时间约 5×10^{2} s.
▲ 地球上出现猿人的时间距今约 4×10^{2} 万年.
▲ 侏罗纪(亦称恐龙世纪)距今约0.5亿～1.5亿年.
▲ 地球上出现生物的时间距今约3.5亿年.
▲ 地球年龄约46亿年.
▲ 太阳年龄约50亿年.
▲ 宇宙年龄约150亿年.
▲ 电子寿命大于 10^{22} 年.

▲ 人眼视觉弛豫时间约0.1 s.
▲ 人体感觉神经脉冲间隔约1 ms(毫秒)，$1\ \text{ms}=10^{-3}$ s.
▲ 普通气体光源原子发光持续时间约1 ns(纳秒)，$1\ \text{ns}=10^{-9}$ s.
▲ 当今超短激光脉冲宽度已达5 fs(飞秒)，$1\ \text{fs}=10^{-15}$ s.
▲ 顶夸克寿命约 10^{-24} s.

- **长度的单位与基准**

在现行国际单位制中，长度的单位为米，记作m，其实物基准是一根铂铱米尺，亦称国际米原器. 它是一根横截面近似为H形的尺子，保存在1标准大气压下，水平地置放于相距571毫米的两个圆柱上，圆柱直径约1厘米. 这是1889年第1届国际计量大会上批准建立的. 在1927年第7届国际计量大会上对米定义作了严格的规定，其措辞是“国际计量局保存的铂铱米尺上所刻两条中间刻线的轴线在0℃时的距离”. 按此定义的米，其不确定度为 1×10^{-7}. 长度的实物基准在稳定性和安全性方面有着诸多潜在的弊端. 随着科学技术的不断发展及其对长度计量精度要求的日益提高，关于米的定义曾有过两次重大更改.

第一次是在 1960 年，第 11 届国际计量大会对米的定义作了更改，其措辞是“米的长度等于氪-86 原子的 $2p_{10}$ 和 $5d_5$ 能级之间跃迁的辐射在真空中波长的 1 650 763.73 倍”．这一更改意味着以这一特定的光波波长作为尺度而标定长度单位米，这标志着人类将米定义的实物基准转化为自然基准——具有前者无可比拟的优越性．按此定义的米，其不确定度为 $\pm 4\times 10^{-9}$．这是因为氪-86 的这一特定谱线虽然单色性极好，毕竟还是有个谱线宽度．米定义被更改后，国际米原器仍按原规定的条件保存在巴黎的国际计量局．此后又出现了多种激光，它们具有很高的频率稳定度和复现性，与氪-86 波长相比，它们的波长更易复现，精度有望进一步提高．于是，在 1973 年和 1979 年两次国际米定义咨询委员会会议上，先后推荐了 4 种稳定激光的波长值，同氪-86 的波长值并列使用，具有同等的准确度．

第二次是在 1983 年，第 17 次国际计量大会上通过了米的新定义．鉴于在这之前的 10 年间，光学测量技术领域的一个突出进展是精确地测量了从红外波段直至可见光波段的各种谱线的频率值．根据甲烷谱线的频率值和波长值，获得真空中的光速值 $c=299\,792\,458$ m/s，这个值是非常精确的．因此，人们又决定将此光速值取为定义值，而长度的定义则由时间与 c 值的乘积来导出．这是一个十分明智的方案．于是，当年的那个大会上正式通过了长度单位“米”的新定义，其措辞是“米是 1/299 792 458 秒的时间间隔内光在真空中行程的长度”．上述氪-86 等 5 种稳定辐射波长，便成为米新定义的最好复现者．又及，真空光速值从今以后就是一个规定值了，再也不会随测速方法和技术的改进而不断修正，这为天文学家和大地测绘专家解除了长期以来的烦恼．

- **自然界中的长度量级**

▲ 成人身高 1～2 m．

▲ 珠穆朗玛峰海拔高度约 9 km(千米)．

▲ 地球半径 6371 km．

▲ 月球直径 3477 km．

▲ 太阳直径 1.4×10^6 km．

▲ 日地距离 1.5×10^{8} km.

▲ 1 光年约 9.5×10^{12} km.

▲ 现代宇宙视界约 150 亿光年≈10^{23} km.

▲ 人眼瞳孔直径 2～6 mm(毫米),1 mm=10^{-3} m.

▲ 可见光波长 0.4～0.7 μm(微米),1 μm=10^{-6} m.

▲ 人体神经纤维直径 1～20 μm.

▲ 原子半径约 0.1 nm(纳米),1 nm=10^{-9} m.

▲ 原子核半径约 1 fm(飞米),1 fm=10^{-15} m.

• 天文单位

在天文学中,日地平均距离 1.5×10^{8} km 被规定为一个天文单位. 表 1-1 列出了以此天文单位计量的太阳系 8 颗行星的离日平均距离. 历史上一件有意思的事值得在此注记. 约在 1770 年,德国天文学家提丢斯和波德提出了一个定则,用以反映这些行星至太阳的距离所呈现的规律性. 他们提出的定量规则如下,

$$D=\frac{n+4}{10}\text{天文单位}, \tag{1.0}$$

式中 D 为以天文单位表示的行星轨道平均半径,即日星平均距离. 当 n=0,3,6,12,(24),48,96,192,384 等数值时,D 值依次给出水星、金星、地球、火星、木星、土星、天王星和海王星的离日距离. 这里只有 n=24 是个例外,似乎在那里火星与木星之间应有一颗行星. 当时人们不大相信他们的预言,直到 1801 年终于找到了一颗小行星位于这一区间. 原来在这一区间运行着大量的小行星, 被称为小行星带,如图所示. 至今已经发现了10万多颗小行星,其中包括我国天

表 1-1　提丢斯-波德定则与观测的比较

行星	水星	金星	地球	火星	小行星带	木星	土星	天王星	海王星
n	0	3	6	12	24	48	96	192	384
D（计算值）	0.4	0.7	1.0	1.6	2.8	5.2	10.0	19.6	38.8
D（测量值）	0.39	0.72	1.00	1.52	2.3～3.3	5.20	9.56	19.3	30.2

文学家发现的约 3000 颗小行星. 有人估计在这小行星带中直径超过 1 km 的小行星约有 100 万颗之多. 然而,我们可以估算出在火木之间运行着的小行星个数的面密度,约为一颗小行星占据 $10^{12}\ km^2$. 以地球人的眼光看,这数值所表明的小行星的分布还是相当稀疏的.①

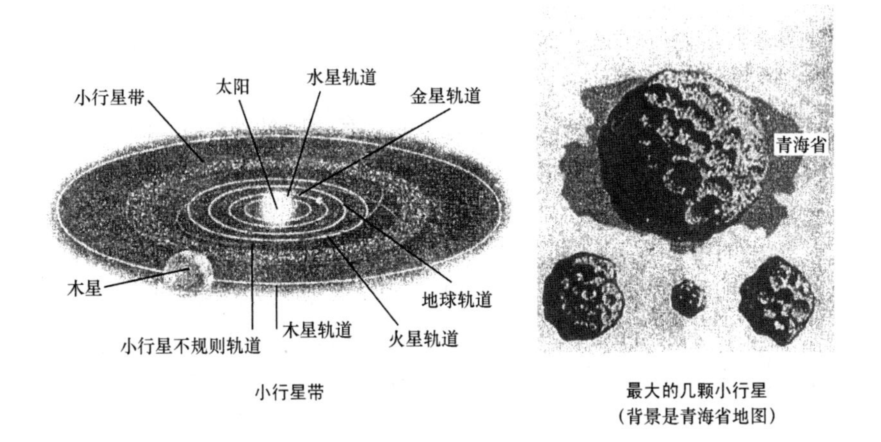

小行星带　　最大的几颗小行星（背景是青海省地图）

1.2　物体的点模型

· 质点概念　　· 质点力学的普遍意义　　· 质点运动学概要

● 质点概念

将有形有状的实际物体抽象为一个点——无表观形貌,无内部结构,仅占据空间位置,且含有质量,这便是物体的点模型,简言之为质点. 一个点,不论从哪个方向去观察均是一样的;如果赋予它一个物性,那也必定具有空间各向同性. 这就是说,基于点模型而建立的物理学理论,从头开始就已经隐含着对空间各向同性的认识.

① 这一段的主要内容和图引自《物理学与人类文明十六讲》一书第 237 页,赵峥著,北京: 高等教育出版社,2008 年.

● 质点力学的普遍意义

基于质点模型而建立起来的质点力学,其普遍性价值在于:

(1) 相对于远距离的观察者,物体很小,其形状与大小对力学性质的影响可以忽略.

(2) 虽然物体不是很小,其形状与大小的因素在特定的力学问题中却不起作用.例如刚体的平动问题.

(3) 即便,在物体的形状与大小因素有影响的情形下,质点力学仍不失其价值.那时,将物体看作点集或质点组,将质点力学规律予以推广,而发展成为质点组力学、刚体力学、弹性力学,乃至流体力学.这一演绎方法形成了经典力学理论体系的基本面貌,又借助于几乎同时出现的笛卡儿几何学和微积分学,而得以成功地实现.

涉猎物理学诸多领域,其基本理论常以点模型为基础而推演发展起来,这与数学理论中的分析数学微积分方法是相似的.两者同出一源,源于文艺复兴时期以来主导于西方社会的世界观与方法论——注重个体,崇尚个性.正是在17世纪这一时期,产生了经典牛顿力学,体现了注重分析的思想方法——分解整体为众多个体,从解析个体以及个体之间的相互作用入手,而把握整体.

● 质点运动学概要

(1) 先后引入若干运动学量,用以描写质点位置的变动及其各种情态.

(2) 确立这些运动学量之间的关系.

(3) 研究质点运动轨道——描述运动轨道,分析轨道特征.

(4) 给出一个运动学量或一条轨道的若干表达方式或解析表示.

由此可见,质点运动学本质上系几何学.凭借笛卡儿几何学和微积分学,便形成了一个定量的解析的质点运动学.

1.3 位置矢量与轨道方程

- 参照系与坐标系
- 位置矢量
- 轨道方程
- 例题——直线轨道,平面轨道,椭圆轨道

● 参照系与坐标系

物体位置的变动被称为机械运动.物体位置的相对性,决定了人们在考察物体运动时,必须首先选定一个参照物,一般称其为参照系或参考系.凡是与机械运动相关的力学现象和力学定理,只有在明确参照系前提下才有意义.事实证明,凡是与参照系选择无关的力学量或力学定理,格外引起人们的关注和兴趣.关于坐标系,它是建立在参照系上的,旨在量化物体运动,以便实现对物体运动作定量化的解析描述.这里还有两点值得注意:

(1) 在一个参照系中,可以选取不同的坐标系,诸如直角坐标系、极坐标系和自然坐标系,视情形而定以有利于求解问题.

(2) 同样地,参照系的选择也有一定的任意性,视实际问题的情况而定,以方便于求解问题.

● 位置矢量

取一参照系并在其中确定一个参考点 O,以考察质点的运动,见图 1-1.位置矢量 $\boldsymbol{r}$ 被定义为,由参考点 O 指向质点瞬时位置 P 所确定的矢量.显然,质点位置随时间的变动由 $\boldsymbol{r}(t)$ 函数描述,它给出了任意时刻 t 该质点所在的位置,从而也给出了在宏观时间中该质点运动的轨道即运动径迹.

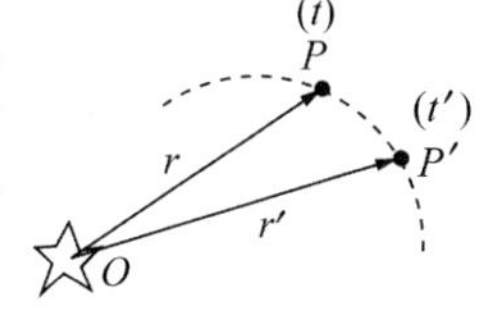

图 1-1 位置矢量

● 轨道方程

质点运动的位置矢量所遵循的方程,称作轨道方程,表示为

$$\boldsymbol{r} = \boldsymbol{r}(t). \tag{1.1}$$

也可以选取一个坐标系，将轨道方程进一步表示为坐标分量形式. 比如，在直角坐标系中，轨道方程的解析表示式为

$$\begin{cases} x = x(t), \\ y = y(t), \\ z = z(t). \end{cases} \tag{1.2}$$

无论从运动学意义上或是从动力学意义上看，物体的运动轨道问题都应当是一个首要的基本问题. 牛顿最初正是凭借他自己提出的运动定律和引力定律，而成功地说明了行星运动轨道，从而最终创建了完整的经典力学体系.

● **例题**

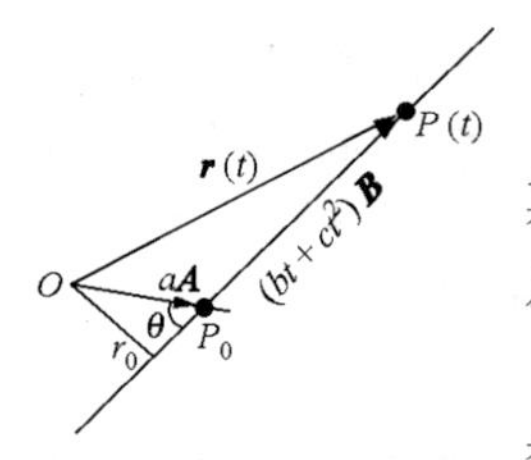

图 1-2　例 1

例 1　已知某质点的轨道方程为

$$\boldsymbol{r}(t) = a\boldsymbol{A} + (bt + ct^2)\boldsymbol{B},$$

其中 $a,b,c,\boldsymbol{A}$ 和 $\boldsymbol{B}$ 均为常量，求其轨道形态及特征.

经分析得到结论，这轨道是一条直线，与参考点 O 的距离是 $r_0 = aA\sin\theta$，角 θ 是两个常矢量 $\boldsymbol{A}$ 与 $\boldsymbol{B}$ 之夹角，参见图 1-2.

例 2　在三维空间中，已知质点运动位置矢量满足方程

$$\boldsymbol{k} \cdot \boldsymbol{r}(t) = 1, \quad \boldsymbol{k} \text{ 为常矢量}, \tag{1.3}$$

试求其运动轨道及其特征.

经分析得到结论，该质点运动于一个平面内，该轨道平面是以常矢量 $\boldsymbol{k}$ 为其法线方向，与参考点之距离 $r_0 = 1/k$. 至于，质点在轨道平面内作何种形态的曲线运动，仅据以上一条方程是不得而知的，如图 1-3 所示.

例 3　已知，在(xy)平面内质点轨道方程为

$$\begin{cases} x(t) = a\cos\omega t, \\ y(t) = b\sin\omega t, \end{cases} \tag{1.4}$$

试求其轨道形态及特征.

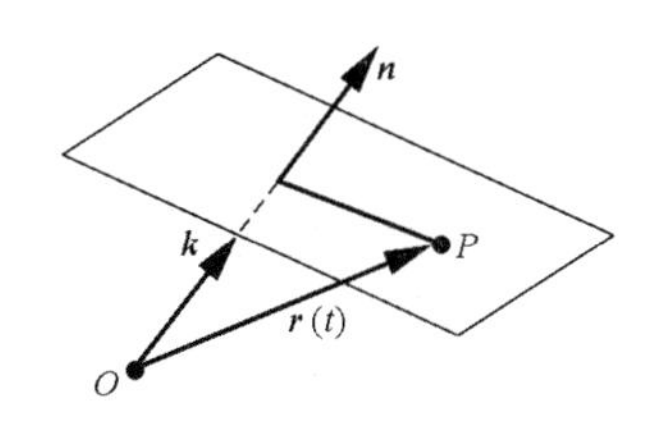

图 1-3　例 2

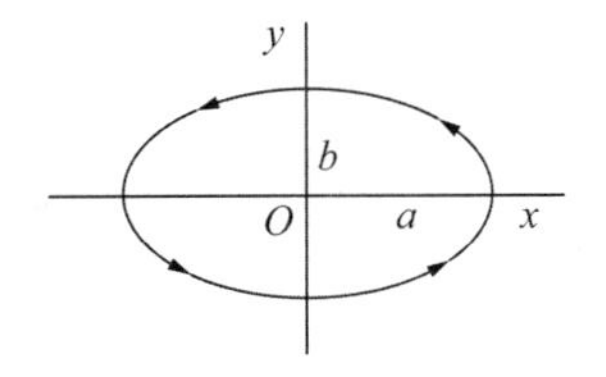

图 1-4　例 3

解　将以上方程作如下转变，

$$\frac{x}{a}=\cos\omega t,\quad \frac{y}{b}=\sin\omega t,$$

两者各自平方再相加，得

$$\frac{x^2}{a^2}+\frac{y^2}{b^2}=1,\tag{1.5}$$

这恰是直角坐标系中椭圆曲线的标准形式. 这表明该质点运动轨道为椭圆，其长短轴分别为 a，b. 进一步可以断定质点运动沿逆时针方向——左旋椭圆运动，见图 1-4.

1.4　速 度 矢 量

- 位移矢量
- 速度矢量
- 位移矢量三角形
- 横向速度与径向速度
- 速度与参照系选择有关——牵连速度
- 哈勃定律

● 位移矢量

设 t 时刻质点位置矢量 $\boldsymbol{r}(t)$，下一时刻 $(t+\Delta t)$ 质点位置矢量为 $\boldsymbol{r}(t+\Delta t)$，如图 1-5. 则由 A 点指向 B 点的矢量 $\Delta\boldsymbol{r}$，被称作位移矢量，简称作“位矢”，它反映了质点位置的变动. 由矢量运算规则表明

$$\Delta\boldsymbol{r}=\boldsymbol{r}(t+\Delta t)-\boldsymbol{r}(t).$$

注意，质点运动的实际径迹是 $\overset{\frown}{\Delta s}$ 弧线. 如果 Δt 是实际宏观观测的时间间隔，一般情形下 $|\Delta\boldsymbol{r}|\neq\Delta s$. 只有当 $\Delta t\to 0$ 极限时，才有 $|\mathrm{d}\boldsymbol{r}|=\mathrm{d}s$，两者数值相等.

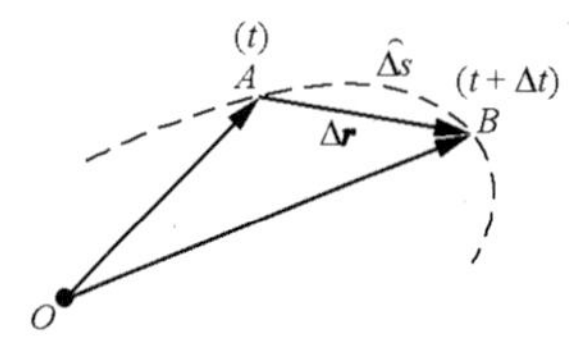

图 1-5 位移矢量

● **速度矢量**

它被定义为位移矢量的时间变化率的极限,

$$\boldsymbol{v}=\lim_{\Delta t\to 0}\frac{\Delta \boldsymbol{r}}{\Delta t},\qquad \boldsymbol{v}=\frac{\mathrm{d}\boldsymbol{r}}{\mathrm{d}t},\qquad (1.6)$$

因此,在质点运动的每个时空点上,均有一个速度矢量 $\boldsymbol{v}(t)$. 详称之为瞬时速度矢量,如图 1-6. 它与运动轨道的关系是,$\boldsymbol{v}$ 的方向沿轨道上该点的切线方向,$\boldsymbol{v}$ 的数值即速率 $v=\mathrm{d}s/\mathrm{d}t$,式中 $\mathrm{d}s$ 表示轨道上该点的弧元. 速度单位为 m/s.

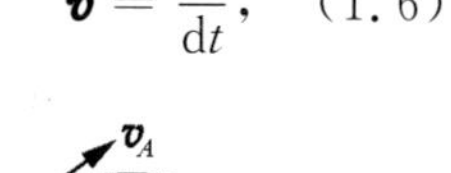
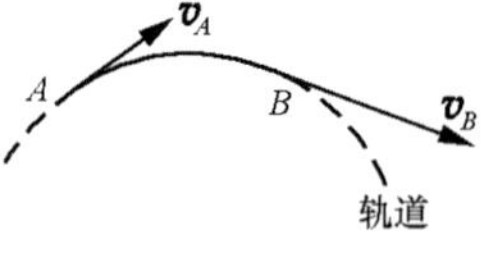

图 1-6 瞬时速度矢量

● **位移矢量三角形**

其实,质点位置的变动,既含距离远近的变化,又含方向的变化. 图 1.7 清楚地显示了这一点. 图中沿 $\boldsymbol{r}_B$ 方向取一段 $\overline{OC}=\overline{OA}$,于是构成了一个小矢量三角形 ACB,位移矢量被分解为两部分

$$\Delta \boldsymbol{r}=\Delta \boldsymbol{r}_\theta+\Delta \boldsymbol{r}_r,$$

其中,$\Delta \boldsymbol{r}_\theta$ 反映了质点位矢方向的改变,称其为横向位移;$\Delta \boldsymbol{r}_r$ 反映了质点位矢距离的改变,称其为径向位移.

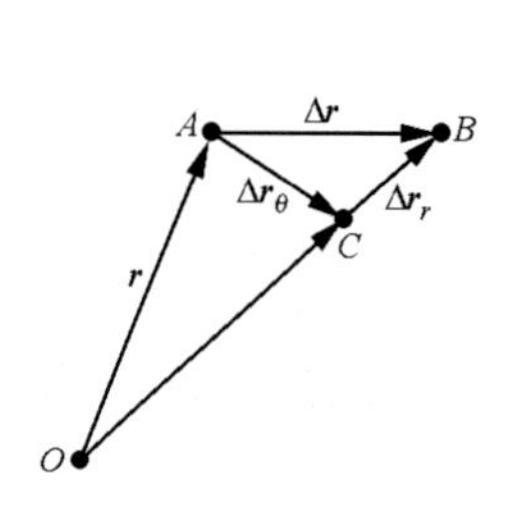

图 1-7 位移矢量三角形

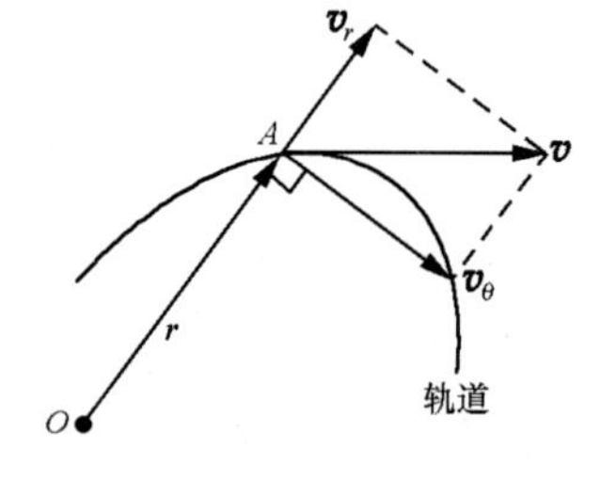

图 1-8 径向速度与横向速度

● **横向速度与径向速度**

相应地速度矢量也被分解为两部分,如图 1-8,

$$\boldsymbol{v}=\boldsymbol{v}_\theta+\boldsymbol{v}_r,$$

其中

$$\boldsymbol{v}_\theta=\frac{\mathrm{d}\boldsymbol{r}_\theta}{\mathrm{d}t}\quad(\text{横向速度});\qquad \boldsymbol{v}_r=\frac{\mathrm{d}\boldsymbol{r}_r}{\mathrm{d}t}\quad(\text{径向速度}).\tag{1.7}$$

在不同场合,人们关心其中的哪个速度分量,也往往不同.比如,质点作圆周运动,就只有横向速度,当选定圆心为参考点,或参考点位于通过圆心且垂直轨道平面的轴上.若参考点在轴外,即使对于圆周运动,其径向速度也是存在的.又比如,宇宙在不断膨胀,遥远的群星存在一个远离我们而去的退行速度,这自然是径向速度了.

• 速度与参照系选择有关——牵连速度

位置的相对性决定了速度的相对性,从两个不同的参照系观察同一质点的运动,将得到不同的速度.如图 1-9 所示,t 时刻质点在 A 点,两个位矢(位置矢量)分别为 $\boldsymbol{r}_A,\boldsymbol{r}'_A$;$(t+\Delta t)$时刻质点在 B 点,其位矢分别为 $\boldsymbol{r}_B,\boldsymbol{r}'_B$. 注意到图中含有两个矢量三角形 AOO' 与 BOO'.写出以下两个关系式

$$\boldsymbol{r}_A(t)=\boldsymbol{r}'_A(t)+\boldsymbol{r}_0(t),$$

$$\boldsymbol{r}_B(t+\Delta t)=\boldsymbol{r}'_B(t+\Delta t)+\boldsymbol{r}_0(t)+\Delta\boldsymbol{r}_0,$$

其中 $\boldsymbol{r}_0$ 是 K'系 O'参考点相对于 K 系 O 参考点的位矢.两式相减有

$$\Delta\boldsymbol{r}=\Delta\boldsymbol{r}'+\Delta\boldsymbol{r}_0,$$

再取其时间变化率之极限,得到

$$\frac{\mathrm{d}\boldsymbol{r}}{\mathrm{d}t}=\frac{\mathrm{d}\boldsymbol{r}'}{\mathrm{d}t}+\frac{\mathrm{d}\boldsymbol{r}_0}{\mathrm{d}t},$$

即

$$\boldsymbol{v}(t)=\boldsymbol{v}'(t)+\boldsymbol{u}(t).\tag{1.8}$$

这里,$\boldsymbol{u}$ 为 K'系 O'点相对于 K 系的瞬时速度,简称之为牵连速度.以上公式被称作经典力学的速度合成公式.最后,有两点值得说明:

(1) 在上述推演过程中,人们无意间默认了 $\Delta t'=\Delta t$,认为同一事件的始末,比如眼前的质点运动从 A 点至 B 点,其时间间隔是相等的,与参照系无关.这是经验.这一观念在爱因斯坦的狭义相对论中被否定了.于是,人们便将这一观念称之为经典力学的绝对时空

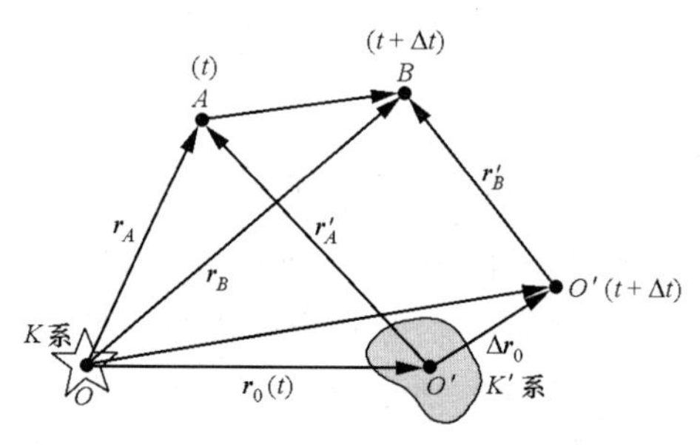

图 1-9　导出经典速度合成公式

观——时间的绝对性，空间的绝对性，存在着超脱于运动的独立的时空性质. 在相对论中将得到更为普遍的速度合成公式. 在低速运动(相对于真空光速)时，相对论速度合成公式将过渡到这里的经典速度合成公式.

(2) 如果 K'系相对于 K 系有转动，则牵连速度 $\boldsymbol{u}$ 与参考点位置 O'的选择有关，就不能笼统地认为 $\boldsymbol{u}$ 是 K'系相对于 K 系的瞬时速度了. 当然，上述速度合成公式依然正确.

● 哈勃定律

1929 年，美国天文学家哈勃(E. P. Hubble, 1889—1953)用了 24 个已知距离的星系观测资料，作出了谱线红移速度与星系距离的关系图，从中发现了一个正比关系 $v_r \propto r$，写成

$$v_r = H_0 r, \tag{1.9}$$

它被称为哈勃定律，系数 H_0 被称为哈勃常数. 哈勃定律表明，距离我们越远的星系，则其远离我们的退行速度 v_r 也越大. 这意味着，宇宙在膨胀，处于不断膨胀的状态之中. 在此之前，1922 年苏联科学家弗里德曼(Friedman)已经提出宇宙膨胀模型，认为宇宙从一个奇点开始，一直在不断膨胀. 哈勃定律无疑是对这一学说的强力支持. 哈勃常数的意义，在于其倒数值 $1/H_0$，它被用以估算宇宙的上限年龄，即

$$t_0 = \frac{1}{H_0}. \tag{1.10}$$

鉴于 H_0 的重要意义，天文学家在长达半个多世纪里，根据更为丰富的观测资料对它作了多次修正. 最近的结果是于 1989 年公布

的，其数据为

$$H_0 = (67 \pm 8)\mathrm{km}/(\mathrm{s} \cdot \mathrm{Mpc}),$$

其单位中 pc 为秒差距，$1\ \mathrm{pc}=3.0857\times10^{16}\ \mathrm{m}$，故

$$1\ \mathrm{km}/(\mathrm{s}\cdot\mathrm{Mpc}) \approx (10^{12}\text{年})^{-1},$$

于是

若 $H_0=100$，有 $t_0=10^{10}$年$=100$ 亿年；

若 $H_0=50$，有 $t_0=2\times10^{10}$年≈200 亿年.

目前通常取 150 亿年作为宇宙年龄的上限，这比由陨石的同位素年代测量而获得的恒星系年龄大一些，显然是合理的. 进而，将 t_0 值乘以真空光速值 c，作为现今宇宙大小的视界即哈勃半径

$$R_0 = ct_0 \approx 150\ \text{亿光年} \approx 10^{23}\ \mathrm{km}.$$

1.5 加速度矢量

- 速度空间与加速度矢量
- 速度矢量三角形——法向加速度与切向加速度
- 关于法向加速度的一个公式
- 加速度与参照系选择有关——牵连加速度

● 速度空间与加速度矢量

匀速直线运动是个特例，变速运动是更为一般的实际情况. 借助速度空间以分析速度变化是方便的. 见图 1-10，在 Δt 时间，速度改变量为

$$\Delta \boldsymbol{v} = \boldsymbol{v}(t+\Delta t) - \boldsymbol{v}(t).$$

加速度矢量被定义为，速度的时间变化率之极限，写成

$$\boldsymbol{a} = \lim_{\Delta t\to 0}\frac{\Delta \boldsymbol{v}}{\Delta t}, \qquad \boldsymbol{a} = \frac{\mathrm{d}\boldsymbol{v}}{\mathrm{d}t},$$

详称之为瞬时加速度矢量，其量值单位是米/秒^2，记为 $\mathrm{m/s^2}$.

● 速度矢量三角形——法向加速度与切向加速度

速度的改变，既含速度方向的改变，又含速率大小的改变. 这在速度空间中表现得十分明白，在图 1-10 中 $\overrightarrow{OM}$ 表示 $\boldsymbol{v}(t)$，$\overrightarrow{ON}$ 表示

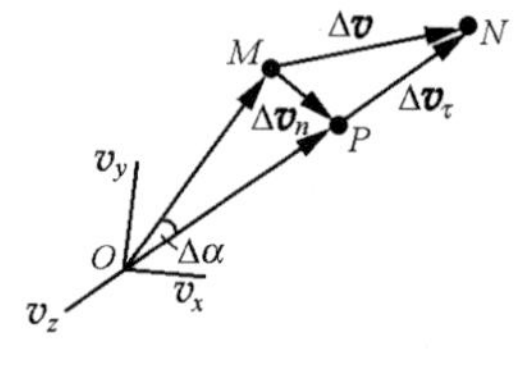

图 1-10　速度空间

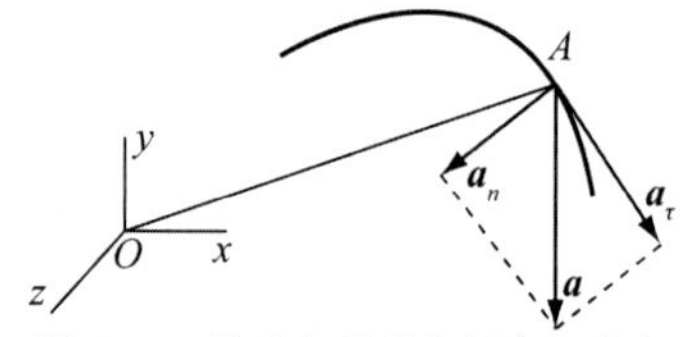

图 1-11　法向加速度与切向加速度

$\boldsymbol{v}(t+\Delta t)$，沿 $\boldsymbol{v}(t+\Delta t)$方向取一段长度$\overline{OP}$等于速率 $v(t)$，于是形成了一个小矢量三角形 MPN. 它表明，速度改变量可以被分解为两种成分：

$$\Delta\boldsymbol{v}=\Delta\boldsymbol{v}_n+\Delta\boldsymbol{v}_\tau,$$

第一项表示速度矢量方向的改变，第二项表示速率大小的改变. 相应地，加速度矢量也可被分解为两种成分，如图 1-11，

$$\boldsymbol{a}=\boldsymbol{a}_n+\boldsymbol{a}_\tau, \tag{1.11}$$

其中

$$\boldsymbol{a}_n=\frac{\mathrm{d}\,\boldsymbol{v}_n}{\mathrm{d}t},\qquad \boldsymbol{a}_\tau=\frac{\mathrm{d}\,\boldsymbol{v}_\tau}{\mathrm{d}t}. \tag{1.12}$$

注意到，$\mathrm{d}\boldsymbol{v}_n$ 与 $\boldsymbol{v}$ 正交，而 $\boldsymbol{v}$ 在现实空间中是沿轨道切线方向的，所以 $\mathrm{d}\boldsymbol{v}_n$ 沿运动轨道法线方向，因而，$\mathrm{d}\boldsymbol{v}_\tau$ 方向沿轨道切线. 故，$\boldsymbol{a}_n$ 为法向加速度，它反映了速度方向的时间改变率. 而 $\boldsymbol{a}_\tau$ 为切向加速度，它反映了速率的时间改变率，其量值可直接表达为

$$a_\tau=\frac{\mathrm{d}v}{\mathrm{d}t}=\frac{\mathrm{d}^2 s}{\mathrm{d}t^2}. \tag{1.13}$$

在物理学中有很多物理量为矢量，在很多场合涉及这类物理量的合成或分解的问题. 诚如我们所知，两个矢量的合成结果是唯一的；而一个矢量的分解方式却不唯一，在纯数学意义上其分解有各种可能性. 在物理上究竟采取哪种分解方式，就看其是否具有明确的物理意义，或能否带来简捷的计算方法. 目前，我们将加速度矢量分解为法向加速度和切向加速度，这首先是着眼于两者的物理意义. 比如，质点运动，若法向加速度 $a_n=0$，则其为直线运动，但可能是变速率运动；若切向加速度 $a_\tau=0$，则其为匀速率运动，但可能是一种曲线运动.

- **关于法向加速度的一个公式**

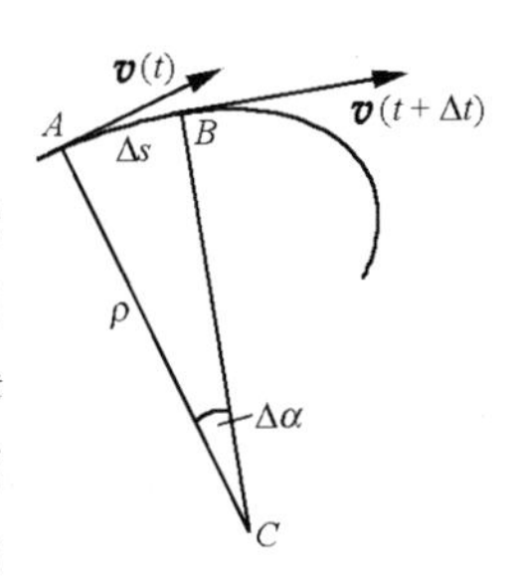

图 1-12 导出法向加速度公式

质点作曲线运动，在拐弯处必定有法向加速度，其数值与运动速率和拐弯处曲率半径有关，兹推演如下. 见图1-12，在 Δt 时间中质点运动经历弧元 $\widehat{\Delta s}$，相应的内密切圆的半径为 ρ，圆心为 C，所张的圆心角为 $\Delta\alpha$，也正是两个速度 $\boldsymbol{v}(t)$ 与 $\boldsymbol{v}(t+\Delta t)$ 之夹角，它可表示为

$$\Delta\alpha = \Delta s/\rho.$$

再看图 1-10，速度空间中显示

$$\Delta v_n = v\Delta\alpha,$$

于是，取 $\Delta t \to 0$ 极限，有

$$\frac{\mathrm{d}v_n}{\mathrm{d}t} = v\,\frac{1}{\rho}\,\frac{\mathrm{d}s}{\mathrm{d}t} = \frac{v}{\rho}v = \frac{v^2}{\rho},$$

即，法向加速度

$$a_n = \frac{v^2}{\rho}. \tag{1.14}$$

它表明，在同样速率下，轨道曲率半径越小处则法向加速度 a_n 越大；在曲率半径相同处，速率越大时则法向加速度 a_n 越大. 该公式适用于任意曲线运动. 其中，圆周运动是个特例，其曲率中心始终固定于一点. 椭圆运动是个平面运动，其曲率中心及相应的曲率半径随轨道的不同部位而变动，不过它们总在这个轨道平面内，任何平面运动均为如此.

- **加速度与参照系选择有关——牵连加速度**

基于速度合成公式，可得到

$$\frac{\mathrm{d}\boldsymbol{v}}{\mathrm{d}t} = \frac{\mathrm{d}\boldsymbol{v}'}{\mathrm{d}t} + \frac{\mathrm{d}\boldsymbol{u}}{\mathrm{d}t},$$

即

$$\boldsymbol{a} = \boldsymbol{a}' + \boldsymbol{a}_r, \tag{1.15}$$

其中，牵连加速度 $\boldsymbol{a}_r$ 是 K'系相对于 K 系的瞬时加速度. 若两个参照系，彼此相对作匀速运动，则牵连加速度 $\boldsymbol{a}_r$ 为零.

1.6　运动学中的逆问题

- 概述
- 位置公式与速度公式
- 匀加速运动
- 两体相遇——空中打靶

● 概述

以上几节关于质点运动的描述，是从轨道方程 $\boldsymbol{r}(t)$ 出发，依次导出速度矢量与加速度矢量：

$$\boldsymbol{r}(t) \longrightarrow \boldsymbol{v}(t) = \frac{\mathrm{d}\boldsymbol{r}}{\mathrm{d}t} \longrightarrow \boldsymbol{a} = \frac{\mathrm{d}\boldsymbol{v}}{\mathrm{d}t} = \frac{\mathrm{d}^2\boldsymbol{r}}{\mathrm{d}t^2}.$$

而实际力学问题，倒可能是已知加速度函数，去寻求速度函数和运动轨道：

$$\boldsymbol{a}(t) \longrightarrow \boldsymbol{v}(t) \longrightarrow \boldsymbol{r}(t).$$

可以预料这类运动学中的逆问题，表现在数学方法上将是一个积分. 顺便提及，对于非匀加速运动，比如天体运动，人们也可以考察加速度 $\boldsymbol{a}$ 的时间变化率 $\mathrm{d}\boldsymbol{a}/\mathrm{d}t$，但在物理上并未由此引入一个正式的特定物理量，这是基于下一章动力学方面的考虑——至今尚未发现一种基本相互作用力是直接决定了 $\mathrm{d}\boldsymbol{a}/\mathrm{d}t$ 的.

● 位置公式与速度公式

在图 1-13 显示的弓形矢量图中，每个小箭头表示一次微分位移 $\mathrm{d}\boldsymbol{r}=\boldsymbol{v}\mathrm{d}t$，而宏观位移 $\Delta\boldsymbol{r}$ 正是其合成矢量，

$$\Delta\boldsymbol{r} = \sum \mathrm{d}\boldsymbol{r} = \int_0^t \boldsymbol{v}\mathrm{d}t.$$

从矢量△OAB 看，

$$\Delta\boldsymbol{r} = \boldsymbol{r}(t) - \boldsymbol{r}_0.$$

于是，任意时刻质点位矢表示为

$$\boldsymbol{r}(t) = \boldsymbol{r}_0 + \int_0^t \boldsymbol{v}\mathrm{d}t, \tag{1.16}$$

其中 $\boldsymbol{r}_0$ 为质点初始位矢.一个特例——匀速运动,$\boldsymbol{v}$ 为一个常矢量,则质点位矢公式被简化为

$$\boldsymbol{r}(t) = \boldsymbol{r}_0 + \boldsymbol{v}t. \tag{1.17}$$

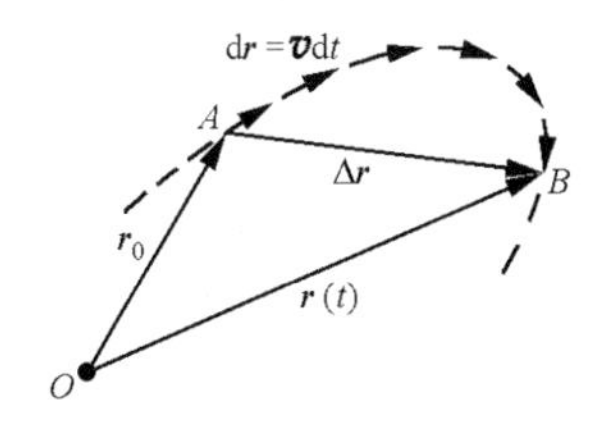

图 1-13　导出位置公式

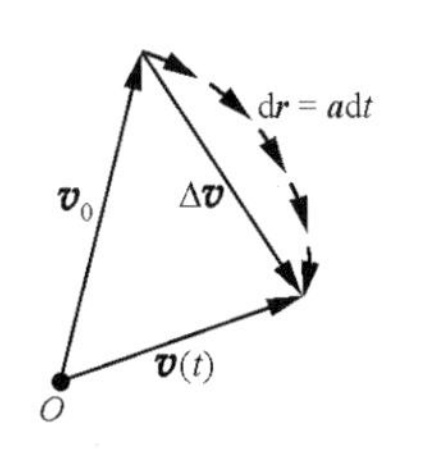

图 1-14　导出速度公式

在速度空间中作类似的考察,见图 1-14.其弓形矢量图中的每个小箭头表示一次微分速度改变量 $\mathrm{d}\boldsymbol{v} = \boldsymbol{a}\mathrm{d}t$,宏观上的速度变化量 $\Delta\boldsymbol{v}$ 正是它们的合成矢量,

$$\Delta\boldsymbol{v} = \sum \mathrm{d}\boldsymbol{v} = \int_0^t \boldsymbol{a}\mathrm{d}t.$$

于是,任一时刻质点运动速度被表示为

$$\boldsymbol{v}(t) = \boldsymbol{v}_0 + \int_0^t \boldsymbol{a}\mathrm{d}t, \tag{1.18}$$

其中 $\boldsymbol{v}_0$ 为质点运动初速度.

以上关于 $\boldsymbol{r}(t)$,$\boldsymbol{v}(t)$,$\boldsymbol{a}(t)$三者彼此关系的明确表达,得益于微积分和矢量代数的运用.牛顿在构建经典力学的几乎同时期,于1665～1666年完成了微积分与微分方程的发明.在探究牛顿的研究思想时,有物理学史学者认为,牛顿将当时的原子论观点和伽利略动力学以及笛卡儿几何学三者综合地应用于对物体运动的考察,微积分是这三者结合的产物.示意如下:

- **匀加速运动**

在地面上低空区域,重力加速度近似为一常矢量 $\boldsymbol{g}$,于是,得速度矢量公式为

$$\boldsymbol{v}(t) = \boldsymbol{v}_0 + \boldsymbol{g}t, \tag{1.19}$$

进而得位矢公式为

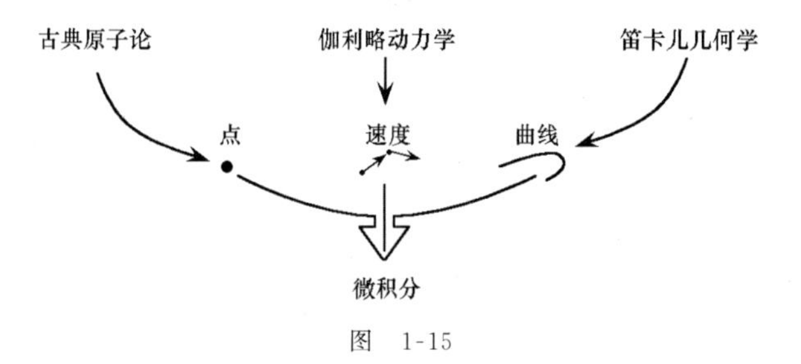

图　1-15

$$\boldsymbol{r}(t)=\boldsymbol{r}_0+\int_0^t(\boldsymbol{v}_0+\boldsymbol{g}t)\mathrm{d}t=\boldsymbol{r}_0+\boldsymbol{v}_0t+\frac{1}{2}\boldsymbol{g}t^2. \tag{1.20}$$

相应的分量表示为

$$\begin{cases}x(t)=x_0+(v_0\cos\alpha)\cdot t,\\ y(t)=y_0+(v_0\sin\alpha)\cdot t-\dfrac{1}{2}gt^2,\end{cases} \tag{1.21}$$

其中,初始位矢为 $\boldsymbol{r}_0(x_0, y_0)$,初速 $\boldsymbol{v}_0$ 与水平夹角为 α.

● 两体相遇——空中打靶

泛泛而论,两体相遇必须满足:轨道相交且同时到达交点.其数学描写如下.

设:质点 1 的运动轨道为 $\boldsymbol{r}_1(t)$,分量表示为$(x_1(t), y_1(t), z_1(t))$;质点 2 的运动轨道为 $\boldsymbol{r}_2(t)$,分量表示为$(x_2(t), y_2(t), z_2(t))$.则两质点相遇的一般条件是

$$\boldsymbol{r}_1(t)=\boldsymbol{r}_2(t),$$

或

$$x_1(t)=x_2(t),\quad y_1(t)=y_2(t),\quad z_1(t)=z_2(t).$$

以上方程若是有解,则其解给出了相遇的具体条件.

让我们讨论一个实际问题,空中打靶——设子弹和靶同时发落,为了击中靶,试求子弹初速 $\boldsymbol{v}_0(v_0, \alpha)$应当满足什么条件?考虑到,靶的出发点为 O',靶的轨道沿铅直方向,其垂足为 S,子弹出发点为 O,则 $OO'S$ 三点形成一个平面.显然,子弹初速 $\boldsymbol{v}_0$ 应当被限制在此平面(xy)内,如图 1-16.于是本题被简化为二维平面问题,以下分别采取分量解法和矢量解法.

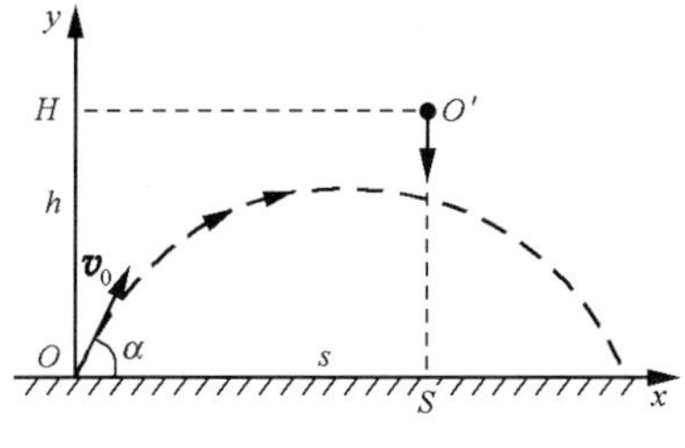

图 1-16　空中打靶

(1) 分量解法

设子弹初速(v_0,α)，初位置$(0,0)$；靶初速为 0，初位置(s,h)；两者加速度均为 $\mathbf{g}(0,-g)$. 据式(1.21)，写出子弹轨道方程：

$$\begin{cases} x_1(t)=v_0 t\cos\alpha, \\ y_1(t)=v_0 t\sin\alpha-\dfrac{1}{2}gt^2, \end{cases}$$

靶轨道方程：

$$\begin{cases} x_2(t)=s, \\ y_2(t)=h-\dfrac{1}{2}gt^2. \end{cases}$$

令 $x_1(t)=x_2(t)$，且 $y_1(t)=y_2(t)$，即

$$\begin{cases} v_0 t\cos\alpha=s, \\ v_0 t\sin\alpha=h. \end{cases}$$

由两式之比，获得 $\tan\alpha=h/s$，该式右端的几何意义正是靶点 O' 相对 O 点的仰角之正切值. 故该式表明，只要出膛时刻子弹对准目标，就有可能击中. 这是一个必要条件. 为使碰撞发生于地面上空，对子弹初速率 v_0 提出下限要求. 为此，令 $y_2(t)=0$，得 $t_{\mathrm{M}}=(2h/g)^{\frac{1}{2}}$，它是靶落到地面所需的时间. 再令 $v_0 t_{\mathrm{M}}\cos\alpha\geqslant s$，其含义是子弹运动的最大水平距离必须大于 s，这表明子弹确实在目标落地前与之相交，由此导出

$$v_0\geqslant\left(\frac{s^2+h^2}{2h}g\right)^{\frac{1}{2}}=v_{\mathrm{m}},$$

即子弹初速下限为 v_{m}. 实际的 v_0 值越大，则越早击中目标，且击中点的位置也越高. 总之，为了击中自由落体的靶，子弹的初速和仰角

(v_0,α)要分别满足上述两点要求,前者靠枪支性能,后者由射手的眼力和经验予以保证.至于击中目标的时刻和高度可由(v_0,α)值算出,留给读者自己推导.

(2) 矢量解法

设子弹与目标的轨道方程分别为 $\boldsymbol{r}_1(t)$ 与 $\boldsymbol{r}_2(t)$,两者相交的条件为

$$\boldsymbol{r}_1(t)=\boldsymbol{r}_2(t).$$

应用匀加速时的位矢公式(1.20),并考虑到子弹初位矢为零,而目标初速度为零,其初位矢为 $\boldsymbol{r}_{20}(s,h)$,有

$$\boldsymbol{r}_1(t)=\boldsymbol{v}_0t+\frac{1}{2}\boldsymbol{g}t^2,\qquad \boldsymbol{r}_2(t)=\boldsymbol{r}_{20}+\frac{1}{2}\boldsymbol{g}t^2,$$

令两者相等,其中与 $\boldsymbol{g}$ 有关的那两项恰好抵消,使得

$$\boldsymbol{v}_0=\boldsymbol{r}_{20}/t.$$

该式包含诸多内容.其一,它表明子弹初速方向 $\boldsymbol{v}_0/\!/\boldsymbol{r}_{20}$,即子弹一开始当瞄准目标方有可能击中.其二,它表明子弹初速率 $v_0=|\boldsymbol{r}_{20}|/t_0$,这里 t_0 为要求击中目标的时刻,即

$$v_0=\frac{(s^2+h^2)^{\frac{1}{2}}}{t_0}.$$

其三,击中时刻 t_0 可以人为设定,但不能晚于目标落地时刻 $t_{\mathrm{M}}=(2h/g)^{\frac{1}{2}}$,即 $t_0\leqslant t_{\mathrm{M}}$,由此给定子弹初速下限

$$v_{\mathrm{m}}=\left(\frac{(s^2+h^2)g}{2h}\right)^{\frac{1}{2}}.$$

实际速率应为 $v_0\geqslant v_{\mathrm{m}}$.

对比以上两种解法,本题矢量解法显得简捷.若再引申一步,若子弹对准动态目标,目标有初速 $\boldsymbol{v}_{20}$,则由矢量方程可得以下结果,

$$\boldsymbol{v}_0'=\frac{\boldsymbol{r}_{20}}{t_0}+\boldsymbol{v}_{20},$$

其关系显示于图 1-17.其中 $\boldsymbol{v}_0'$ 为击中目标所要求的子弹初速度,其仰角 α'当小于几何仰角.

以上关于空中打靶的分析,并未计及空气阻力和地球自转的影响,在短程射击中这一忽略是允许的.但在中远程大炮发射中必须考

量两者的作用. 计算表明,(1) 设弹丸初速 850 m/s,发射角 43°,其在真空中的射程约 73 km,而在空气阻力作用下其实际射程只有约 8 km. (2) 在北纬 45°处,向正东方向发射一炮弹,设初速850 m/s,仰角 43°,在真空中其落地点距离约 73.54 km,考虑地球自转因素后,落地点将向南偏移约 454 m,同时向东偏移 338 m.

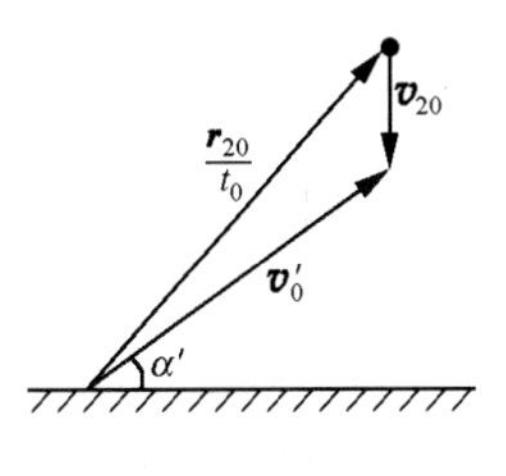

图 1-17 目标有初速度

1.7 角 速 度

在某些特定场合,引入角速度一量可以更鲜明地反映物体运动的特征. 比如,质点作圆周运动,如图 1-18,选圆心 C 作参考点,则质点位矢大小 R 不变,而其方向在不断改变. 我们不妨在轨道平面内,引出一条直线从 C 点出发,作为标定质点位置的方向角的参考轴. 在时刻 t—$t+\Delta t$ 间隔内,方向角改变(角位移)了 $\Delta\varphi$. 定义角速度

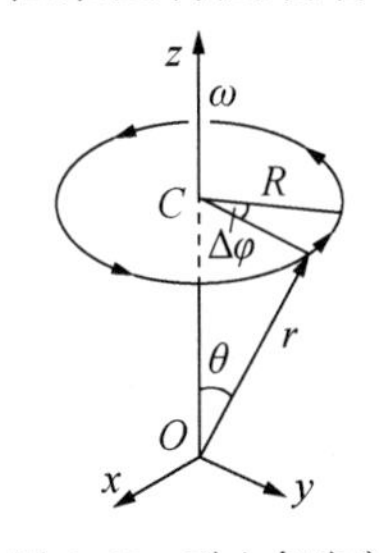

图 1-18 引入角速度

$$\omega=\lim_{\Delta t\to 0}\frac{\Delta\varphi}{\Delta t}=\frac{\mathrm{d}\varphi}{\mathrm{d}t}. \tag{1.22}$$

角速度单位是弧度/秒,记为 rad/s. 比如,一质点在一秒钟内匀速旋转 50 周,则其角速度 $\omega=100\pi$ rad/s.

下面考察角速度与线速度矢量的关系. 线速度的速率 $v=\mathrm{d}s/\mathrm{d}t$,而弧元 $\mathrm{d}s=R\mathrm{d}\varphi$,故速率

$$v=R\,\frac{\mathrm{d}\varphi}{\mathrm{d}t}=R\omega. \tag{1.23}$$

通过圆心且垂直于轨道平面的这条直线有着特殊性,称其为圆心轴或旋转轴. 选择圆心轴上任意点作为参考点,考察上述的圆周运动,其特点依然是位矢 $\boldsymbol{r}$ 大小不变,而仅改变方向. 在图 1-18 中,注意到圆周半径 $R=r\sin\theta$,于是

$$v=\omega r\,\sin\theta. \tag{1.24}$$

再考察位矢、速度和角速度三者方向的关系. 为此，首先定义角速度的方向——按右手螺旋定则，大拇指方向为 $\boldsymbol{\omega}$ 方向. 据此约定，当质点作逆时针旋转时，则 $\boldsymbol{\omega}$ 向上；作顺时针旋转时，则 $\boldsymbol{\omega}$ 向下. 图 1-18 表明

$$\boldsymbol{v} \,/\!/\, (\boldsymbol{\omega}\times\boldsymbol{r}). \tag{1.25}$$

上述三者的数值关系和方向关系，被缩并为一个公式

$$\boldsymbol{v}=\boldsymbol{\omega}\times\boldsymbol{r}. \tag{1.26}$$

该式可以作为角速度这个物理量的普遍定义式，其中隐含着旋转轴这一背景. 如果，质点在一平面上作任意曲线运动，比如椭圆运动，那就不存在一个固定的圆心轴，其轨道上的不同弧元，对应地有一个内密切圆及其圆心轴(瞬时轴)，不同时刻的这些瞬时轴均与轨道平面正交. 如果，质点作非平面运动，那这些瞬时轴的方向也随时变动.

最后，说明两点：

(1) 以上关于角速度一量的引入和阐述过程中，我们有意避开使用“转动”一词，而将它留待刚体力学中，以与“平动”相区别而提出. 对于质点运动，无所谓转动和平动. 如果选择参考点于直线轨道之外，即使质点作直线运动，其位矢方向也在改变.

(2) 角速度 $\boldsymbol{\omega}$ 的物理意义在刚体力学中得以充分体现. 其所以在此引入，是因为下一章讨论转动参考系时用它来表达某些关系更为明确.

1.8　极坐标系与自然坐标系

· 极坐标系　　　　· 自然坐标系

● 极坐标系

我们已经知道，在一个参照系中，可以选取不同的坐标系，以便对物体运动作出简明的定量分析. 泛泛而论，在三维空间中，通常被采用的坐标系有直角坐标系(x,y,z)、球坐标系(r,θ,φ)和柱坐标系(r,z,φ). 若运动被约束在一个曲面上，则坐标系被简化为二维. 比如，质点运动限定在一个球面上，便取坐标(θ,φ)来标定位置，这相当

于地球上的经纬度.又比如,质点限定在一个柱面上作螺旋曲线运动,便取坐标(z,φ)来标定位置.

若质点作平面运动,通常选取直角坐标系(x,y),或极坐标系(r,θ).极坐标系对于描述如地球绕太阳作椭圆运动这类有心力场中的运动,是相当直观与简便的.如图1-19,极坐标系的原点可以设定在椭圆轨道的一个焦点,选长轴作为参考轴以标定方向角.于是,椭圆轨道的极坐标形式为

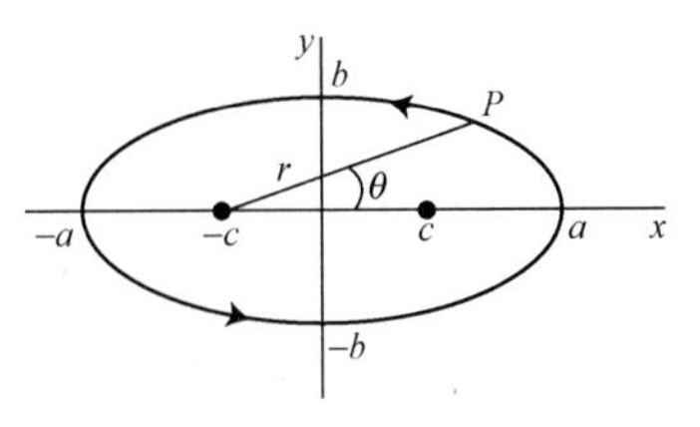

图1-19　极坐标系(r,θ)

$$r(\theta)=\frac{ep}{1-e\cos\theta},\tag{1.27}$$

其中常数 $e<1$,为椭圆的偏心率,$e=c/a$;另一个常数 $p=(1-e^2)a/e$.这里 $c=\sqrt{a^2-b^2}$,它给出了左右两个焦点位置的直角坐标,而 a,b 分别是椭圆的长半轴与短半轴.当然,实际的天文观测是以太阳为原点,选取太阳与一遥远星体的连线为参考轴,而建立起一极坐标系来考察地球的公转,经推算和换算,以检验与理论公式(1.27)的一致性.

在极坐标系中,如果已知质点运动轨道方程 $r=r(t),\theta=\theta(t)$,便可以对先前定义的径向速度 v_r 和横向速度 v_θ 给出明确的定量表示.兹说明如下,见图1-20.设 $\boldsymbol{e}_r$ 和 $\boldsymbol{e}_\theta$ 分别表示径向和横向的单位矢量,应注意到 $\boldsymbol{e}_r$ 和 $\boldsymbol{e}_\theta$ 是随时间变化的,表示为 $\boldsymbol{e}_r(t),\boldsymbol{e}_\theta(t)$.让我们展开瞬时速度矢量,

$$\boldsymbol{v}=\frac{\mathrm{d}\boldsymbol{r}}{\mathrm{d}t}=\frac{\mathrm{d}(r\boldsymbol{e}_r)}{\mathrm{d}t}=\frac{\mathrm{d}r}{\mathrm{d}t}\boldsymbol{e}_r+r\frac{\mathrm{d}\boldsymbol{e}_r}{\mathrm{d}t},$$

注意到图(b)显示了 $\mathrm{d}\boldsymbol{e}_r=\mathrm{d}\theta\cdot\boldsymbol{e}_\theta$,于是

$$\boldsymbol{v}=\frac{\mathrm{d}r}{\mathrm{d}t}\boldsymbol{e}_r+r\frac{\mathrm{d}\theta}{\mathrm{d}t}\boldsymbol{e}_\theta.\tag{1.28}$$

显然,第一项表示径向速度 $\boldsymbol{v}_r$,第二项表示横向速度 $\boldsymbol{v}_\theta$,其量值分别为

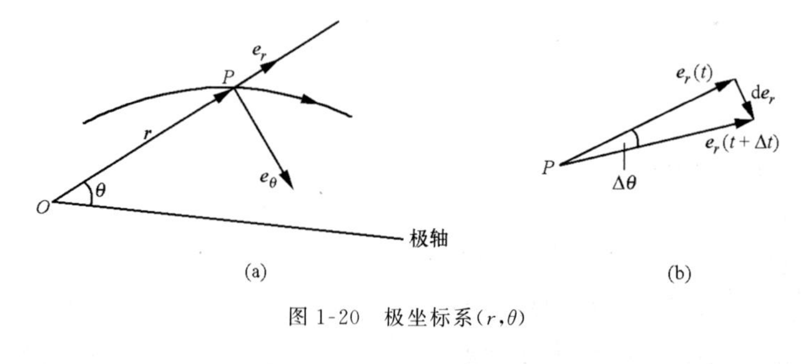

图 1-20 极坐标系(r,θ)

$$v_r = \frac{\mathrm{d}r}{\mathrm{d}t}, \quad v_\theta = \frac{\mathrm{d}\theta}{\mathrm{d}t}r = \omega r. \tag{1.29}$$

从中也可以看出角速度的一个物理意义,它与横向线速度 v_θ 相对应. 这也说明,角速度的描述适用于质点作任意曲线运动的场合,且用以标定角间隔 $\mathrm{d}\theta$ 的参考点 O 可自由选择,而 $v_\theta = \omega r$ 关系总是成立的.

● 自然坐标系

若质点运动的轨道是已知曲线,我们可以在轨迹上任选一点 O 为原点,把轨迹看作一有向曲线,以原点到质点的路径长度 s 作为质点位置的坐标,这种坐标被称作自然坐标,或曲线坐标,如图 1-21(a). 在自然坐标表示下,轨道方程被表达为 $s=s(t)$. 取自然坐标对考察质点运动的速度或加速度的变化有方便之处,有时显得更为直截了当. 这是因为,瞬时速度矢量或瞬时加速度矢量取决于此时刻质点邻近微路径的性质,与质点位置的坐标表示方式无关,也与远处的轨迹形态无关.

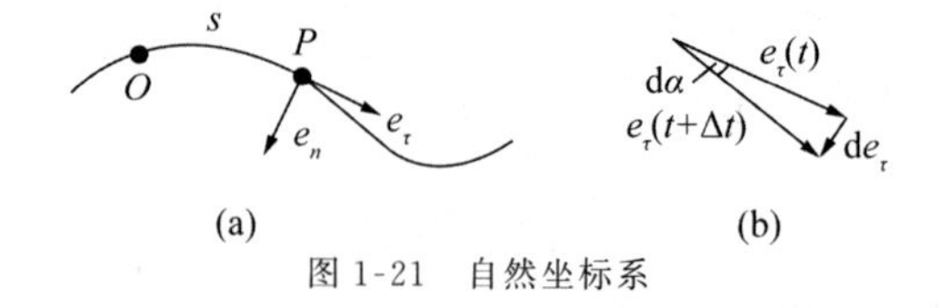

图 1-21 自然坐标系

在自然坐标基础上,再跟随质点取两个特征方向构成一个局域坐标架. 自然坐标和局域坐标架一起构成自然坐标系. 一般取轨迹在该点的切线方向和法线方向为两个特征方向，这对分析瞬时加速度显得直观自然. 对此说明如下. 见图(a)，设 $\boldsymbol{e}_\tau$，$\boldsymbol{e}_n$ 分别表示切向和法向的单位矢量，应注意到它俩随时在变化，即 $\boldsymbol{e}_\tau(t)$ 和 $\boldsymbol{e}_n(t)$. 让我们展开瞬时加速度矢量，

$$\boldsymbol{a}=\frac{\mathrm{d}\boldsymbol{v}}{\mathrm{d}t}=\frac{\mathrm{d}(v\boldsymbol{e}_\tau)}{\mathrm{d}t}=\frac{\mathrm{d}v}{\mathrm{d}t}\boldsymbol{e}_\tau+v\frac{\mathrm{d}\boldsymbol{e}_\tau}{\mathrm{d}t},$$

注意到图(b)显示 $\mathrm{d}\boldsymbol{e}_\tau=\mathrm{d}\alpha\boldsymbol{e}_n$，这里 $\mathrm{d}\alpha$ 是 $\boldsymbol{e}_\tau(t)$ 与 $\boldsymbol{e}_\tau(t+\Delta t)$ 之间的夹角，也正是微路径 $\mathrm{d}s$ 对其内切圆所张的圆心角，其数值可表示为 $\mathrm{d}\alpha=\mathrm{d}s/\rho$，其中 ρ 为密切圆的曲率半径，当然一般情况下 ρ 随时在变. 于是，

$$\boldsymbol{a}=\frac{\mathrm{d}v}{\mathrm{d}t}\boldsymbol{e}_\tau+v\frac{\mathrm{d}\alpha}{\mathrm{d}t}\boldsymbol{e}_n. \tag{1.30}$$

显然，第一项表示切向加速度，第二项表示法向加速度. 前者反映速率的改变率，后者反映速度方向的改变率. 注意到微路径(弧元) $\mathrm{d}s=v\mathrm{d}t$，故 $\mathrm{d}\alpha/\mathrm{d}t=v/\rho$，于是，切向加速度和法向加速度的量值分别为

$$a_\tau=\frac{\mathrm{d}v}{\mathrm{d}t},\qquad a_n=v\frac{\mathrm{d}\alpha}{\mathrm{d}t}=\frac{v^2}{\rho}. \tag{1.31}$$

其实，以上结果在这之前均已获得，眼下借助自然坐标系导出它们，显得更为理论化而已. 不过，意识到可以沿轨道曲线建立坐标系而描述运动和表达力学规律，这一点是重要的. 自然坐标系的运用及其优越性将在理论力学中得以展现，本课程仅限于简单介绍.

习　　题

1.1　已知质点位矢随时间变化的函数形式为

$$\boldsymbol{r}=R(\boldsymbol{e}_i\cos\omega t+\boldsymbol{e}_j\sin\omega t),$$

其中 ω 为常量. 求(1) 质点的轨道；(2) 速度和速率.

1.2　已知质点位矢随时间变化的函数形式为

$$\boldsymbol{r}=4t^2\boldsymbol{e}_i+(3+2t)\boldsymbol{e}_j.$$

求(1) 质点的轨道；(2) 从 $t=0$ 到 $t=1$ 的位移；(3) $t=0$ 和 $t=1$ 两时刻的速度.

1.3　站台上一观察者，在火车开动时站在第一节车厢的最前

端，第一节车厢在 $\Delta t_1 = 4.0\ \text{s}$ 内从他身旁驶过. 设火车作匀加速直线运动，问第 n 节车厢从他身旁驶过所需的时间间隔 Δt_n 为多少？令 $n=7$，求 Δt_n.

1.4　半径为 R 的轮子沿 $y=0$ 的直线作无滑动滚动时，轮边缘一质点的轨迹为旋轮线（见图），其方程为

$$\begin{cases} x = R(\theta - \sin\theta), \\ y = R(1 - \cos\theta). \end{cases}$$

求该质点的速度；设当 $d\theta/dt = \omega$ 为常量时，找出速度为 0 的点.

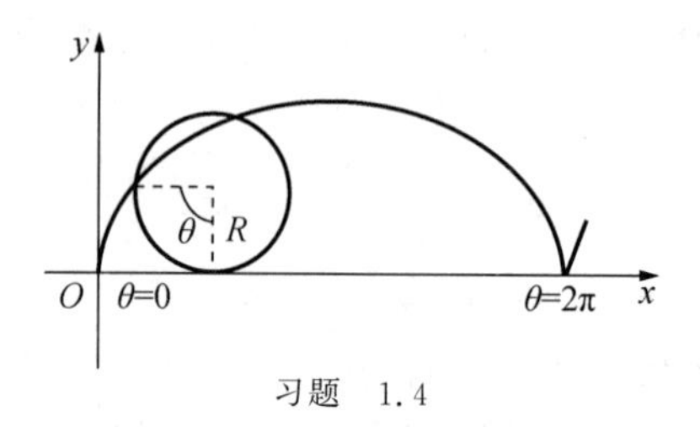

习题　1.4

1.5　路灯距地面的高度为 h_1，一身高为 h_2 的人在路灯下以匀速 v_1 沿直线行走. 试证明人影的顶端作匀速运动，并求其速度 v_2.

1.6　如图所示，一人站在河岸上（岸高 h），手握绳之一端，绳的另端系一小船. 那人站着不动，以手收绳. 设收绳速率 v_0 恒定，求当绳与水面的夹角为 θ 时，船向岸靠拢的速度 v.

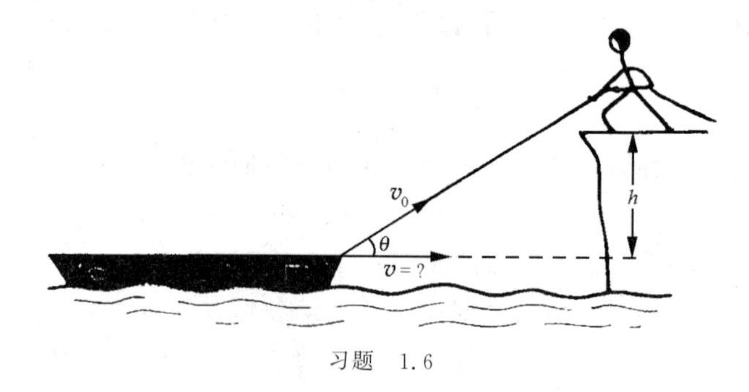

习题　1.6

1.7　试从哈勃定律计算星系距离或退行速度.

(1) 已知室女星系团中央附近的 M87 星系的退行速度为

1180 km/s,求它离我们多远.

(2) 后发星系团距离为 113 Mpc,求其退行速度.

(3) 类星射电源 OQ172 有巨大红移. 如果红移是由多普勒效应引起的(参见第 9 章),则它的退行速度为 $0.91c$,c 是光速. 该射电源离我们多远?

1.8 一杂技演员能把 5 个球一个接一个地上抛到高 3.0 m 处,使这 5 个球都保持在空中运动. (1) 试确定相继两次抛球的时间间隔;(2) 试求当一个球即将落到手上时,另外几个球的高度,设球在手中停留时间可忽略.

1.9 设 α 为由炮位所在处观看靶子的仰角,β 为炮弹的发射角. 试证明:若炮弹命中靶点恰为弹道的最高点,则有 $\tan\beta=2\tan\alpha$.

1.10 如图,大炮向小山上开火,此山的山坡与地平线的夹角为 α,试求发射角 β 为多大时炮弹沿山坡射得最远.

习题　1.10

1.11 一弹性球直落在一斜面上,下落高度 $h=20$ cm,斜面对水平的倾角 $\theta=30°$,问它第二次碰到斜面的位置距原来的下落点多远(假设小球碰斜面前后速度数值相等,碰撞时入射角等于反射角)?

1.12 质点在半径为 10 m 的圆轨道上运动,其切向加速度大小为 0.20 m/s^2. $t=0$ 时,质点从某点出发,初速为零,求 $t=10$ s 时的法向加速度和总加速度.

1.13 地球的自转角速度最大增加到若干倍时,赤道上的物体仍能保持在地球上而不致离开地球? 已知现在赤道上物体的向心加速度约为 3.4 cm/s^2,设赤道上重力加速度为 9.80×10^2 cm/s^2.

1.14 已知子弹的轨迹为抛物线,初速为 $\boldsymbol{v}_0$,并且 $\boldsymbol{v}_0$ 与水平面的夹角为 θ. 试分别求出抛物线顶点及落地点处的曲率半径.

1.15 飞机以 $v_0=100$ m/s 的速度沿水平直线飞行,在离地面高 $h=98$ m 时,驾驶员要把物品投到前方某一地面目标上,问:投放物品时,驾驶员看目标的视线和竖直线应成什么角度? 此时目标距飞机在下方地点多远?

1.16 设将两物体 A 和 B 分别以初速 $\boldsymbol{v}_A$ 和 $\boldsymbol{v}_B$ 抛掷出去. $\boldsymbol{v}_A$ 与水平面的夹角为 α, $\boldsymbol{v}_B$ 与水平面的夹角为 β. 试证明：在任何时刻物体 B 相对物体 A 的速度是常矢量.

1.17 一物体和探测气球从同一高度竖直向上运动，物体初速为 $v_0=49.0\ \mathrm{m/s}$，而气球以速度 $v=19.6\ \mathrm{m/s}$ 匀速上升，问气球中的观察者分别在第二秒末、第三秒末、第四秒末测得物体的速度各多少？

1.18 质点沿 x 轴正向运动，加速度 $a=-kv$，k 为常数. 设从原点出发时速度为 v_0，求运动方程 $x=x(t)$.

1.19 跳水运动员自 10 m 跳台自由下落，入水后因受水的阻碍而减速，设加速度 $a=-kv^2$，$k=0.4\ \mathrm{m^{-1}}$. 求运动员速度减为入水速度的 1/10 时的入水深度.

2 牛顿力学的基本定律

2.1 牛顿以前的力学

· 概述 · 开普勒——天体立法者 · 伽利略——近代科学之父

● 概述

物理学及其他自然科学均经历了缓慢而漫长的发展阶段，特别是欧洲经历了中世纪的黑夜之后，随着生产的发展和文艺复兴运动带来的思想解放，科学以不可阻挡的力量蓬勃兴起，并以神奇的速度发展，形成了科学革命的崭新形势. 1543 年，哥白尼《天体运行论》的印刷出版，标志着一个新世界观的问世，开始了向近代科学的真正过渡，并促进科学大踏步向前迈进. 这一进程到牛顿之前，很多人对力学的发展作出了贡献，代表性的成就是，开普勒奠定了经典天文学的基础，伽利略奠定了经典力学的基础.

● 开普勒——天体立法者

开普勒(1571—1630)家境贫寒，一生艰辛，凭借勇于创新、执着探索的可贵精神，在天体运动研究上取得了辉煌成就，这就是著名的行星运动三定律.

第一定律：所有行星分别在大小不同的椭圆轨道上围绕太阳运

动，太阳位于椭圆的一个焦点上. 这称为轨道定律.

第二定律：每一行星的矢径(行星中心到太阳中心的连线)在相等的时间内扫过相等的面积. 这称为面积定律.

第三定律：行星绕太阳运动的周期 T 的二次方与该行星的椭圆半长轴 r 的三次方成正比，即 $T^2 \propto r^3$. 这称为周期定律.

开普勒发现这些定律，经历了艰苦的探索历程. 其间，1600 年他成为“星学之王”第谷的助手，是一个转折点. 第谷有一双明亮的眼睛，为了编制包括一千个天体的星表，二十余年如一日持续观测，积累了大量可靠资料，测量误差不超过 2 弧分. 第谷 1601 年去世，这笔宝贵的科学财富就留交给了开普勒. 而他和第谷犹如天文学中一对互补的双星. 靠丰富的想象和出色的理论概括，开普勒从第谷的资料中发现了真理. 但在当时的条件下，发现真理决非易事. 首先，计算正确的轨道需要两个定点作为参考. 第一个当然是太阳. 第二个定点在哪里？开普勒巧妙地用“动中取静”的办法，将火星每隔 687 天经过的同一点选为定点. 其次，计算结果发现存在 8 弧分误差，而第谷数据的误差不允许大于 2 弧分. 这 8 弧分误差如果放过，就等于放过了行星运动定律. 顽强的探索使开普勒突破了匀速运动和圆轨道两个传统观念的束缚，于是误差消除，第一、第二定律随之诞生. 想象和直觉第三次引导开普勒，使他感到还有秘密：杂散的数据中应该有统一，不协调中应该有和谐. 又经过九年的辛勤思索和反复计算，终于又发现：如果将地球的周期和轨道半长轴都设为 1 个单位，则所有行星的 T^2 都等于 r^3(见表 2.1)，这就是第三定律.

表 2.1　行星轨道参数

行　星	偏心率 e	r^3($r_{地}=1$)	T^2($T_{地}=1$)
水　星	0.206	0.058	0.058
金　星	0.007	0.378	0.378
地　球	0.017	1.000	1.000
火　星	0.093	3.540	3.537
木　星	0.048	141.0	140.7
土　星	0.055	878.1	867.7

开普勒的最后一次探索，是猜想行星运动定律只是某一个更普

遍定律的表现,并着手从物理原因,即太阳的作用去寻找这个定律.开普勒没有完成这次探索,但方向无疑是正确的.他不愧为天体力学的奠基人.

• 伽利略——近代科学之父

伽利略(1564—1642)是科学史上一位特别的人物,他因捍卫和宣传哥白尼学说,于1633年被罗马教廷判为终身监禁,三百多年后的1979年宣布平反昭雪.他开创新科学、追求真理的精神和对人类文明的贡献,永远为后人所景仰.

伽利略对科学最重要的贡献,是倡导新的科学思想和科学研究方法.他认为自然界是一个有秩序的服从简单规律的整体,要了解大自然,就必须进行系统的、定量的实验观测,找出精确的数量关系.为此,他倡导了数学与实验相结合的研究方法.这种方法的一般步骤是:先从现象中提取主要的直观认识,并用数学公式表示出来,以建立量的概念;再从公式出发根据数学导出另一易于为实验证实的数量关系;然后通过实验证实这种数量关系.显然,基于这种方法论,进行科学实验以检验科学假设的正确与否,这是伽利略及他以后的科学不断取得重大成就的源泉.

伽利略在他的新思想和新方法的指引下,为研究落体运动而设计斜面实验,获得了惯性原理及力与加速度的新概念.他得出的结论是:“一个运动的物体,假如有了某种速度以后,只要没有增加或减小速度的外部原因,便会始终保持这种速度.”这样,伽利略第一次提出惯性概念,破除了力是运动原因的旧概念.他通过匀加速运动实验,第一次把外力和“引起加速或减速的外部原因”联系起来,确认物体速度包括其大小或方向的改变是由于力的作用,确立了落体作匀加速运动的规律.这些重要结论,为牛顿力学理论体系的建立奠定了基础.完整的惯性原理是伽利略逝世两年后由笛卡儿表述的.牛顿在《自然哲学的数学原理》一书中高度评价了伽利略对牛顿第一、第二定律所作的开创性工作.

伽利略还提出了惯性参考系概念,这一原理后来由爱因斯坦确定为伽利略相对性原理.伽利略在天文学等方面也做了很多工作.他为人类思想的解放和文明的发展作出了划时代的贡献.

伽利略和开普勒是朋友,两人长期书信来往而从未谋面.这两位科学伟人从来没有真正合作过,开普勒不知道伽利略的惯性定律,还保持着要维持运动就必须有力的不断作用这种旧观念;而伽利略仍然保留着行星沿圆轨道匀速运动的传统概念,并不理解开普勒定律.当开普勒的行星运动定律与伽利略的力学相结合时,历史便产生了牛顿.

2.2 牛顿运动定律

- 概述
- 牛顿第一定律——惯性定律
- 牛顿第二定律——力和质量的定义与量度
- 牛顿第三定律——作用力与反作用力
- 物理定律中的抽象与定义

• 概述

在前人研究成果的基础上,牛顿创造性地以严整的理论体系,建立了关于物体运动的三个定律和万有引力定律.两者,如同互相支撑的两大基石,构成了经典力学和天文学.牛顿的旷世名著《自然哲学的数学原理》第一版于1687年7月问世,时距1664年牛顿开始思考天体运动并进行草算已23年.我们从中学开始已经熟悉牛顿定律,并且演算了相当数量的习题.这里着重从科学思想和逻辑推理的层面,扼要地阐释牛顿运动定律.

• 牛顿第一定律——惯性定律

其经典表述是,物体将保持自己的运动状态,直至受到他物的作用.此表述虽然简短,而内涵却相当丰富,从中可引发出三个问题.其一,采用什么物理量来描述物体的运动状态,以使运动状态的改变具有明确意义?其二,采用什么物理量来体现他物的作用,以使这种作用与运动状态的改变之关系有个明确的定量表达?其三,物体具有保持自己运动状态不变的内在属性——惯性,是否可以用一个物理量给予度量？这三点，在随后的牛顿第二定律中得以完满地解决. 牛顿第一定律，亦被称为惯性定律. 在惯性定律的表述中，还涉及一个更为基本的问题即参照系问题. 按惯性定律，自由物体不受他物作用，则静者恒静，动者恒作匀速直线运动，那么这是对哪个参照系而言？众所周知，一个匀速直线运动，在某一个参照系看来可能就是变速曲线运动. 可见，惯性定律的表述本身就连系着一个特殊的参照系——惯性定律成立的参照系，简称为惯性系. 不论现实宇宙中是否存在这样一个惯性系，以上论述业已表明，由惯性定律作为奠基的牛顿运动理论，是在惯性系这一框架中被确立的.

● 牛顿第二定律——力和惯性质量的定义和量度

物体间相互作用的方式是多种多样的，其内部机制也是复杂微妙的，诸如碰撞、冲击、锻压、推动、拉拽、摩擦、吸引和排斥，等等. 受到他物作用的物体将改变自己的运动速率或运动方向，即获得一个加速度. 牛顿在理论上的高明之处在于，将物体间复杂多样的相互作用，抽象为一个力 $\boldsymbol{F}$. 即力被定义为物体间的一种相互作用. 他物的作用被体现为一个力，导致受力物体获得一个加速度 $\boldsymbol{a}$. 这一点，是有许多日常力学现象作为实验基础的. 至于两者的定量关系，$\boldsymbol{a}$ 正比于 $\boldsymbol{F}$，即

$$\boldsymbol{a} \propto \boldsymbol{F}. \tag{2.1}$$

这在实验上是无法表明的.

让我们作一个审核实验，如图 2-1，审视

$$\frac{a_2}{a_1} = \frac{F_2}{F_1}$$

是否成立. 显然，左端加速度一量的度量问题在运动学中已经解决；而右端两力的比值却是未知的，因为力 $\boldsymbol{F}$ 的度量问题在此之前从未论及. 这很自然，力 $\boldsymbol{F}$ 作为物体间相互作用的抽象和体现，它刚被引进，其度量问题正待解决——那就以所产生的加速度的量值来度量力. 这里许可有各种选择的自由. 其中，选择线性关系 $F \propto a$，是合理的，也是最明智的. 唯有这样，力的叠加原理才成立，以与加速度的叠加原理相匹配，从而许可人们在解决实际力学问题时对 $\boldsymbol{F}$ 或 $\boldsymbol{a}$ 实行

合成与分解.如果选择非线性关系,则力的叠加原理不再成立,力学理论的推进将艰难颇多,其理论形式也将是另外一种面貌了.还有一个方向问题,定义力的方向 $\boldsymbol{F}/\!/\boldsymbol{a}$ 是合理的,这满足空间的轴对称性.总之, $\boldsymbol{F}\propto\boldsymbol{a}$ 关系的建立,既有一定的实验基础,又包含定义成分.

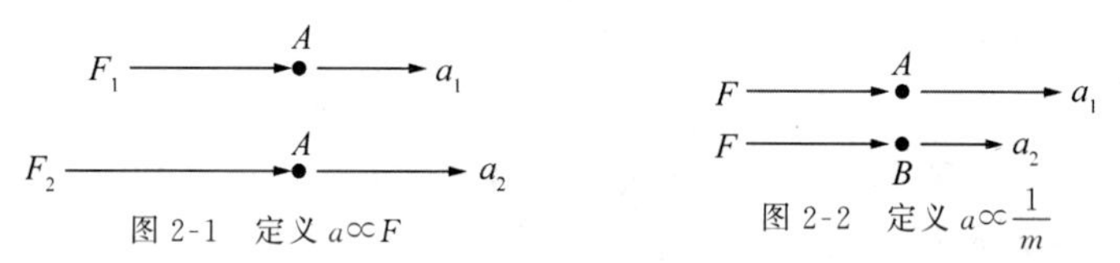

图 2-1　定义 $a\propto F$

图 2-2　定义 $a\propto\frac{1}{m}$

同样,对于物体惯性也有一个定义与量度问题.在图 2-2 所示的审核实验中,取两个不同质点,先后受到同一个力作用,分别测得两个数值不等的加速度 a_1 与 a_2.加速度大者惯性小,加速度小者惯性大.引入惯性质量 m,以定量地表示物体的惯性.至于 m 与 a 是一个什么定量关系,那是一个自由选择的问题,只要不违背 a 大 m 小之定性关系.这是因为质量 m 是第一次出现的物理量,此前其量度问题尚未涉及,故并无限定.选择一次方反比关系:

$$\frac{a_2}{a_1}=\frac{m_1}{m_2}\quad \text{即}\quad m\propto\frac{1}{a},\tag{2.2}$$

是合理的,也是明智的.

综合(2.1)与(2.2)式,在国际单位制中,牛顿第二定律的表达式为

$$\boldsymbol{F}=m\boldsymbol{a}.\tag{2.3}$$

质量单位为“千克”,记作 kg,系基本单位.力的单位系导出单位,其量纲为 $\mathrm{kg\cdot m/s^2}$,称为“牛顿”,简称牛,记作 N.质量单位的实物基准是一个铂铱“千克原器”,按 1889 年第 1 届国际计量大会规定的条件,被保存在国际计量局(巴黎).为了避免与“重量”一词在通常使用时意义上的混淆,1901 年第 3 届国际计量大会规定:千克是质量(而非重量)的单位,它等于国际千克原器的质量.

● 牛顿第三定律——作用力与反作用力

其表述为：两物体的相互作用力 $\boldsymbol{F}_1$ 与 $\boldsymbol{F}_2$，彼此方向相反且数值相等. 该定律可以由两体碰撞的实验结果来确立，也可以由对称性分析导出. 见图 2-3，设碰撞前后两体速度改变量，分别为 Δv_1，Δv_2，实验上发现以下关系，

$$m_1\Delta v_1 + m_2\Delta v_2 = 0,$$

两边除以 Δt，于是有

$$m_1\frac{\Delta v_1}{\Delta t} + m_2\frac{\Delta v_2}{\Delta t} = 0 \quad 即 \quad m_1a_1 + m_2a_2 = 0.$$

应用牛顿第二定律，得

$$\boldsymbol{F}_1 = -\boldsymbol{F}_2. \tag{2.4}$$

实验总是有误差的，而由对称性分析导出的结论是纯净的. 我们知道，点模型与空间各向同性相联系. 一旦存在两个质点，则相联系的物理性质便具有轴对称性，对称轴为两点之连线. 结论是，一对力 $\boldsymbol{F}_1$ 与 $\boldsymbol{F}_2$ 方向必然沿轴线. 再分析"左右对称性"，如图，从前面看(下方空心箭头示意)，左右两侧力矢量 $\boldsymbol{F}_1$ 与 $\boldsymbol{F}_2$ 的状态，当与后面看(上方空心箭头示意)，左右两侧力矢量 $\boldsymbol{F}_1$ 与 $\boldsymbol{F}_2$ 的状态相同. 结论是，只有当 $\boldsymbol{F}_1 = -\boldsymbol{F}_2$，才符合这一对称性要求. 若 $\boldsymbol{F}_1$ 与 $\boldsymbol{F}_2$ 或方向相同，或数值不等，均违背对称性要求.

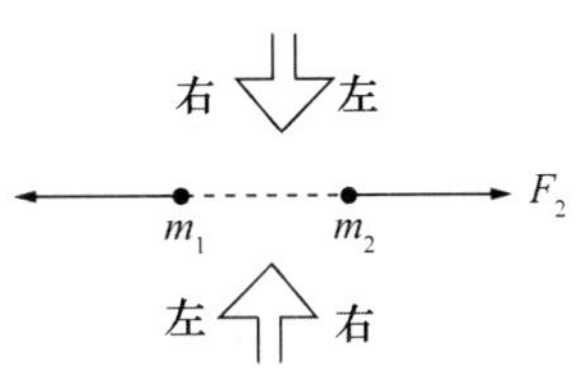

图 2-3　对称性导出 $\boldsymbol{F}_2 = -\boldsymbol{F}_1$

● 物理定律中的抽象与定义

从以上对牛顿运动定律的诠释中，我们看到了抽象与定义在物理学理论的建立与发展中起着多么巨大的作用. 对惯性系的假设，对力作为物体间相互作用的一个抽象，以及对力和惯性质量的度量的定义，构成了牛顿力学逻辑严谨的理论体系，因而被公认为物理学理论首创的典范. 不要一见"定律"一词，就以为其内容完全地由实验表明. 自然科学岂止不排斥抽象与定义！伟大的科学理论及其理论形式的构建，常常起始于卓绝的抽象与精当的定义，它们源于科学家对未

知的复杂事物，包括实验现象，一番深邃的缜密的反复的思考和分析. 牛顿运动理论及其展示的理论形式，三百多年来对物理学和自然科学乃至人类文明，一直有着深刻的影响.

2.3　几种常见的力

· 重力　　· 弹性力　　· 摩擦力　　· 力的分类

● 重力

根据牛顿运动定律去研究各种各样的运动，方法是通常所说的隔离法，其要点是分析力. 常见的力中，为人们所熟悉的一种力是重力. 在地球表面附近，质量为 m 的物体受到的重力方向垂直水平面向下，大小为

$$F = mg, \tag{2.5}$$

其中 g 是重力加速度. 重力是地球引力的表现，根据后面述及的万有引力定律，可以求得

$$g = \frac{GM}{R^2}, \tag{2.6}$$

其中 M 是地球质量，R 是地球半径，G 是引力常量.

● 弹性力

在力学问题中经常接触到的另一类具体的力是弹性力. 两弹性固体相互接触时施加的作用力是弹性力，绳中的张力也是一种弹性力. 弹性力常用线性弹簧的弹性力来代表. 一劲度系数为 k、自由长为 l_0 的弹簧和物体相连，当弹簧处于自然长度时，物体不受弹性力作用，这一点称为平衡位置. 以平衡位置为坐标原点，则当弹簧伸长量或压缩量为 x 时，物体受弹簧作用力的大小为

$$F = -kx, \tag{2.7}$$

其中负号表示力的方向与位移 x 反向，即始终指向平衡位置. 这一公式称为胡克定律. 它反映了弹簧力是一种线性恢复力，这只是在弹簧形变于一定限度内才成立.

● 摩擦力

摩擦力是日常生活离不开的一种力.它的规律比重力和弹性力要复杂.图 2-4 中，A,B 两物体互相接触,则在接触面上沿切线方向可能存在摩擦力 f. f 的大小与材料、表面粗糙程度、A,B 之间正压力的大小及相对运动情况等多种因素有关.简单情况下,将摩擦力区分为滑动摩擦和静摩擦.当 A 与 B 有相对运动趋势但还没有发生相对运动时,f 取决于 A 物体所受的力 F,此时根据牛顿第二定律可知 $f=F$,称其为静摩擦力,它是对外力作用作出响应的一个较为隐蔽的力.然而,这静摩擦力存在一个最大值 f_0.当正压力为 N,则 f 的最大值 $f_0=\mu_0 N$. μ_0 称为静摩擦因数.当 A 与 B 有相对运动,A 所受摩擦力方向与它的速度方向相反,大小为

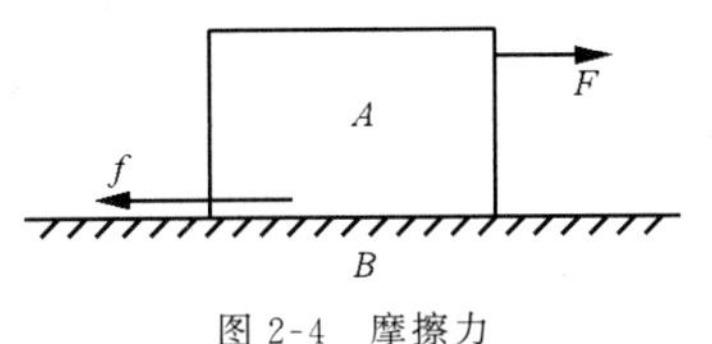

图 2-4　摩擦力

$$f=\mu N, \tag{2.8}$$

μ 称为滑动摩擦因数,一般情况下它是一常数,且 $\mu<\mu_0$.不同材料之间的 μ 及 μ_0 值参见表 2.2.

表 2.2　材料的摩擦因数

材　　料	μ_0	μ
鞋—冰面		0.05
木—皮革	0.4	0.3
木—木	0.4	0.3
钢—木	0.5	0.4
钢—钢	0.5	0.4
汽车轮胎—水泥地面	1.0	0.7

● 力的分类

实际力学问题中存在各种性质的力.除了上述几种常见的力,还有电磁力,分子力,流体中的浮力、黏性力,以及原子核内部的核力,等等.同时为了研究方便,人们常从不同角度将力分为各种类型,例如保守力、非保守力、耗散力;主动力、被动力;冲击力、持续力;约束力,等等.摩擦力的大小方向取决于物体所受其他力作用的情况,因而称为被动力.重力、弹性力则是主动力.不同的分类将在以后的讨

论中接触到.从根本上讲,目前自然界各种形式的力都归结为四种基本的相互作用力,它们是:引力,电磁力,强相互作用力(核力),弱相互作用力.这四种基本相互作用也按相对作用强度分类:核力最强,电磁力次之,引力最弱;或者按作用力程分类:引力和电磁力是长程力,其余两种是短程力.

力是牛顿力学的核心概念.不论是解决具体的力学问题,还是揭示自然界的根本规律,都从认识力开始.所以人们说,物理学的开始是力学.

2.4 万有引力定律

- 从运动现象研究力——万有引力定律的建立
- 定律的表述与引力常数的测定
- 万有引力的可加性和几何性

• 从运动现象研究力——万有引力定律的建立

牛顿在《自然哲学的数学原理》的前言中说:“我奉献这一作品,作为哲学的数学原理,因为哲学的全部责任似乎在于——从运动的现象去研究自然界中的力,然后从这些力去说明其他现象.”万有引力定律的建立,体现了牛顿“从运动现象研究力,从力去说明其他现象”这一研究方法的完整过程.

当时已知的六大行星,其偏心率 e 除水星外都不大(见表 2.1),可把行星轨道近似看作圆形.根据面积定律,行星应作匀速率圆周运动,其向心加速度据(1.14)式应为

$$a_n = \frac{v^2}{r}.$$

对圆轨道,周期为 $T=2\pi r/v$;再根据周期定律,$r^3/T^2=K$,K 为与行星无关而与太阳有关的常量.代入上式得

$$a_n = \frac{4\pi^2 K}{r^2}. \tag{2.9}$$

根据牛顿第二定律,即得行星受到的向心力为

$$f = \frac{4\pi^2 mK}{r^2}.$$

这说明,开普勒第三定律实际上向人们提示这样的结论：一个行星所受到的向心力与其质量成正比,与它到太阳距离的二次方成反比.但如果没有力、质量、加速度及其相互关系的确切概念,这一结论很难被揭示出来.

进一步看,应当遵循伽利略的研究方法,从这一结论导出可供定量检验的结果.牛顿认为这种吸引力是“万有”的,即普适的、统一的.因此地球对月亮、对地面重物的吸引也应遵从上述结论.于是月球绕地球沿圆轨道运动的向心加速度,按(2.9)式应是

$$\frac{v^2}{\rho}=\frac{4\pi^2 K_E}{\rho^2},$$

其中 ρ 是地月距离,K_E 是与地球有关的常量.类推地面物体,如果物体以足够大的水平速度射出,它就能不落地而绕地球作圆周运动,g 就是它的向心加速度.设地球半径为 R,则

$$g=\frac{4\pi^2 K_E}{R^2}.$$

从这两式消去 K_E,再将 $v=2\pi\rho/T$ 代入,就得

$$\frac{\rho^3}{T^2}=\frac{R^2 g}{4\pi^2} \quad 或 \quad \frac{4\pi^2\rho}{gT^2}=\frac{R^2}{\rho^2}, \tag{2.10}$$

其中 $T=27.3$ 天是月球绕地球运动周期.早在公元前 2 世纪,古希腊天文学家已测得 $\rho=60R$.据此推算,月球的向心加速度应是 g 值的 1/3600,(2.10)式中 $4\pi^2\rho/T^2$ 就是月球的向心加速度.只要测得地球半径,就可以检验(2.10)式是否正确.现代的数据 $R\approx6400$ km,$\rho=3.84\times10^5$ km,$g=9.8$ m/s^2,代入这些数据显然符合(2.10)式.牛顿获得了地球半径的准确数据之后,肯定了这一结果,证明了万有引力的假设是正确的.牛顿在这一过程中使用的方法,一直沿用到今天.而他追求自然界的统一、相信宇宙万物存在最基本的统一规律这种信念,始终引导着物理学前进的方向.

- **定律的表述与引力常数的测定**

万有引力定律表述如下：任何两物体 1 和 2 间都存在相互作用的引力,力的方向沿两物体的连线,力的大小 f 与物体的质量 m_1 和

m_2 的乘积成正比，与两者之间的距离 r_{12} 的二次方成反比，即

$$f = \frac{Gm_1m_2}{r_{12}^2}, \tag{2.11}$$

其中 G 是与物质无关的普适常量，称为引力常量. 现代(2006 年)国际科技数据委员会推荐的数值为

$$G = 6.674\,28(67) \times 10^{-11}\ \mathrm{m^3/(kg \cdot s^2)}.$$

基本物理常数的精确测定非常重要. 牛顿发表万有引力定律之后的一百多年，卡文迪许于 1798 年用扭秤实验第一个精确测定了 G 值，当时的结果为 $6.754 \times 10^{-11}\ \mathrm{N \cdot m^2/kg^2}$. 几个世纪以来人们一直在努力用各种方法提高测量精度，但由于引力太弱，又不能屏蔽其他物体的干扰，因此万有引力常量到目前为止仍是测得最不精确的一个基本物理常量.

- **万有引力的可加性和几何性**

万有引力定律(2.11)式含有引力的两个重要性质，其中之一是引力的线性叠加性或称可加性，即引力满足线性叠加原理. 它的意思是说，质点 M 受到多个质点 $m_i(i=1,2,\cdots)$ 的引力作用时，M 受到的总的引力是各质点单独存在时 M 所受引力的矢量和

$$\boldsymbol{F} = \boldsymbol{F}_1 + \boldsymbol{F}_2 + \cdots + \boldsymbol{F}_i. \tag{2.12}$$

其中 $\boldsymbol{F}_1$ 是 M 受到的 m_1 的吸引力，余依次类推.

根据这一性质，可以得出两个有用的结论：(1) 密度均匀的球体对球外质点的引力，等效于球体质量全部集中于球心时施予球外质点的引力. 这一结论可根据万有引力定律和(2.12)式用积分法证明. 在计算地球对地面物体的引力时，就是用这一结论计算的. 这一结论还可以推广到密度均匀的球壳以及球体密度是分壳层均匀的情形. (2) 密度均匀的球壳对它内部任一质点的引力为零. 这个结论仍然可以用积分法证明.

万有引力的另一个重要性质是它的几何性.

考察在地面附近下落的质量为 m 的物体. 根据万有引力定律，它受到地球的引力即重力为

$$f=\frac{GMm}{R^2}=mg.$$

而根据牛顿第二定律，该物体的加速度满足

$$f=ma.$$

比较这两式，通常认为 $a=g$. 这个认识隐含了一个概念，即把这两式中的质量 m 看作一回事. 仔细分析发现，万有引力定律中的 m 表示物体互相施加吸引作用的性质，称为引力质量；而牛顿第二定律中的质量表示物体的惯性，称为惯性质量. 认为 $a=g$ 意味着对任何物体，它的引力质量与惯性质量相等，即

$$m_{引}=m_{惯}. \tag{2.13}$$

牛顿注意到了这个结论，并设计了实验加以检验. 后人不断设计更精确的实验验证这两种质量的等价性. 到目前为止，发现在 10^{-11} 的精度范围内，这两种质量没有差别，因而可以不加区别地使用统一的质量概念.

惯性质量与引力质量相等的意义是引力具有几何性. 任何物体仅在引力作用下运动时，它的加速度与物体本身的性质比如质量无关，反映的是引力本身的性质. 开普勒定律中，所有行星的运动，仅涉及周期、轨道、半长轴等时空参量，而与行星本身的质量、化学组成等物性无关；伽利略的落体实验证明不同重物在相同高度无初速下落同时到达地面，也不涉及物性而仅与时空参量有关. 这都是引力几何性的反映. 引力的几何性是爱因斯坦广义相对论的生长点之一.

2.5　力学相对性原理与伽利略变换

· 力学相对性原理　　· 伽利略变换　　· 时空观

● 力学相对性原理

牛顿第一定律定义了一类特殊参照系——惯性系，即惯性定律成立的参照系，因而规定了第二定律只在惯性系中成立. 通常人们说，牛顿运动定律成立的参照系是惯性系. 凡是相对于一个惯性系作匀速直线运动的参照系必定也是惯性系；凡是相对于一个惯性系作

加速运动的参照系必定是一个非惯性系. 由此可见, 一旦确认了一个惯性系, 就可将其作为参照, 以判定其他参照系是否为惯性系. 牛顿运动定律对所有的惯性系都成立. 在一个封闭的惯性系内部, 不可能用力学实验来判定该系统作等速直线运动的速度, 这一特性最早由伽利略提出, 称为力学相对性原理, 它可表述如下:

力学规律对一切惯性系都是等价的.

这里说的"等价", 不是指不同惯性系看到的力学现象都相同, 而是指力学现象服从的规律相同, 即不同惯性系的力学规律都有相同的数学形式.

力学相对性原理后来由爱因斯坦推广为相对性原理: 物理规律对一切惯性系都是等价的. 它是狭义相对论的两个基本原理之一.

- **伽利略变换**

在第一章研究的运动学问题中, 有两个经常使用的结论: 速度与参照系选择有关, 绝对速度等于相对速度与牵连速度之和; 两个参照系彼此相对作匀速运动, 则牵连加速度为零, 质点在这两个惯性系中的加速度相同. 这两个结论都可以从伽利略变换得出.

设惯性系 K' 相对惯性系 K 以恒定速度 $\boldsymbol{u}$ 运动, 如图 2-5. P 点在 K 系中的位矢是 $\boldsymbol{r}$, 在 K' 系中的位矢是 $\boldsymbol{r}'$. 为简单起见, 假定 $t=0$ 时刻两参考系原点重合, 则 $\overrightarrow{OO'}=\boldsymbol{r}_0=\boldsymbol{u}t$, 从而得到如下关系式:

$$\begin{cases}\boldsymbol{r}=\boldsymbol{r}'+\boldsymbol{u}t,\\ \boldsymbol{v}=\boldsymbol{v}'+\boldsymbol{u},\\ \boldsymbol{a}=\boldsymbol{a}'.\end{cases}\tag{2.14}$$

这些公式, 我们在运动学中已经使用. 其中的第二式也称为(经典)速度合成定理, $\boldsymbol{u}$ 就是以前所说的牵连速度.

设 K, K' 都是直角坐标系, 为 (x,y,z) 和 (x',y',z'), 由于坐标轴取向可以任取, 我们就取 x, x' 轴都沿 $\boldsymbol{u}$ 方向, 将上式写成分量式是

$$\begin{cases}x=x'+ut,\\ y=y',\\ z=z',\\ t=t'.\end{cases}\tag{2.15}$$

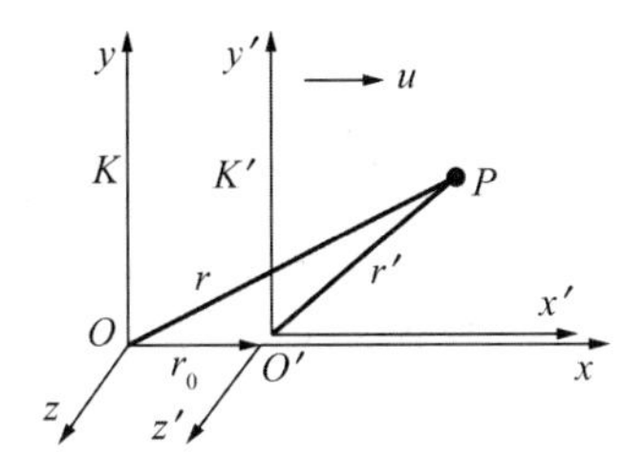

图 2-5 K'系质点加速度

这组关系式被称为伽利略坐标变换式，简称伽利略变换. 其中 $t=t'$ 是认为两参照系时间是相同的，这一概念前面已经使用. 如果假定物体质量在两个参照系也相同，即 $m=m'$，则牛顿定律在伽利略变换下保持形式不变，符合力学相对性原理.

- **时空观**

伽利略变换蕴含的时空观就是通常所说的经典力学绝对时空观. 这可以从以下三个方面加以说明.

(1) "同时"具有绝对性. 两个物理事件，在 K 系中是同时发生的，则在 K'系也是同时发生的. 据此类推，在所有惯性系看都是同时发生的.

(2) 时间间隔的绝对性. 如果一个物理事件在 K 系中看其时间间隔是 Δt，在 K'系看其时间间隔是 $\Delta t'$，则 $\Delta t=\Delta t'$.

(3) 杆长的绝对性. 如果一杆或尺在 K 系中的长度是 Δx，则在 K'系测得的长度 $\Delta x'=\Delta x$.

这些结论，可以根据伽利略变换证明. 概括地说，绝对时空观认为时间、空间都是绝对的，它们彼此无关，也与参照系的运动状态无关.

在牛顿的时代，选择绝对时空观，既与经验事实相符，也与牛顿的力学体系相容，因而是一种明智的选择. 时空是物理现象演出的舞台，也是表述物理规律最基本的要素，它们当然要成为物理学深入研究的对象. 牛顿堪称那个时代具有最高思维能力和最强创造力的人，他并没有忽略这一点. 牛顿曾做实验，试图以水桶旋转带动桶内的水逐步转动来证明绝对运动的存在,因而间接证明绝对空间的存在. 这就是著名的水桶实验.

在绝对时空观上打开第一个缺口的是马赫,他在几乎传遍世界的名著《力学史评》中,深入考察分析了运动、惯性、时间、空间等力学基本概念,严肃地批判了绝对时空观,指出水桶实验根本不能证明绝对空间的存在. 马赫的研究富有启发性,爱因斯坦认为马赫是相对论的先驱. 爱因斯坦建立的狭义和广义相对论使人们认识到了绝对时空观的正确程度和局限性:绝对时空是狭义相对论时空在低速时的近似,伽利略变换也是洛伦兹变换在低速条件下的近似. 在新的时空观中,时间空间彼此联系,不仅与参照系的运动有关,也与物质的存在及运动有关. 爱因斯坦改变了人们的世界观.

2.6 惯性系与非惯性系　惯性力

- 现实宇宙中的准惯性系
- 平动非惯性系中的惯性力
- 转动非惯性系中的惯性力——惯性离心力与科里奥利力
- 地球上的科氏力学现象
- 太空站——失重态的适应与微重力科学实验
- 惯性力是真是假——升降机实验与等效原理
- 科里奥利力公式的另一种导出

● 现实宇宙中的准惯性系

上节中已经说明,一旦人们确认了一个惯性系,就可以将其作为参照,以判定其他参照系是否为惯性系. 那么,在现实宇宙中是否存在这样一个可以作为惯性系的实际参照物呢? 这等价于问,宇宙中是否有一个完全不受力的物体? 如有,则选择这个实体为参照系,那牛顿定律肯定成立,它就是一个惯性系. 遗憾的是,万有引力定律表明,宇宙中不存在完全不受力的物体,换言之,宇宙中不存在严格意义下的理想的惯性系. 这恐怕是,以逻辑严整为骨架的牛顿运动理论回到现实世界中所付出的一个代价.

相对而言,人们可以设法找到一个牛顿定律近似成立的准惯性系，其近似程度，取决于人们能以多大的精度观测到该参照系的微小的加速度效应. 以地心系看，地球赤道圈上的加速度值为 $3.4\times10^{-2}\ \mathrm{m/s^2}$；以日心系看，地球公转轨道上的加速度值为 $6\times10^{-3}\ \mathrm{m/s^2}$；而以银河系中心看，太阳向心加速度值约为 $3\times10^{-10}\ \mathrm{m/s^2}$. 由此可见，固连于地球的参照系，即通常说的地面参照系，可以作为一个初级准惯性系，适用于大部分同工程实际有关的动力学问题. 但是，对于许多问题尤其是天文学问题和宇宙飞船问题，选择地球参照系就不适宜了. 这时可以选择恒星参照系——以太阳中心作为坐标原点、三个坐标轴分别指向三个指定的恒星而构成的参照系，它是一个相当精确的准惯性系，亦称其为日星系，如图 2-6.

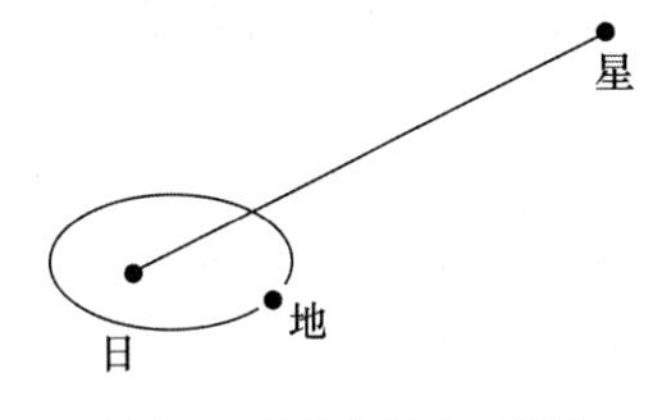

图 2-6 日星参照系示意图

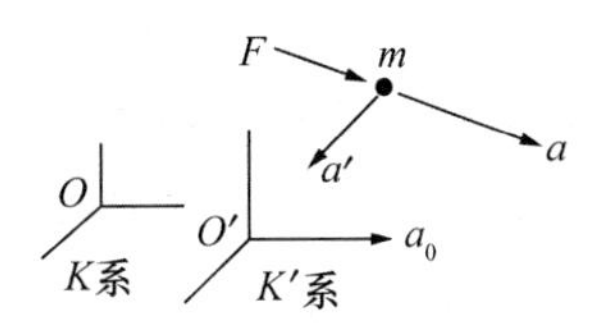

图 2-7 平动非惯性系

● 平动非惯性系中的惯性力

某些场合，立足于非惯性系考察力学现象，可能更贴近观测结果，或更能简捷地求解问题. 若将牛顿定律的原始的数学形式作适当的改换，非惯性系中力学问题的分析就能被纳入到一理论程式中. 先看平动非惯性系 K'，它相对于惯性系 K 有一加速度 $\boldsymbol{a}_0$. 考虑一个质点，受到一个作用力 $\boldsymbol{F}$，如图 2-7. 显然，对 K 系牛顿定律成立，$\boldsymbol{F}=m\boldsymbol{a}$；而相对 K' 系质点加速度为 $\boldsymbol{a}'=\boldsymbol{a}-\boldsymbol{a}_0$，牛顿定律不成立，

$$m\boldsymbol{a}'=m\boldsymbol{a}-m\boldsymbol{a}_0=\boldsymbol{F}-m\boldsymbol{a}_0.$$

如果将右端第二项 $(-m\boldsymbol{a}_0)$ 虚拟为一个力，记作

$$\boldsymbol{F}_\mathrm{i}=-m\boldsymbol{a}_0, \tag{2.16}$$

被称为惯性力，它与真实的作用力 $\boldsymbol{F}$ 合成，产生加速度 $\boldsymbol{a}'$，于是

$$m\boldsymbol{a}'=\boldsymbol{F}+\boldsymbol{F}_\mathrm{i}. \tag{2.17}$$

这表明，引入惯性力使非惯性系中的运动规律，依然保持了牛顿定律

的形式表示，它直接地决定着质点在非惯性系中的运动状况. 比如，当汽车突然起动，车里的人们一时后仰，似乎感到一个向后的推力，其方向与汽车加速方向相反，它便是此时的惯性力 $\boldsymbol{F}_\mathrm{i}$. 又比如，空中打靶问题——靶相对地面惯性系的加速度为 $\boldsymbol{g}$，若选择靶为参照系考察子弹的运动，则子弹受到一个重力 $m\boldsymbol{g}$，同时受到一个惯性力 $(-m\boldsymbol{g})$，合力 $\boldsymbol{F}+\boldsymbol{F}_\mathrm{i}=0$，于是，在目标靶看来子弹作匀速直线运动；为了击中目标，子弹初速一开始就应瞄准靶(若子弹与靶同时发落)，这与 1.6 节相同题目的计算结果一致.

最后对惯性力再说明两点：

(1) 惯性力是一种虚拟力，它无相应的反作用力. 在引入惯性力的推演过程中，隐含着一种观念，认为来自相互作用的真实力 $\boldsymbol{F}$ 与参照系无关，这在经典力学现象中是正确的.

(2) 平动非惯性系中的惯性力公式(2.17)是简单的，$\boldsymbol{F}_\mathrm{i}$ 仅与物体质量和非惯性系的加速度有关，而与物体的位置和速度无关. 可以认为，似乎有一个惯性力场，它存在于非惯性系所联系的整个空间.

● 转动非惯性系中的惯性力——离心力与科里奥利力

在转动参照系中，惯性力的表现形式较为复杂. 见图 2-8，(xyz) 为惯性系，固定不动，而大圆弧示意一匀角速转盘，其角速度为 $\boldsymbol{\omega}$，转轴为 z 轴，在转动系中有一质量为 m 的质点，此时其位矢为 $\boldsymbol{R}$ 且有径向瞬时速度 $\boldsymbol{v}_r$. 经分析推导，该质点受到的惯性力公式为

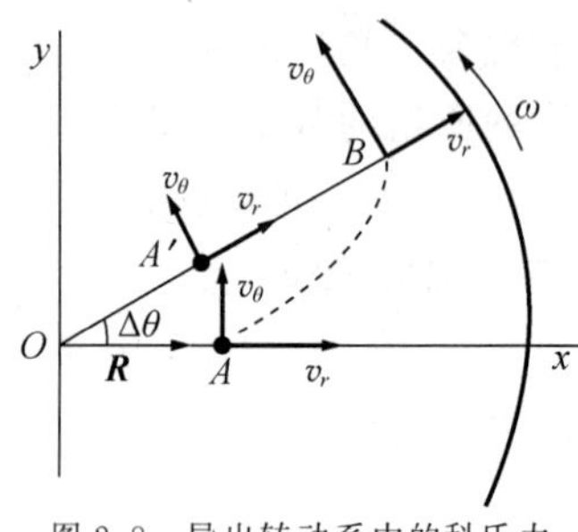

图 2-8　导出转动系中的科氏力

$$\boldsymbol{F}_\mathrm{i}=m\omega^2\boldsymbol{R}+2m\,\boldsymbol{v}_r\times\boldsymbol{\omega}. \tag{2.18}$$

第一项为径向力，习惯上称其为惯性离心力，记作

$$\boldsymbol{F}_r = m\omega^2\boldsymbol{R}, \tag{2.19}$$

第二项为横向力，通常称其为科里奥利(Coriolis)力，简称之“科氏力”，记作

$$\boldsymbol{F}_{\mathrm{C}} = 2m\boldsymbol{v}_r \times \boldsymbol{\omega}. \tag{2.20}$$

比如，按图上具体情况，此时 $\boldsymbol{F}_{\mathrm{C}} \perp \boldsymbol{R}$，且方向朝下.

兹对以上公式推导如下.

导出惯性力的一般思路是，设质点在非惯性系中作匀速直线运动，再转移到惯性系中看其加速度，以求得真实作用力 $\boldsymbol{F}$，再由方程 $\boldsymbol{F}+\boldsymbol{F}_{\mathrm{i}}=0$，得到惯性力为

$$\boldsymbol{F}_{\mathrm{i}} = -\boldsymbol{F}. \tag{2.21}$$

一旦获得 $\boldsymbol{F}_{\mathrm{i}}$ 公式，便超脱于原先设定的匀速直线运动的限制，可用来分析质点在非惯性系中的任意运动. 下面分别按两种典型情况证明(2.18)式.

(1) 质点静止于转动系. 从惯性系看来，该质点作半径为 R 的匀速圆周运动，它必定受到一个向心力

$$\boldsymbol{F} = -m\omega^2\boldsymbol{R}.$$

于是相应的惯性力为

$$\boldsymbol{F}_r = -\boldsymbol{F} = m\omega^2\boldsymbol{R},$$

它与向心力平衡，合力为零，因而该质点静止于转动系.

(2) 质点沿径向匀速直线运动于转动系. 参见图 2-8，在惯性系看来，质点在 Δt 时间中由 A 点经一曲线轨道到达 B 点，转角 $\Delta\theta=\omega\Delta t$，这过程可以被看作两步，$A\to A'\to B$. 还要注意到，在静止的惯性系看来开始时刻该质点速度就有两种成分，径向 $v_r(A)$ 与横向 $v_\theta(A)$. 于是，速度改变量由以下几部分构成：

$$\begin{cases}\boldsymbol{v}_r(A') - \boldsymbol{v}_r(A) = \Delta\boldsymbol{v}_1, \text{ 沿横向}, & \Delta v_1 = v_r(\omega\Delta t), \\ \boldsymbol{v}_\theta(A') - \boldsymbol{v}_\theta(A) = \Delta\boldsymbol{v}_2, \text{ 沿径向}, & \Delta v_2 = \omega R(\omega\Delta t),\end{cases}$$

$$\begin{cases}\boldsymbol{v}_r(B) - \boldsymbol{v}_r(A') = 0, \\ \boldsymbol{v}_\theta(B) - \boldsymbol{v}_\theta(A') = \Delta\boldsymbol{v}_3, \text{ 沿横向}, \quad \Delta v_3 = \omega(v_r\Delta t).\end{cases}$$

将沿横向的两个速度改变量相加

$$\Delta v_1 + \Delta v_3 = 2v_r\omega\Delta t,$$

再除以 Δt，乘以质量 m，便求得横向真实力 $F_2=2mv_r\omega$，考虑到方向之关系，写成

$$\boldsymbol{F}_2 = -2m\boldsymbol{v}_r \times \boldsymbol{\omega},$$

故得沿横向惯性力，即科氏力为

$$\boldsymbol{F}_{\mathrm{C}} = -\boldsymbol{F}_2 = 2m\boldsymbol{v}_r \times \boldsymbol{\omega}.$$

类似的分析应用于径向,得径向力即向心力为

$$\boldsymbol{F}_1=-m\frac{\mathrm{d}\boldsymbol{v}_2}{\mathrm{d}t}=-m\omega^2\boldsymbol{R}.$$

故得径向惯性力,即惯性离心力为

$$\boldsymbol{F}_r=-\boldsymbol{F}_1=m\omega^2\boldsymbol{R}.$$

最后尚有两点值得说明:

(1) 公式(2.19)表明惯性离心力与质点位置有关,其位矢 $\boldsymbol{R}$ 是在质点运动轨道平面上,由转轴到质点的距离矢量;而公式(2.20)表明科氏力与质点运动速度有关.当然,两者均与转动系的角速度有关.

(2) 若质点在转动系中的瞬时速度方向是斜的,即它同时具有径向速度与横向速度,$\boldsymbol{v}=\boldsymbol{v}_r+\boldsymbol{v}_\theta$,则惯性力公式(2.18)依然有效,其中第二项被展开为

$$2m\boldsymbol{v}\times\boldsymbol{\omega}=2m\boldsymbol{v}_r\times\boldsymbol{\omega}+2m\boldsymbol{v}_\theta\times\boldsymbol{\omega},\tag{2.22}$$

这里的第一项就是横向科氏力,而第二项是径向科氏力,它与固有的惯性离心力 $m\omega^2\boldsymbol{R}$ 叠加,成为目前在转动系中质点受到的总的离心力.

(3) 若转动系作非匀角速度运动,则相应的横向科氏力还须添加一项 $mR\dfrac{\mathrm{d}\omega}{\mathrm{d}t}$,其中$\dfrac{\mathrm{d}\omega}{\mathrm{d}t}$为转动系的角加速度.

- **科里奥利力公式的另一种导出**

上一段我们采取较为直观形象的方式,导出存在于转动系中的横向惯性力即科氏力,我们也可以选择更为理论化的方式导出它,对此介绍如下.在匀角速度转动系中,依然设定一质点的位矢为 $\boldsymbol{R}$,瞬时径向速度为 $\boldsymbol{v}_r=v_r\boldsymbol{e}_r$,但是,在静止的惯性系看来,该质点还有一个瞬时横向速度分量 $\boldsymbol{v}_\theta=\omega R\boldsymbol{e}_\theta$.这里,$\boldsymbol{e}_r$,$\boldsymbol{e}_\theta$ 分别为径向和横向的单位矢量,它俩均随转动系以匀角速度 ω 而旋转,故在 $\mathrm{d}t$ 时间中其微分量为

$$\mathrm{d}\boldsymbol{e}_r=\omega\mathrm{d}t\boldsymbol{e}_\theta,\quad \mathrm{d}\boldsymbol{e}_\theta=-\omega\mathrm{d}t\boldsymbol{e}_r.$$

于是,该质点在静止惯性系中的加速度被展开为

$$\boldsymbol{a}=\frac{\mathrm{d}\boldsymbol{v}}{\mathrm{d}t}=\frac{\mathrm{d}\boldsymbol{v}_r}{\mathrm{d}t}+\frac{\mathrm{d}\boldsymbol{v}_\theta}{\mathrm{d}t}$$

$$
\begin{aligned}
&= v_r \frac{\mathrm{d}\boldsymbol{e}_r}{\mathrm{d}t} + \frac{\mathrm{d}(\omega R \boldsymbol{e}_\theta)}{\mathrm{d}t} \\
&= v_r \omega \boldsymbol{e}_\theta + \left(\omega \frac{\mathrm{d}R}{\mathrm{d}t} \boldsymbol{e}_\theta + \omega R \frac{\mathrm{d}\boldsymbol{e}_\theta}{\mathrm{d}t} \right) \\
&= v_r \omega \boldsymbol{e}_\theta + \omega v_r \boldsymbol{e}_\theta + (-\omega^2 R \boldsymbol{e}_r) \\
&= 2 v_r \omega \boldsymbol{e}_\theta + (-\omega^2 R \boldsymbol{e}_r),
\end{aligned}
$$

再乘以质量 m，便得到该质点所受到的真实力，其径向分力和横向分力分别为

$$
\boldsymbol{F}_1 = -m\omega^2 R \boldsymbol{e}_r, \quad \boldsymbol{F}_2 = 2m v_r \omega \boldsymbol{F}_\theta. \tag{2.23}
$$

根据惯性力与真实力相抵消关系，最终求得在转动系中存在的径向惯性离心力 $\boldsymbol{F}_r = -\boldsymbol{F}_1 = m\omega^2 R \boldsymbol{e}_r = m\omega^2 \boldsymbol{R}$，和横向科里奥利力

$$
\boldsymbol{F}_\mathrm{C} = -\boldsymbol{F}_2 = -2m v_r \omega \boldsymbol{e}_\theta = 2m \boldsymbol{v}_r \times \boldsymbol{\omega},
$$

这结果与公式(2.19)、(2.20)完全一致. 读者不妨对以上两种推导方式作出自己的评价.

• 地球上的科氏力学现象

地球在自转，固连于地球的参照系是一转动非惯性系. 我们立足于地球，可以观测到科氏力导致的许多重要的或有趣的力学现象.

(1) 河床被冲刷

北半球，沿经线南流的河流，受到的科氏力的方向指向西，作用于河床，故河床西侧被冲刷. 反之，北流的河流，其河床东侧被冲刷. 在中国黄河流域河套地段，这一现象十分明显. 而在南半球，结论与上述相反，参见图 2-9.

(2) 落体偏东与火箭轨道的偏向

高空自由落体，其轨道偏向东. 远程火箭，发射升空，向上轨道偏西；向东水平飞行时其轨道偏向上；向西水平飞行时其轨道偏向下.

(3) 大气环流与信风

由于地球自转，形成大气环流. 其典型现象之一是出现于低纬副热带区域的信风. 赤道热气上升，到副热带区高空下沉，在低层又回到赤道区. 这就是说，在北半球低纬低层有一向南的气流，这回没有“河床”，在科氏力作用下这股向南气流偏西，形成东北信风. 同样地，

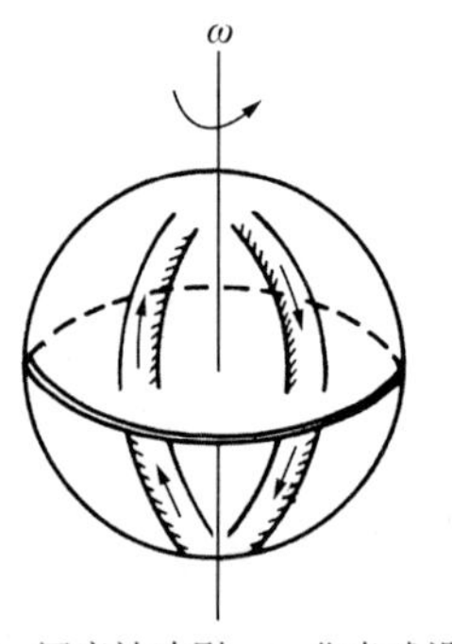

图2-9　河床被冲刷——北半球沿河流方向靠右侧，南半球沿河流方向靠左侧

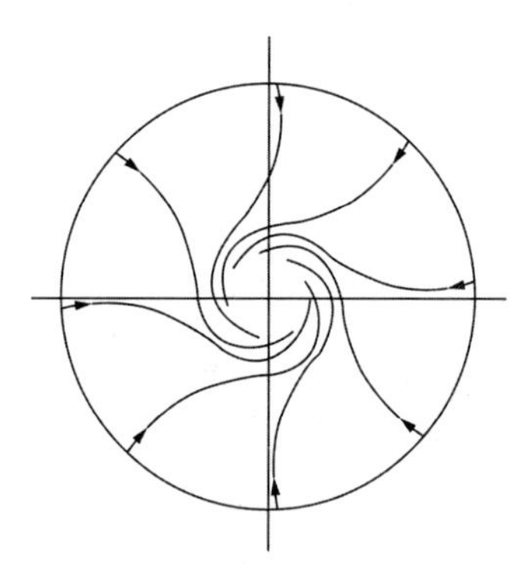
图2-10　北半球水漏旋汇，呈现逆时针转

在南半球低纬低层存在东南信风.古代阿拉伯商人，就凭借信风推动帆船，出海通商，故亦称信风为贸易风.

(4) 水漏流场的旋汇

人们可能注意到这样一个现象，浴缸中一缸水被放走时，在漏孔四周出现流场，一边旋转一边汇合，在北半球为逆时针旋汇，如图2-10所示，如果在南半球当为顺时针旋汇.水漏周围流场的旋汇现象是由横向科氏力与径向压强梯度力同时作用的结果.水漏处是个低压中心，其附近流场主要地由径向压强梯度力所决定，而决定远处流场的主要因素是横向科氏力.这导致流线先是右偏尔后是左旋，其中存在一拐点.类似现象也出现于大气环流中，低压气旋中心四周的流场与这里的相同(旋汇)，而高压气旋中心四周的流场方向与这里的相反(旋散).

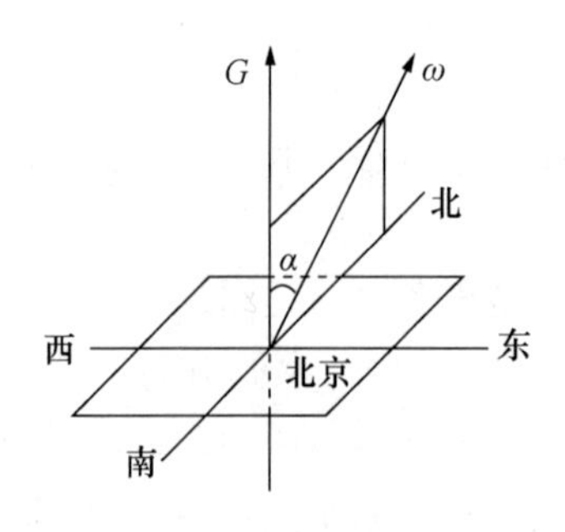

图2-11　用于分析地球上的科氏现象

在应用科氏力公式说明上述各种力学现象时，有一个恰当的构图是相当必要的，图2-11值得推荐.图中 $\boldsymbol{G}$ 轴垂直于该地点的水平面，也是由地心指向该地点的矢径方向；角速度 $\boldsymbol{\omega}$ 方向平行地球自转轴，它与 $\boldsymbol{G}$ 轴夹角 $\alpha=90^\circ-\varphi$，φ 是纬度角，比如，北京

在北纬 40°,则 $\alpha\approx90°-40°=50°$. 试借用此图对上述关于地球上的科氏力学现象作出明白的说明.

● 太空站——失重态的适应与微重力科学实验

环绕地球运行的宇宙飞船,其内部的太空舱是个特殊空间. 在那里惯性离心力几乎与向心力即重力平衡,所有物体和宇航员均处于失重状态. 地球上人们日常动作中的某些感觉,诸如行走、爬梯、跳跃、仰卧、倒立等的感觉在太空中消失殆尽. 如果宇航员不被束缚在器械上的话,他将成为漂浮游动于太空舱中的一个自由人. 他握住一个东西毫不费力,要转身向后拿一个东西却十分困难. 传真图像中呈现的宇航员,在那里手舞足蹈,就是为了自己前进或转体. 总之,在失重态下生活和工作,人们需要一个适应过程. 无论从行为动作、生理机能乃至心理上,均需要预先的训练和实际的重新体验.

太空站里的微重力仅有地面上的百万分之一. 一枚硬币落下 1.8 m,在太空站里需要 600 s,而在地面上仅需 0.6 s. 太空站为微重力科学研究提供了一个十分理想的实验室. 在那里,胡萝卜能翻转着长,蜡烛火焰变成一个蓝色的球,胰岛素蛋白质晶体长得更大. 总之,微重力环境将对晶体生长、化学反应、种子发育、植物生长、药物疗效、伤口愈合、动物生理和心理等,产生显著或微妙的影响,这是一个令人好奇而正待开拓的新的研究领域. 2005 年建成的国际太空站,在未来的微重力科学研究方面,有可能取得重大突破. 国际太空站,由十六国合作建造,其覆盖面积 $108.5\ \mathrm{m}\times88.4\ \mathrm{m}$,约两个足球场大,内部太空舱空间 $1300\ \mathrm{m}^3$. 环行高度 350 km,速度 $2.816\times10^4\ \mathrm{km/h}$,绕地球一圈只用 90 分钟,从站上可看到地球总面积的 85%. 国际太空站将是迄今为止环绕地球飞行物中最大最复杂的结构,将成为一个巨大实验室,可供人们学习如何适应失重态而在太空中生活与工作,为将来载人月球飞行、载人火星飞行和更遥远的载人宇宙航行做准备. 当然它也是一个巨大的微重力科学实验室.

● 惯性力是真是假——升降机实验与等效原理

在导出非惯性系中运动定律的形式表示的过程中,不时冠以虚拟力或假想力之定语于惯性力,以与真实作用力相区别,那是为了免

图 2-12　升降机实验

除初学时概念上的混淆. 其实,惯性力所产生的物理后果是真实的,惯性力也可以由测力器测出. 过分强调惯性力的假想性,这在物理思想上是要被质疑的. 让我们做一个升降机实验,如图 2-12 所示,在一自由落体的升降机中,一人从手中释放一小球,他观察到小球自由不落,始终悬浮于眼前. 对此现象的说明,可有两种观点. 试听以下两人对话,其中甲谙熟经典力学,乙从出生开始就一直生活在类似升降机的环境中——

甲：若立足于地面看,升降机与小球均受到地球引力,作自由落体运动,两者加速度相等,相对加速度为零,故小球相对那人而不动. 当然,你也可以在升降机中应用牛顿定律,那你应该额外引入一个假想的惯性力($-mg$),它恰好与真实引力(mg)相抵消,合力为零,加速度为零,小球不动,静者恒静么!

乙：听你的说明好累喔,我的很干脆,无须这么曲里拐弯. 我看到小球加速度为零,那它就是不受力. 如果你一定认为小球真实地受到一个重力向下,那么它也真实地受到一个与重力相平衡的力向上,你称这个力为惯性力也罢.

甲：这可不允许混淆真实力与惯性力的真假性,前者有反作用力于地球,后者是单身.

乙：我不知道升降机世界外还有个什么地球,我在我思么. 如果你已认定升降机中的力学现象是真实的,又认为引力是真实的,那你又何必将一个与真实引力相平衡,而最终产生了真实力学现象的力看为一个假的虚拟中的力呢?!

细想起来,惯性力与真实力包括引力,在人们观念上的不平等,根源于在经典力学的理论框架中,惯性参照系处于一种特殊优越的地位——牛顿运动定律只在惯性系中成立. 如果人们突破这个框架,试图建立一个让力学规律适用于一切参照系的理论体系,那么区别什么真实力与假想力,就无观念上的必要了,也无实验上的可能. 比如，在一个封闭的可加速的升降机中，一弹簧系一质量为 m 的物体. 当弹簧伸长且指示 $3mg$ 时，新观点认为，此时物体受到一个向下的引力 $3m\boldsymbol{g}$，以与弹簧恢复力相平衡，再不必区分其中地球引力 $1m\boldsymbol{g}$，惯性力 $2m\boldsymbol{g}$. 这实质上表明，惯性力与引力是等效的. 爱因斯坦正是沿着这样一条思想路线，于 1915 年创立了广义相对论的理论基础，它含三个原理——等效原理、广义协变性原理和马赫原理. 三者中等效原理是广义相对论中最重要的基本原理. 爱因斯坦对等效原理的最初表述是，引力和惯性力实际上是等效的.

习　题

2.1　均质杆 AB 放在光滑桌面上，两端分别受到力 f_1 与 f_2 作用. 求 C 处截面两方的相互作用力，设 $AC=\frac{1}{n}AB$.

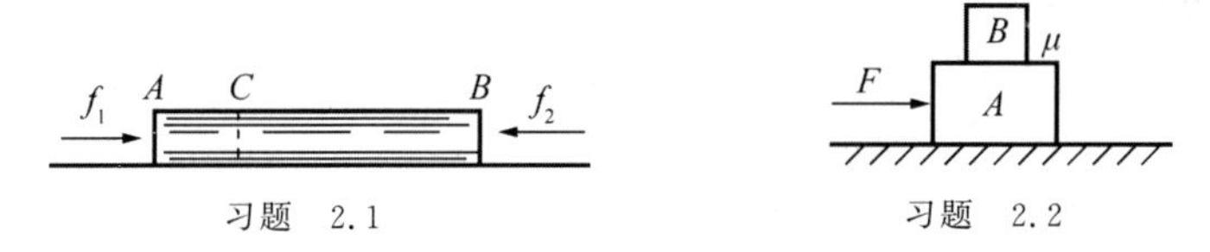

习题　2.1　　　　习题　2.2

2.2　一质量为 M 的木块 A 放在光滑水平面上，A 上放置另一质量为 m 的木块 B，已知 A 与 B 间摩擦因数为 μ，现施力沿水平方向推 A，问推力至少为多大时才能使 A，B 之间发生相对运动.

2.3　水平桌面上有一质量 $M=1.0\ \mathrm{kg}$ 的板，板上放一质量 $m=2.0\ \mathrm{kg}$ 的物体. 物体与板之间、板与桌面之间的摩擦因数均为 $\mu=0.25$.

(1) 今以水平力 F_1 拉板，使物体和板一起以 $a=1.0\ \mathrm{m/s^2}$ 的加速度运动，求物体与板及板与桌面之间的作用力.

(2) 拉力至少为多大，才能把板从物体下面抽出？

2.4　图中物体 B 与物体 A 之间无摩擦，而 A 与水平面间的摩擦因数为 μ. 当 B 沿斜面下滑时，求 μ 等于多大才能使 A 相对地面不动

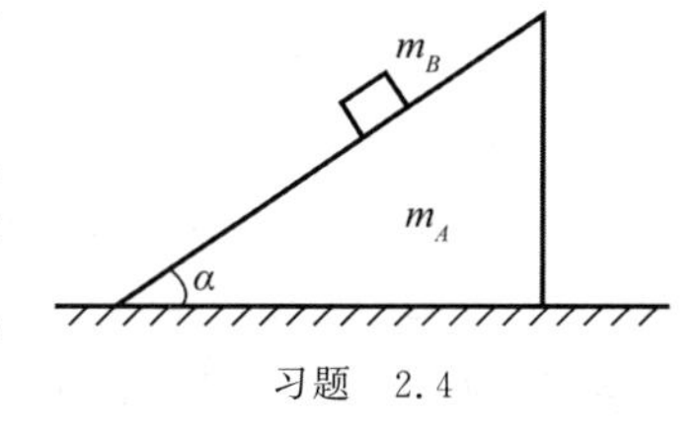

习题　2.4

(设 m_A, m_B 与 α 为已知)?

2.5　用定滑轮将质量为 m 的重物拉往高处，人的质量为 M. 求在下述两种情况下人对地面的压力：(1) 物体匀速上升；(2) 物体以加速度 a 上升. 设绳与滑轮的质量以及两者间的摩擦力均可忽略不计.

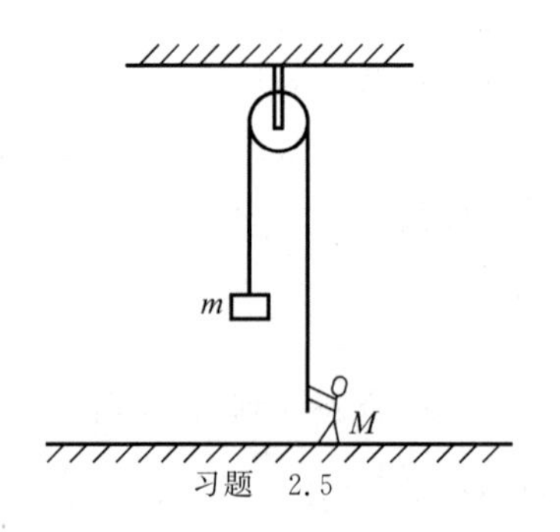

习题　2.5

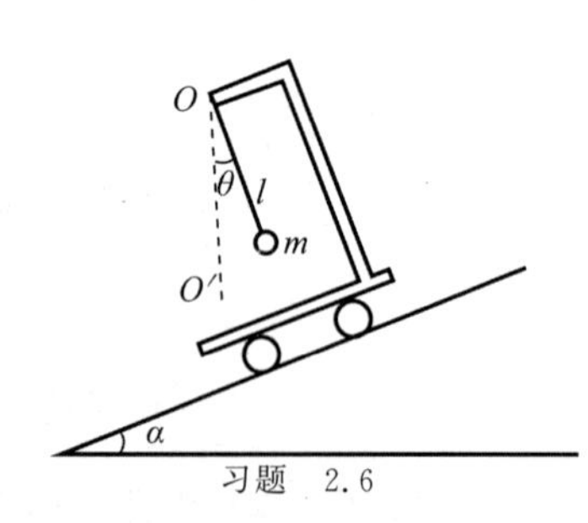

习题　2.6

2.6　质量为 m、长为 l 的单摆固定在车上. 若车从斜面上无摩擦地自由滑下，求摆线与铅直方向 OO' 的夹角 θ 及线中的张力(设斜面与水平方向的夹角为 α).

2.7　一质量为 M 的三角形木块放在光滑水平面上，斜边与水平方向夹角为 α. 在斜边上放一质量为 m 的木块，设 M 与 m 间无摩擦. 求：

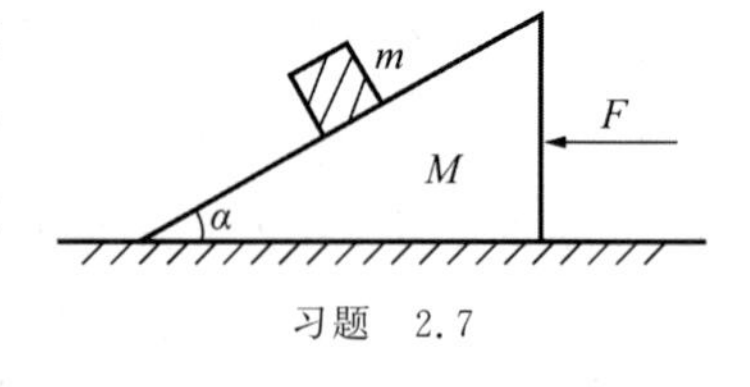

习题　2.7

(1) 两木块运动的加速度.

(2) 若使两木块相对静止，需在 M 上施加水平方向的恒力 F，问 F 应为多大?

2.8　图中 A 为定滑轮，B 为动滑轮，三个物体的质量分别为 m_1, m_2, m_3，求：

(1) 每个物体运动的加速度；

(2) 绳中的张力 T_1 和 T_2.

设 $m_1 > m_2 > m_3$，绳轻且不可伸长，绳与滑轮间无摩擦.

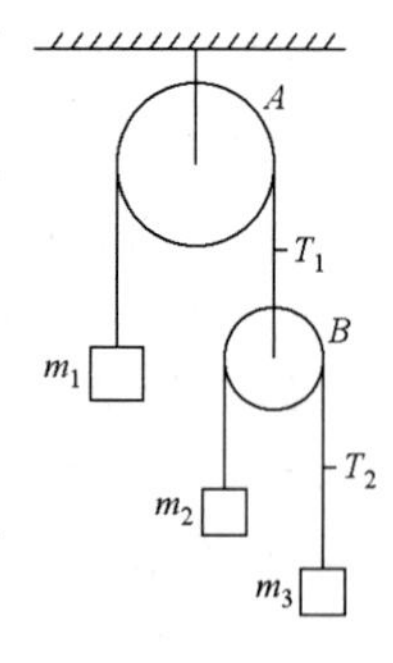

习题　2.8

2.9　质点在空气中无初速自由下落时，在速度不大的情况下,阻力 $\boldsymbol{F}$ 的大小和速度成正比,即 $\boldsymbol{F}=-k\boldsymbol{v}$,k 为常数.试用积分法求质点速度随时间的变化关系,设质点质量为 m.

2.10　以初速 v_0 竖直上抛一质量为 m 的物体,设空气阻力正比于速度,即 $\boldsymbol{F}=-k\boldsymbol{v}$,k 为常数.试求物体上升的最大高度.

2.11　如图,火车在拐弯时,如果地面没有坡度,要维持火车作曲线运动,铁轨必须对车轮施加作用力(即所谓旁压力).

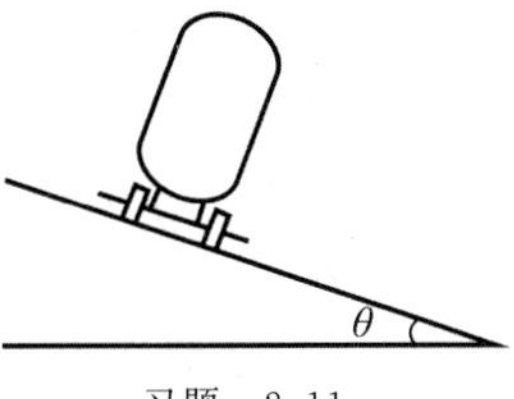

习题　2.11

设火车以速率 v 作半径为 R 的圆周运动,求地面的坡度 θ_0 应为多少才能使车轮不受旁压力,并分析 $\theta>\theta_0$ 及 $\theta<\theta_0$ 时铁轨的受力情况.

2.12　如图所示,一根长 l 的细棒,可绕其端点在竖直平面内运动,棒的一端有质量为 m 的质点固定于其上.

(1) 试分析,在顶点 A 处质点速率取何值,才能使棒对它的作用力为 0?

(2) 假定 $m=500\ \text{g}$,$l=50.0\ \text{cm}$,质点以均匀速度 $v=40\ \text{cm/s}$ 运动,求它在 B 点时棒对它的切向和法向的作用力.

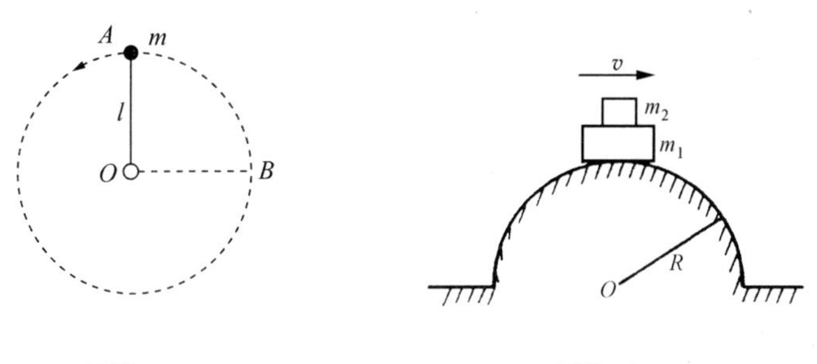

习题　2.12　　　　习题　2.13

2.13　图示为一个半径为 R 的半圆形桥,质量分别为 m_1 和 m_2 的两物体连在一起共同运动.已知 $R=30.0\ \text{m}$,$m_1=100\ \text{kg}$,$m_2=200\ \text{kg}$,在顶点处的共同速率 $v=3.00\ \text{m/s}$.求 m_2 压 m_1 的力及 m_1 压桥的力.

2.14　一条均匀的绳子,质量为 m,长度为 l,将它一头拴在转轴上,以角速度 ω 旋转.试证明:略去重力时,绳中的张力分布为

$$T(r)=\frac{m\omega^2}{2l}(l^2-r^2),$$

式中 r 为绳元到转轴的距离.

2.15　地球中心与月球中心相距 $s=3.84\times10^5$ km,地球质量 M 与月球质量 m 之比为 81∶1. 有一星际飞船从地球飞向月球,在通过地球引力区和月球引力区的分界线时,宇航员没有测到重力,试求该处距地球多远.

2.16　地球绕太阳公转周期 $T\approx365$ 天,日地距离 $R\approx1.49\times10^8$ km. 设地球轨道为圆形,求太阳质量.

2.17　设某一星系中的星体为均匀球状分布,该星系半径为 R_0,总质量为 M. 距星系中心为 $r<R_0$ 处有一质量为 m 的星体,它在引力作用下作圆周运动. 试求 m 所受的引力及它作圆周运动的速率.

2.18　哈勃望远镜发现,习题 1.7 提到的 M87 星系中心附近存在高速旋转的气体. 据推测,星系中心可能存在令人吃惊的巨大黑洞,其质量约为太阳质量的 30 亿倍. 求:

(1) 将气体看作质点,试按万有引力定律估算气体在 15 光年的圆周上匀速运动的速率.

(2) 运动速率为光速时的旋转范围可以看作黑洞大小的一种量度,称为视界. 试估算该黑洞的视界半径.

2.19　中子星是主要由中子组成的致密天体,脉冲星就是中子星的一种. 求:

(1) 设中子星是密度均匀的球体,以角速度 ω 绕自身的几何对称轴旋转. 如果维持其表面物质不因快速旋转被甩掉的力只有引力,这球体的密度至少要多大?

(2) 蟹状星云是我国北宋至和元年(即公元 1054 年)观测到的一次超新星爆发的遗迹,其中有一颗脉冲星,它自转 30 周/秒. 试估算这颗脉冲星的最小密度.

(3) 如果该脉冲星的质量约为一个太阳的质量(2×10^{30} kg),试求其最大可能半径.

2.20　升降机中水平桌上有一质量为 m 的物体 A,它被细线所系，细线跨过滑轮与质量也为 m 的物体 B 相连. 当升降机以加速度 $a=g/2$ 上升时，机内的人和地面上的人将观察到 A，B 两物体的加速度分别是多少？（略去各种摩擦，线轻且不可伸长）

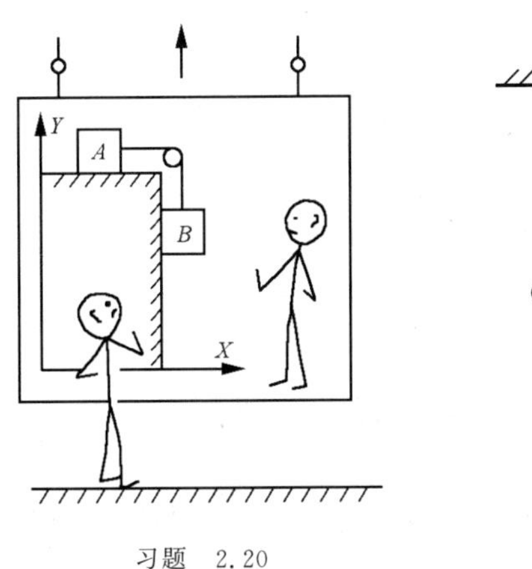

习题　2.20

习题　2.21

2.21　质量为 m 的环套在绳上，m 相对绳以加速度 a' 下落. 求环与绳间的摩擦力（图中 M 及 m 已知，绳轻且不可伸长，绳与滑轮间无摩擦）.

2.22　如图，水平光滑圆盘以大小为 ω 的角速度作匀速转动. 圆盘上有一质量为 m 的质点在半径为 R 的光滑圆槽里以相对地面为 v 的速率作匀速圆周运动，设 $R\omega>v_0$. 以圆盘为参照系，写出质点 m 所受的真实力及惯性力.

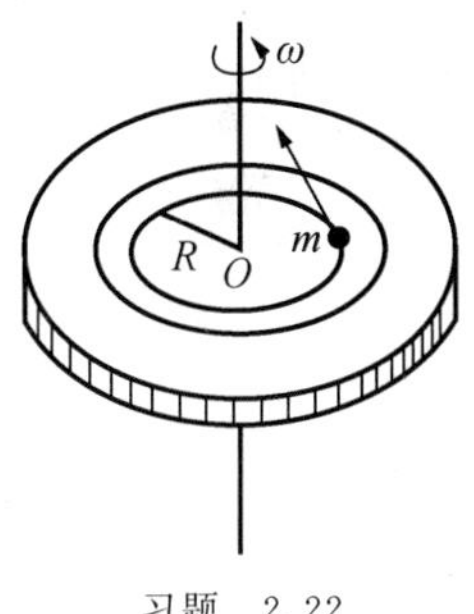

习题　2.22

2.23　列车在北纬 30°自南向北沿直线行驶，速率为 90 km/h，其中一车厢质量为 50 t. 问哪一边铁轨将受到车轮的旁压力. 该车厢作用于铁轨的旁压力等于多少？

动量变化定理与动量守恒

3.0 概　　述

牛顿定律表明,力的瞬时效应是受力物体获得加速度,而任何运动必定经历时间与空间.因此,应用牛顿定律于质点组,研究力作用的时间累积效应与空间累积效应,从中寻求某些规律,便成为动力学理论进一步向前发展的一个方向.这体现于本书从这一章开始的随后四章,依次研究质点组的动量变化定理,机械能变化定理,角动量变化定理和质心力学定理.

3.1 质点动量变化定理

- 力的冲量与运动物体的动量
- 质点动量变化定理
- 动量变化定理的分量表示
- 例题——落体提物

● 力的冲量与运动物体的动量

考察力的时间累积效应

$$\boldsymbol{F}\mathrm{d}t = m\frac{\mathrm{d}\boldsymbol{v}}{\mathrm{d}t}\mathrm{d}t = \mathrm{d}(m\boldsymbol{v}). \tag{3.1}$$

定义 $\boldsymbol{F}\mathrm{d}t$ 为力的冲量,$m\boldsymbol{v}$ 为运动质点的动量,有时记作

$$\boldsymbol{p} = m\boldsymbol{v}.$$

两者的物理意义体现于关系式(3.1)之中,它表明力的冲量导致受力物体动量的改变.从物理量之间的关系式,或从物理量所表现的规律性,来揭示物理量的意义,这将是本书始终倡导的一种认识路线.人们对于一个物理量的物理意义的认识,不应当囿于它的最初定义式.

● 质点动量变化定理

其微分形式为

$$\mathrm{d}(m\boldsymbol{v}) = \boldsymbol{F}\mathrm{d}t, \tag{3.2}$$

经历宏观时间 t_1—t_2,其动量改变为

$$m\boldsymbol{v}_2 - m\boldsymbol{v}_1 = \int_{t_1}^{t_2} \boldsymbol{F}\mathrm{d}t, \tag{3.3}$$

这是动量变化定理的积分形式.在此还要说明两点:

(1) 动量是一个瞬时量,而力的冲量表征力的时间累积效应,它与宏观时间中力函数有关.若是恒力,则冲量为 $\boldsymbol{F}(t_2 - t_1)$;若是变力,按(3.3)积分式计算冲量,这时要注意力 $\boldsymbol{F}$ 的矢量性.

(2) 由(3.2)式可以得到第二定律的又一个表达式

$$\boldsymbol{F} = \frac{\mathrm{d}(m\boldsymbol{v})}{\mathrm{d}t}, \tag{3.4}$$

即,力等于动量的时间改变率.值得指出的是,上式比 $\boldsymbol{F}=m\mathrm{d}\boldsymbol{v}/\mathrm{d}t$ 具有更为广泛的普遍性,它在相对论力学变质量情形依然适用.运动过程中物体质量不变时,两者等价.牛顿最初描述物体运动状态的物理量就是 $m\boldsymbol{v}$,即物体动量是其速度与惯性质量的乘积,因而最初表达的运动定律采用(3.4)形式.

● 动量变化定理的分量表示

$$mv_{2i} - mv_{1i} = \int_{t_1}^{t_2} F_i\mathrm{d}t, \quad i = x, y, z. \tag{3.5}$$

实际问题中将矢量方程转化为若干分量方程,有时将带来方便.

● 例题——落体提物

如图 3-1,小球自由落体 h 距离,能将右侧重物 M 提升到多少

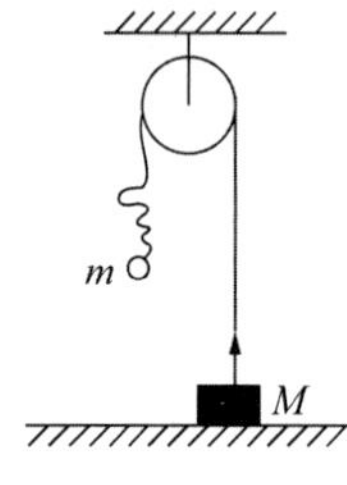

图 3-1　落体提物

高度？设绳子是柔软钢丝绳．其全过程可分三段来分析．

（1）软绳由松到紧，M 不动，小球自由落体，获得末速度

$$v = \sqrt{2gh}.$$

（2）软绳被绷紧，在此瞬间 m，M 均受到绳张力 T 的作用，达到同一末速度 V．应用(3.3)式，分别有

$$mV - mv = (-T)\Delta t,$$
$$MV - 0 = T\Delta t,$$

解出

$$V = \frac{mv}{m+M}.$$

（3）m，M 一起运动，位移 H．应用匀加速直线运动公式 $v^2 = 2as$，以及第二定律，有

$$\begin{cases} 0 - V^2 = 2\dfrac{(mg-T)}{m}H, & (\text{对 } m) \\ 0 - V^2 = 2\dfrac{(T-Mg)}{M}H. & (\text{对 } M) \end{cases}$$

解出

$$H = \frac{M+m}{M-m} \cdot \frac{V^2}{2g} = \frac{m^2}{M^2-m^2}h = \frac{h}{\left(\dfrac{M}{m}\right)^2 - 1}.$$

若质量比 M/m 为 10，则 $H \approx 10^{-2}h$．

最后强调一点，上述过程中最微妙的是第(2)小段，其作用时间短而力量大，以致“位移可以忽略，而末速不可忽略”，这是因为位移正比于$(\Delta t)^2$，而末速度正比于 Δt．在短暂的冲击过程结束以后，物体凭借获得的速度才表现出宏观位移来．须知这是一切冲击力造成冲击过程的共同特点．

3.2 质点组动量变化定理

· 一对内力冲量之和为零　　　　· 质点组动量变化定理

● 一对内力冲量之和为零

质点组内部每个质点的受力可能来自两方面，一是组内另一质点施予它的力 $\boldsymbol{f}$，称其为内力；二是来自外部的力 $\boldsymbol{F}$，称其为外力. 内力总是成对出现的，且服从牛顿第三定律：

$$\boldsymbol{f}_{ij} + \boldsymbol{f}_{ji} = 0,$$

式中下角标第一个字母表示施力质点，第二个字母表示受力质点. 在 $\mathrm{d}t$ 时间中，彼此施予对方的冲量分别为 $\boldsymbol{f}_{ij}\mathrm{d}t$ 与 $\boldsymbol{f}_{ji}\mathrm{d}t$，显然，两者之和为零，即

$$\boldsymbol{f}_{ij}\mathrm{d}t + \boldsymbol{f}_{ji}\mathrm{d}t = 0.$$

它表明一对内力冲量之和为零，这是牛顿第三定律的一个推论.

● 质点组动量变化定理

质点组总动量等于各质点动量之和，

$$\boldsymbol{p} = \sum(m_i\boldsymbol{v}_i),$$

在 $\mathrm{d}t$ 时间中，总动量之变化为

$$\mathrm{d}\boldsymbol{p} = \sum\mathrm{d}(m_i\boldsymbol{v}_i),$$

其中 $\mathrm{d}(m_i\boldsymbol{v}_i)$ 为第 i 个质点的动量变化. 根据单质点动量变化定理，它等于外力冲量 $\boldsymbol{F}_i\mathrm{d}t$ 与内力冲量 $\boldsymbol{f}_i\mathrm{d}t$ 之和，而后者总是成对出现，彼此抵消，对质点组总动量的变化无贡献，仅仅影响单个质点的动量变化. 故上式被简化为

$$\mathrm{d}\boldsymbol{p} = \sum(\boldsymbol{F}_i\mathrm{d}t) = \left(\sum\boldsymbol{F}_i\right)\mathrm{d}t. \tag{3.6}$$

这被称为质点组动量变化定理——质点组总动量的改变量等于合外力的冲量. 其积分形式为

$$\sum m_i\boldsymbol{v}_i' - \sum m_i\boldsymbol{v}_i = \int_t^{t'}\left(\sum\boldsymbol{F}_i\right)\mathrm{d}t. \tag{3.7}$$

3.3　动量守恒律

- 动量守恒及其条件
- 例题——地面光滑时的斜面运动
- 关于动量守恒律的说明

● 动量守恒及其条件

当合外力为零时，质点组动量守恒，即

$$\sum m_i \boldsymbol{v}_i(t) = \text{恒矢量}. \tag{3.8}$$

若质点组在某方向不受外力，则沿该方向动量守恒，即

$$\sum m_i v_{ix}(t) = \text{常量}. \quad (\text{设 } x \text{ 方向无外力}) \tag{3.9}$$

● 关于动量守恒律的说明

（1）不论内力是否存在，也不论存在的内力是什么性质，是引力或是摩擦力或是弹性力，只要合外力矢量和为零，则体系总动量守恒. 内力的存在仅改变总动量在各质点上的分配.

（2）对于孤立体系，大至宇宙，小至微观世界，人们自然地认为不存在外力，故体系总动量守恒. 这就是说，由牛顿定律导出的动量守恒律，在更为广泛的超越经典力学的范畴中也是成立的. 至少发展至今的物理学是这样认定的. 不过，这并非意味着动量守恒是无条件成立的.

（3）动量守恒律被用以处理碰撞、打击、反冲、冲压、爆炸这类问题，显得特别有效. 在这种场合起作用的是一个既短暂又变化的冲击力，其冲量不可忽略，而外力的冲量一般地可以忽略，故作用前后体系动量守恒，这就避开了对冲击力的具体剖析.

● 例题——地面光滑时的斜面运动

如图 3-2 所示，斜面和地面均光滑，物体沿底座而自由下滑，下落高度 h 时，底座后退速度为 V，试求 V-h 关系.

选底座为参照系考察物体 m 的运动，它受到三个力：重力 $m\boldsymbol{g}$，

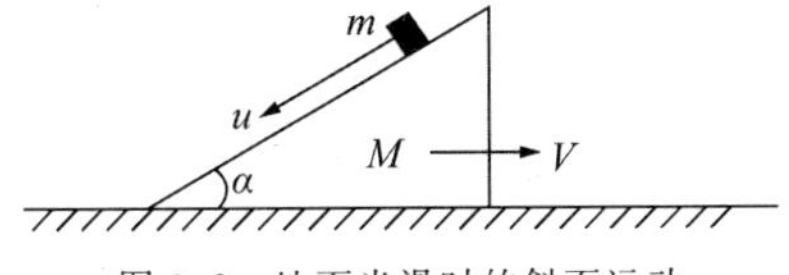

图 3-2 地面光滑时的斜面运动

支持力 **N** 和惯性力($-m\mathrm{d}V/\mathrm{d}t$). 三者在斜面方向的分力之和为

$$F_{/\!/} = m\frac{\mathrm{d}V}{\mathrm{d}t}\cos\alpha + mg\sin\alpha,$$

它决定了 m 下滑的加速度 $\mathrm{d}u/\mathrm{d}t$,即

$$m\frac{\mathrm{d}u}{\mathrm{d}t} = m\frac{\mathrm{d}V}{\mathrm{d}t}\cos\alpha + mg\sin\alpha. \tag{1*}$$

再回到地面惯性系,(m,M)系统在水平方向不受外力,故水平方向动量守恒. 注意到 m 相对地面的水平速度分量为$(V-u\cos\alpha)$,故水平动量守恒式应当写成

$$MV + m(V-u\cos\alpha) = 0,$$

得
$$(m+M)V=(m\cos\alpha)\cdot u,$$

进一步得到

$$(m+M)\frac{\mathrm{d}V}{\mathrm{d}t} = m\cos\alpha\cdot\frac{\mathrm{d}u}{\mathrm{d}t}. \tag{2*}$$

联立(1*)、(2*)两式,容易地解出,

$$\frac{\mathrm{d}u}{\mathrm{d}t} = \frac{(M+m)\sin\alpha}{M+m\sin^2\alpha}g, \qquad \frac{\mathrm{d}V}{\mathrm{d}t} = \frac{m\cos\alpha\sin\alpha}{M+m\sin^2\alpha}g.$$

由此可见,物体相对斜面作匀加速直线运动,底座相对地面亦作匀加速运动. 再由匀加速直线运动的路径 s 公式和几何关系,

$$u^2 = 2\frac{\mathrm{d}u}{\mathrm{d}t}s, \qquad h = s\sin\alpha,$$

得

$$u = \sqrt{\frac{2h}{\sin\alpha}\frac{\mathrm{d}u}{\mathrm{d}t}} = \sqrt{\frac{2(M+m)g}{M+m\sin^2\alpha}h},$$

$$V = \frac{m\cos\alpha}{M+m}u = \frac{m\cos\alpha}{M+m}\sqrt{\frac{2(M+m)g}{M+m\sin^2\alpha}h}.$$

看一数值例子,设倾角 $\alpha=\pi/3$,质量比 $M/m=10$,则

$$\frac{V}{u}=\frac{1}{22},$$

这物体沿斜面下滑速度 u 是底座后退速度 V 的 22 倍.

3.4　火箭推进速度

- 导出水平推进速度公式
- 变质量物体的运动方程
- 例题——柔体的提升或下落

• 导出水平推进速度公式

如图 3-3 所示,设火箭初始总质量为 M_0,它包括外壳、负载物和燃料.燃烧物的质量为 M',它包括燃料和助燃剂.燃料物质的喷射速率为 $\mathrm{d}m'/\mathrm{d}t$,喷射物相对火箭的速度为 u,这两个数据取决于燃料性能、燃烧室结构等诸多因素,此系航天技术中的燃烧动力学问题,涉及热力学、空气动力学和化学.我们选择地面惯性系,并选火箭主体与喷射物为对象,因在水平方向不受外力,故水平动量守恒.考察任意时刻 t—$t+\Delta t$ 间隔,主体质量由 m 变为$(m-\mathrm{d}m')$,速度由 v 变为$(v+\mathrm{d}v)$,且有一束喷射物 $\mathrm{d}m'$,其相对地面速度为$(v-u)$.于是,动量守恒式应当写成

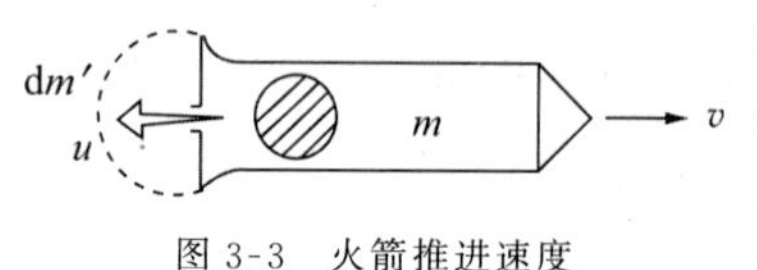

图 3-3　火箭推进速度

$$mv=(m-\mathrm{d}m')(v+\mathrm{d}v)+(v-u)\mathrm{d}m',$$

展开后,忽略其中的二级小量 $\mathrm{d}m'\mathrm{d}v$,并注意到 $\mathrm{d}m=-\mathrm{d}m'$,得

$$m\mathrm{d}v=-u\mathrm{d}m,$$

即

$$\mathrm{d}v=-u\frac{1}{m}\mathrm{d}m,$$

积分求解,得到水平推进过程中火箭瞬时速度公式

$$v(t)=v_0+\int_0^t\mathrm{d}v=v_0+u\ln\frac{M_0}{m},$$

其中质量

$$m(t)=M_0-\left|\frac{\mathrm{d}m}{\mathrm{d}t}\right|t.$$

当某级燃料烧尽，则获得末速度

$$V = v_0 + u \ln \frac{M_0}{M}, \tag{3.10}$$

其中 $M = M_0 - M'$，M'是这一级燃烧物的总质量.

举个数字例子，设质量比 $M_0/M \approx 9$，喷射速率 $u \approx 2.5$ km/s，则 $(V - v_0) \approx 5.5$ km/s，还小于第一宇宙速度 7.9 km/s. 一般火箭喷射物速率 $\mathrm{d}m/\mathrm{d}t$ 达 10^3kg/s 量级.

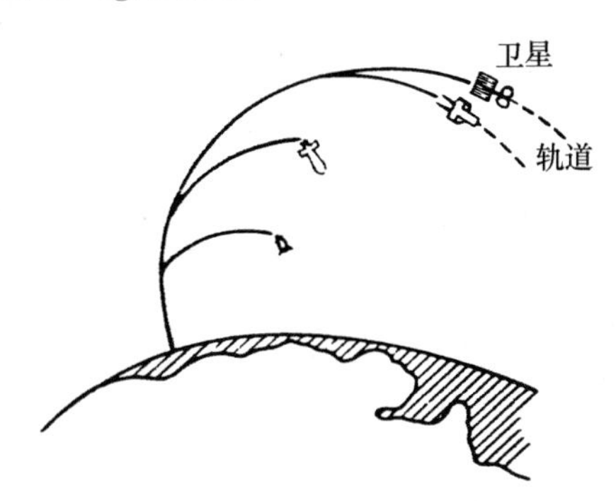

图 3-4 三级火箭发射

火箭将卫星发送到几百公里的预定高度，这通常采用三级火箭发射来完成，见图 3-4. 第一级火箭开始是垂直上升的，当冲出稠密的大气层后，便自动地逐渐改变方向，当燃料耗尽，空壳自动脱落. 同时，第二级火箭点火发动，使主体继续加速并偏离垂直方向. 第二级火箭外壳脱落后，第三级发动，使卫星达到预定高度，并获得水平环绕速度，将卫星发射出去.

• 变质量运动方程

普遍地说，上述火箭推进速度问题属于变质量力学，其一般描述如图 3-5. 在 t—$t+\mathrm{d}t$ 时间中，主体 m 受外力冲量 $\boldsymbol{F}\mathrm{d}t$，一添加物 $\mathrm{d}m$ 相对惯性系以速度 $\boldsymbol{v}'$附着在主体上，若喷射，则 $\mathrm{d}m<0$. 附着瞬间，施予主体一冲量 $\boldsymbol{f}\mathrm{d}t$，同时有一反冲量$(-\boldsymbol{f}\mathrm{d}t)$作用于添加物. 兹分别对 m 和 $\mathrm{d}m$ 应用动量变化定理，

$$\begin{cases} m(\boldsymbol{v}+\mathrm{d}\boldsymbol{v})-m\boldsymbol{v}=\boldsymbol{F}\mathrm{d}t+\boldsymbol{f}\mathrm{d}t, \\ \mathrm{d}m\cdot(\boldsymbol{v}+\mathrm{d}\boldsymbol{v})-\mathrm{d}m\cdot\boldsymbol{v}'=-\boldsymbol{f}\mathrm{d}t. \end{cases}$$

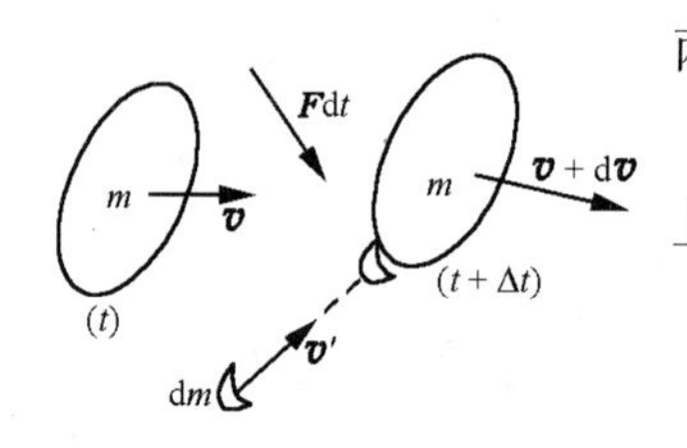

图 3-5 变质量运动

两式相加并忽略二级小量 $\mathrm{d}m\mathrm{d}\boldsymbol{v}$，有

$$m\mathrm{d}\boldsymbol{v} = \boldsymbol{F}\mathrm{d}t + (\boldsymbol{v}' - \boldsymbol{v})\mathrm{d}m.$$

上式除以 $\mathrm{d}t$，便得变质量运动方程

$$m\frac{\mathrm{d}\boldsymbol{v}}{\mathrm{d}t} = \boldsymbol{F} + (\boldsymbol{v}' - \boldsymbol{v})\frac{\mathrm{d}m}{\mathrm{d}t}, \tag{3.11}$$

其中 $(\boldsymbol{v}' - \boldsymbol{v})$ 正是添加物相对于主体的速度，记作 $\boldsymbol{u}$，于是上式被改写为

$$m\frac{\mathrm{d}\boldsymbol{v}}{\mathrm{d}t} = \boldsymbol{F} + \boldsymbol{u}\frac{\mathrm{d}m}{\mathrm{d}t}. \tag{3.12}$$

注意到主体质量随时间变化 $m(t)$，$\mathrm{d}(m\boldsymbol{v}) = m\mathrm{d}\boldsymbol{v} + \boldsymbol{v}\mathrm{d}m$，故(3.12)式也可改写为

$$\frac{\mathrm{d}(m\boldsymbol{v})}{\mathrm{d}t} = \boldsymbol{F} + \boldsymbol{v}'\frac{\mathrm{d}m}{\mathrm{d}t}. \tag{3.13}$$

(3.11)，(3.12)，(3.13)三个式子是等价的，可根据变质量运动的具体情况而选用. 火箭推进、雨滴凝结等均属变质量运动. 比如，多级火箭，开始阶段垂直冲天，受重力($-mg$)作用，应当根据(3.12)式求得上升速度公式

$$v(t) = -gt + u\ln\frac{M_0}{M}. \tag{3.14}$$

最后值得指出的是，物理学中的变质量问题出现于两种场合，一类是目前经典力学范畴的，主体的物质的量在变化；另一类是相对论效应下的惯性质量随运动速度而改变，但对象所含的物质的量并无改变. 相对论效应下的运动方程应当是 $\mathrm{d}(m\boldsymbol{v})/\mathrm{d}t = \boldsymbol{F}$.

● 例题——柔体的提升或下落

如图 3-6，桌面上有一段柔软绳子，被匀速地提升，试求提升力. 设绳质量线密度为 η(kg/m)，上升速度为 v_0.

这是一个变质量系统，其动量改变率

$$\frac{\mathrm{d}(mv)}{\mathrm{d}t} = \frac{\mathrm{d}}{\mathrm{d}t}(\eta y v_0) = \eta v_0\frac{\mathrm{d}y}{\mathrm{d}t} = \eta v_0^2.$$

垂直线段 y 所受外力有两个，提升力 F' 与重力 $(-\eta y g)$.

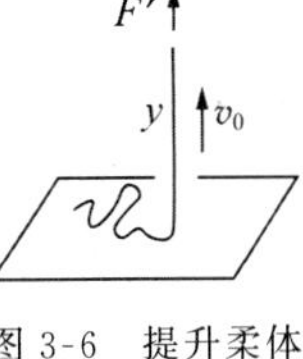

图 3-6　提升柔体

应用变质量运动方程(3.13)式，并注意到目前处于 y 段下端且垂落在桌面上的添加物 $\mathrm{d}m$ 的初速 $v'=0$，有

$$\eta v_0^2 = (F' - \eta y g),$$

得提升力

$$F' = \eta y g + \eta v_0^2.$$

它比重力多了一项 ηv_0^2，它正是添加物的反冲力，作用于垂直线段底部，方向朝下. 外力 F' 向上且克服了重力和反冲力，使柔性体匀速上升.

习　题

3.1　求每分钟射出 240 发子弹的机枪平均反冲力，假定每颗子弹的质量为 10 g，出射速度为 900 m/s.

3.2　棒球质量为 0.14 kg. 棒球沿水平方向以速率 50 m/s 投来，经棒击球后，球沿水平成 30°飞出(见图)，速率为 80 m/s. 球与棒接触时间为 0.02 s，求棒击球的平均力.

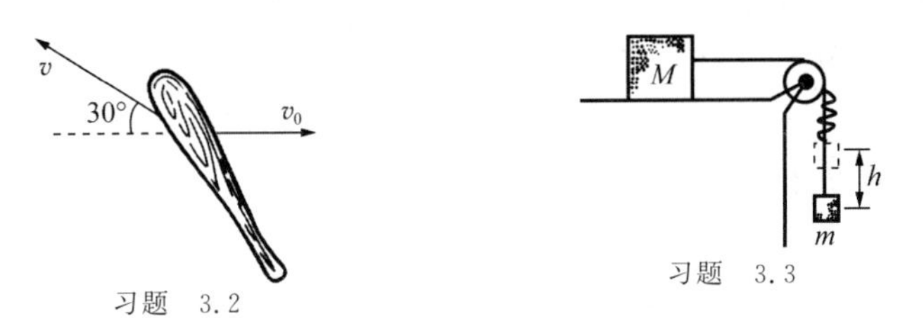

习题　3.2

习题　3.3

3.3　质量为 M 的滑块与水平台面间的静摩擦系数为 μ_0，质量为 m 的木块与 M 均处于静止. 绳不可伸长，绳与滑轮质量可不计，不计滑轮轴摩擦. 问将 m 托起多高(见图)，松手后可利用绳对 M 冲力的平均力拖动 M？设当 m 下落 h 后经过极短的时间 Δt 后与绳的铅直部分相对静止.

3.4　质量为 M 的木块静止在光滑的水平桌面上. 质量为 m，速

率为 v_0 的子弹水平地入射到木块内(见图)并与它一起运动.求

习题　3.4

(1) 子弹相对于木块静止后,木块的速率和动量,以及子弹的动量;

(2) 在此过程中子弹施于木块的冲量.

3.5　如图,已知绳的最大强度 $T_0=9.8\ \mathrm{N}$,$m=500\ \mathrm{g}$,$l=30.0\ \mathrm{cm}$.开始时 m 静止.水平冲量等于多大才能把绳子打断?

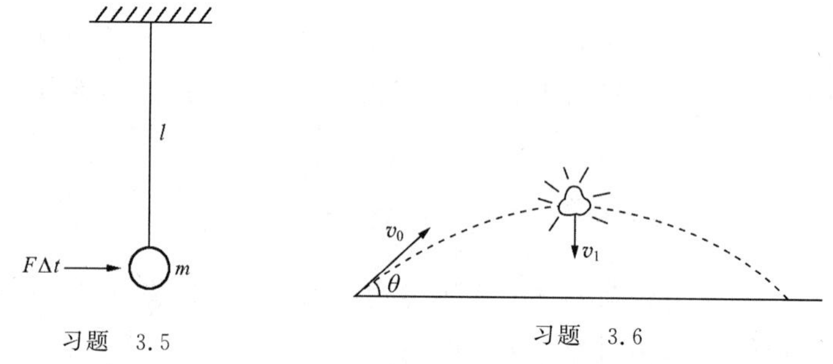

习题　3.5　　　　习题　3.6

3.6　一炮弹以 v_0 速率和 θ_0 的夹角发射,到达弹道最高点时爆炸(见图),成为质量相等的两块,其中一块以 v_1 的速率垂直下落,求另一块的速率及其与水平方向的夹角(忽略空气阻力).

3.7　一子弹水平地穿过两个前后并排在光滑水平桌面上的静止木块(如图).木块的质量分别为 m_1 和 m_2,设子弹透过两木块的时间间隔为 t_1 和 t_2.设子弹在木块中所受阻力为恒力 f,求子弹穿过后两木块各以多大的速度运动.

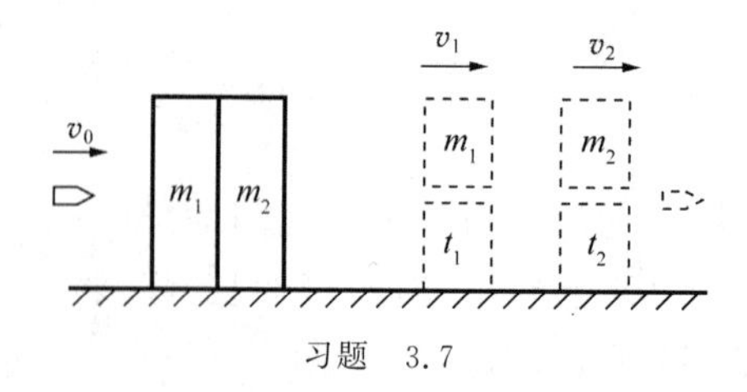

习题　3.7

3.8　一个原来静止的原子核,经放射性衰变,放出一个动量为 $9.22\times10^{-16}\ \mathrm{g\cdot cm/s}$ 的电子,同时该核在垂直方向上又放出一个动量为 $5.33\times10^{-16}\ \mathrm{g\cdot cm/s}$ 的中微子.求蜕变后原子核的动量的大小和方向.

3.9　一质量为 M 的铁路平底车沿着直的水平轨道无摩擦地运动. 起初,一质量为 m 的人站在这车上,而车以速率 v_0 向右运动. 现在,此人相对于车以速率 u 向左跑. 试问他在左端跳离平底车前,车的速率为多大?

3.10　三只质量均为 M 的小船,一只跟着一只鱼贯而行,速率均为 v_0,由中间那只船上同时以水平速率 u(相对于船)把两个质量均为 m(设 m 不包括在 M 内)的物体抛到前后两只船上,当投入物体后三只船的速度如何?

3.11　一个三级火箭,各级质量如下表所示,不考虑重力,火箭的初速为 0.

级 别	发射总质量/t	燃料质量/t	燃料外壳质量/t
一级	60	40	10
二级	10	20/3	7/3
三级	1	2/3	

(1) 若燃料相对于火箭喷出速率为 $u=2500\ \mathrm{m/s}$,每级燃料外壳在燃料用完时将脱离火箭主体. 设外壳脱离主体时相对于主体的速度为 0,只有当下一级火箭发动后,才将上一级的外壳甩在后边. 求第三级火箭的最终速率.

(2) 若把 48 t 燃料放在 12 t 的外壳里组成一级火箭,问火箭最终速率是多少.

3.12　一宇宙飞船以恒速 $\boldsymbol{v}$ 在空间飞行,飞行过程中遇到一股微尘粒子流,后者以 $\mathrm{d}m/\mathrm{d}t$ 的速率沉积在飞船上. 尘粒在落到飞船之前的速度为 $\boldsymbol{u}$,在时刻 t 飞船的总质量为 $M(t)$,试问:要保持飞船匀速飞行,需要多大的力 $\boldsymbol{F}$?

动能与势能——机械能变化定理与机械能守恒

4.1　质点动能变化定理

- 力做功与运动物体的动能
- 动能变化定理
- 瞬时功率
- 一对力做功的代数和与参照系无关

● 力做功与运动物体的动能

考察力作用的空间累积效应，见图 4-1，

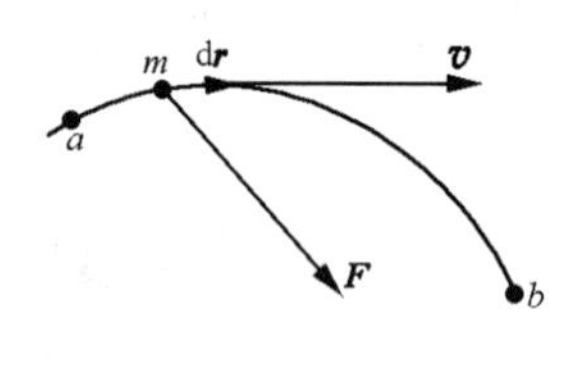

图 4-1　力做功

$$\boldsymbol{F}\cdot \mathrm{d}\boldsymbol{r}=m\,\frac{\mathrm{d}\,\boldsymbol{v}}{\mathrm{d}t}\cdot\boldsymbol{v}\,\mathrm{d}t=m\boldsymbol{v}\cdot\mathrm{d}\,\boldsymbol{v}.$$

考虑到

$$\boldsymbol{v}\cdot\mathrm{d}\boldsymbol{v}=\frac{1}{2}\mathrm{d}(\boldsymbol{v}\cdot\boldsymbol{v})=\mathrm{d}\left(\frac{1}{2}v^2\right),$$

于是得

$$\boldsymbol{F}\cdot\mathrm{d}\boldsymbol{r}=\mathrm{d}\left(\frac{1}{2}mv^2\right).\tag{4.1}$$

定义 $\boldsymbol{F}\cdot\mathrm{d}\boldsymbol{r}$ 为力的元功，记作 $\mathrm{d}A=\boldsymbol{F}\cdot\mathrm{d}\boldsymbol{r}$. 质点从 a 处运动到 b 处，沿路径 (l) 力做出的总功

$$A_{ab}=\int_{a\,(l)}^{b}\mathrm{d}A=\int_{a\,(l)}^{b}\boldsymbol{F}\cdot\mathrm{d}\boldsymbol{r}.\tag{4.2}$$

定义 $mv^2/2$ 为运动物体的动能,常记作 E_k,

$$E_k = \frac{1}{2}mv^2. \tag{4.3}$$

力做的功和运动物体的动能的物理意义体现于(4.1)关系式之中.

• 动能变化定理

动能变化定理其微分形式为

$$\mathrm{d}E_k = \boldsymbol{F}\cdot\mathrm{d}\boldsymbol{r}. \tag{4.4}$$

进而得到经历宏观过程后,质点动能的改变量(增量),

$$\frac{1}{2}mv_b^2 - \frac{1}{2}mv_a^2 = \int_{a\,(l)}^{b}\boldsymbol{F}\cdot\mathrm{d}\boldsymbol{r}, \tag{4.5}$$

或简写为

$$E_k(b) - E_k(a) = A_{ab}, \tag{4.6}$$

它被称为动能变化定理——质点动能的改变量等于力的功.对此再说明两点:

(1) 动能是一个瞬时量,且恒为正值.功是个过程量,表征力的空间累积效应,其值可正可负或为零.若 $A>0$,则物体动能增加;若 $A<0$,则物体动能减少;若 $A=0$,则物体动能不变.法线力不做功,法线力不会引起物体动能的变化.

(2) 在国际单位制中,功和动能的单位为焦耳,它系导出单位,焦=牛·米,记作 J.

• 瞬时功率

瞬时功率定义为单位时间中力所做的功,$\mathrm{d}A/\mathrm{d}t$.注意到 $\mathrm{d}A=\boldsymbol{F}\cdot\mathrm{d}\boldsymbol{r}$,$\mathrm{d}\boldsymbol{r}=\boldsymbol{v}\mathrm{d}t$,故瞬时功率被表达为

$$\frac{\mathrm{d}A}{\mathrm{d}t}=\boldsymbol{F}\cdot\boldsymbol{v}, \tag{4.7}$$

它等于瞬时力矢量与瞬时速度矢量的标积.瞬时功率的单位是瓦特,它系导出单位,瓦=焦/秒,记作 W.

• 一对力做功的代数和与参照系无关

一对力即作用力与反作用力 $\boldsymbol{f}_1$ 与 $\boldsymbol{f}_2$,分别作用于质点 1 与质

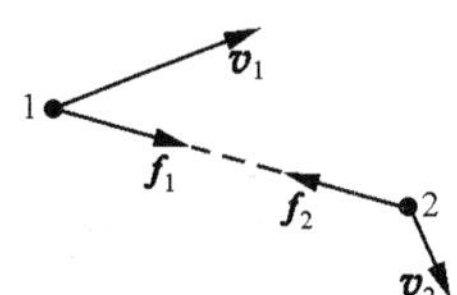

图 4-2　一对力做功分析

点 2,见图 4-2.各自产生的瞬时功率通常是不能互相抵消的,其代数和为

$$(\boldsymbol{f}_1\cdot\boldsymbol{v}_1+\boldsymbol{f}_2\cdot\boldsymbol{v}_2),$$

式中两项均涉及速度矢量,单独看各自均与参照系有关.然而,考虑到 $\boldsymbol{f}_2=-\boldsymbol{f}_1$,上式则合并为

$$\boldsymbol{f}_1\cdot\boldsymbol{v}_1+\boldsymbol{f}_2\cdot\boldsymbol{v}_2=\boldsymbol{f}_1\cdot(\boldsymbol{v}_1-\boldsymbol{v}_2)=\boldsymbol{f}\cdot\boldsymbol{v}_{12}, \tag{4.8}$$

这仅涉及两者的相对速度 $\boldsymbol{v}_{12}$,显然它与参照系的选择无关.瞬时功率既然如此,其对时间积分得到的做功关系也是这样,

$$A_1+A_2=A,$$

与参照系选择无关.一对力做功的代数和与参照系无关,这一结论在分析物体系的能量变化,比如一对摩擦力做功的问题时是有用的.

4.2　保守力的功

- 重力的功
- 弹性力的功
- 引力的功
- 保守力场
  ——沿环路力的做功为零

● 重力的功

地面附近的重力场是个均匀场,质点受恒力 $m\boldsymbol{g}$.考察质点从 a 处开始作任意曲线运动到 b 处,重力做功为

$$A_{ab}=\int_{a\,(l)}^{b}m\boldsymbol{g}\cdot\mathrm{d}\boldsymbol{r}=\int_{a\,(l)}^{b}mg\cos\alpha\,\mathrm{d}r,$$

其中 α 角是 $\mathrm{d}\boldsymbol{r}$ 与 $\boldsymbol{g}$ 之夹角.注意到 $\cos\alpha\cdot\mathrm{d}r=-\mathrm{d}h$,参见图 4-3,于是有

$$A_{ab}=mg\int_{h_a}^{h_b}(-\mathrm{d}h)=mg(h_a-h_b). \tag{4.9}$$

由此可见,重力做功与路径具体形迹无关,仅与初终两处的高度差 (h_a-h_b) 有关.下降运动,$h_a>h_b$,重力做正功;上升运动,$h_a<h_b$,重力做负功.

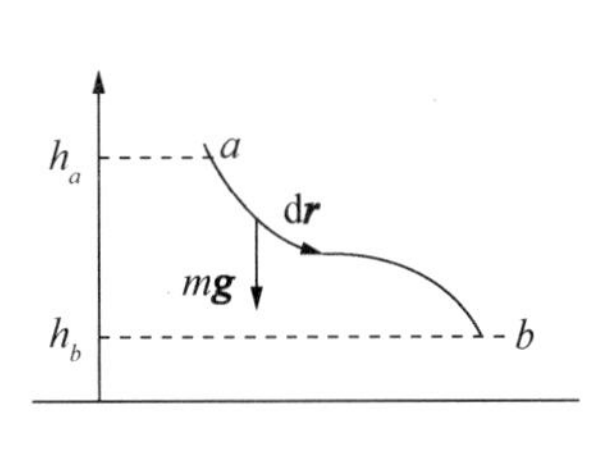

图 4-3 重力做功

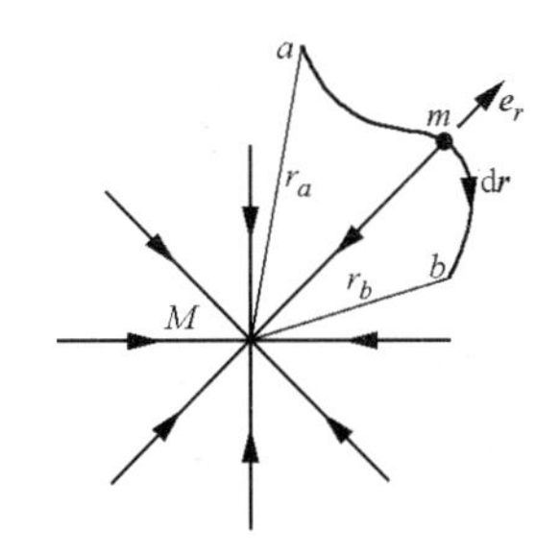

图 4-4 引力做功

• 引力的功

引力场是一个有心力场,见图 4-4.考察质点沿任意曲线从 a 处至 b 处,引力做功

$$A_{ab}=\int_{a\,(l)}^{b}\boldsymbol{F}\cdot\mathrm{d}\boldsymbol{r}=-GMm\int_{a\,(l)}^{b}\frac{1}{r^2}\boldsymbol{e}_r\cdot\mathrm{d}\boldsymbol{r}.$$

注意到 $\mathrm{d}\boldsymbol{r}\cdot\boldsymbol{e}_r=\mathrm{d}r$,上式变为

$$A_{ab}=-GMm\int_a^b\frac{1}{r^2}\mathrm{d}r=-GMm\left(\frac{1}{r_a}-\frac{1}{r_b}\right).\qquad(4.10)$$

由此可见,引力做功与路径具体形迹无关,仅与初终两处的位置到力心的距离 r_a,r_b 有关.以力心为原点,若质点运动由近至远,则引力做负功;由远至近,则引力做正功.

• 弹性力的功

弹簧是个一维弹性力场,其弹性力被表示为 $f=-kx$,这里原点设定于弹簧自然端点.见图 4-5,设质点从 x_a 处运动到 x_b 处,考量此过程中弹性力做功

$$A_{ab}=\int_a^b f\,\mathrm{d}x=\int_a^b(-kx)\mathrm{d}x=\frac{1}{2}k(x_a^2-x_b^2).\qquad(4.11)$$

由此可见,弹性力做功与路径的反复往返无关,仅与初终两处位置 x_a 和 x_b 有关.当 $|x_b|>|x_a|$,即弹簧形变程度加强,则弹性力做负功;反之,$|x_b|<|x_a|$,意味着弹簧形变程度减弱,则弹性力做正功.

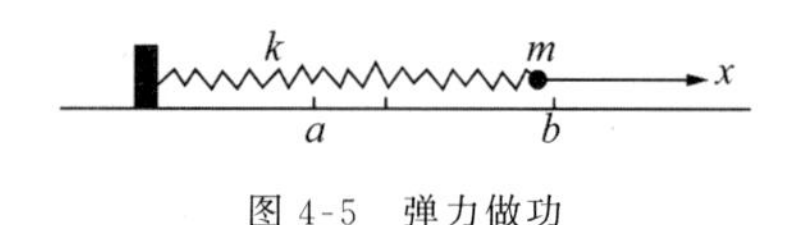

图 4-5　弹力做功

- **保守力场——沿环路力的做功为零**

以上论及的三种力,重力、引力和弹性力是常见的力,三者做功有一个共同点——其力做功与路径无关. 如图 4-6(a)所示,

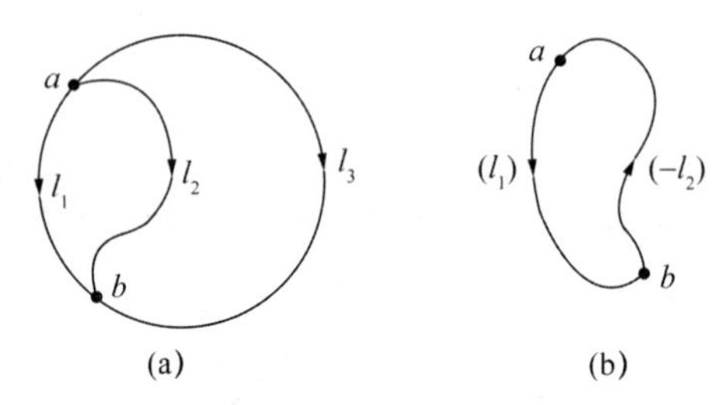

图 4-6　保守力场

$$\int_{a\,(l_1)}^{b} \boldsymbol{F}_c \cdot d\boldsymbol{r} = \int_{a\,(l_2)}^{b} \boldsymbol{F}_c \cdot d\boldsymbol{r} = \int_{a\,(l_3)}^{b} \boldsymbol{F}_c \cdot d\boldsymbol{r},$$

通称这类力为保守力(conservative force),记作 $\boldsymbol{F}_c$. 摩擦力也是常见力,它是非保守力,其做功数值是与路径有关的. 对于保守力场,还有一个更为简洁的数学描写为

$$\oint \boldsymbol{F}_c \cdot d\boldsymbol{r} = 0,$$

即沿任意闭合环路保守力做功为零,见图 4-6(b). 这不难证明:

$$\int_{a\,(l_1)}^{b} \boldsymbol{F}_c \cdot d\boldsymbol{r} - \int_{a\,(l_2)}^{b} \boldsymbol{F}_c \cdot d\boldsymbol{r} = 0,$$

$$\int_{a\,(l_1)}^{b} \boldsymbol{F}_c \cdot d\boldsymbol{r} + \int_{b\,(-l_2)}^{a} \boldsymbol{F}_c \cdot d\boldsymbol{r} = 0,$$

$$\oint \boldsymbol{F}_c \cdot d\boldsymbol{r} = 0. \tag{4.12}$$

在物理学中,库仑场也是一个保守力场,因为它也是一个有心力场.

4.3 保守力场中的势能

- 动能变化定理应用于保守力场
- 势能概念
- 重力势能、弹性势能与引力势能公式
- 势能曲线
- 由势函数导出保守力的一般公式

● 动能变化定理应用于保守力场

将动能变化定理应用于保守力场，分别得到以下关系式：

$$\frac{1}{2}mv_b^2-\frac{1}{2}mv_a^2=\begin{cases}mgh_a-mgh_b, & \text{重力场；}\\ \frac{1}{2}kx_a^2-\frac{1}{2}kx_b^2, & \text{弹性力场；}\\ -G\frac{Mm}{r_a}-\left(-G\frac{Mm}{r_b}\right), & \text{引力场.}\end{cases}$$

再将等式两边同一时空点、同一下角标的量合并一起，出现了令人兴奋的一组方程：

$$\left.\begin{aligned}&\frac{1}{2}mv_b^2+mgh_b=\frac{1}{2}mv_a^2+mgh_a;\\&\frac{1}{2}mv_b^2+\frac{1}{2}kx_b^2=\frac{1}{2}mv_a^2+\frac{1}{2}kx_a^2;\\&\frac{1}{2}mv_b^2+\left(-G\frac{Mm}{r_b}\right)=\frac{1}{2}mv_a^2+\left(-G\frac{Mm}{r_a}\right).\end{aligned}\right\}\qquad(4.13)$$

这表明，在保守力场中质点的运动存在一个“不变量”，它是已有定义的动能一量与一个尚未命名的新量之和.

● 势能概念

这个新量源于保守力做功，而目前与动能项处于平等地位，两者之和在运动过程中保持不变. 鉴于它的空间特性仅由质点位置决定，而与质点运动的径迹无关，故称其为势能或位能(本书采用“势能”)，记作 E_p.

保守力场中势能的普遍定义式是

$$E_p(Q)=\int_Q^{(0)}\boldsymbol{F}_c\cdot d\boldsymbol{r},\qquad(4.14)$$

即,保守力场中,某处的势能等于将质点由该处迁移到(0)处,保守力所做的功.当然,不必限定积分路径,选取任意路径皆可,积分结果无异.其中(0)表示势能零点位置,这也有一个选择自由,见图4-7.于是,任意两处的势能差为

$$E_p(a)-E_p(b)=\int_a^b \boldsymbol{F}_c \cdot \mathrm{d}\boldsymbol{r}. \tag{4.15}$$

它与势能零点位置的选择无关.

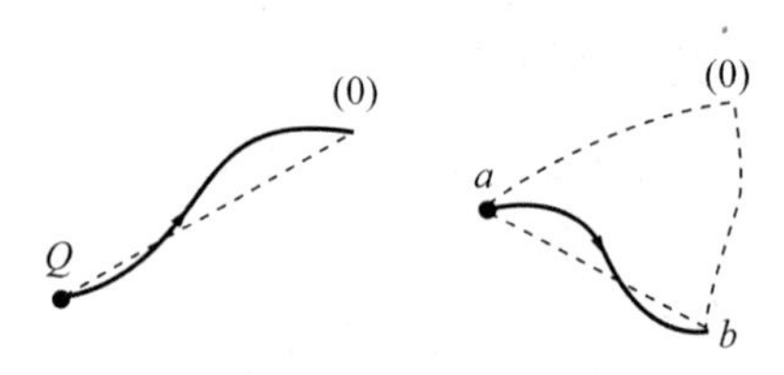

图 4-7　势能与势能差

- **重力势能、弹性势能与引力势能公式**

由于这三种保守力做功的公式先前已被得到,现在就不必从势能定义式出发再重复推导了,可直接由(4.9),(4.10),(4.11)式确认:

重力势能公式　$E_p(h)=mgh$,势能零点在地面 $h=0$;　　(4.15H)

弹性势能公式　$E_p(x)=\frac{1}{2}kx^2$,势能零点在自然端点 $x=0$;　　(4.15K)

引力势能公式　$E_p(r)=-G\frac{Mm}{r}$,势能零点在无穷远 $r\to\infty$.　　(4.15G)

一个处于保守力场中的静止质点,若无其他力的作用,它将在保守力作用下开始加速,速度越来越大.这一现象,若按动能变化定理的语言说,该质点动能的增加是因为保守力做正功.若按势能的语言说,质点动能增加了,而势能在减少;开始时刻质点势能最大,蓄势待发,随后将转化为动能.potential energy 一词的中文译名为势能,十分贴切.

注意到以上三个势能公式中,弹性势能有一个令人醒目的特点,

即它与弹簧端点是否系着振子无关，即便振子质量 $m=0$，只要弹簧端点有个伸缩量为 x，则该弹簧整体就具有 $kx^2/2$ 的势能值. 然而，对重力势能和引力势能而言则不然，当 $m=0$，这两种势能值均等于零.

- **势能曲线**

根据势能公式可以画出势能曲线，以形象地反映势能的空间特性. 图 4-8(a)，(b)，(c)，(d)，分别为三种保守力场和某一特殊保守力场的势能曲线.

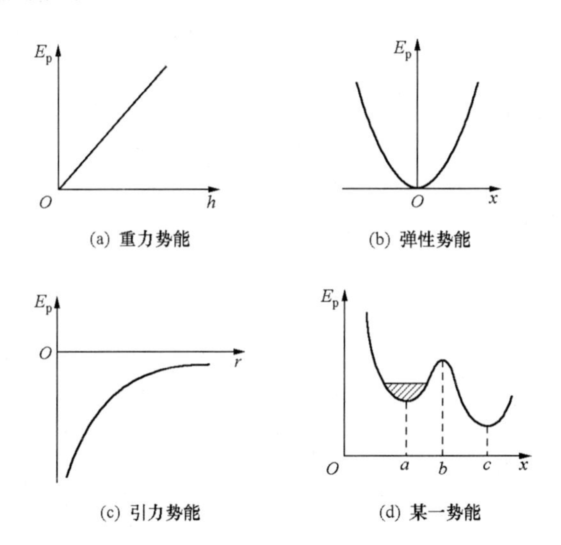

图 4-8 势能曲线

值得指出的是，在某些场合人们可能首先从理论上或实验上获得势能曲线. 如是，相应的保守力则可由势能函数求得. 其关系是，势能函数的负微商值等于保守力. 比如，

$$-\frac{\mathrm{d}(mgh)}{\mathrm{d}h}=-mg, \qquad \text{重力,}$$

$$-\frac{\mathrm{d}\left(\frac{1}{2}kx^2\right)}{\mathrm{d}x}=-kx, \qquad \text{弹性力,}$$

$$-\frac{\mathrm{d}}{\mathrm{d}r}\left(-GMm\,\frac{1}{r}\right)=-G\,\frac{Mm}{r^2}, \qquad \text{引力.}$$

又比如,图(d)势能曲线显示,a,b,c 三处势能为极值,是平衡位置. b 是非稳定平衡点,a 和 c 是稳定平衡位置. 在 a 点或 c 点邻近区域质点将受到一个弹性恢复力的作用而作小振动. 质点若从 a 处进入 bc 区段,必须具有足够的动能,以克服势垒 $\Delta E=E_{\mathrm{p}}(b)-E_{\mathrm{p}}(a)$. 学会用能量语言分析物理问题,有时显得更为直截了当.

● 由势函数导出保守力的一般公式

上述三种典型的势能均为一元函数. 普遍说,势函数可表示为 $E_{\mathrm{p}}(x,y,z)$ 或 $E_{\mathrm{p}}(\boldsymbol{r})$. 图 4-9 表示两个无限靠近的等势面 E_{p} 和 $E_{\mathrm{p}}+\Delta E_{\mathrm{p}}$. 沿任意方向 $\boldsymbol{l}$ 考察保守力在这小段 $\Delta \boldsymbol{l}$ 做功,

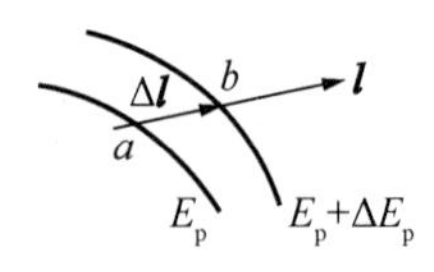

图 4-9　由势能函数求出保守力

$$\int_a^b \boldsymbol{F}_{\mathrm{c}}\cdot \mathrm{d}\boldsymbol{l}=\int_a^b F_l \mathrm{d}l=F_l\Delta l.$$

再应用势能差公式(4.15),有

$$E_{\mathrm{p}}-(E_{\mathrm{p}}+\Delta E_{\mathrm{p}})=F_l\Delta l,$$

即 $-\Delta E_{\mathrm{p}}=F_l\Delta l$,写成

$$F_l=-\frac{\partial E_{\mathrm{p}}}{\partial l}.$$

这表明,保守力在某方向的分量,等于势能函数方向微商的负值. 故保守力的三个分量分别为

$$F_x=-\frac{\partial E_{\mathrm{p}}}{\partial x},\quad F_y=-\frac{\partial E_{\mathrm{p}}}{\partial y},\quad F_z=-\frac{\partial E_{\mathrm{p}}}{\partial z}. \tag{4.16}$$

引入倒三角算符

$$\nabla\equiv\frac{\partial}{\partial x}\boldsymbol{i}+\frac{\partial}{\partial y}\boldsymbol{j}+\frac{\partial}{\partial z}\boldsymbol{k},$$

可将以上三个分量式合并为一个表达式

$$\boldsymbol{F}_{\mathrm{c}}=-\nabla E_{\mathrm{p}}. \tag{4.17}$$

用分析数学中的矢量场论语言表述——保守力等于势能函数梯度的负值. 其中负号表明,保守力指向势能减少方向.

4.4 机械能变化定理与机械能守恒

- 机械能变化定理
- 机械能守恒及其条件
- 例题 1 计及空气阻力时物体上抛与下落时间比较
- 例题 2 光滑球面上物体下滑的临界点

● 机械能变化定理

在保守力场中运动的物体，可能还受到非保守力的作用，比如摩擦力、推拉力、支持力，等等，记作 $\boldsymbol{F}_d$. 于是物体受力可分为两部分，$\boldsymbol{F}=\boldsymbol{F}_c+\boldsymbol{F}_d$. 应用动能变化定理，从 a 点到 b 点物体动能变化为

$$E_k(b)-E_k(a)=\int_a^b \boldsymbol{F}_c\cdot d\boldsymbol{r}+\int_{a\,(l)}^b \boldsymbol{F}_d\cdot d\boldsymbol{r}.$$

右边第一项为保守力做功，转化为势能差，$E_p(a)-E_p(b)$；第二项为非保守力做功，简写为 A_d. 于是上式变成

$$[E_k(b)+E_p(b)]-[E_k(a)+E_p(a)]=A_d(a,b). \tag{4.18}$$

据此定义出一个机械能：动能与势能之和，记作 E，即

$$E=E_k+E_p.$$

式(4.18)表明

$$E(b)-E(a)=A_d. \tag{4.19}$$

这被称为机械能变化定理——运动物体机械能的改变量等于非保守力做的功.

● 机械能守恒及其条件

当物体在运动过程中，不存在非保守力或存在的非保守力不做功，即 $A_d=0$，则机械能守恒，

$$E_k+E_p=\text{const}. \tag{4.20}$$

对于机械能守恒再作几点说明：

(1) 有时考察的对象是质点组或物体系，机械能守恒的条件也常被表述为，内部无耗散力且外力做功为零. 所谓耗散力(dissipative force)，是指通过其做功将机械能转换为非机械能，比如热能. 常见

的耗散力有摩擦力.当然,摩擦力并不总是表现为耗散力.日常生活中有很多例子可以说明,摩擦力也可能是一种动力,即使摩擦力成为阻力,也可能转移机械能,并不耗散机械能.只有当接触的两个物体之间有相对速度时,这一对摩擦力必定表现为耗散力,其瞬时耗散功率为 $\boldsymbol{f}_1\cdot\boldsymbol{v}_{12}<0$,其中 $\boldsymbol{v}_{12}$ 是物体 1 对物体 2 的相对速度.

(2) 机械能守恒,意味着运动过程中动能与势能的相互转换,两者之和在任一时刻保持不变.比如,物体上抛,动能减少了而重力势能在增加.又比如,已被拉伸了的弹簧一旦释放,则振子的动能在增加,而弹簧的弹性势能减少了.

(3) 可以说,机械能守恒及其条件的确立,在物理学中开创了关于不同形式能量之间的转换与守恒这一片新天地,虽则目前只触及机械能范畴中关于动能与势能之间的转换与守恒.一旦机械能变化了,人们又发现了一种新的能量形式热能,在更大的范畴中确立了能量的转换与守恒规律.这被概括为热力学第一定律,它是在 19 世纪中叶建立的.这本身也意味着在特定范畴中,能量是可以变化的,重要的是要掌握这种能量变化的具体规律.这正是我们强调机械能变化定理及机械能守恒条件的意义之所在.

回顾以上四节内容,先后引导出功、保守力、动能、势能、机械能、动能变化定理、机械能变化定理和机械能守恒等若干概念和定理,看得出这种快切快入的阐述方式,着力于概念的演绎和理论的舒展.只有在分析和解决力学问题中,才能显示出这些概念和定理的真正价值和物理意义.以下两节,关于三种宇宙速度和两体碰撞的研究,正是这些概念和定理的实际应用.让我们先看两个简单的例子.

● 例题 1　计及空气阻力时物体上抛与下落时间的比较

如图 4-10,针对沿途任意一对等高点 a 与 b,将机械能变化定理应用于路径 acb,有

$$\left(\frac{1}{2}mv_b^2+mgh_b\right)-\left(\frac{1}{2}mv_a^2+mgh_a\right)=A_{\mathrm{d}},$$

其中，非保守力的功 A_d 目前是空气黏性阻力 f 做的功，

$$A_d = \int_a^c f\,ds + \int_c^b f\,ds.$$

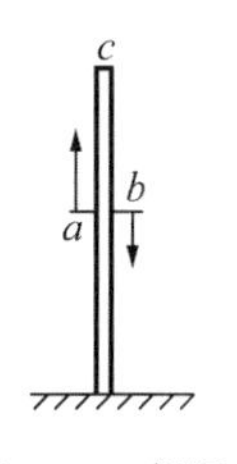

图 4-10　例题 1

不论空气阻力是速率的多么复杂的函数 $f(v)$，它总是时时做负功，故不论物体上升或下降，总是 $A_d < 0$. 注意到 $h_b = h_a$，所以

$$v_a > v_b,$$

即沿途各对应点上升速率 v_1 总是大于下降速率 v_2. 可是上升与下降的总路程 s 是相同的，即

$$s = \int ds = \int_0^{\tau_1} v_1\,dt_1, \quad 上升;$$

$$s = \int ds = \int_0^{\tau_2} v_2\,dt_2, \quad 下降.$$

或者说，每经过相同路程元 ds 时，因为 $v_1 > v_2$，故 $dt_1 < dt_2$，累加结果，上升总时间 τ_1 必小于下降总时间 τ_2. 这是一个机械能减少的运动过程. 减少的机械能到哪里去了?! 其实在力学范畴中不必提出这种问题，正如我们习惯地不提出诸如“速度减小了、速度到哪里去了”这类问题. 虽然，目前我们可以回答，摩擦生热而转换了一部分机械能，但就理论的严整性而言，机械能减少这件事，并不违背什么物理规律.

● 例题 2　光滑球面上物体下滑的临界点

如图 4-11，物体在顶端非稳定平衡点，稍被微扰便从顶端沿球面滑动向下，势能减少而动能增加，这是一个机械能守恒的过程，因为球面的支持力是法线力而不做功. 当物体速率增加到某一数值时，重力提供的向心力便不足以约束物体在球面上作圆周运动，于是物体飞离球面. 设临界速率为 v_0，相应的临界角度 θ_0，落差 h_0. 据以上分析，列出一组方程如下：

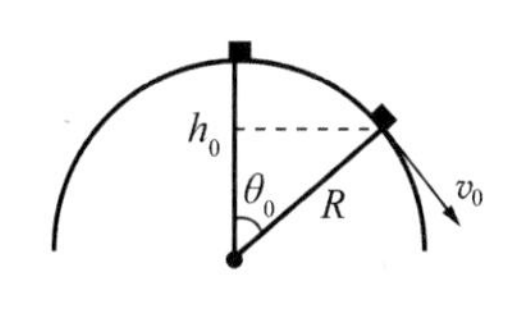

图 4-11　例题 2

$$\begin{cases}\frac{1}{2}mv_0^2=mgh_0, & \text{机械能守恒;}\\ m\frac{v_0^2}{R}=mg\cos\theta_0, & \text{临界条件;}\\ \cos\theta_0=\frac{R-h_0}{R}, & \text{几何关系.}\end{cases}$$

解出

$$h_0=\frac{1}{3}R,\qquad \theta_0\approx 48^\circ.$$

4.5　三种宇宙速度

- 第一宇宙速度——人造卫星
- 第二宇宙速度——人造行星
- 第三宇宙速度
- 估算“黑洞地球”的半径

● 第一宇宙速度——人造卫星

在地球上空发送卫星，当卫星有足够的速度，就可以在地球引力作用下作有心运动，形成稳定轨道，周而复始地环绕地球运行. 设卫星发射高度为 h，即 $r=R+h$. 满足稳定圆周轨道的条件是，水平环绕速度 v_1 所需要的向心力恰等于地球引力，

$$m\frac{v_1^2}{r}=G\frac{Mm}{r^2},$$

求得第一宇宙速度

$$v_1=\sqrt{\frac{GM}{r}}=\sqrt{\frac{GM}{R+h}}.\tag{4.21}$$

考虑到地球半径 $R\approx 6.37\times 10^3$ km，设卫星轨道高度 $h\sim 5\times 10^2$ km，作近似 $(R+h)\approx R$ 是合适的，又考虑到地面低空区重力加速度 $g=GM/R^2\approx 9.8\ \mathrm{m/s^2}$，于是上式被改写为

$$v_1=\sqrt{\frac{GM}{R}}=\sqrt{gR}\approx 7.9\ \mathrm{km/s}.$$

当然，这是卫星由三级火箭推进到预定高度后，改变方向进入环行轨道时应具有的水平速度. 当实际速度比第一宇宙速度大一些或小一

些，那么卫星将绕地球作椭圆轨道运行. 1957 年 4 月 10 日苏联发射了世界上第一颗人造地球卫星，从此人类开始了探索太空世界的新时代. 中国于 1970 年 4 月 24 日成功地发射了第一颗人造地球卫星.

出于气象考察或资源探测的目的而发射的卫星，其轨道可有三种形态，即赤道轨道、极地轨道和其他倾斜轨道，如图 4-12 所示. 这三种轨道均与地心共面，这是轨道稳定性所要求的.

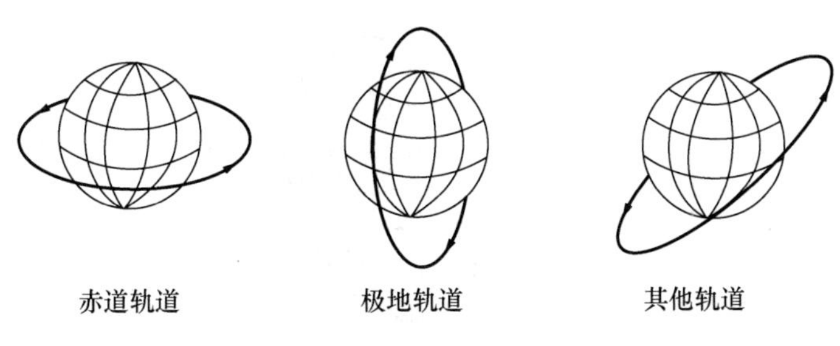

图 4-12　卫星运行的三种轨道

• 第二宇宙速度——人造行星

当飞行物发射的速度足够大时，以致冲出地球引力范围而围绕太阳运动，成为一颗人造行星，或飞向太阳系的其他行星上去. 这个脱离地球引力的最低水平速度被称为第二宇宙速度或脱离速度，记作 v_2. 进行星际航行的探测器或飞船都必须达到第二宇宙速度. 应用机械能守恒律可以求出这个速度. 设发射高度为 h，即 $r=R+h$，分别考量 r 处和无穷远的机械能：

$$E_k(r)=\frac{1}{2}mv^2,\quad E_p(r)=-G\frac{Mm}{r};$$

$$E_k(\infty)\geqslant 0,\quad E_p(\infty)=0,$$

两者满足机械能守恒，即 $E(r)=E(\infty)$，于是

$$\frac{1}{2}mv^2+\left(-G\frac{Mm}{r}\right)\geqslant 0,$$

取其等于零，得第二宇宙速度

$$v_2=\sqrt{\frac{2GM}{r}}=\sqrt{\frac{2GM}{R+h}}\approx\sqrt{\frac{2GM}{R}}=\sqrt{2}v_1\approx 11.2\ \text{km/s}. \tag{4.22}$$

进一步的理论表明，当飞行物在预定高度的水平速度 v，满足 $v_1<v<v_2$ 时，轨道为椭圆；当 $v=v_2$ 时，轨道为抛物线；当 $v>v_2$ 时，轨道为双曲线. 如图 4-13 所示.

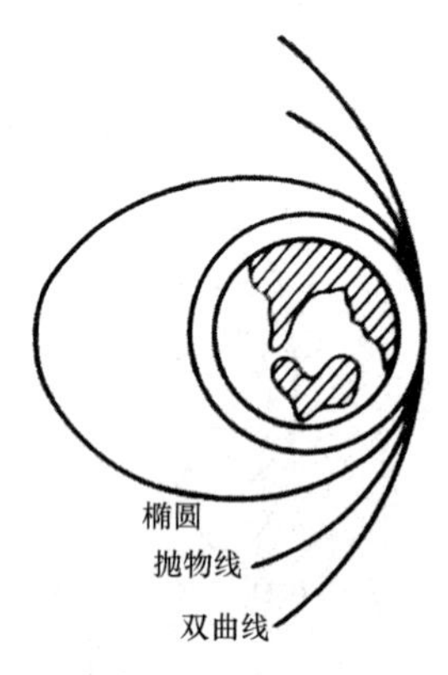

图 4-13　有心力场中飞行物的三种轨道形态

● 第三宇宙速度

当飞行物的发射速度进一步增加，它将可能冲出太阳的引力范围而成为银河系中的一个人造星体. 其最低发射速度被称为第三宇宙速度 v_3. 首先直接借用(4.22)式，得到以太阳为参照系的第三宇宙速度

$$V_3=\sqrt{\frac{2GM_S}{\bar{r}}},$$

其中太阳质量 $M_S\approx 332\times 10^3 M$(地球质量)，日地平均距离 $\bar{r}=1.5\times 10^8$ km $\approx 234\times 10^2 R$(地球半径)，故

$$V_3=\sqrt{\frac{332\times 10^3}{234\times 10^2}}\,v_2\approx 42.2\ \mathrm{km/s}.$$

这是从日心系看飞行器冲出的速度，自然其中包含了地球绕太阳的公转速度 $\bar{v}\approx 29.8$ km/s. 两者相减，

$$V_3'=V_3-\bar{v}\approx 12.4\ \mathrm{km/s}.$$

这是从地球参照系来看飞行器冲出地球引力范围时应有的速度. 再追回到地面附近 h 高度，发射速度 v_3 应当满足机械能守恒，即

$$\frac{1}{2}mv_3^2+\left(-G\frac{Mm}{R}\right)=\frac{1}{2}mV_3'^2+0.$$

注意到 $\frac{GMm}{R}=\frac{1}{2}mv_2^2$，故得

$$v_3^2=v_2^2+V_3'^2,$$

最后给出在地球上空发射的第三宇宙速度公式

$$v_3=\sqrt{v_2^2+V_3'^2}\approx\sqrt{(11.2)^2+(12.4)^2}\ \mathrm{km/s}\approx 16.7\ \mathrm{km/s}. \tag{4.23}$$

上述三种宇宙速度均为立足于地球上空预定高度，物体在水平方向的三个特征速度．当 $v_1<v<v_2$，则发射体环绕地球按椭圆轨道运行；当 $v_2<v<v_3$，则发射体可以围绕太阳按椭圆轨道运行；当 $v>v_3$，则发射体将沿双曲线轨道，离开太阳系而远行．

● 估算“黑洞地球”的半径

宇宙中存在着超致密星体，其质量很大而体积很小，有很强的引力作用，以致任何有质量物体包括电磁波和光波，均无力逃逸它的吸引，成为一个“黑洞”．那么，从理论上看，一个质量为 M 的星体，占据的半径 R 为多少时可成为一个黑洞？这可从第二宇宙速度 $v_2=(2GM/R)^{1/2}$ 公式中得到估算值．考虑到真空中光速 $c=3\times10^8$ m/s，是现实宇宙中实际物体的极限速度，若 R 减少到使 v_2 值达到 c 值，这等效于任何物体都不可能逃逸该星体的引力控制．令 $v_2=c$，得质量为 M 的物体成为黑洞的临界半径

$$R_0=\frac{2GM}{c^2}. \tag{4.24}$$

比如，对于地球，借用已知的重力加速度 $g\approx9.8\ \mathrm{m/s^2}$，而将上式改写为

$$R_0=2gR^2/c^2\approx 9\ \mathrm{mm}.$$

当然，这只是一个由黑洞经典理论作出的估算，其数值倒与现代宇宙学引力理论的结果相近．对宇宙中确实存在黑洞的证认，正是当前相对论天体物理学研究中的前沿．

4.6　两体碰撞

- 概述
- 一维弹性碰撞及其两种典型
- 一维非弹性碰撞及其能量损失
- 恢复系数的定义及其意义
- 约化质量概念
- 二维弹性碰撞的守恒方程与共面性质

● 概述

两体碰撞是力学中一个经典问题,这里既有动量交换又有动能交换.碰撞也是物理学中一个基本的物理现象和物理模型.诸如,热现象中,作无规热运动的大量分子间的频繁碰撞,是热平衡态的建立和维持的基本机制;光散射现象中,以光子与自由电子或其他粒子的碰撞作为散射的基本模型;在电现象中,以自由电子与金属原子实的频繁碰撞作为金属导电的经典微观机制.无论这些现象如何复杂奥妙,在这里开始学习的有关两体碰撞的内容,为理解它们提供了一个基本的图像和概念.

碰撞问题的特点是,碰撞瞬间外力冲量可被忽略,碰撞前后体系动量守恒,尽管碰撞过程中相互作用的内力是个复杂的变力.利用动量守恒律和动能变化性质,就可以成功地解决两体碰撞问题,而无需具体分析瞬间过程的细节.可以说,在牛顿力学发展的早期,碰撞问题的研究和解决是其最成功的应用之一.按碰撞前后体系动能变化的性质划分,有弹性碰撞与非弹性碰撞;按碰撞前后体系动量的空间特性划分,有一维碰撞与二维碰撞.

● 一维弹性碰撞及其两种典型

碰撞前后两质点的速度方向均在一条直线上,被称为一维碰撞;碰撞前后,两体动能之和不变,被称为弹性碰撞.两个光滑钢球,若碰撞前速度方向与球心连线三者在一条直线上,就是一个弹性碰撞的好实例,如图4-14.设碰前速度分别为 v_{10}, v_{20}, 碰后速度分别为 v_1, v_2. 由动量守恒与动能守恒,列出方程

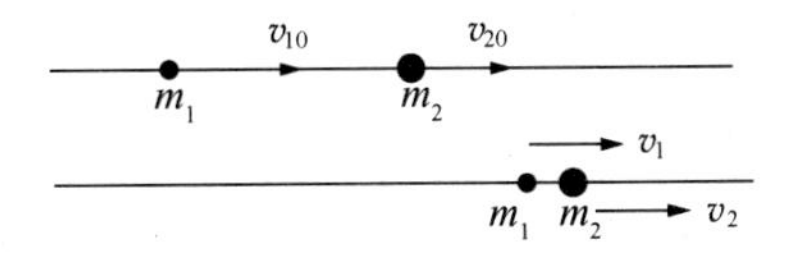

图 4-14 一维弹性碰撞

$$\begin{cases} m_1 v_1 + m_2 v_2 = m_1 v_{10} + m_2 v_{20}, & (1^*) \\ \frac{1}{2} m_1 v_1^2 + \frac{1}{2} m_2 v_2^2 = \frac{1}{2} m_1 v_{10}^2 + \frac{1}{2} m_2 v_{20}^2. & (2^*) \end{cases}$$

由(1^*)得

$$\frac{v_1 - v_{10}}{v_{20} - v_2} = \frac{m_2}{m_1}, \qquad (3^*)$$

由(2^*)得

$$m_1 \frac{v_1 - v_{10}}{v_{20} - v_2}(v_1 + v_{10}) = m_2(v_2 + v_{20}). \qquad (4^*)$$

将(3^*)代入(4^*),得到一个有意义的关系式

$$(v_1 - v_2) = (v_{20} - v_{10}), \qquad (5^*)$$

左端表示碰后两体相对速度,两体必分离;右端表示碰前两体相对速度,碰前两者必靠近.上式的物理意义是,碰后两体相对分离速度等于碰前两体相对靠近速度.惟弹性碰撞才是如此.联立(1^*),(5^*),最终得到速度分配公式为

$$\begin{cases} v_1 = v_{10} - \frac{2m_2}{m_1 + m_2}(v_{10} - v_{20}), & (4.25) \\ v_2 = v_{20} - \frac{2m_1}{m_1 + m_2}(v_{20} - v_{10}), & (4.26) \end{cases}$$

现将其应用于两种典型情况:

(1) 两体质量相近,$m_1 \approx m_2$,则

$$v_1 = v_{20}, \quad v_2 = v_{10},$$

这表明碰后物体 1 的动量与动能正是物体 2 碰前具有的动量与动能.反之亦然.这种情况下,两体的动量与动能的交换是最充分的.尤其当 $v_{20} = 0$,即 m_2 静止,有 $v_1 = 0, v_2 = v_{10}$,即 m_1 将自己全部动量与动能奉献于 m_2,而自己却静止了.这一现象在玩弹子游戏或在康乐球台上时有出现.

（2）两体质量相差悬殊，$m_1/m_2=m/M\ll 1$，则

$$v_1\approx 2v_{20}-v_{10},\quad v_2=v_{20}.$$

尤其当 $v_{20}=0$，有 $v_1\approx -v_{10}$，$v_2\approx 0$. 这表明大物岿然不动，而小物动能不变、动量等值反向，被大物弹回去了. 这种情况下，两体的动能交换是最不充分的. 一弹性球自由落体而碰撞地球，就是一例.

总之，碰撞过程是一个动量和动能在两体间的交换与转移的过程，其充分程度取决于质量比. 这一概念在热物理中也有用. 比如，高温等离子系统，充满电子与离子，频繁地发生着电子-电子碰撞、离子-离子碰撞和电子-离子碰撞. 显然前两者均为等质量的碰撞，动能交换最为充分. 而后者是大质量比的碰撞，动能交换最不充分，需要较长时间达到热平衡. 故在高温等离子体开始产生后，一段可观测时间中有电子温度与离子温度之区别.

- **一维非弹性碰撞及其能量损失**

这时两体动能之和将有损失，而动量守恒依然成立. 究竟损失多少能量，这与两体材料性质有关. 先看一个极端情况，碰撞后两体粘贴一起运动，即 $v_1=v_2=v$. 于是，由动量守恒方程求出碰后两体速度

$$v=\frac{m_1v_{10}+m_2v_{20}}{(m_1+m_2)}.$$

进而求出动能改变量

$$\Delta E_{\mathrm{k,M}}=\frac{1}{2}(m_1+m_2)v^2-\left(\frac{1}{2}m_1v_{10}^2+\frac{1}{2}m_2v_{20}^2\right)$$

$$=-\frac{1}{2}\frac{m_1m_2}{(m_1+m_2)}(v_{10}-v_{20})^2.$$

这种情况被称为塑性碰撞或完全非弹性碰撞. 所谓塑性，是指在外力作用下极易形变，在外力取消后依然保持形变而无反弹恢复之势. 相互靠近的两体碰撞瞬间，总有某一时刻达到同一速度即相对静止. 若两体为塑性材料制成，这相对静止状态便不再改变，表现为两体粘贴一起而运动.

- **恢复系数的定义及其意义**

引入恢复系数 e，用以统一描述碰撞时的能量损失. 它被定义为

$$e=\frac{v_1-v_2}{v_{20}-v_{10}}, \tag{4.27}$$

即定义为，碰后相对分离速度与碰前相对靠近速度之比．理论上还可以导出一个关于碰撞的动能亏损公式，这留待第 6 章质心力学中推导，结果为

$$\Delta E_{\mathrm{k}}=-(1-e^2)\frac{1}{2}\mu(v_{10}-v_{20})^2, \tag{4.28}$$

其中 μ 是一个具有质量量纲的物理量，其值为

$$\mu=\frac{m_1 m_2}{m_1+m_2}, \tag{4.29}$$

被称为两体的约化质量(reduced mass)．从动能亏损公式可以看出恢复系数的物理意义：

(1) 当 $e=1$，$\Delta E_{\mathrm{k}}=0$，系弹性碰撞；$e=0$，$\Delta E_{\mathrm{k}}=\Delta E_{\mathrm{k,M}}$，动能损失最大，系塑性碰撞；一般非弹性碰撞，$1>e>0$，动能损失居中．这是从理论上看，恢复系数的大小影响着动能的亏损．

(2) 恢复系数是可观测量，因为相对速度是可以由实验直接测定的，其数值仅由材料物性来决定．因此，恢复系数可用以度量材料的弹性．比如，$e=0.8$ 的材料比 $e=0.6$ 的弹性强．

- **约化质量概念**

出现于动能亏损公式中的约化质量 μ，与两体质量的关系式(4.29)也可被改写为

$$\frac{1}{\mu}=\frac{1}{m_1}+\frac{1}{m_2}, \tag{4.30}$$

这表明约化质量 μ 值比两体中的小质量还要小．约化质量一量将多次出现于有关两体问题的公式中，值得人们重视．

- **二维弹性碰撞的守恒方程与共面性质**

速度方向不同的两个质点的碰撞，或两个弹性球的非对心碰撞，将显示出散射图像，被统称为二维碰撞，见图 4-15．设碰前两粒子的动量分别为 $\boldsymbol{p}_{10}$ 和 $\boldsymbol{p}_{20}=0$(静止)，碰后的散射动量分别为 $\boldsymbol{p}_1$ 和 $\boldsymbol{p}_2$，相应的散射角为 α,θ．根据动量守恒和动能守恒方程：

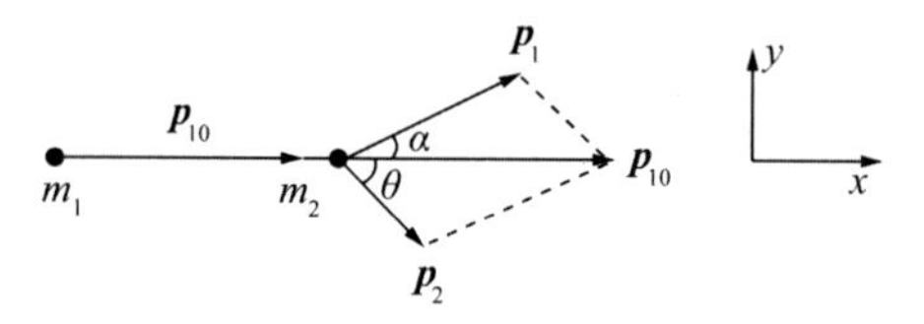

图 4-15　二维弹性碰撞

$$\boldsymbol{p}_1 + \boldsymbol{p}_2 = \boldsymbol{p}_{10}, \tag{1*}$$

$$\frac{p_1^2}{2m_1} + \frac{p_2^2}{2m_2} = \frac{p_{10}^2}{2m_1}, \tag{2*}$$

矢量方程(1*)表明，$\boldsymbol{p}_1$，$\boldsymbol{p}_2$ 和 $\boldsymbol{p}_{10}$ 三个矢量必定共面，故使求解成为一个二维问题. 一般可将矢量方程改写为两个标量方程

$$x:\quad p_1\cos\alpha + p_2\cos\theta = p_{10}, \tag{3*}$$

$$y:\quad p_1\sin\alpha - p_2\sin\theta = 0. \tag{4*}$$

注意到散射角 θ 或 α 有各种可能的取值，这决定于碰撞机制的进一步细节. 但是 (θ,α) 是成对出现的，设其中之一 θ 角已知. 于是本问题的提法是，已知 p_{10}，θ，求 (p_1, p_2, α) 或 (p_{1x}, p_{1y}, p_2). 三个未知量服从三个方程(2*)、(3*)、(4*)，可唯一定解. 结果是

$$p_2 = \frac{2\cos\theta}{1+\dfrac{m_1}{m_2}}p_{10}, \quad p_{1x} = p_{10} - p_2\cos\theta, \quad p_{1y} = p_2\sin\theta. \tag{4.31}$$

习　　题

4.1　有一列火车，总质量为 M，最后一节车厢质量为 m. 若 m 从匀速前进的列车中脱离出来，并走了长度为 s 的路程之后停下来. 若机车的牵引力不变，且每节车厢所受的摩擦力正比于其重量而与速度无关. 问脱开的那节车厢停止时，它距列车后端多远.

4.2　一物体由粗糙斜面底部以初速 v_0 冲上去后又沿斜面滑下来，回到底部时的速度减为 v_1，求此物体达到的最大高度.

4.3　质量为 $M=980\,\mathrm{g}$ 的木块静止在光滑水平面上，一质量为 $m=20\,\mathrm{g}$ 的子弹以 $v=800\,\mathrm{m/s}$ 的速率水平地射入木块后与木块一起运动，求：

(1) 子弹克服阻力所作的功；

(2) 子弹施于木块的力对木块所作的功；

(3) 耗散的机械能.

4.4　一质量为 m 的质点沿 x 轴运动，质点受到指向原点的拉力作用，拉力的大小与质点离原点的距离 x 的平方成反比，即 $f=-k/x^2$，k 为比例常数. 已知质点在 $x=l$ 时速度为零，求 $x=l/4$ 处的速率.

4.5　如图，质量 $m=4.0$ kg 的球自由下落一段高度 $h=3.0$ m 后与一劲度系数 $k=500$ N/m 的弹簧相碰，求弹簧被压缩的距离 x.

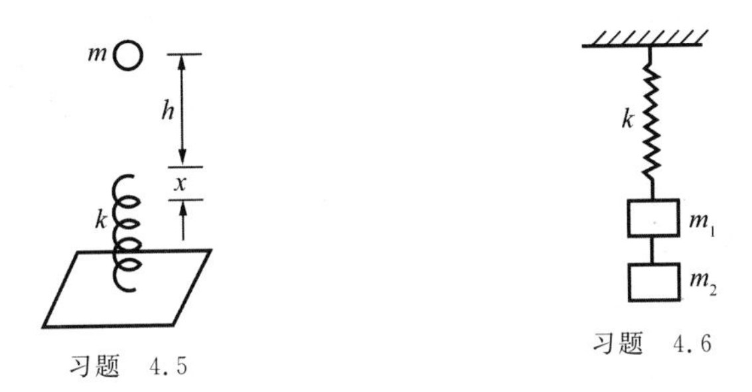

习题　4.5　　习题　4.6

4.6　如图，劲度系数为 k 的弹簧悬挂质量为 m_1 和 m_2 的两个物体，开始时处于静止. 若突然把 m_1 与 m_2 间的连线割断，求 m_1 的最大速度.

4.7　把一根长为 l、劲度系数为 k 的弹簧竖直悬挂起来，在其下端系一质量为 m 的物体，使它在弹簧未伸长时由静止开始下降. 此后，物体将上下摆动. 求摆动过程中弹簧的最大长度和最小长度. 设空气阻力可以忽略不计.

4.8　如图，劲度系数为 k 的弹簧一端固定在墙上，另一端连接一质量为 m 的物体，放在光滑水平面上，弹簧原来没有伸长. 现将一质量为 M 的物体轻轻地挂在绳端的钩 A 上，试求物体 M 的最大速度(设绳子不可伸长、质量可以忽略，滑轮与绳间无摩擦).

4.9　如图，把弹簧的一端固定在墙上，另一端系一物体 A. 当把弹簧压缩 x_0 后，在它的右边再放一物体 B，求除去外力后，(1) A，B 分离时，B 以多大速度运动？(2) A 最大能移动多少距离？设 A，B 放

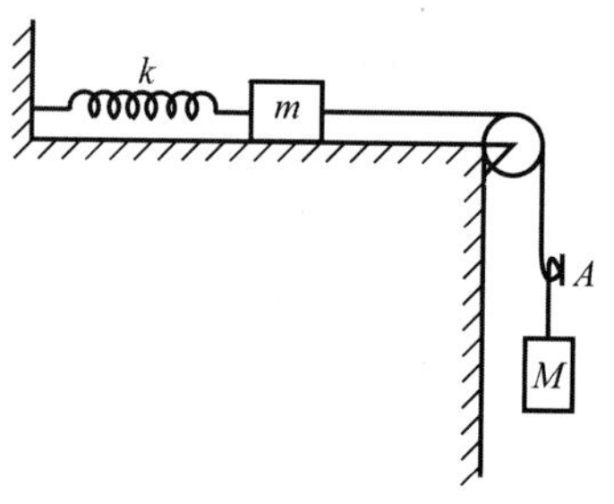

习题　4.8

在光滑水平面上，质量分别为 m_A 和 m_B，弹簧的劲度系数为 k.

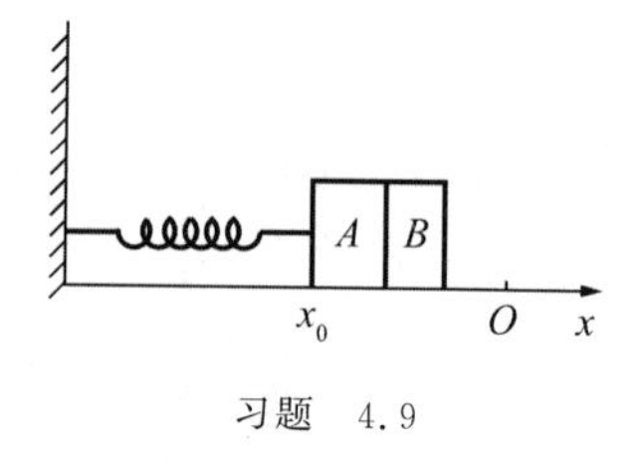

习题　4.9

4.10　如图，用一质量可忽略的弹簧把质量各为 m_1 和 m_2 的木板连起来. 问必须加多大的压力到上面的板上，以便当该力撤去后，上面的板跳起来恰能使下面的板稍能提起(提示：注意分析弹簧对木板在什么状态下是拉力，什么状态下是推力).

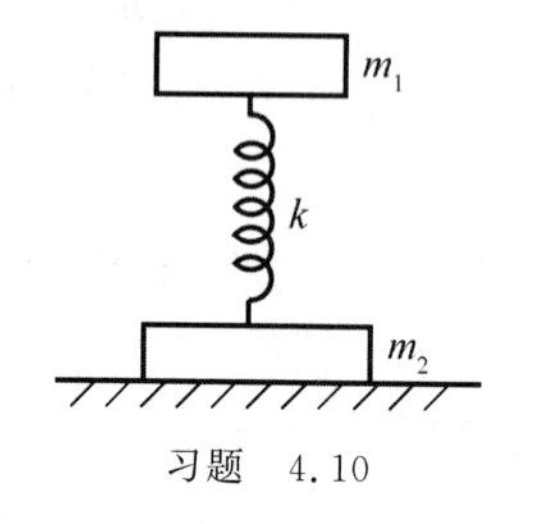

习题　4.10

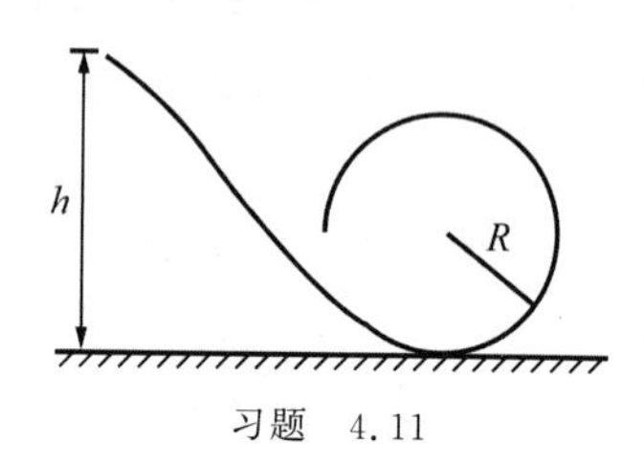

习题　4.11

4.11　如图，一重物从高度为 h 处沿光滑轨道滑下后，在环内作圆周运动. 设圆环的半径为 R，若要重物转至圆环顶点刚好不脱离，高度 h 至少要多少？

4.12　如图，在一铅直面内有一光滑的轨道，轨道左边是光滑弧线，右边是足够长的水平直线. 现有质量分别为 m_A 和 m_B 的两个质点，B 在水平轨道上静止，A 在高 h 处自静止滑下，与 B 发生完全弹性碰撞. 碰后 A 仍可返回到弧线的某一高度上，并再度滑下. 求 A 和

B 至少发生两次碰撞的条件.

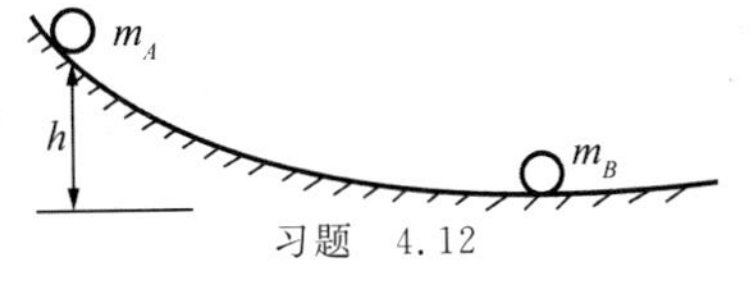

习题 4.12

4.13 求证地球表面上高度为 h 处的逃逸速度为

$$v = v_2 \sqrt{\frac{R}{R+h}},$$

式中 R 是地球半径；v_2 是地球表面上的逃逸速度.

4.14 在一半径为 R_0 的无空气的小行星表面上，若以速率 v_0 水平地抛出一物体，则该物体恰好环绕该行星的表面作匀速圆周运动. 问：

(1) 这小行星的逃逸速度是多少?

(2) 在这星体表面竖直上抛一物体，要使它达到 R_0 的最大高度，上抛速率是多少?

4.15 如图，两球有相同的质量和半径，悬挂于同一高度，静止时两球恰能接触且悬线平行. 已知两球碰撞的恢复系数为 e. 若球 A 自高度 h_1 释放，求该球碰撞弹回后能达到的高度.

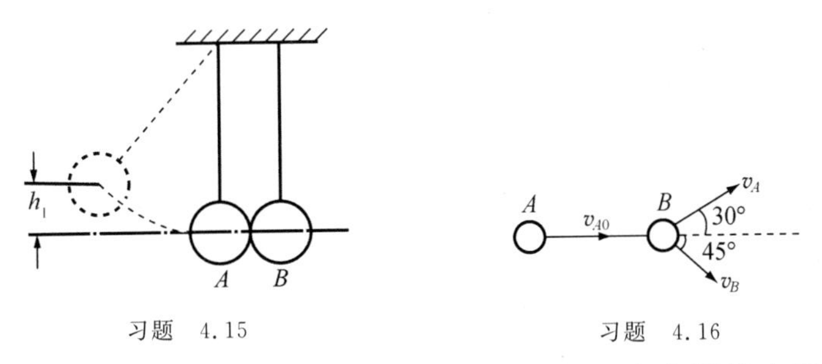

习题 4.15　　习题 4.16

4.16 两球 A, B 质量相等 ($m_A = m_B = m$)，在光滑的水平面上相碰，碰前速度分别为 $v_{A0} = 80$ m/s, $v_{B0} = 0$；碰撞后分别沿与原 A 球运动方向成 30°和 45°角前进，如图所示. 试求：

(1) 碰撞后两球的速度 v_A 和 v_B.

(2) 因碰撞损失原有动能的百分之几?

5 角动量变化定理与角动量守恒

5.1 角动量与力矩

- 质点运动的角动量
- 角动量的分量表示
- 力矩
- 力矩的分量表示
- 质点角动量变化定理
- 角动量守恒条件

● 质点运动的角动量

角动量被定义为位矢 $\boldsymbol{r}$ 与动量 $m\boldsymbol{v}$ 的矢积(叉乘),记作 $\boldsymbol{L}$,

$$\boldsymbol{L} = \boldsymbol{r} \times m\boldsymbol{v}\ , \tag{5.1}$$

如图 5-1. 按矢积运算规则,角动量数值 $L=rmv\sin\theta$,其方向按右手螺旋沿大拇指指向. 先看两个简单例子,以熟悉角动量对运动的描述. 见图 5-2,一质点作匀速直线运动,选参考点 O 于直线之外,则 $(\boldsymbol{r}\times m\boldsymbol{v})$ 方向不变,垂直纸面向里,数值为 $(r_0 mv)$,也是不变的. 故匀速直线运动是一个角动量不变的运动. 若选 O' 为参考点,则其角动量为零. 图 5-3 显示一个圆锥摆,摆锤作半径为 R 的匀速圆周运

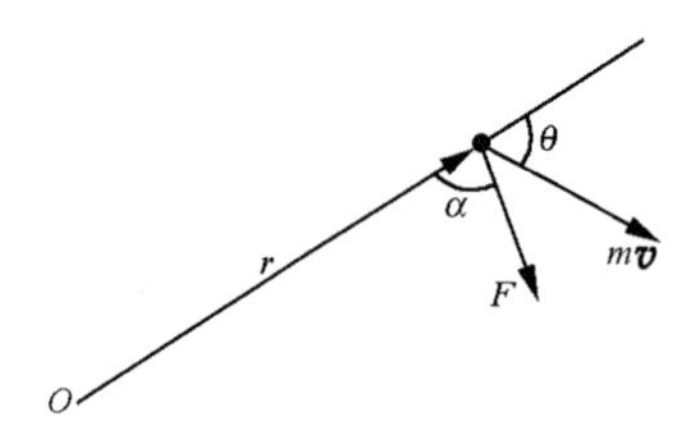

图 5-1 定义角动量与力矩

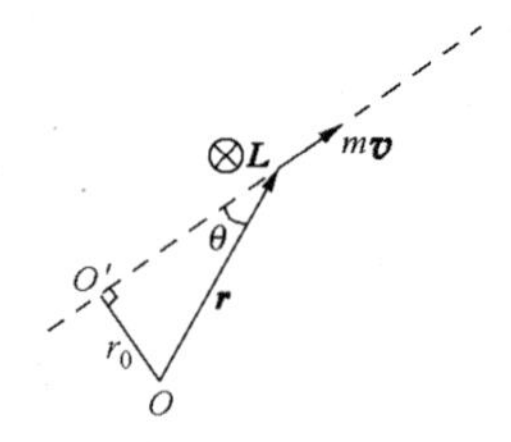

图 5-2 匀速直线运动的角动量

动.显然其动量 $m\boldsymbol{v}$ 不是守恒量,其方向在不断变更.让我们考察其角动量,若选圆心 O 为参考点,则其角动量 $\boldsymbol{L}_0=\boldsymbol{R}\times m\boldsymbol{v}$ 是个恒矢量,其方向始终垂直轨道平面向上.若取悬挂点 O' 为参考点,则其角动量 $\boldsymbol{L}=\boldsymbol{r}\times m\boldsymbol{v}$ 不是恒矢量,其方向时时变更.由此可见,用角动量描述运动必须注意其是对哪一个参考点而言的.角动量定义式中包含位矢,故角动量(angular momentum)一词也曾被称为动量矩(moment of momentum).

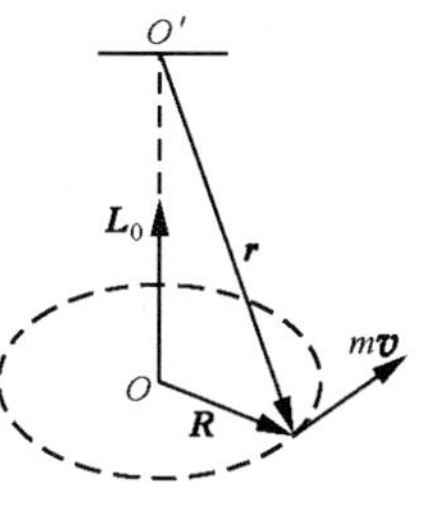

图 5-3 圆锥摆的角动量
(以 O 为参考点)

● 角动量的分量表示

按定义式(5.1),角动量在直角坐标系中的三个分量为

$$L_x = ymv_z - zmv_y,\quad L_y = zmv_x - xmv_z,$$
$$L_z = xmv_y - ymv_x. \tag{5.2}$$

记作行列式

$$(L_x, L_y, L_z) = \begin{vmatrix} i & j & k \\ x & y & z \\ p_x & p_y & p_z \end{vmatrix},\quad \text{其中 } \boldsymbol{p} = m\boldsymbol{v}.$$

● 力矩

考察一作用力 $\boldsymbol{F}$,其作用点的位矢为 $\boldsymbol{r}$,它对 O 点的力矩被定义为

$$\boldsymbol{M} = \boldsymbol{r}\times\boldsymbol{F},\qquad |\boldsymbol{M}| = rF\sin\alpha, \tag{5.3}$$

如图 5-1 所示.可见,力矩矢量也是对"点"而言的.同一个力 $\boldsymbol{F}$,对不同参考点,将有不同的力矩.存在力 $\boldsymbol{F}$ 而力矩 $\boldsymbol{M}=0$ 的条件,可以是(1) $r=0$;或(2) $\alpha=0$,即作用力方向与位矢方向平行一致;或(3) $\alpha=\pi$,即作用力方向与位矢方向反平行,有心引力场就是如此,当选择力心为参考点.

● 力矩的分量表示

按矢积的运算规则,在直角坐标系中力矩的三个分量为

$$M_x = yF_z - zF_y,\quad M_y = zF_x - xF_z,\quad M_z = xF_y - yF_x. \tag{5.4}$$

也可以被概括为一行列式表示

$$(M_x, M_y, M_z) = \begin{vmatrix} \boldsymbol{i} & \boldsymbol{j} & \boldsymbol{k} \\ x & y & z \\ F_x & F_y & F_z \end{vmatrix}.$$

可见，力矩 M_x 分量与 $\boldsymbol{F}, \boldsymbol{r}$ 的非 x 分量相联系，即与 (F_y, F_z)，(y,z)相联系. 其他两个分量也是如此.

• 质点角动量变化定理

角动量和力矩的物理意义体现于两者所遵从的物理规律上. 为此让我们考察角动量的时间变化率

$$\begin{aligned}\frac{\mathrm{d}\boldsymbol{L}}{\mathrm{d}t} &= \frac{\mathrm{d}}{\mathrm{d}t}(\boldsymbol{r} \times m\boldsymbol{v}) \\ &= \frac{\mathrm{d}\boldsymbol{r}}{\mathrm{d}t} \times m\boldsymbol{v} + \boldsymbol{r} \times \frac{\mathrm{d}(m\boldsymbol{v})}{\mathrm{d}t},\end{aligned}$$

第一项为 $\boldsymbol{v} \times m\boldsymbol{v} = 0$，第二项应用牛顿定律被转化为 $\boldsymbol{r} \times \boldsymbol{F} = \boldsymbol{M}$. 于是

$$\frac{\mathrm{d}\boldsymbol{L}}{\mathrm{d}t} = \boldsymbol{M} \quad 或 \quad \mathrm{d}\boldsymbol{L} = \boldsymbol{M}\mathrm{d}t. \tag{5.5}$$

这是角动量变化定理的微分形式. 力矩与作用时间的乘积 $\boldsymbol{M}\mathrm{d}t$ 称为角冲量(angular impulse)，也曾被称作冲量矩，以与力的冲量 $\boldsymbol{F}\mathrm{d}t$ 相呼应. 经历宏观过程 t_1—t_2，角动量增量

$$\boldsymbol{L}_2 - \boldsymbol{L}_1 = \int_{t_1}^{t_2} \boldsymbol{M}\mathrm{d}t. \tag{5.6}$$

这表明角动量的增量等于角冲量的积分.

• 角动量守恒条件

当力矩等于零，则质点角动量守恒，即

$$当\ \boldsymbol{M} = 0,\quad 有\quad \boldsymbol{L} = 恒矢量. \tag{5.7}$$

联系圆锥摆图 5-3，摆锤受到重力和摆线张力作用，合力为向心力，指向 O 点，若选 O 点为参考点，则其力矩 $\boldsymbol{M}=0$，故其角动量守恒. 若取 O'点计算力矩，则力矩 $\boldsymbol{M} \neq 0$，故其角动量不守恒. 这些结论均正

确,均与角动量变化定理一致.这也提醒人们,在运用角动量变化定理时,角动量与力矩必须是针对同一参考点而言.角动量变化定理的分量表示为

$$\mathrm{d}L_i/\mathrm{d}t = M_i,\quad i = x, y, z.$$

因此,若 i 方向的力矩分量为零,则该方向的角动量分量守恒.

5.2 质点组角动量变化定理

- 一对内力角冲量之和为零
- 质点组角动量变化定理
- 质点组角动量守恒条件
- 合外力为零时合外力矩与参考点无关

● 一对内力角冲量之和为零

如图 5-4,两质点相互作用力为 $\boldsymbol{f}_1, \boldsymbol{f}_2$,彼此距离为 $\boldsymbol{l}$.这一对内力的角冲量之和为

$$\begin{aligned}\boldsymbol{M}_1\mathrm{d}t+\boldsymbol{M}_2\mathrm{d}t &= (\boldsymbol{r}_1\times\boldsymbol{f}_1)\mathrm{d}t+(\boldsymbol{r}_2\times\boldsymbol{f}_2)\mathrm{d}t\\ &= (\boldsymbol{r}_1-\boldsymbol{r}_2)\times\boldsymbol{f}_1\mathrm{d}t\\ &= \boldsymbol{l}\times\boldsymbol{f}_1\mathrm{d}t,\end{aligned}$$

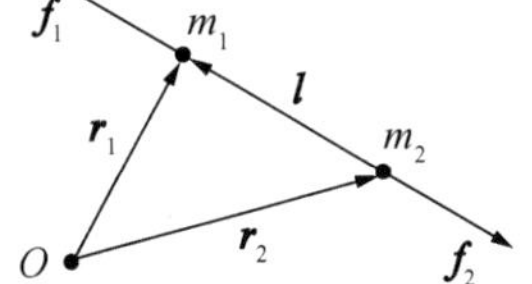

图 5-4 一对内力的冲量矩

考虑到两质点相互作用力总是沿连线方向,即 $\boldsymbol{f}_1 /\!/ \boldsymbol{l}$,故上式右端为零.这就证明了命题,

$$\boldsymbol{M}_1\mathrm{d}t + \boldsymbol{M}_2\mathrm{d}t = 0.$$

● 质点组角动量变化定理

质点组的总角动量 $\boldsymbol{L}$ 等于各质点的角动量 $\boldsymbol{L}_i$ 之和.让我们考察其总角动量的变化

$$\mathrm{d}\boldsymbol{L} = \mathrm{d}\left(\sum\boldsymbol{L}_i\right) = \sum(\mathrm{d}\boldsymbol{L}_i),$$

其中 $\mathrm{d}\boldsymbol{L}_i$ 为单质点的角动量变化,$\mathrm{d}\boldsymbol{L}_i=\boldsymbol{M}_i\mathrm{d}t$,代入上式,得

$$\mathrm{d}\boldsymbol{L} = \sum(\boldsymbol{M}_i\mathrm{d}t) = \left(\sum\boldsymbol{M}_i\right)\mathrm{d}t. \tag{5.8}$$

细看总力矩 $\sum\boldsymbol{M}_i$ 含两部分,内力矩与外力矩.但内力矩总是成对出

现，其角冲量之和为零．故求和后保留下来的有效贡献，是体系外力 $\boldsymbol{F}_i$ 产生的总力矩，即

$$\sum \boldsymbol{M}_i = \sum (\boldsymbol{r}_i \times \boldsymbol{F}_i). \tag{5.9}$$

式(5.9)简称为质点组的合外力矩．式(5.8)是质点组角动量变化定理的微分形式，它表明质点组角动量的改变量等于合外力矩的角冲量．其积分形式为

$$\boldsymbol{L}_2 - \boldsymbol{L}_1 = \int_{t_1}^{t_2} \left(\sum \boldsymbol{M}_i \right) \mathrm{d}t. \tag{5.10}$$

- **质点组角动量守恒条件**

显然，当 $\sum \boldsymbol{M}_i = 0$ 时，有 $\boldsymbol{L}$＝恒矢量．就是说，质点组角动量守恒条件是合外力矩为零．

曾记得，质点组动量守恒条件是合外力等于零．$\sum \boldsymbol{F}_i = 0$，它与 $\sum (\boldsymbol{r}_i \times \boldsymbol{F}_i) = 0$ 两者彼此独立．换句话说，合外力等于零时合外力矩可能不为零；合外力矩等于零时，合外力亦可以不为零．这里，力偶矩便是一个简朴的实例．

- **合外力为零时合外力矩与参考点无关**

曾经强调指出，力矩与参考点选择有关．因此，合外力矩一般说来也是与参考点选择有关．不过，这里有个特例，见图 5-5．试看以下分析．对参考点 O，合外力矩为

$$\boldsymbol{M} = \sum (\boldsymbol{r}_i \times \boldsymbol{F}_i),$$

对参考点 O'，合外力矩为

$$\boldsymbol{M}' = \sum (\boldsymbol{r}_i' \times \boldsymbol{F}_i),$$

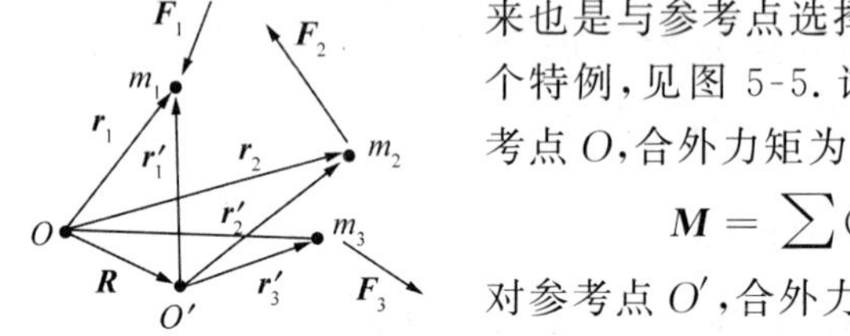

图 5-5　合外力为零时的合外力矩

两者之差为

$$\begin{aligned}(\boldsymbol{M} - \boldsymbol{M}') &= \sum (\boldsymbol{r}_i \times \boldsymbol{F}_i - \boldsymbol{r}_i' \times \boldsymbol{F}_i) = \sum ((\boldsymbol{r}_i - \boldsymbol{r}_i') \times \boldsymbol{F}_i) \\ &= \sum (\boldsymbol{R} \times \boldsymbol{F}_i) = \boldsymbol{R} \times \sum \boldsymbol{F}_i.\end{aligned} \tag{5.11}$$

其中 $\boldsymbol{R} = \overrightarrow{OO'}$，与 i 无关．上式表明，当 $\sum \boldsymbol{F}_i = 0$ 时，则 $\boldsymbol{M} = \boldsymbol{M}'$，即合外力为零时，合外力矩与参考点无关．

5.3 有心运动

- 机械能守恒与角动量守恒
- 平面轨道与掠面速度不变
- 太阳在焦点位置
- 地球同步卫星
- α 粒子散射实验与有核模型

● 机械能守恒与角动量守恒

有心运动是两体运动的一重要类型.如图 5-6 所示,当两体质量 m,M 相比悬殊,M 参照系便是一个很好的准惯性系;m 受力方向沿两体连线方向,或逆矢径,即为有心引力场,或顺矢径,即为有心斥力场.故有心力场是个保守力场,运动物体的机械能守恒.同时,有心力与矢径 $\boldsymbol{r}$ 平行或反平行,其力矩均为零,故运动物体的角动量守恒.这两个守恒量或守恒方程是解析一切有心运动的理论出发点.太阳系中的行星运动,原子核对正电荷粒子的散射,是有心运动的两个典型.前者是有心引力场,后者是有心斥力场,两者均为平方反比律力场,$F\propto r^{-2}$.广义上说,凡两体相互作用力具有 $\boldsymbol{F}\propto r^{n}\boldsymbol{e}_r$ 形式,皆系有心力场,其中物体的运动均满足机械能守恒与角动量守恒.

● 平面轨道与掠面速度不变

这是角动量守恒的两个推论.角动量 $\boldsymbol{L}=\boldsymbol{r}\times m\boldsymbol{v}$ 是一个矢量,其方向不变则要求曲线轨道必须限定在一平面内,且轨道平面包含力心 M;其数值不变则导致掠面速度保持不变.见图 5-6,掠面速度被定义为 $v_S=\Delta S/\Delta t$,ΔS 为掠射三角形面积,其底长 $v\mathrm{d}t$,高 $r\sin\theta$,故面积

$$\mathrm{d}S=\frac{1}{2}(r\sin\theta)v\,\mathrm{d}t,$$

于是,掠面速度

$$v_S=\frac{1}{2}rv\sin\theta=\frac{1}{2m}rmv\sin\theta=\frac{1}{2m}L=\text{常数}.\qquad(5.12)$$

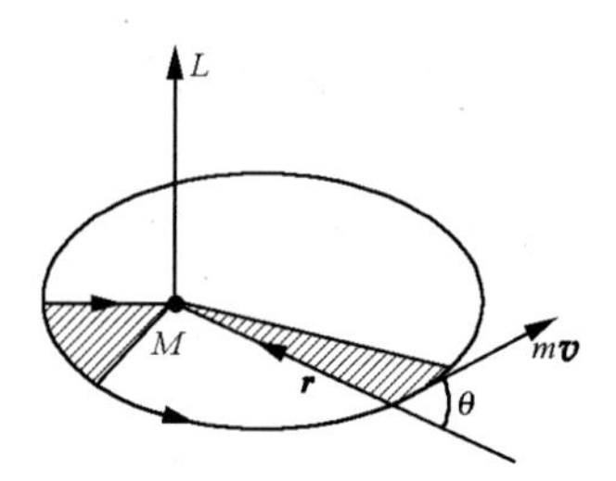

图 5-6　有心运动的平面轨道与掠面速度

● 太阳在焦点位置

深入的理论分析表明，在平方反比律力场中的有心运动，只有三种可能的轨道形态，取决于机械能 E. 当 $E<0$，椭圆轨道；当 $E=0$，抛物线轨道；当 $E>0$，双曲线轨道. 也可以说，椭圆轨道运动是一种束缚态或定态，物体被约束于力场中绕力心作周期运动. 双曲线轨道运动是一种散射态，物体飘然远行不回复. 这三种轨道形态与第 4 章 4.5 节曾研究过的三种宇宙速度相对应. 在日地平均距离处，物体脱离太阳引力场的最小速度为 42 km/s，此时 $E=0$. 而地球绕太阳作公转椭圆轨道运动，其速度约为 30 km/s，此时 $E<0$；而且，太阳位于行星椭圆轨道的焦点位置. 对此证明如下. 如图 5-7，由解析几何学获知，椭圆方程为 $(x/a)^2+(y/b)^2=1$，两个焦点在长轴上的位置坐标为 $\pm c$，$c=\sqrt{a^2-b^2}$，长轴端点弧元的曲率半径为 $\rho_0=b^2/a$. 这些都是椭圆的几何参数. 设行星远日点和近日点的距离分别为 r_1 和 r_2，试看它俩的分割应当满足什么关系. 对应的速度设为 v_1 和 v_2，由机械能守恒，有

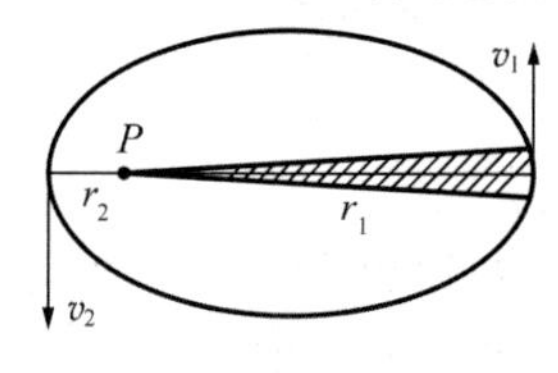

图 5-7　太阳在焦点位置

$$\frac{1}{2}mv_1^2-G\frac{Mm}{r_1}=\frac{1}{2}mv_2^2-G\frac{Mm}{r_2},$$

得
$$v_2^2-v_1^2=2GM\left(\frac{1}{r_2}-\frac{1}{r_1}\right),$$

由角动量守恒，有 $r_1mv_1=r_2mv_2$，得

$$\frac{v_2}{v_1}=\frac{r_1}{r_2},$$

再根据向心力公式和曲率半径公式

$$m\frac{v_2^2}{\rho_0}=G\frac{Mm}{r_2^2},\quad \rho_0=\frac{b^2}{a},$$

解出

$$r_1r_2=a\rho_0=b^2.$$

考虑到$(r_1+r_2)=2a$,最后求得

$$r_2=a-\sqrt{a^2-b^2}=a-c.$$

这表明太阳位置坐标为$(-c)$,这正是几何上的椭圆焦点位置.这一结果与天文观测资料的一致,证认了牛顿力学理论的正确性,最为重要的是,一举同时证认了引力二次方反比律和运动定律两者的正确性.

● 地球同步卫星

用于通信的卫星一般均采用"地球静止轨道",或称"地球同步轨道".它相当于太空中的一个微波中继站,由它接收并转发电磁波信号,以实现全球通信,比如电视直播.从力学理论分析,这种地球同步卫星的轨道必须满足以下三个条件:(1) 卫星轨道平面与赤道平面重合,即环行于赤道上空,这既满足了角动量守恒,又保证了角速度方向与地球自转轴一致.(2) 卫星角速度不快不慢,恰等于地球自转角速度$\omega=2\pi/T$, $T=24\times60\times60$ s.(3) 卫星环行高度h不低不高,恰满足"引力等于向心力"要求.即

$$G\frac{Mm}{(R+h)^2}=m\omega^2(R+h),$$

由此关系式解出

$$(R+h)=\sqrt[3]{\frac{GM}{\omega^2}}=\sqrt[3]{\frac{gR^2T^2}{4\pi^2}}\approx 42\,000\ \text{km},$$

即

$$h\approx 42\,000\ \text{km}-6\,370\ \text{km}\approx 35\,630\ \text{km}.$$

这就是说,不论出于什么动机,发射多少颗地球同步卫星,它们均必须在赤道上空 35 630 km 的轨道上运行,见图 5-8.从纯几何的角度

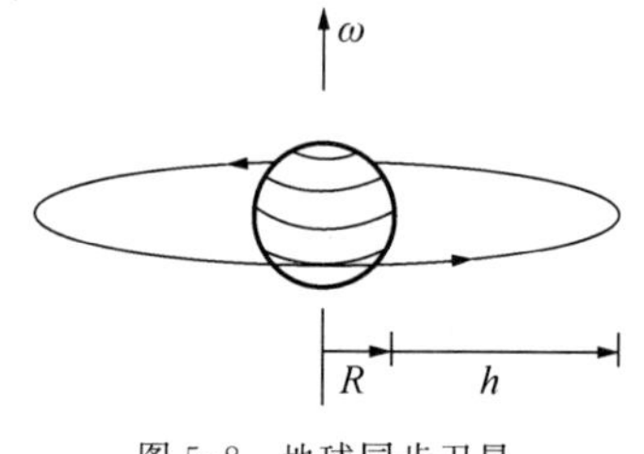

图 5-8　地球同步卫星

考虑,等间距安置三颗这样的卫星,其辐射区域几乎覆盖全球,除个别角落外.中国于 1984 年 4 月 8 日发射了第一颗实验通信卫星,至今已为国内和国外客户发射了多颗静止轨道通信卫星.

- **α 粒子散射实验与有核模型**

如图 5-9,一质量很大的正电核心,带电量 Q.有一正电荷粒子束以初速 $\boldsymbol{v}_0$ 入射,在库仑斥力场中沿双曲线轨道运动,先是逐渐靠

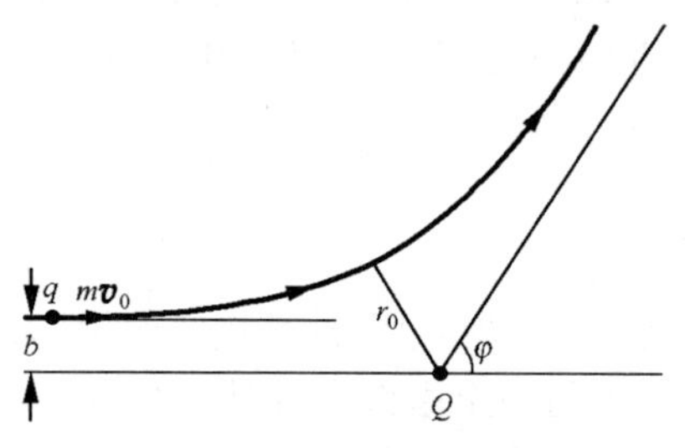

图 5-9　粒子散射实验

近正电核心,至最近距离 r_0,尔后又逐渐远离而去,呈现一幅散射图像.库仑力与万有引力均为二次方反比律的有心力场,故系保守力场.库仑势能的表达式为 kQq/r,其中比例系数 k 由单位制决定,在国际单位制中 $k=1/4\pi\varepsilon_0$.与行星运动类似,正电荷粒子在库仑斥力有心力场中的运动,必定满足角动量守恒与机械能守恒.目前,粒子势能总大于零,故总能量 $E>0$,轨道必为双曲线.这里有三个几何量值得重视.(1) 碰撞参量 b,它是粒子出发点与基轴的垂直距离.所谓基轴是指通过核心且平行于初速 $\boldsymbol{v}_0$ 的那条直线.(2) 散射角 φ,它是双曲线轨道出射渐近线与基轴的夹角,可由散射粒子的角分布测量而予以确定.(3) 最近距离 r_0.由两个守恒方程,并借助关于双曲线的解析几何知识,可求得散射角公式和最近距离公式如下:

$$\cot\frac{\varphi}{2}=\frac{1}{k}\,\frac{mv_0^2}{qQ}\cdot b, \tag{5.13}$$

$$r_0=k\frac{qQ}{mv_0^2}+\sqrt{\left(k\frac{qQ}{mv_0^2}\right)^2+b^2},\quad k=\frac{1}{4\pi\varepsilon_0}. \tag{5.14}$$

公式(5.13)联系着一位伟大的物理学家，诺贝尔化学奖得主卢瑟福(E. Rutherford, 1871—1937). 卢瑟福在放射性研究方面成就卓著. 他于1898年发现了放射性现象中的α射线与β射线，10年以后他证认了α射线是一束氦离子He^{2+}. 随后他致力于α粒子的散射实验研究，用能量巨大的α粒子束轰击极薄的金箔，由闪锌屏记录散射粒子的角分布. 令人惊奇地发现了大角度散射，也就是在散射角$\varphi>\pi/2$的入射一方竟观测到了散射粒子. 这种亦称作背向散射的大角度散射的存在，意味着碰撞参量b非常小. 按当时最大散射角的测量数据，由(5.13)式估算出$b\approx10^{-14}$ m，这远远小于原子线度10^{-10} m. 经缜密的思考和核算，卢瑟福于1911年提出了行星式结构的原子模型——原子中的全部正电荷和绝大部分质量集中于一小球，其直径要比原子直径小得多. 这被后人称之为卢瑟福的有核模型. 原子有核模型的证认，一举将原子结构的研究引上了一条正确轨道，卢瑟福也因此被誉为原子物理学之父. 由于在放射性研究方面的杰出贡献，卢瑟福获得1908年诺贝尔化学奖.

习　题

5.1　一质量为m的粒子位于(x,y)处，速度$\boldsymbol{v}=v_x\boldsymbol{e}_i+v_y\boldsymbol{e}_j$，并受到一个沿$-x$方向的力$f$. 求它相对于坐标原点的角动量和作用在其上的力矩.

5.2　电子的质量为9.1×10^{-31} kg，设其在半径为5.3×10^{-11} m的圆周上绕氢核作匀速率运动. 已知电子的角动量为$h/2\pi$(h为普朗克常量，$h=6.63\times10^{-34}$ J·s)，求其角速度.

5.3　一质量为m、长为l的均匀细棒，在光滑水平面上以v匀速运动(如图)，求某时刻棒对端点O的角动量.

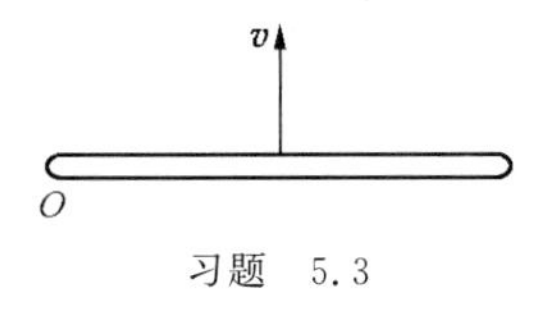

习题　5.3

5.4　在光滑的水平桌面上，用一根长为l的绳子把一质量为m

的质点联结到一固定点O.起初,绳子是松弛的,质点以恒定速率v_0沿一直线运动.质点与O最接近的距离为b,当此质点与O的距离达到l时,绳子就绷紧了,进入一个以O为中心的圆形轨道.

(1) 求此质点的最终动能与初始动能之比.能量到哪里去了?

(2) 当质点作匀速圆周运动以后的某个时刻,绳子突然断了,它将如何运动?绳断后质点对O的角动量如何变化?

5.5　一质量为m的物体,绕一穿过光滑桌面上极小的圆孔的细绳旋转(见图).开始时物体到中心的距离为r_0,旋转角速度为ω_0.若在$t=0$时,开始以固定的速度v拉绳子,于是物体到中心的距离不断减小.求(1) $\omega(t)$;(2) 拉绳子的力F.

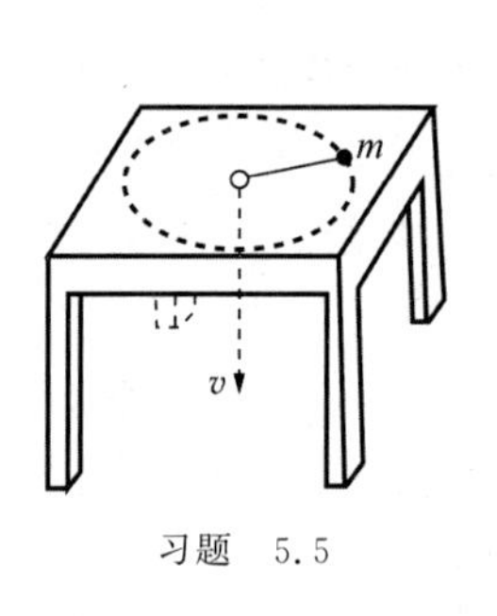

习题　5.5

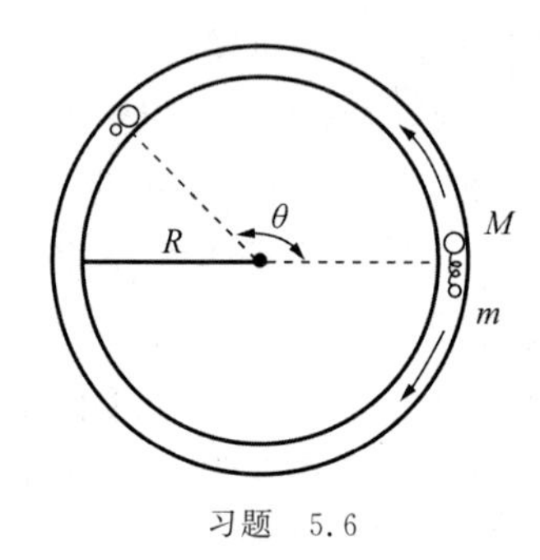

习题　5.6

5.6　如图所示,两个质量很小的小球m与M,位于一很大的无摩擦的半径为R的水平圆周轨道上,它们可在这轨道上自由运动.现在将一弹簧压缩在两球之间,但弹簧两端并不固定在m与M上,再用一根线将两个小球紧缚起来.

(1) 如果这根线断了,则被压缩的弹簧(假设无质量)就将两球沿相反方向射出去,而弹簧本身仍留在原处.问这两个球将在轨道上何处发生碰撞(用M所经过的角度θ表示)?

(2) 假设原先储藏在被压缩的弹簧中的势能为U_0,问线断后经过多长时间发生碰撞?

5.7　质量都是m的两个质点,中间用长为l的绳子连在一起,以角速度ω绕绳子的中点转动(设绳的质量可以略去不计).

(1) 求它们对质心的角动量;

(2) 绳突然断了，求绳断后它们对中点的角动量；

(3) 绳断前后它们的角动量是否相等？

5.8 两个滑冰运动员，体重都是 60 kg，在两条相距 10 m 的平直跑道上以 6.5 m/s 的速率相向地匀速滑行. 当他们之间的距离恰好等于 10 m 时，他们分别抓住一根 10 m 长的绳子的两端. 若将每个运动员看成一个质点，绳子质量略去不计.

(1) 求他们抓住绳子前后相对于绳子中点的角动量.

(2) 他们每人都用力往自己一边拉绳子，当他们之间距离为 5.0 m 时，各自的速率是多少？

(3) 计算每个运动员在减小他们之间距离时所做的功，并证明这个功恰好等于他们动能的变化.

(4) 求两人相距为 5.0 m 时，绳中之张力 T.

5.9 某人造卫星在近地点的速度为 $v_1=8$ km/s(速度方向垂直于矢径)，近地点离地面高为 $h_1=320$ km，远地点离地面高为 $h_2=1397$ km. 已知地球的半径为 $R_E=6378$ km. 求在远地点时卫星的速度.

5.10 图中 O 为有心力场的力心，排斥力与距离平方成反比：$f=k/r^2$(k 为一常量).

(1) 求此力场的势能；

(2) 一质量为 m 的粒子以速度 v_0、碰撞参量 b 从远处入射，求它能达到的最近距离和此时刻的速度.

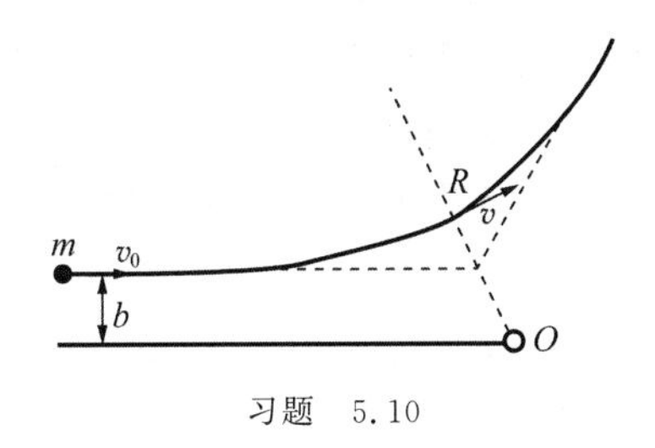

习题　5.10

6 质心力学定理

6.0 概　　述

无疑,质点组的运动总是比较复杂的.人们可以采取两种眼光看待质点组的运动.其一是着眼于每个质点,平等地看待每个质点,而将相互作用区分为内部的和外部的,在分析了内部相互作用的若干特点后,确立了质点组的动量变化定理及其守恒条件,机械能的变化定理及其守恒条件,和质点组的角动量变化定理及其守恒条件,成功地解决了一批典型的力学问题,诸如,两体碰撞、火箭推进速度、变质量运动、三种宇宙速度、地球同步卫星和有心运动.这标志着牛顿力学理论的发展达到了一个新阶段.这也正是本章之前的三章中所述的.其二是首先着眼于把握质点组的总体运动,再分析各质点之间的相对运动,即我们将质点组的复杂运动分解为两种运动的叠加.这是一种新眼光,可能将力学理论推向一个新境界.问题在于是否存在这样一种运动,它反映了质点组总体运动的宏观特点.本章要表明的是,质点组的质心及其运动可以作为质点组总体运动的代表,这是因为质心运动具有若干独特的规律,包括质心动量定理、质心动能定理和质心角动量定理.本书将它们集于一章给予论证,以保持有关质心运动理论的完整性.两种眼光两种方法,相辅相成,大大增强了人们分析解决质点组力学问题的能力和灵活性.

6.1　质心动量定理

- 质心
- 两体质心与杠杆关系
- 质心动量等于质点组总动量
- 质心动量变化定理
- 质心参照系

● 质心

设质点组的质量分布为$(m_1, \boldsymbol{r}_1)$，$(m_2, \boldsymbol{r}_2)$，…，$(m_n, \boldsymbol{r}_n)$，如图6-1.质点组质心的位置矢量被定义为

$$\boldsymbol{r}_C = \frac{m_1\boldsymbol{r}_1 + m_2\boldsymbol{r}_2 + \cdots + m_n\boldsymbol{r}_n}{m_1 + m_2 + \cdots + m_n} = \frac{\sum(m_i\boldsymbol{r}_i)}{\sum m_i}. \qquad (6.1)$$

由此可见，质心位矢不是简单的各质点位矢的几何平均，而是考量了质点的质量权重以后的平均.简言之，质心位矢决定于质点组的质量分布.对于一个质量连续分布的物体，其质心位矢的表达式为

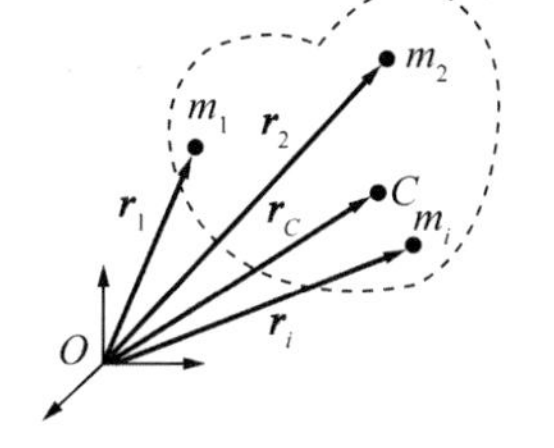

图 6-1　质点组的质心

$$\boldsymbol{r}_C = \frac{\int_V \rho(\boldsymbol{r})\boldsymbol{r}\mathrm{d}\tau}{\int_V \rho(\boldsymbol{r})\mathrm{d}\tau}. \qquad (6.2)$$

其中，$\rho(\boldsymbol{r})$为$\boldsymbol{r}$处的质量体密度，$\mathrm{d}\tau$为体积元.

● 两体质心与杠杆关系

若无特殊限制，人们自然地选择两质点的连线方向为坐标轴，如图6-2(a).于是，质点质量及其坐标分别为(m_1, x_0)，$(m_2, x_0 + l)$，则两体的质心坐标为

$$x_C = \frac{m_1x_0 + m_2(x_0 + l)}{m_1 + m_2} = x_0 + \frac{m_2 l}{m_1 + m_2},$$

可见，质心位于两质点连线之间某一处，与m_1，m_2距离分别为

$$l_1 = \frac{m_2}{m_1 + m_2}l, \quad l_2 = \frac{m_1}{m_1 + m_2}l,$$

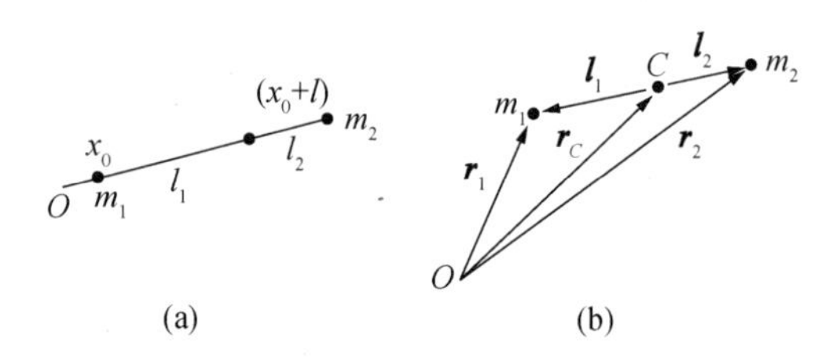

图 6-2　两体质心

进而有

$$m_1 l_1 = m_2 l_2.$$

这关系式被称作杠杆关系.

若选轴外点为参考点,如图 6-2(b),试求质心位矢 $\boldsymbol{r}_C$. 设 m_1 相对 C 的位矢为 $\boldsymbol{l}_1$, m_2 相对 C 的位矢为 $\boldsymbol{l}_2$, 则

$$\boldsymbol{r}_1 = \boldsymbol{r}_C + \boldsymbol{l}_1, \quad \boldsymbol{r}_2 = \boldsymbol{r}_C + \boldsymbol{l}_2,$$

于是,质心位矢又被表示为

$$\boldsymbol{r}_C = \frac{m_1(\boldsymbol{r}_C + \boldsymbol{l}_1) + m_2(\boldsymbol{r}_C + \boldsymbol{l}_2)}{m_1 + m_2} = \boldsymbol{r}_C + \frac{m_1\boldsymbol{l}_1 + m_2\boldsymbol{l}_2}{m_1 + m_2},$$

该方程表明,

$$m_1\boldsymbol{l}_1 + m_2\boldsymbol{l}_2 = 0 \quad 即 \quad \frac{\boldsymbol{l}_1}{\boldsymbol{l}_2} = -\frac{m_2}{m_1}, \tag{6.3}$$

这说明 $\boldsymbol{l}_1, \boldsymbol{l}_2$ 沿同一直线且方向相反, 即质心位于连线之间某一处, 与两质点距离 l_1, l_2 满足 $m_1 l_1 = m_2 l_2$ 杠杆关系. 以上讨论表明,对参考点的两种选择并不会改变质心的实际位置,仅是数学形式不同而已.

- **质心动量等于质点组总动量**

考量到各质点在运动, t 时刻为 $\boldsymbol{r}_1(t), \boldsymbol{r}_2(t), \cdots, \boldsymbol{r}_n(t)$,因而质心也在运动, t 时刻为 $\boldsymbol{r}_C(t)$,质心具有速度

$$\boldsymbol{v}_C = \frac{\mathrm{d}\boldsymbol{r}_C}{\mathrm{d}t} = \frac{\mathrm{d}}{\mathrm{d}t}\left(\frac{\sum m_i \boldsymbol{r}_i}{\sum m_i}\right) = \frac{1}{\sum m_i}\sum\left(m_i\frac{\mathrm{d}\boldsymbol{r}_i}{\mathrm{d}t}\right),$$

则

$$\left(\sum m_i\right)\boldsymbol{v}_C=\sum(m_i\boldsymbol{v}_i),\tag{6.4}$$

这里将质点组的总质量 $\sum m_i$ 缩写为 M，即

$$M=\sum m_i,$$

于是公式(6.4)被改写为

$$M\boldsymbol{v}_C=\sum m_i\boldsymbol{v}_i.\tag{6.4*}$$

左端被定义为质心动量，即假想在质心位置有一个质量等于质点组全部质量的质点，即$\left(\sum m_i,\boldsymbol{r}_C\right)$，尽管质心所在处不一定真的有质点存在.式(6.4*)表明，质心动量等于质点组的总动量.这也许是质心可以作为质点组总体运动的代表的一个首要缘由.

● 质心动量变化定理①

对于惯性系，由质点组动量变化定理 $\mathrm{d}\left(\sum m_i\boldsymbol{v}_i\right)\Big/\mathrm{d}t=\sum\boldsymbol{F}_i$，代入(6.4*)式，有

$$\mathrm{d}(M\boldsymbol{v}_C)=\sum\boldsymbol{F}_i\mathrm{d}t\quad\text{或}\quad M\frac{\mathrm{d}\,\boldsymbol{v}_C}{\mathrm{d}t}=\sum\boldsymbol{F}_i,\tag{6.5}$$

这表明质心动量的改变量等于合外力的冲量，如同将全部外力合为一个力，作用于一质量等于 $\sum m_i$ 且位矢为 $\boldsymbol{r}_C$ 的质点上.质心动量变化定理与单质点的牛顿第二定律在规律形式上完全相同.虽然质点组内部各质点相对于质心的运动可能很复杂，但质心的运动是容易被掌握的，至少其运动规律的形式表示是简明的.这也许是质心可以作为质点组整体运动的代表的又一缘由.凡是由牛顿第二定律直接导出的定理，诸如质点动能变化定理、机械能变化定理和质点角动量变化定理，均适用于质心，只要将质点的质量改换为质点组的总质量，而力改换为合外力.

● 质心参照系

以质心为参考点而建立起一个参照系，特称为质心参照系，简称

---

① 这里的质心动量变化定理，在一些书中称为质心运动定理或质心定理或质心动量定理.而另一方面，有关质心若干具有定理意义的关系式却未被命名.为了改善这一状况，本书采取明确的命名方式，而不惜多加个别定语.

为质心系.也可以这样定义质心系,它是随质心一起平动的参照系,一般选质心为参考点.不少场合,选择质心系分析问题显得格外简明.

对于质心系再作以下几点说明:

(1) 质心系可能是惯性系,也可能是非惯性系,视质点组合外力 $\sum \boldsymbol{F}_i$ 是否为零.当合外力为零时,质心加速度为零,则质心系是惯性系.我们曾经讨论过,选太阳为准惯性系的精度优于地球准惯性系.现在明白,若无第三个天体的作用,仅就日地两体而言,选其质心系才是一个惯性系.当然,从实际观测的角度审视,质心系不是实物参照系.人们寻求的是,在现实宇宙中能有一个作为理想惯性系的物体或物体系.

(2) 在质心系中,质心速度当然为零,根据(6.4*)式,质点组的总动量为零,即 $\sum m_i \boldsymbol{v}_i = 0$.这表明质点组的任意运动,在质心看来,其总动量恒为零.似乎出现这样一幅运动图景,各质点离质心四面散开,或向质心八方汇聚.质心成为一个运动中心,在它看来"运动"时时刻刻都是各向同性的.

6.2 质心动能定理

- 质点组总动能等于质心动能与相对质心动能之和
- 两体相对于质心的动能公式
- 导出碰撞动能亏损公式
- 重力势能与质心势能

● 质点组总动能等于质心动能与相对质心动能之和

见图 6-3,让我们考察质点组总动能与质心动能的关系.设质点 m_i 的位矢为 $\boldsymbol{r}_i$,相对质心的位矢为 $\boldsymbol{r}_{iC}$,显然

$$\boldsymbol{r}_i = \boldsymbol{r}_C + \boldsymbol{r}_{iC}, \quad \boldsymbol{v}_i = \boldsymbol{v}_C + \boldsymbol{v}_{iC}.$$

这是运动相对性的通常表示,仅此还看不出质心的特殊性,任取一个中介点均有此表达.质点组总动能为

$$E_k = \sum \frac{1}{2} m_i v_i^2.$$

展开 v_i^2,

$$v_i^2 = \boldsymbol{v}_i \cdot \boldsymbol{v}_i = (\boldsymbol{v}_C + \boldsymbol{v}_{iC}) \cdot (\boldsymbol{v}_C + \boldsymbol{v}_{iC})$$
$$= v_C^2 + v_{iC}^2 + 2\,\boldsymbol{v}_C \cdot \boldsymbol{v}_{iC}.$$

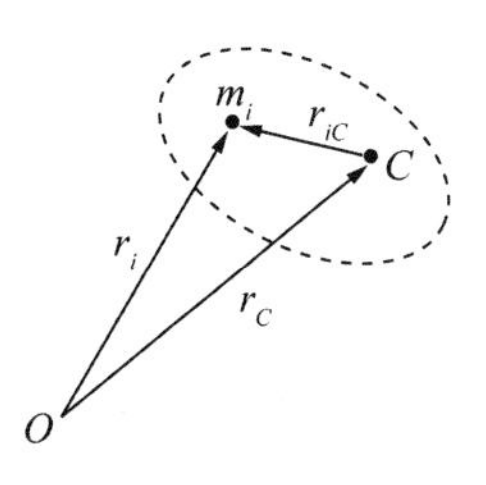

图 6-3 导出质心动能定理

注意,其中第三项是一交叉项,在进入总动能求和公式后它成为

$$\sum\left(\frac{1}{2}m_i \cdot 2\,\boldsymbol{v}_C \cdot \boldsymbol{v}_{iC}\right) = \boldsymbol{v}_C \cdot \sum m_i \boldsymbol{v}_{iC}$$
$$= \boldsymbol{v}_C \cdot 0 = 0,$$

于是,动能展开式中保留了两项,

$$E_\mathrm{k} = \sum\left(\frac{1}{2}m_i v_C^2\right) + \sum\left(\frac{1}{2}m_i v_{iC}^2\right)$$
$$= \frac{1}{2}Mv_C^2 + \sum\left(\frac{1}{2}m_i v_{iC}^2\right), \tag{6.6}$$

其中第一项为质心动能,记作 E_C;第二项为质点组相对质心的动能,记作 $E_{\mathrm{r}C}$. 上式被简写为

$$E_\mathrm{k} = E_C + E_{\mathrm{r}C}. \tag{6.6*}$$

这被称作质心动能定理,亦称作科尼希(König)定理. 证明过程中清楚地显示了质心的特殊性. 对质心以外的点,展开式中的交叉项就不等于零了. 当然,在质心系中,$E_C=0$,质点组总动能 $E_\mathrm{k}=E_{\mathrm{r}C}$.

● 两体相对于质心的动能公式

对于两体运动,其相对质心的动能项将演化为更为简明的形式.

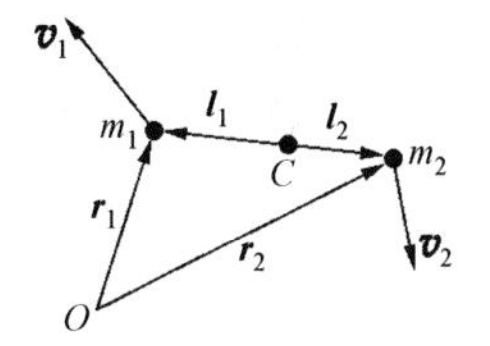

图 6-4 两体相对于质心的动能

见图 6-4, 两质点相对质心的位矢为 $\boldsymbol{l}_1$, $\boldsymbol{l}_2$, m_1 相对 m_2 的位矢为 $\boldsymbol{l}=\boldsymbol{l}_1-\boldsymbol{l}_2$. 各自相对质心的速度为

$$\boldsymbol{v}_{1C} = \frac{\mathrm{d}\boldsymbol{l}_1}{\mathrm{d}t}, \quad \boldsymbol{v}_{2C} = \frac{\mathrm{d}\boldsymbol{l}_2}{\mathrm{d}t},$$

于是,相对质心的动能

$$E_{\mathrm{r}C} = \frac{1}{2}m_1\left|\frac{\mathrm{d}\boldsymbol{l}_1}{\mathrm{d}t}\right|^2 + \frac{1}{2}m_2\left|\frac{\mathrm{d}\boldsymbol{l}_2}{\mathrm{d}t}\right|^2.$$

注意到杠杆关系(6.3)式,有

$$\boldsymbol{l}_1 = \frac{m_2}{m_1+m_2}\boldsymbol{l}, \quad \boldsymbol{l}_2 = -\frac{m_1}{m_1+m_2}\boldsymbol{l},$$

则相对动能公式被简化为

$$E_{rC}=\frac{1}{2}\frac{m_1m_2}{m_1+m_2}\left|\frac{\mathrm{d}\boldsymbol{l}}{\mathrm{d}t}\right|^2,$$

又注意到 $\mathrm{d}\boldsymbol{l}/\mathrm{d}t=\boldsymbol{v}_1-\boldsymbol{v}_2=\boldsymbol{v}_r$，为两体的相对速度；而两体约化质量 $\mu=\dfrac{m_1m_2}{m_1+m_2}$，最终得到两体相对质心的动能公式为

$$E_{rC}=\frac{1}{2}\mu v_r^2. \tag{6.7}$$

值得强调的是，出现于公式中的 v_r 是相对速率，它是与参照系选择无关的，故这里 E_{rC} 也与参照系无关.

• 导出碰撞动能亏损公式

设两体动能碰前为 $E_k=E_C+E_{rC}$，碰后为 $E'_k=E'_C+E'_{rC}$，选质心系考察其变化，则 $E'_C=E_C=0$，故动能改变量

$$\Delta E_k=E'_{rC}-E_{rC}=\frac{1}{2}\mu v_r'^2-\frac{1}{2}\mu v_r^2,$$

其中，碰前两体相对速度为 $v_r=v_{20}-v_{10}$，碰后为 $v'_r=v_1-v_2$. 引入恢复系数 $e\equiv v'_r/v_r$，上式被改写为

$$\Delta E_k=-\frac{1}{2}(1-e^2)\mu v_r^2. \tag{6.8}$$

这个碰撞动能亏损公式及其物理意义曾在第 4 章 4.6 节作过介绍，现在应用质心动能定理给出其由来. 也许有个疑问，由质心系导出的(6.8)式是否适用于实验室参照系. 回答是肯定的. 在实验室系看来，质心动能虽然不为零，但碰撞前后的质心动能相等，因为碰撞瞬间无外力作用，故 $E'_C-E_C=0$. 从另一角度分析，动能亏损是由一对内力做功所致，而一对内力做功之和与参照系无关. 事实上，出现于(6.8)式中的恢复系数和相对速度就是在实验室中测定的.

• 重力势能与质心势能

在应用质点组或物体系的机械能定理时，必定涉及势能. 在保守力场中，质点组内各质点均有势能，不妨也引入势能中心概念. 一般说来，势能中心与质心并不重合. 只在重力场这种恒定力场中，两者

重合,此时质心重力势能代表了质点组的总势能.对此说明如下.质点组的重力势能为

$$\sum m_i g h_i = g\sum(m_i h_i) = g\frac{\sum m_i h_i}{\sum m_i}\sum m_i = g h_C M$$

$$\left(M = \sum m_i\right),$$

即质心重力势能等于质点组总势能,

$$M g h_C = \sum m_i g h_i. \tag{6.9}$$

而对于一般的引力场,质心引力势能却不相等于质点组的总引力势能,即

$$-G\frac{M_0 \cdot M}{r_C} \neq -G\sum\frac{M_0 m_i}{r_i},$$

这里 M_0 是指引力中心的质量.

6.3　质心角动量定理

- 质点组总角动量等于质心角动量与相对质心角动量之和
- 质心角动量变化定理
- 相对质心的角动量变化定理

这里与质心相关的角动量定理有三个重要的关系式值得明确,兹分述如下.

● 质点组总角动量等于质心角动量与相对质心角动量之和

见图 6-5,质点 m_i 相对质心的位矢为 $\boldsymbol{r}_{iC}$,相对质心的速度为 $\boldsymbol{v}_{iC}$. 显然,

$$\boldsymbol{r}_i = \boldsymbol{r}_C + \boldsymbol{r}_{iC}, \quad \boldsymbol{v}_i = \boldsymbol{v}_C + \boldsymbol{v}_{iC},$$

考量质点组的总角动量

$$\boldsymbol{L} = \sum(\boldsymbol{r}_i \times m_i \boldsymbol{v}_i),$$

展开$(\boldsymbol{r}_i \times \boldsymbol{v}_i)$,有

$$(\boldsymbol{r}_C + \boldsymbol{r}_{iC}) \times (\boldsymbol{v}_C + \boldsymbol{v}_{iC}) = \boldsymbol{r}_C \times \boldsymbol{v}_C + \boldsymbol{r}_{iC} \times \boldsymbol{v}_{iC} + \boldsymbol{r}_C \times \boldsymbol{v}_{iC} + \boldsymbol{r}_{iC} \times \boldsymbol{v}_C.$$

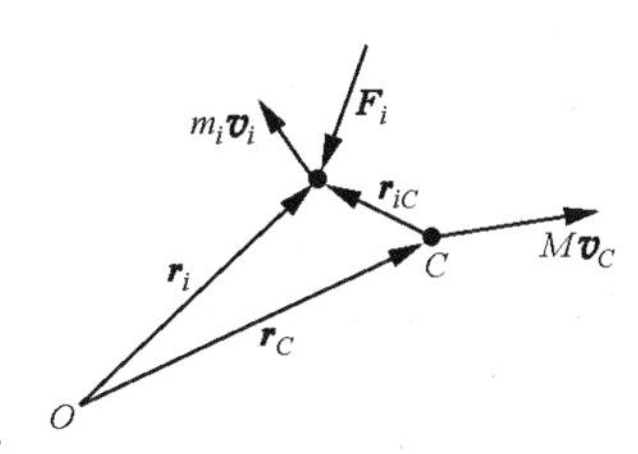

图 6-5　导出质心角动量定理

注意其中的交叉项,即第三项和第四项,进入求和公式后,

$$\sum(\boldsymbol{r}_C\times m_i\boldsymbol{v}_{iC})=\boldsymbol{r}_C\times\sum m_i\boldsymbol{v}_{iC}=\boldsymbol{r}_C\times 0=0,$$

$$\sum(m_i\boldsymbol{r}_{iC}\times\boldsymbol{v}_C)=\left(\sum m_i\boldsymbol{r}_{iC}\right)\times\boldsymbol{v}_C=0\times\boldsymbol{v}_C=0,$$

于是总角动量展开式中仅保留了两项,

$$\boldsymbol{L}=\boldsymbol{r}_C\times\left(\sum m_i\right)\boldsymbol{v}_C+\sum(\boldsymbol{r}_{iC}\times m_i\boldsymbol{v}_{iC}).\tag{6.10}$$

这里第一项为质心角动量(对参考点 O),记作 $\boldsymbol{L}_C$;第二项为质点组相对质心的角动量,记作 $\boldsymbol{L}_{rC}$. 故质点组的总角动量被分解为

$$\boldsymbol{L}=\boldsymbol{L}_C+\boldsymbol{L}_{rC},\tag{6.10*}$$

它表明,质点组总角动量等于质心角动量与相对质心角动量之和.推演过程中清楚地显示了质心的特殊性,惟有质心才使总角动量展开式中的后两项为零.

• 质心角动量变化定理

由于质心动量变化定理与单质点的完全相同,于是质心角动量变化定理就可直接地采取单质点时的形式,为

$$\frac{\mathrm{d}\boldsymbol{L}_C}{\mathrm{d}t}=\boldsymbol{M}_C,\quad \boldsymbol{M}_C=\boldsymbol{r}_C\times\sum\boldsymbol{F}_i,\tag{6.11}$$

其中 $\boldsymbol{M}_C$ 表示合外力集中作用于质心而产生的力矩,其参考点为 O 点.

• 相对质心的角动量变化定理

考量到质点组总角动量变化定理的一般形式(5.8)式,有

$$\frac{\mathrm{d}\boldsymbol{L}}{\mathrm{d}t}=\sum(\boldsymbol{r}_i\times\boldsymbol{F}_i),$$

并注意到 $\boldsymbol{r}_i=\boldsymbol{r}_C+\boldsymbol{r}_{iC}$,右端合外力矩被展开为两项,

$$\sum(\boldsymbol{r}_i\times\boldsymbol{F}_i)=\boldsymbol{r}_C\times\sum\boldsymbol{F}_i+\sum(\boldsymbol{r}_{iC}\times\boldsymbol{F}_i),$$

第一项为合外力作用于质心的力矩 $\boldsymbol{M}_C$,第二项为诸多外力相对质心的总力矩,记作 $\boldsymbol{M}_{rC}$. 于是,总角动量变化定理被展开为

$$\frac{\mathrm{d}\boldsymbol{L}_C}{\mathrm{d}t}+\frac{\mathrm{d}\boldsymbol{L}_{rC}}{\mathrm{d}t}=\boldsymbol{M}_C+\boldsymbol{M}_{rC},$$

公式(6.11)业已表明上式左右两边第一项相等,故可证认左右两边

第二项相等，即

$$\frac{\mathrm{d}\boldsymbol{L}_{\mathrm{r}C}}{\mathrm{d}t}=\boldsymbol{M}_{\mathrm{r}C},\tag{6.12}$$

这便是相对质心的角动量变化定理——该角动量的时间变化率等于外力相对于质心的总力矩. 这竟与单质点或质点组的角动量变化定理一样，具有完全相同的规律形式，虽然不同之处是后者总被强调是在惯性系中成立. 换句话说，即使质心相对惯性系有加速度，质心系为非惯性系，公式(6.12)依然成立. 这一点是耐人寻味的，也是始料不到的. 在下一章刚体力学中，不少场合宜选质心系来应用角动量变化定理，此时不必担心质心加速度是否为零. 最后值得一提的是，对于(6.11)，(6.12)两式，各有自己独立的角动量守恒条件.

6.4　有心运动方程与约化质量

在第5章5.3节研究有心运动，比如行星运动和粒子散射时，总是首先说明作为力心的那个物体质量很大，其理由是，在此条件下力心系才是较好的准惯性系. 其实，对于任意质点组，当无外力存在时，质心系才是一个理想的惯性系，两体运动也是如此. 本节从质心系出发考察日-地运动，进而明确日心系作为一个准惯性系的精度. 见图6-6，m，M 相对其质心的位矢分别为 $\boldsymbol{r}$，$\boldsymbol{R}$；从 M 看 m，其位矢为 $\boldsymbol{r}'=\boldsymbol{r}-\boldsymbol{R}$，两体相互作用力为 $\boldsymbol{f}$，$\boldsymbol{f}'=-\boldsymbol{f}$，不考虑第三者天体的影响. 因为质心系是个惯性系，两体在质心系中满足牛顿运动方程：

$$m\frac{\mathrm{d}^2\boldsymbol{r}}{\mathrm{d}t^2}=\boldsymbol{f}\quad 即\quad \frac{\mathrm{d}^2\boldsymbol{r}}{\mathrm{d}t^2}=\frac{1}{m}\boldsymbol{f},$$

$$M\frac{\mathrm{d}^2\boldsymbol{R}}{\mathrm{d}t^2}=\boldsymbol{f}'\quad 即\quad \frac{\mathrm{d}^2\boldsymbol{R}}{\mathrm{d}t^2}=\frac{1}{M}\boldsymbol{f}',$$

两式相减，有

$$\frac{\mathrm{d}^2(\boldsymbol{r}-\boldsymbol{R})}{\mathrm{d}t^2}=\left(\frac{1}{m}\boldsymbol{f}-\frac{1}{M}\boldsymbol{f}'\right),$$

即

$$\frac{\mathrm{d}^2\boldsymbol{r}'}{\mathrm{d}t^2}=\left(\frac{1}{m}+\frac{1}{M}\right)\boldsymbol{f}.$$

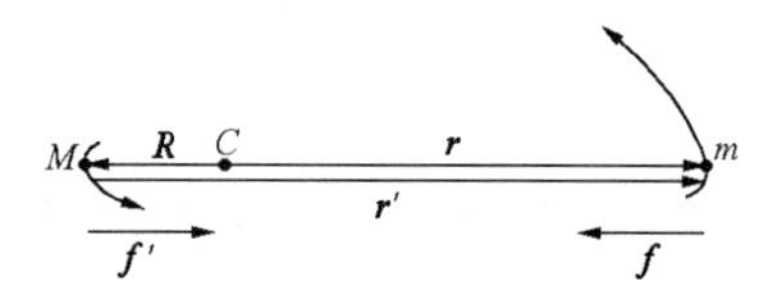

图 6-6 导出两体有心运动方程

引入两体约化质量 μ，

$$\frac{1}{\mu}=\frac{1}{m}+\frac{1}{M},$$

于是得行星运动方程为

$$\mu\frac{\mathrm{d}^2\boldsymbol{r}'}{\mathrm{d}t^2}=\boldsymbol{f}. \tag{6.13}$$

由此可见，虽然日心系是个非惯性系，行星运动方程却具有与牛顿运动定律一样的表达式，但此时必须以约化质量 μ 替代真实质量. 当 $M\gg m$ 时，有 $\mu\approx m$，该运动方程被近似为

$$m\frac{\mathrm{d}^2\boldsymbol{r}'}{\mathrm{d}t^2}\approx\boldsymbol{f}.$$

由此看来，$\mu\approx m$ 近似程度可用以表征日心系作为准惯性系的精度. 考量其相对偏差

$$\Delta=\frac{m-\mu}{\mu}=m\left(\frac{1}{m}+\frac{1}{M}\right)-1=\frac{m}{M},$$

即它等于两体的质量比. 对于日地两体，$M=3.3\times10^5\ m$，有 $\Delta\approx10^{-6}$. 而在粒子散射实验中，靶核质量与粒子质量比最多不过 10^2 倍，即 $\Delta\approx10^{-2}$. 故靶核作为准惯性系的精度远不如日心系那么好. 总之，当 $M\gg m$，则重质点 M 确实可以作为一个参考点并建立起一很好的准惯性系，来考察轻质点的运动.

如果从理论上证认了 m 绕质心 C 作椭圆运动，试问 M 绕质心 C 是否也作椭圆运动？m 绕 M 是否也作椭圆运动？回答是肯定的. 根据两体杠杆关系，$M\boldsymbol{R}+m\boldsymbol{r}=0$，以及 $\boldsymbol{r}'=\boldsymbol{r}-\boldsymbol{R}$，不难得到

$$\boldsymbol{R}=-\frac{m}{M}\boldsymbol{r}\propto\boldsymbol{r}(t),\quad \boldsymbol{r}'=\left(1+\frac{m}{M}\right)\boldsymbol{r}\propto\boldsymbol{r}(t), \tag{6.14}$$

由此可见，$\boldsymbol{R}(t)$ 与 $\boldsymbol{r}(t)$、$\boldsymbol{r}'(t)$ 与 $\boldsymbol{r}(t)$ 的关系，均是简单的正比例关系，

那些比例常数仅仅表示一种尺度变换或一种几何缩放，这并不改变轨道形态.

两体运动中引入约化质量，便将两体问题进化为一体问题. 其实，约化质量的出现在这里替代了“惯性力”的贡献. 对此以日地关系为例，说明如下. 日心系相对于质心惯性系而言，它的平动加速度 $\boldsymbol{a}_0=\boldsymbol{f}'/M$，因此，在选择日心系考察地球运动时，应计及惯性力 $\boldsymbol{F}_i=-m\boldsymbol{a}_0$. 于是，据式(2.17)写出地球的动力学方程为

$$m\frac{\mathrm{d}^2\boldsymbol{r}'}{\mathrm{d}t^2}=\boldsymbol{f}-m\boldsymbol{a}_0,$$

代入 $\boldsymbol{a}_0$ 式，并注意到 $\boldsymbol{f}'=-\boldsymbol{f}$，就得到

$$\left(\frac{mM}{m+M}\right)\frac{\mathrm{d}^2\boldsymbol{r}'}{\mathrm{d}t^2}=\boldsymbol{f},$$

它与式(6.13)一致.

习　　题

6.1　质量 $m_1=1\,\mathrm{kg}$，$m_2=2\,\mathrm{kg}$，$m_3=3\,\mathrm{kg}$，$m_4=4\,\mathrm{kg}$；m_1，m_2 和 m_4 三质点坐标顺次为 $(x,y)=(-1,1)$、$(-2,0)$ 和 $(3,-2)$. 质心位于 $(x,y)=(1,-1)$. 求 m_3 的位置.

6.2　一长为 l 的细杆，其密度 ρ 依关系式 $\rho=\rho_0x/l$ 随 x 而变化，x 是杆的一端算起的距离，ρ_0 为常量. 求其质心的位置.

6.3　气球质量为 M，下悬质量可忽略的软梯，软梯上站一质量为 m 的人，共同在气球所受浮力 F 作用下加速上升. 设人以相对于软梯的加速度 a_m 上攀，求系统质心的加速度和气球的加速度.

6.4　如图，在光滑水平面上，用劲度系数为 k 的弹簧连接物体 m_1 和 m_2. m_1 紧靠墙，在 m_2 上施力将弹簧压缩 x_0，以 m_1，m_2 和弹簧为系统，当外力撤去后，求系统质心加速度的最大值和系统质心速度的最大值.

6.5　习题 4.10 中，设所加外力为 $(m_1+m_2)g$，求该外力撤去后，系统质心速度和质心加速度的最大值.

6.6　证明两质点组成的系统的总角动量等于 $\boldsymbol{r}_C\times M\boldsymbol{v}_C+\boldsymbol{r}_{21}\times\mu\boldsymbol{v}_{21}$，其中 $\boldsymbol{r}_C$ 和 $\boldsymbol{v}_C$ 是质心位矢和速度，$\boldsymbol{r}_{21}$ 和 $\boldsymbol{v}_{21}$ 是质点 2 相对质

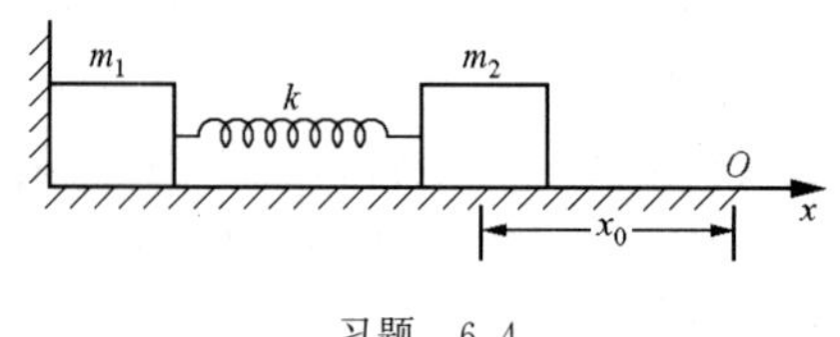

习题 6.4

点 1 的位矢和速度，M 是总质量，μ 是两质点的约化质量.

6.7 两质点质量分别为 m_1 和 m_2，它们由长为 l 的轻质刚绳相连并放在光滑水平面上. 设原来绳伸直，两质点静止. 突然打击 m_1，使它具有垂直于绳子方向的初速 $\boldsymbol{v}_0$.（1）求系统质心的速度.（2）设质心原来处于 C_0 点，求打击结束后系统对 C_0 点的角动量.（3）说明系统以后的运动.

刚 体 力 学

7.1　刚体运动学

- 刚体的特殊性与刚性三角形
- 刚体的平动与转动
- 刚体运动的自由度
- 定轴转动
- 平面运动
- 刚体角速度矢量的唯一性

● 刚体的特殊性与刚性三角形

刚体是一特殊质点组,它在运动过程中或与他物相互作用过程中,不会发生任何形变.对这一特殊性的定量描述是,刚体上任意两点之间的距离始终不变(见图 7-1),

$$|\boldsymbol{l}(t)|=\text{const}. \qquad (7.1)$$

当然,刚体模型是劲度系数很大的一类物体的抽象,与通常条件下的弹性体、流体、塑性体、柔性体相比较而存在.从

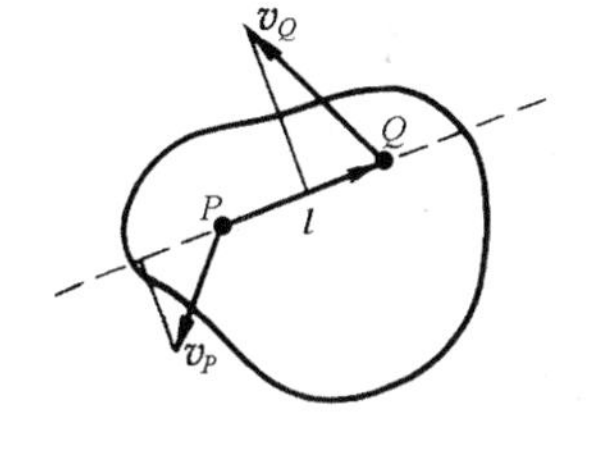

图 7-1　刚性连结 $\boldsymbol{l}$ 长度不变

(7.1)式可以得到两个推论:(1) 任意两点的速度矢量,在其连线方向的投影分量总是相等的,即 $v_{Pl}=v_{Ql}$.否则,两点之距离将有伸缩,这与刚性矛盾.(2) 刚体内部一对内力做功之和恒为零.这是因为一对内力 $\boldsymbol{f}_P$ 和 $\boldsymbol{f}_Q$,总是沿 $\overline{PQ}$ 连线方向,且彼此方向相反而数值相等,导致两者功率的代数和:

$$\boldsymbol{f}_P \cdot \boldsymbol{v}_P + \boldsymbol{f}_Q \cdot \boldsymbol{v}_Q = f_P v_{Pl} - f_Q v_{Ql} = (f_P - f_Q) v_{Pl} = 0.$$

因此，在考量整个刚体动能变化时，就不必计及内力功的贡献.

在刚体上任意不共线的三个点，就能完全确定整个刚体的空间方位——刚性三角形概念，见图 7-2. 比如，一旦确定了点 A 的位置，那点 B 只能在以 A 为中心的特定半径的球面上活动；一旦点 B 位置被确定，那点 C 只能在以 AB 为轴的特定半径的圆周上活动；一旦点 C 的位置被确定下来，那整个刚体的位形就被固定了. 因此为了简化图像和分析，常采用刚性三角形代表一个刚体.

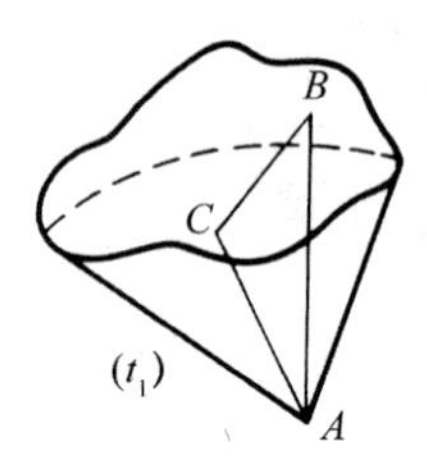

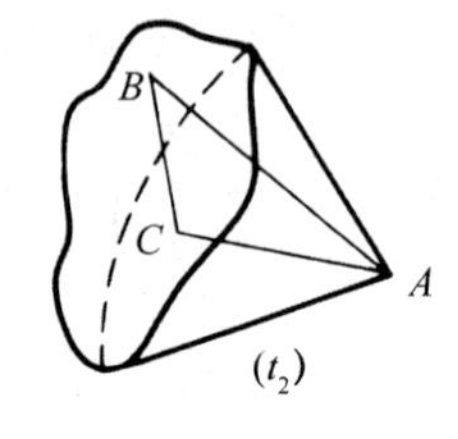

图 7-2　刚性三角形

- **刚体的平动与转动**

凡保持了刚体上任意两点之间连线方向不变的运动，被称为平动，如图 7-3，$A'B' /\!/ AB$，$B'C' /\!/ BC$. 不难说明，刚性三角形中三个顶点的位移矢量 $\Delta\boldsymbol{r}$ 是一致的. 换句话说，对于刚体的平动，各点的瞬时速度矢量 $\boldsymbol{v}(t)$ 相等，因此各点的瞬时加速度矢量 $\boldsymbol{a}(t)$ 亦相等. 故可选刚体中任意一点的运动代表整体平动. 一般选择质心为代表，因为质心运动规律 $M\boldsymbol{a}_C = \sum \boldsymbol{F}_i$ 最为简明.

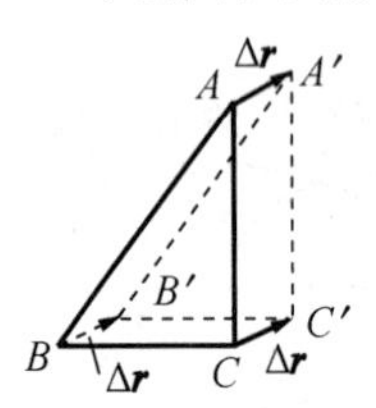

图 7-3　刚体的平动

如果两点间位矢方向在改变，则刚体的运动就不是单纯的平动了. 图 7-4 表示刚体的一种任意运动. 这种任意运动，可以被分解为平动加转动——随刚体上任一点的平动位移，接着绕该点的转动位移，而完成 Δt 时间中的位形变换. 图 7-4(a)、(b)分别选 A 点或 B 点作平动操作，再绕 A 点或 B 点作转动操作，均能实现同一位形变换.

看出来，选择不同点，平移矢量有别，但角位移无异. 当然，这种对刚体任意运动的分解或先后不同的两种操作，系概念上的分析，便于理论处理. 比如地球的运动，可被视为随地轴的平动（公转）与绕地轴的转动（自转）两种运动的合成. 唯象地看，转动可分为定点转动与定轴转动. 在观测时间中，刚体上仅有一点不动的，被称为定点转动，比如陀螺运动；刚体上有两点不动的，被称为定轴转动，比如车床运动. 当然，对于定轴转动，那两点连线上的各点亦均不动，而成为一转轴.

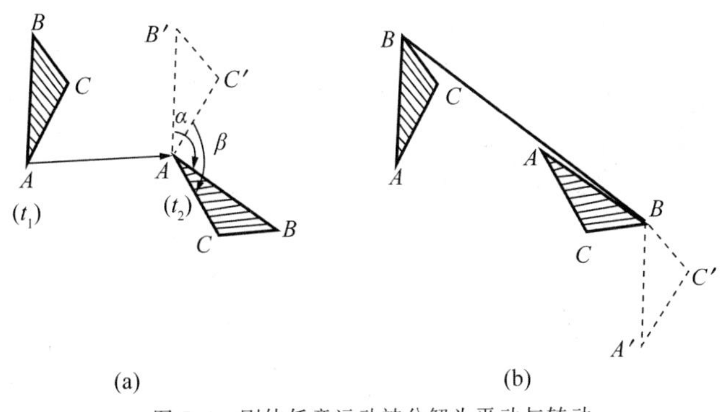

图 7-4 刚体任意运动被分解为平动与转动

- **刚体运动的自由度**

泛泛而论，用以确定对象运动位置的独立坐标的数目，被简称为对象运动的自由度. 比如，一个自由质点有 3 个自由度；一个质点被约束于一曲面上运动，有 2 个自由度；一个质点被约束于一曲线上运动，有 1 个自由度；N 个自由质点的质点组，有 $3N$ 个自由度. 一个自由质点的 3 个自由度，可以表现为直角坐标系 (x,y,z)，也可以表现为球坐标系 (r,θ,φ). 可见，"方向" (θ,φ) 占有 2 个自由度.

虽然刚体是由无穷多个质量元凝聚而成，自由刚体的自由度却只有 6 个，因为这无穷多质量元，彼此固连，相互约束而并不独立. 用刚性三角形说明之，A 点的运动占了 3 个自由度，AB 取向占了 2 个自由度，C 点绕 AB 轴转角占了 1 个自由度. 换句话说，自由刚体的 6 个自由度，可被分解为 3 个平动自由度和 3 个转动自由度. 若刚体运动被约束为定点转动，则有 3 个自由度；若进一步被约束为定轴转动，就只有 1 个自由度.

物体系运动自由度 m，决定了其独立的动力学微分方程组的数目，有 m 个，其中每个方程均为二阶微分方程. 若运动被限制或被约束，其自由度将减少. 多一个约束条件，就减少一个自由度，可以大大减少求解方程的难度和工作量.

- **定轴转动**

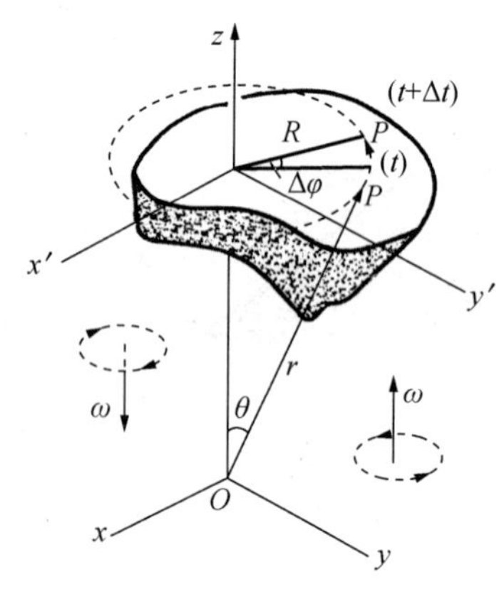

图 7-5 定轴转动与角速度

刚体平动最简单，而定轴转动最重要. 见图 7-5，z 轴为转轴. 定轴转动的特点是，刚体上每一点均作圆周运动，它们的轨道平面或者重合或者彼此平行，皆以 z 轴为圆心轴. 第 1 章 1.7 节引入的角速度 $\boldsymbol{\omega}$ 一量，完全适用于描述定轴转动. 若参考点 O 选在 z 轴上，线速度与角速度的关系由 (1.26) 式给出

$$\boldsymbol{v}=\boldsymbol{\omega}\times\boldsymbol{r},$$

则线加速度表示为

$$\frac{\mathrm{d}\boldsymbol{v}}{\mathrm{d}t}=\frac{\mathrm{d}}{\mathrm{d}t}(\boldsymbol{\omega}\times\boldsymbol{r})=\frac{\mathrm{d}\boldsymbol{\omega}}{\mathrm{d}t}\times\boldsymbol{r}+\boldsymbol{\omega}\times(\boldsymbol{\omega}\times\boldsymbol{r}).$$

第一项表示切向加速度 $\boldsymbol{a}_\tau$，其中 $\mathrm{d}\boldsymbol{\omega}/\mathrm{d}t$ 被称作角加速度；第二项表示法线加速度 $\boldsymbol{a}_n$. 定轴转动在任一时刻只有一个角速度，而且其方向或沿 z 轴向上即逆时针旋转，或沿 z 轴向下即顺时针旋转.

- **平面运动**

刚体平面运动也是一种常见的运动，诸如直道上行驶的车轮，斜面上滚动的圆柱，空竹旋转起落，高台跳水向前翻滚. 平面运动定义为，在观测时间中，刚体上任意点的运动轨道限定于一平面内；所有这些轨道平面或者重合或者彼此平行，如图 7-6 所示. 这类运动也常被称作刚体的平面平行运动. 其实，其平行性是平面性的一个推论，若那些轨道平面不平行，则必然违背刚性. 平面运动有若干重要性质，兹分述如下.

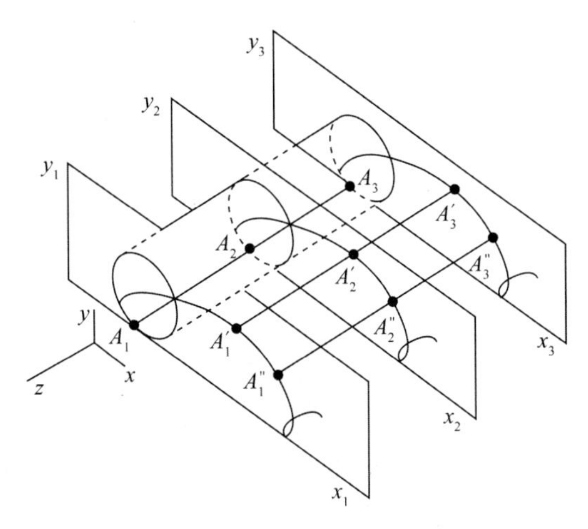

图 7-6 刚体平面运动

(1) 基面、基点与基轴. 选定任一轨道平面为参考平面，简称为基面，其他轨道平面均平行于基面，与基面垂直的任意直线上的各点，运动状态相同，有相同的速度和相同的加速度. 于是，三维刚体的平面运动被简化为基面上各点的二维运动. 选定基面上一点作为参考的基点，于是基面上各点的运动被分解为，基点的运动加上绕基点的转动. 基点运动有 2 个自由度，绕基点的转动有 1 个自由度，故刚体平面运动有 3 个自由度. 通过基点且垂直基面的直线被称为基轴. 回归到三维空间看，刚体平面运动被分解为基轴的平动加上绕基轴的转动. 一般选基轴通过质心，这在动力学分析中有好处：应用质心力学定理考量质心轴的运动，再应用本章随后给出的定轴转动定理考量绕质心轴的转动.

(2) 速度表示式. 设基点为 C，其线速度为 $\boldsymbol{v}_C$，则基面上各点的线速度被表示为

$$\boldsymbol{v}=\boldsymbol{v}_C+\boldsymbol{\omega}\times\boldsymbol{R}. \tag{7.2}$$

这里 $\boldsymbol{R}$ 是考察点相对于基点 C 的位矢. 比如，见图 7-7，对 A 点和 B 点，其线速度分别为

$$\boldsymbol{v}_A = \boldsymbol{v}_C + \boldsymbol{\omega} \times \boldsymbol{R}_A, \quad \boldsymbol{v}_B = \boldsymbol{v}_C + \boldsymbol{\omega} \times \boldsymbol{R}_B.$$

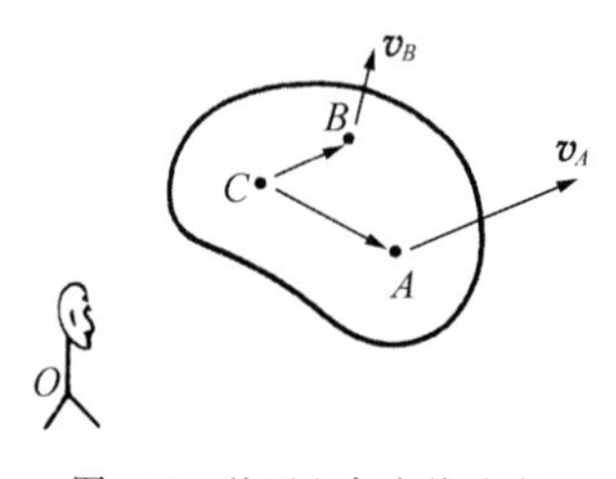

图 7-7 基面上各点线速度

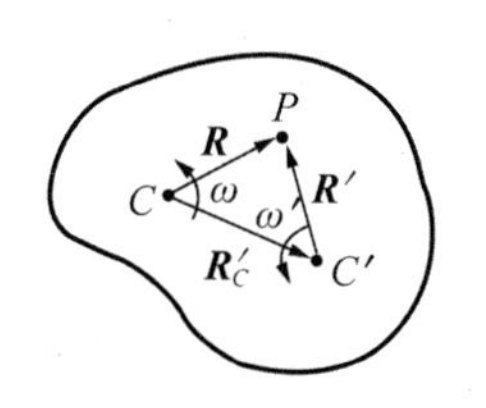

图 7-8 证明 $\boldsymbol{\omega}$ 与基点无关

(3) 角速度与基点选择无关.

一个旋转的车轮,人们习惯地将它看作轮轴的平动以及轮圈绕轮轴的转动,这是正确的.然而,若有人说,轮轴相对轮圈某一点也以同一角速度在旋转,不免令人难以置信.其实,这也是正确的,试看以下证明.如图 7-8,选 C 为基点,考察 P 点的速度,

$$\boldsymbol{v}_P = \boldsymbol{v}_C + \boldsymbol{\omega} \times \boldsymbol{R};$$

若选 C' 为基点,设 P 点绕 C' 点有一角速度,以 $\boldsymbol{\omega}'$ 表示,则

$$\boldsymbol{v}_P = \boldsymbol{v}'_C + \boldsymbol{\omega}' \times \boldsymbol{R}'.$$

注意到

$$\boldsymbol{v}'_C = \boldsymbol{v}_C + \boldsymbol{\omega} \times \boldsymbol{R}'_C, \quad \boldsymbol{R} = \boldsymbol{R}'_C + \boldsymbol{R}',$$

代入前一式有

$$\boldsymbol{v}_C + \boldsymbol{\omega} \times \boldsymbol{R} = \boldsymbol{v}_C + \boldsymbol{\omega} \times (\boldsymbol{R} - \boldsymbol{R}') + \boldsymbol{\omega}' \times \boldsymbol{R}',$$

于是得到

$$\boldsymbol{\omega}' \times \boldsymbol{R}' - \boldsymbol{\omega} \times \boldsymbol{R}' = 0, \quad \text{即} \quad (\boldsymbol{\omega}' - \boldsymbol{\omega}) \times \boldsymbol{R}' = 0.$$

有

$$\boldsymbol{\omega}' = \boldsymbol{\omega}.$$

这表明,角速度与基点选择无关.换句话说,对任意基点而言,基面上各点均以相同角速度在旋转.

(4) 瞬心. 基面上必定存在一个特殊点,其瞬时速度为零,该点被称作瞬心.瞬心位矢 $\boldsymbol{R}_0$ 决定于方程,

$$\boldsymbol{v}_C + \boldsymbol{\omega} \times \boldsymbol{R}_0 = 0, \tag{7.3}$$

这一方程总是有解的.有几种方法可以求得瞬心位置.值得注意的是,瞬心位置可以落在实体之外,如同质心位置可能在实体之外.须

知,基面无边界,是实体截面的无限的刚性延伸.式(7.3)表明,当存在加速度,即$\boldsymbol{v}_C=\boldsymbol{v}_C(t)$、或$\boldsymbol{\omega}=\boldsymbol{\omega}(t)$时,自然有$\boldsymbol{R}_0=\boldsymbol{R}_0(t)$,瞬心位置一般说也在变化.选瞬心为基点,在分析运动学问题时有方便之处.

- **刚体角速度矢量的唯一性**

通过对刚体定轴转动和平面运动的分析,我们已经证认了,刚体瞬时角速度矢量的唯一性.其唯一性的具体含义是:刚体在一个时刻只有一个角速度,角速度一量属于整个刚体;从刚体上任意一点看,周围所有质点均以同一角速度在旋转.角速度的唯一性对刚体任意运动也有效.定轴运动是平面运动一个特例,平面运动角速度的特点是其数值可能改变.但其方向总垂直基面,而对于任意运动,其角速度方向可能多变.角速度一量在刚体力学中的重要性源于它具有上述的唯一性.角速度唯一性的根源来自物体的刚性.若一个油筒盛满油在路面上滚动,就不具有唯一的角速度;若仅装半筒油在滚动,那情况就更复杂了,绝不是一个角速度物理量就能完全描述其转动了.

7.2 定轴转动惯量

- 角动量的轴分量
- 转动惯量
- 转动惯量的计算公式
- 几个转动惯量公式
- 平行轴定理
- 薄板正交轴定理
- 关于惯量张量的说明

- **角动量的轴分量**

对于定轴转动,显然其角速度沿轴方向,然而其角动量却可能有非轴向分量,虽然被关注的是角动量的轴分量.让我们考量其总角动量的各个分量.见图7-9,定轴转动时刚体总角动量为

$$\boldsymbol{L}=\sum(\boldsymbol{r}_i\times\Delta m_i\boldsymbol{v}_i)=\sum\Delta m_i\boldsymbol{r}_i\times(\boldsymbol{\omega}\times\boldsymbol{r}_i),$$

注意到质量元Δm_i的位矢和角速度的分量表示分别为$\boldsymbol{r}_i(x_i,y_i,z_i)$和$\boldsymbol{\omega}(0,0,\omega)$,并按矢积运算规则分两步展开,

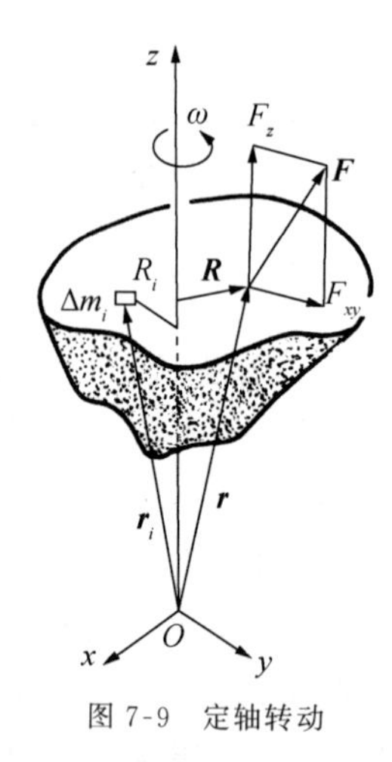

图 7-9 定轴转动

$$\boldsymbol{\omega}\times\boldsymbol{r}_i=-y_i\omega\boldsymbol{i}+x_i\omega\boldsymbol{j}+0\boldsymbol{k},$$

$$\boldsymbol{r}_i\times(\boldsymbol{\omega}\times\boldsymbol{r}_i)=-x_iz_i\omega\boldsymbol{i}-y_iz_i\omega\boldsymbol{j}+(x_i^2+y_i^2)\omega\boldsymbol{k},$$

于是,得其总角动量的三个分量为

$$\begin{cases}L_x=\omega\cdot\sum(-x_iz_i\Delta m_i),\\ L_y=\omega\cdot\sum(-y_iz_i\Delta m_i),\\ L_z=\omega\cdot\sum(x_i^2+y_i^2)\Delta m_i.\end{cases}\tag{7.4}$$

值得注意的是,出现于其中的运动量仅有角速度,余下求和号内的量均决定于刚体的质量分布.

• 转动惯量

转动惯量定义为

$$I=\sum(x_i^2+y_i^2)\Delta m_i=\sum R_i^2\Delta m_i,\quad R_i^2=x_i^2+y_i^2.\tag{7.5}$$

这里 R_i 为质量元 Δm_i 位置与轴的距离(轴距).

于是(7.4)式中的角动量沿 z 轴分量被表达为

$$L_z=I\omega.\tag{7.6}$$

这表明,定轴转动角动量的轴分量与角速度成正比,其比例系数为转动惯量,即在同样角速度情形下,惯量越大则角动量 L_z 亦越大.可见,转动惯量对角动量 L_z 的影响,如同惯性质量对动量的影响.或者说,转动惯量是对刚体在定轴转动时表现出来的惯性的一种量度.

• 转动惯量的计算公式

从转动惯量的定义式(7.5)看出,其数值决定于刚体或刚性质点组的质量分布和转轴位置.同样的质量分布,对于不同位置的转轴,将有不同的转动惯量;同样的质量,离轴越远,则转动惯量越大.考量到质量连续分布的刚体情形,应当采用积分式计量转动惯量,兹分列如下:

$$
\begin{cases}
I=\sum R_i^2\Delta m_i, & \text{质点组,比如多原子分子,}\\
I=\int R^2\eta \mathrm{d}l, & \text{质量线分布,}\\
I=\iint R^2\sigma \mathrm{d}S, & \text{质量面分布,}\\
I=\iiint R^2\rho \mathrm{d}V, & \text{质量体分布.}
\end{cases}
\tag{7.7}
$$

这里,η,σ,ρ 分别表示质量线密度、面密度和体密度.

例题 质量均匀分布的细杆,总质量为 m,长度为 l,而转轴过中点且垂直杆,其转动惯量为

$$
I=\int_{-l/2}^{l/2}\eta x^2\mathrm{d}x=\frac{m}{l}\times 2\times\frac{1}{3}\left(\frac{l}{2}\right)^3=\frac{1}{12}ml^2,
$$

当转轴移至细杆端点,则

$$
I=\int_0^l \eta x^2\mathrm{d}x=\frac{m}{l}\times\frac{1}{3}l^3=\frac{1}{3}ml^2.
$$

由此可见,总质量 m 和特征长度 l 总以 ml^2 这一组合因子在转动惯量式中扮演主角,而前面的系数则决定于转轴的位置.以下众多不同形状刚体的转动惯量计算公式,一概体现出这一性质.

● 几个转动惯量公式

图 7-10 给出几个常见的形状规则的刚体及其转动惯量公式,其中 m 为总质量,且均匀分布,这些结果均可由积分式(7.7)求得,其转轴位置已在图中标出.

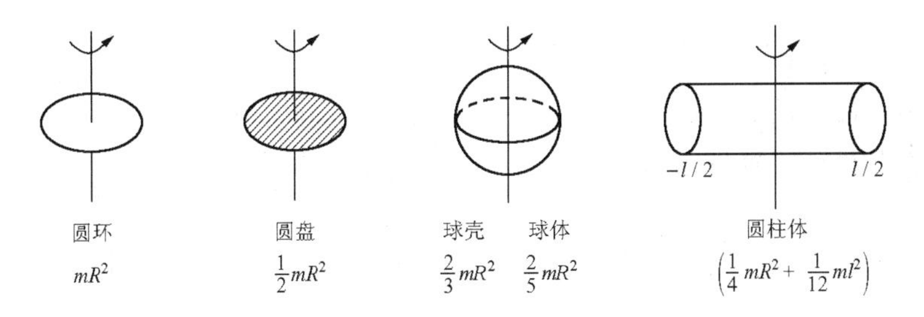

图 7-10 几个典型的转动惯量公式

• 平行轴定理

关于转动惯量的平行轴定理表述为：与质心轴平行的转轴，其相应的转动惯量 I 与质心轴的转动惯量 I_C 之间有一简单关系，

$$I = I_C + md^2, \tag{7.8}$$

这里 d 是两轴之垂直距离. 现以薄板为特例给以证明. 如图 7-11 所示，质量元对 O 点位矢为 $\boldsymbol{R}_i$，对质心 C 的位矢为 $\boldsymbol{r}_{iC}$. 注意到矢量三角形，有 $\boldsymbol{R}_i = \boldsymbol{r}_{iC} + \boldsymbol{d}$，于是

$$\begin{aligned}\boldsymbol{R}_i^2 &= \boldsymbol{R}_i \cdot \boldsymbol{R}_i = (\boldsymbol{r}_{iC} + \boldsymbol{d}) \cdot (\boldsymbol{r}_{iC} + \boldsymbol{d}) \\ &= r_{iC}^2 + d^2 + 2\boldsymbol{d} \cdot \boldsymbol{r}_{iC},\end{aligned}$$

代入转动惯量公式

$$I = \sum(\Delta m_i R_i^2) = \sum \Delta m_i r_{iC}^2 + \left(\sum \Delta m_i\right) d^2 + 2\boldsymbol{d} \cdot \sum \Delta m_i \boldsymbol{r}_{iC},$$

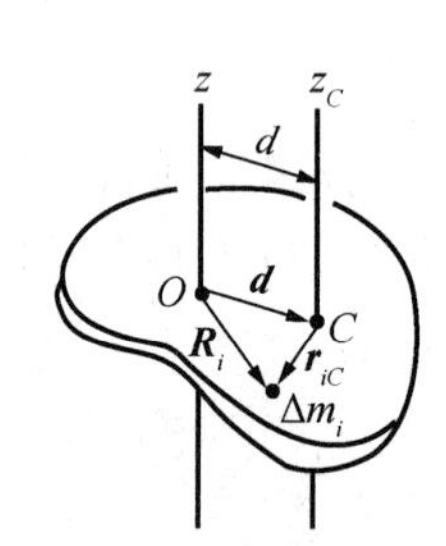

图 7-11　证明平行轴定理

其中第一项为对质心轴 z_C 的转动惯量 I_C；第二项表示为 md^2，如同全部质量 m 集中于质心的质点对 z 轴的转动惯量；而第三项可以证明为零，因为它与质心位矢直接对应，在质心参考点看来，质心位矢显然为零. 于是(7.8)式得证. 对于三维刚体或质点组，该关系式也是正确的，其证明思路类似上述. 这平行轴定理表明，在彼此平行的众多转轴中，那个通过质心轴的转动惯量 I_C 是最小的.

• 薄板正交轴定理

这是针对质量呈面分布而言的一个关于转动惯量的定理. 设薄板平面为(xy)，绕 x 轴转动惯量为 I_x，绕 y 轴转动惯量为 I_y，而绕垂直薄板的 z 轴转动惯量为 I_z，三者关系为

$$I_z = I_x + I_y. \tag{7.9}$$

这称为薄板正交轴定理，也有助于简化转动惯量的计算. 对此证明从略.

例题　一圆环，转轴通过直径时的转动惯量.

应用正交轴定理，得

$$I_x = I_y = \frac{1}{2}I_z = \frac{1}{2}mR^2.$$

再比如图 7-12，圆环质量 m_1，半径 R，短棒质量 m_2，长度 d，则对 z 轴的转动惯量为

$$I = \frac{1}{3}m_2 d^2 + \frac{1}{2}m_1 R^2 + m_1(R+d)^2,$$

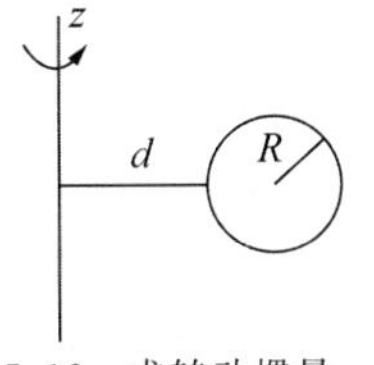

图 7-12　求转动惯量一例

其中第三项来自平行轴定理的贡献.

● 关于惯量张量的说明

即使对于定轴转动，角动量的其他两个分量一般不为零，$L_x \neq 0$，$L_y \neq 0$，这从(7.4)式关于 L_x，L_y 的表达式中已经看出，这表明 $\boldsymbol{L}$ 与 $\boldsymbol{\omega}$ 两者方向并非总是一致的. 图 7-13 显示了几个简朴的例子，注意其中参考点 O 的位置. 普遍地说，刚体作任意运动时，任意时刻它有一个角速度 $\boldsymbol{\omega}(\omega_x, \omega_y, \omega_z)$，同时有一个角动量 $\boldsymbol{L}(L_x, L_y, L_z)$，而且存在一个瞬时轴，将参考点选在瞬时轴上. 经推导，发现 L_x 与$(\omega_x, \omega_y, \omega_z)$有线性关系，$L_y$ 或 L_z 也是如此. 这三个线性方程组可用一个含矩阵的方程给以表示，

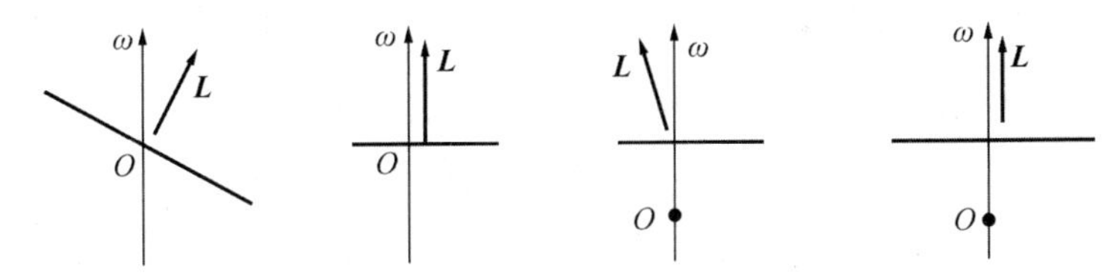

图 7-13　显示均质棒定轴转动时角动量方向与角速度方向之关系

$$\begin{bmatrix} L_x \\ L_y \\ L_z \end{bmatrix} = \begin{bmatrix} I_{xx} & I_{xy} & I_{xz} \\ I_{yx} & I_{yy} & I_{yz} \\ I_{zx} & I_{zy} & I_{zz} \end{bmatrix} \begin{bmatrix} \omega_x \\ \omega_y \\ \omega_z \end{bmatrix}, \tag{7.10}$$

其中矩阵三个对角元 I_{xx}，I_{yy} 和 I_{zz} 称为转动惯量或惯量矩，其余三对矩阵元被称作惯量积. 整个矩阵全称为惯量张量，记作 $\boldsymbol{I}$. 先前我们熟悉的定轴转动时的转动惯量 I 就是这里的第 3 个对角元 I_{zz}. 上式进一步的简化表示为

$$\boldsymbol{L} = \boldsymbol{I} \cdot \boldsymbol{\omega}. \tag{7.11}$$

凡是两个物理量系矢量，而其关系由一个张量联系着，则表明两者是线性关系，且两者方向并不一致. 今后我们还将遇到类似的情形，比如，弹性力学中的应力张量，电磁学中的介电张量. 惯量张量的矩阵元均与刚体的质量分布有关，可由若干积分式表达，本课程不予细究.

7.3 定轴转动定理与动能定理

- 定轴转动定理
- 力矩的轴分量
- 轴承约束力
- 角动量 L_z 守恒
- 例题
- 定轴转动的动能公式
- 定轴转动的动能定理

• 定轴转动定理

现在研究定轴转动的动力学规律. 首先让我们将质点组角动量变化定理(5.8)式，应用于刚体定轴转动，得到轴向分量的角动量 L_z 的变化率为 $\mathrm{d}L_z/\mathrm{d}t = M_z$，考量到(7.6)式 $L_z = I\omega$，得

$$\frac{\mathrm{d}(I\omega)}{\mathrm{d}t} = M_z \quad 或 \quad I\frac{\mathrm{d}\omega}{\mathrm{d}t} = M_z, \tag{7.12}$$

这被称为定轴转动定理，它表明定轴转动的角加速度正比于外力矩的轴向分量 M_z，反比于刚体的转动惯量 I. 在同等力矩 M_z 作用下，转动惯量越大者，其角加速度则越小. 在这动力学关系式中，才充分显露出转动惯量的本性，即它作为定轴转动体的惯性的一个量度.

• 力矩的轴分量

让我们具体分析一下力矩的轴向分量 M_z. 参考图 7-9，外力 $\boldsymbol{F}$ 被分解为沿轴分量 F_z 与垂直轴分量 F_{xy}，对 M_z 有贡献的是 F_{xy}. 设力的作用点的位矢为 $\boldsymbol{r}(x, y, z)$，相应的轴距矢量为 $\boldsymbol{R}(x, y, 0)$，按力矩 $\boldsymbol{M} = \boldsymbol{r} \times \boldsymbol{F}$ 展开并取其 z 分量，便得

$$M_z = (xF_y - yF_x) = \boldsymbol{R} \times \boldsymbol{F}_{xy}, \tag{7.13}$$

右边矢积的方向只有两种可能，或者朝上，$M_z>0$；或者朝下，$M_z<0$. 其数值 $M_z=RF_{xy}\sin\alpha$，其中 α 为 $\boldsymbol{R}$ 与 $\boldsymbol{F}_{xy}$ 之夹角. 于是，$(R\sin\alpha)$ 可以被看作 $\boldsymbol{F}_{xy}$ 施力方向至轴的垂直距离（力臂）. 人们常说，力矩 M_z 等于力乘以力臂，就是这个意思. 其实，按(7.13)式表达 M_z 最为简明，不易引起误会或歧义. 当 $\boldsymbol{F}_{xy}\parallel\boldsymbol{R}$，则 $M_z=0$.

- **轴承约束力**

其实，转动体受到的外力，既有外在的主动力 $\boldsymbol{F}$，又有被动的隐蔽的轴承给予的力——约束力，只是约束力对力矩 M_z 没有贡献，这是因为其方向总是与轴距 $\boldsymbol{R}$ 反平行. 值得指出的是，约束力的存在是要表现出实际力学效果的. 刚体即使作匀角速转动，其质心作圆周运动所需的向心力就是由轴承约束力提供的，此乃"约束"定语之由来. 因此，不难想到当刚体受到外力矩作用而有角加速度时，轴承约束力也随之改变. 可见，约束力不是一个定常力，它是对刚体运动状态的一种响应. 高速旋转的偏心轮，其轴承要承受巨大的约束力之反作用力. 这是机床车轮、发电机涡轮这类工程中，必须精心考虑的力学问题，涉及材料、设计和安装等一系列工程技术. 杂技演员倚竿旋转时，弹性长竿将会弯曲，便是反约束力作用的后果. 另外，实际轴承总有粗细并非一根几何线，这就存在轴承与转动体之间的摩擦力，嵌置滚珠旨在减少这种摩擦力. 这摩擦力矩不为零，应按(7.13)式计算. 力矩公式中的轴矩 $\boldsymbol{R}$ 均应从轴承的中轴线起算.

- **角动量 L_z 守恒**

当外力矩 $M_z=0$ 条件得以满足，则角动量 L_z 守恒，即

$$I\omega=\text{常数}. \tag{7.14}$$

若转动体内部具备伸缩机制以改变质量分布，从而改变了转动惯量，则由以上守恒式可知，当 I 增加，角速度 ω 值随之减少，当 I 减少，角速度随之增加，以保持两者乘积为一常数. 这在花样滑冰和高台跳水这类竞技运动中，表现得十分明显. 观众均能注意到，当滑冰者放慢滑动速度，一边回环一边伸展手臂和单腿时，预示着他将要作腾空多周转了；刹那间收缩手臂并紧双腿以减少 I，同时起跳腾空，

快速旋转三周;落地瞬间,即刻伸展双臂单腿,以增加 I,从而降低转速,保持平稳而完成了高难动作.

在太空站失重态下,人们要侧身转体显得相当别扭和困难,这是角动量守恒律所致.如何适应失重态,而顺利地完成各种姿态和动作,这要讲究点技巧,却也需要利用角动量守恒律.如图 7-14(a)所示,一人站在无摩擦的转台上,当他举起手臂在头顶作逆时针划动时,其身躯将作顺时针转动;当手臂动作停止,身躯转动亦即刻停止.用这种技巧可使身躯绕纵轴转过任意角度.为了提高转体效率也为了减少举手之劳累,也可以用双手在体侧同时划圈如图(b),或用双腿同时划圈如图(c),以完成转体.双腿动作可拟如下,前后叉开,然后右腿向右、左腿向左同时作半个圆锥运动,再将双腿收回成直立态.因腿脚的转动惯量比手臂的要大得多,故其转体效率是最高的.据计算,双腿这样动作一周,身躯转体可达 70°.以上这些技巧动作,一方面是利用了失重态下的角动量守恒规律,另一方面是有赖于肢体结构和活动关节.这些正是当今兴起的运动生物学和柔体力学的研究内容.

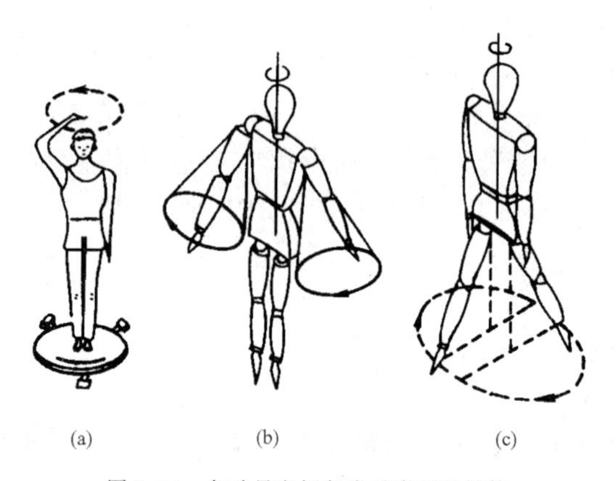

图 7-14　角动量守恒与失重态下的转体

例题 1　如图所示一根均质木棒被置于一光滑水平面上,其一端可绕固定点 A 转动.现有一颗子弹以初速 v_0 垂直棒入射于木棒另一端,且很快地嵌于木棒中.试求含子弹的木棒的转动角速度 ω.

子弹和木棒合起来看为一个系统.在子弹嵌入的瞬间 Δt,该系统的机械能不守恒，这是因为穿入的子弹与木棒洞壁之间有滑动摩擦力，而耗散了动能；该系统的动量也不守恒，这是因为该系统受到了一个来自固定轴的约束力 f，正是 f 使系统只能作定轴转动. 不过，这约束力相对 A 点的力矩为零，故该系统的角动量守恒. 一个角动量守恒方程对应一个未知量即系统角速度，故其解存在且唯一. 选择垂直纸面向上方向为角动量和角速度方向，于是冲击前角动量 mv_0l 与冲击后角动量 $I\omega$ 相等，

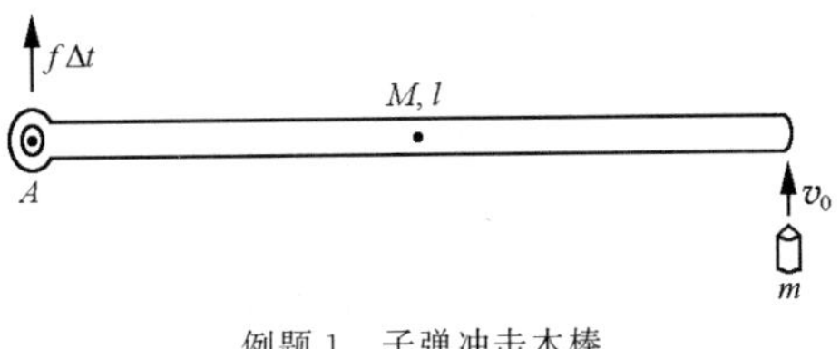

例题 1 子弹冲击木棒

$$mv_0l = I\omega,$$

其中，对固定轴的转动惯量 I 等于子弹惯量 I_1 与木棒惯量 I_2 之和：

$$I = I_1 + I_2 = ml^2 + \frac{1}{3}Ml^2.$$

由以上两式解得木棒含子弹系统的角速度，

$$\omega = \frac{m}{m+\frac{1}{3}M} \cdot \frac{v_0}{l}.$$

进而，我们还可以求出冲击前、后，该系统的动量及其改变量：

冲击前动量　$p_0 = mv_0$，

冲击后动量　$p = p_1 + p_2 = ml\omega + M\frac{l}{2}\omega$

$$= \frac{m+\frac{M}{2}}{m+\frac{M}{3}}mv_0 > mv_0,$$

可见，该系统的动量增加了，其增量正是那约束力 f 的冲量所贡献的. 即约束力施加的冲量为

$$f\Delta t = p - p_0 = \frac{1}{6}\frac{M}{m+\frac{M}{3}}mv_0.$$

可见其方向与子弹初始动量 $m\boldsymbol{v}_0$ 方向相同（向上），这与定性分析图

像一致.

• 定轴转动的动能公式

对于刚体,角速度是唯一的,不同质量元 Δm_i 的线速度 $v_i = \omega R_i$,其中 R_i 为质量元位置离轴的距离(轴距).故定轴转动的总动能

$$E_{\mathrm{k}} = \frac{1}{2}\sum \Delta m_i v_i^2 = \frac{1}{2}\left(\sum \Delta m_i R_i^2\right)\omega^2,$$

其中求和因子正是转动惯量 I,于是得到定轴转动动能公式

$$E_{\mathrm{k}} = \frac{1}{2}I\omega^2. \tag{7.15}$$

• 定轴转动的动能定理

让我们考察转动能的变化,

$$\mathrm{d}E_{\mathrm{k}} = \mathrm{d}\left(\frac{1}{2}I\omega^2\right) = \omega I\,\mathrm{d}\omega,$$

结合转动定理

$$I\mathrm{d}\omega = M_z \mathrm{d}t,$$

于是

$$\mathrm{d}E_{\mathrm{k}} = M_z\omega\,\mathrm{d}t \quad \text{或} \quad \mathrm{d}E_{\mathrm{k}} = M_z\mathrm{d}\varphi. \tag{7.16}$$

这被称作转动动能定理,其中 $\mathrm{d}\varphi$ 为力的作用点在 $\mathrm{d}t$ 时间中的角位移.上式与普遍的动能变化定理是一致的,其中 $M_z\mathrm{d}\varphi$ 就等于力做功 $\boldsymbol{F}_{xy}\cdot\mathrm{d}\boldsymbol{r}$.转动动能定理的积分形式为

$$\frac{1}{2}I\omega_2^2 - \frac{1}{2}I\omega_1^2 = \int_1^2 M_z\mathrm{d}\varphi. \tag{7.17}$$

例题 2　如图,一滑轮被绕上细绳,而绳端固系于一点.从静止开始释放滑轮,求该动滑轮的平动加速度亦即其质心 C 的加速度.设绳轻质柔软且不可伸缩,滑轮质量为 M,半径为 R.

解　在重力 Mg 和张力 T 作用下,该动滑轮随质心平动且绕质心轴转动,其转动角加速度 $\mathrm{d}\omega/\mathrm{d}t$ 是由张力 T 的力矩导致的.应当注意到,滑轮上与绳子相切的那个 b 点,其相对质心 C 有一个向上的速度 $v_{bC} = \omega R$,在数值上等于质心速度 v_C(向下),换句话说,该点相对地面速度为零,故动滑轮运动属于纯滚.据以上初步分析,列出相

关的运动方程如下：

$$\begin{cases}(mg-T)=ma_C, & \text{（应用质心定理）}\\ TR=I\dfrac{\mathrm{d}\omega}{\mathrm{d}t}, & \text{（应用绕质心轴转动定理）}\\ v_C=\omega R,\quad \text{即 } a_C=R\dfrac{\mathrm{d}\omega}{\mathrm{d}t}, & \text{（运动学关系）}\end{cases}$$

解出

$$\frac{\mathrm{d}\omega}{\mathrm{d}t}=\frac{mR}{I+mR^2}g,\quad a_C=\frac{mR^2}{I+mR^2}g,$$

当滑轮为实心圆盘，其绕 C 轴转动惯量 $I=\frac{1}{2}MR^2$，于是，求得

滑轮平动加速度 $a_C=\dfrac{2}{3}g$，

转动角加速度 $\dfrac{\mathrm{d}\omega}{\mathrm{d}t}=\dfrac{2}{3R}g$，

张力 $T=\dfrac{1}{3}mg$.

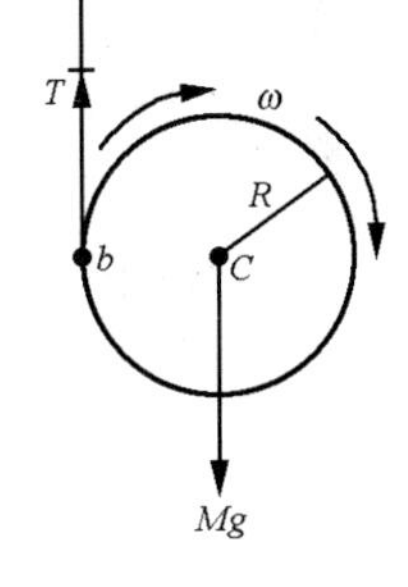

例题 2 动滑轮的质心加速度

本题也可以采取能量法求解. 滑轮质心高度下降 h 时的势能降落，转化为质心的平动动能和绕质心的转动动能，即

$$Mgh=\frac{1}{2}Mv_C^2+\frac{1}{2}I\omega^2.$$

考虑到 $\omega=v_C/R$，有

$$Mgh=\frac{1}{2}Mv_C^2+\frac{1}{2}\frac{I}{R^2}v_C^2,$$

对时间求导，并注意到 $\mathrm{d}h/\mathrm{d}t=v_C$，有

$$Mgv_C=\left(M+\frac{I}{R^2}\right)v_C\cdot\frac{\mathrm{d}v_C}{\mathrm{d}t},$$

遂得滑轮平动加速度

$$a_C=\frac{\mathrm{d}v_C}{\mathrm{d}t}=\frac{M}{M+\dfrac{I}{R^2}}g$$

$$=\frac{2}{3}g.\quad\left(\text{当 } I=\frac{1}{2}MR^2\right)$$

7.4　一组刚体力学的典型题目

• 概述

回顾以上三节内容，先后研究了刚体运动学和定轴转动动力学，引导出一系列概念和定理.看得出这种快切快入的阐述方式，着力于概念的推演和理论的系统性，而将它们的实际应用留待这一节集中地予以介绍.试问，在那些概念和理论中，最重要的或最值得注意的是什么？则当认为，是定轴转动和平面运动这两种运动类型，转动惯量和角速度这两个物理量，以及有关定轴转动的三个公式：

$$L_z = I\omega, \quad I\frac{\mathrm{d}\omega}{\mathrm{d}t} = M_z, \quad E_\mathrm{k} = \frac{1}{2}I\omega^2.$$

当然，有关质点组的力学定理，尤其是质心力学定理，均适用于刚体，它们在随后的题目中也将不时地被引用.比如，对于平面运动，它被分解为随质心轴的平动与绕质心轴的转动，可以分别应用质心定理与定轴转动定理求解.

• 两人抬杠一方撒手

两人抬杠，B 方撒手时刻，棒以 A 端为瞬时轴作定轴转动，如图7-15所示.水平横杠受两个外力，重力 $m\boldsymbol{g}$ 与支持力 $\boldsymbol{N}$，决定了质心加速度；相应的力矩决定了横杠的角加速度；而质心线加速度与刚体角加速度之间有一个确定的运动学关系.于是列出三个方程如下：

$$
\begin{cases}
I\dfrac{\mathrm{d}\omega}{\mathrm{d}t}=mg\times\dfrac{l}{2},\\
m\dfrac{\mathrm{d}v_C}{\mathrm{d}t}=mg-N,\\
\dfrac{\mathrm{d}v_C}{\mathrm{d}t}=\dfrac{l}{2}\times\dfrac{\mathrm{d}\omega}{\mathrm{d}t},
\end{cases}
$$

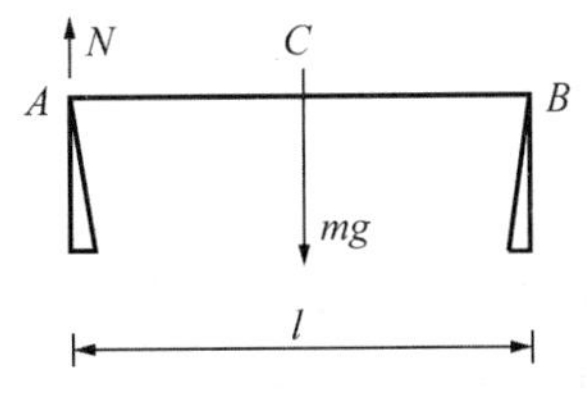

图 7-15　两人抬杠一方撒手

注意到若横杠质量分布均匀,其转动惯量 $I=ml^2/3$,解出

$$\frac{\mathrm{d}v_C}{\mathrm{d}t}=\frac{3}{4}g,\quad N=\frac{1}{4}mg. \tag{7.18}$$

此结果蛮有意思,两人抬 1000 N 重杠各人承受 500 N 压力,在对方撒手瞬间,自己承受压力却减半为 250 N——A 方突感轻松,似有瞬间失重感.

- **滑轮运动**

见图 7-16,滑轮质量 m 不可忽略,绳与轮间无相对滑动. 滑轮随绳子加速所需的力矩,是由两侧绳的张力之差 (T_2-T_1) 提供的,实际上这隐含着绳与轮槽之间的摩擦力. 设线加速度为 a,滑轮角加速度则为 $\mathrm{d}\omega/\mathrm{d}t=a/R$,分别对 m_1,m_2 和滑轮列出运动方程(忽略绳的质量),

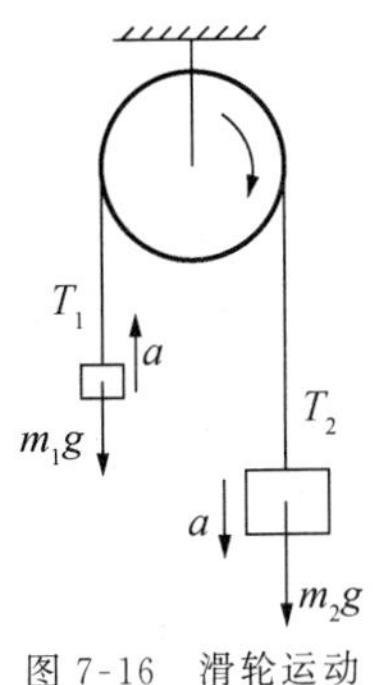

图 7-16　滑轮运动

$$
\begin{cases}
m_1a=T_1-m_1g,\\
m_2a=m_2g-T_2,\\
I\dfrac{\mathrm{d}\omega}{\mathrm{d}t}=(T_2-T_1)R,\\
a=R\dfrac{\mathrm{d}\omega}{\mathrm{d}t},
\end{cases}
$$

并考量到滑轮转动惯量 $I=mR^2/2$,解出

$$a=\frac{m_2-m_1}{m_1+m_2+\dfrac{m}{2}}g,$$

$$T_1=m_1(g+a)=\frac{m_1\left(2m_2+\dfrac{m}{2}\right)}{m_1+m_2+\dfrac{m}{2}}g,$$

$$T_2 = m_2(g-a) = \frac{m_2\left(2m_1+\frac{m}{2}\right)}{m_1+m_2+\frac{m}{2}}g,$$

吊绳的张力为 $T=T_1+T_2+mg$. 本题值得注意的是，绳与轮槽之间无相对滑动是靠静摩擦力来维持的，而静摩擦力存在一个最大值，相应地滑轮有个最大角加速度和边缘点的最大线加速度. 当两体重力差别太大以致物体有过大的加速度时，将产生绳与轮槽的相对滑动. 有关这些条件的定量考核，这里不予细究.

• 铅直面内转动杆

见图 7-17，一质量均匀分布的杆，绕左端点在铅直面内作定轴转动. 试求(1) 角速度函数 $\omega(\theta)$ 和角加速度函数 $\mathrm{d}\omega/\mathrm{d}t$；(2) 质心加速度 $\boldsymbol{a}_C(\theta)$ 及其法向、切向分量 a_{Cn}，$a_{C\tau}$；(3) 约束力 $\boldsymbol{f}(\theta)$.

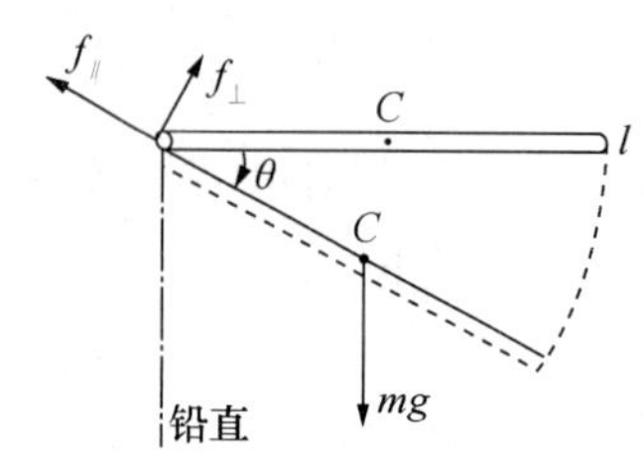

图 7-17 铅直面内转动杆

在重力和约束力作用下，杆作定轴转动. 由于约束力矩为零，故转动杆的机械能守恒. 针对提出的问题分别求解如下.

(1) 设杆初始方位水平且静止，根据机械能守恒，有

$$\frac{1}{2}I\omega^2(\theta) + E_\mathrm{p}(\theta) = 0 + E_\mathrm{p}(0),$$

于是

$$\frac{1}{2}I\omega^2(\theta) = E_\mathrm{p}(0) - E_\mathrm{p}(\theta) = mg\,\frac{l}{2}\sin\theta,$$

注意到转动惯量 $I=ml^2/3$，得

$$\omega(\theta) = \sqrt{\frac{3g\sin\theta}{l}}. \tag{7.19}$$

也可以应用转动动能定理和力矩做功计算求解，获得同样结果. 欲求角加速度，可直接应用 $\omega(\theta)$ 对时间微商，

$$\frac{\mathrm{d}\omega(\theta)}{\mathrm{d}t} = \frac{\mathrm{d}\omega}{\mathrm{d}\theta}\frac{\mathrm{d}\theta}{\mathrm{d}t} = \omega\frac{\mathrm{d}\omega}{\mathrm{d}\theta} = \frac{3g\cos\theta}{2l},$$

也可以应用转动定理和力矩公式，

$$I\frac{\mathrm{d}\omega}{\mathrm{d}t}=M_z,\quad M_z=\frac{l}{2}mg\cos\theta,$$

得到同样结果.

(2) 质心加速度的法向分量和切线分量可以由运动学关系得到

$$a_{Cn}(\theta)=\frac{l}{2}\omega^2=\frac{3}{2}g\sin\theta,$$

$$a_{C\tau}(\theta)=\frac{l}{2}\frac{\mathrm{d}\omega}{\mathrm{d}t}=\frac{3}{4}g\cos\theta.$$

可见,法向加速度随 θ 角而增加,切向加速度随 θ 角而减少. 加速度值

$$a_C(\theta)=\sqrt{a_{Cn}^2+a_{C\tau}^2}=\frac{3}{4}g\sqrt{1+3\sin^2\theta}.$$

(3) 有了质心加速度,就可根据质心运动定理求得外力. 设约束力的沿杆分量为 $f_{/\!/}$,垂直杆分量为 $f_{\perp}$,于是,

$$f_{/\!/}-mg\sin\theta=ma_{Cn},$$

$$mg\cos\theta-f_{\perp}=ma_{C\tau},$$

得到

$$f_{/\!/}(\theta)=\frac{5}{2}mg\sin\theta,\quad f_{\perp}(\theta)=\frac{1}{4}mg\cos\theta,$$

约束力数值为

$$f(\theta)=\sqrt{f_{/\!/}^2+f_{\perp}^2}=\frac{1}{4}mg\sqrt{1+99\sin^2\theta},\qquad(7.20)$$

显然,当杆转动至铅直方向时,$\theta=\pi/2$,此时的约束力最大,

$$f_M=2.5\,mg.$$

- **打击中心**

玩过棒球运动者,均有这样一种感觉,在击球瞬间手掌感受到一个冲击力,有时感到轻松,有时却受到重重一击,震得手掌几乎发麻,而球却打哑了. 这一切皆有赖于击球点的位置是否合适. 下面的理论分析表明,存在这样一个击球点,使手握的约束力为零. 这个最佳位置被称作打击中心. 见图 7-18,手握处为参考点 O,棒质心位置为 r_C,

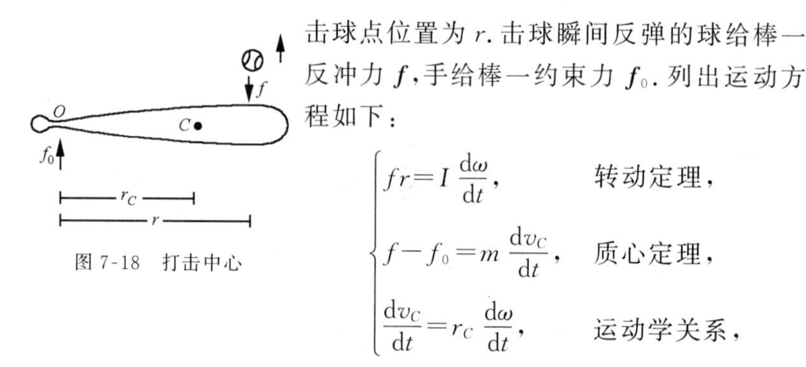

图 7-18　打击中心

击球点位置为 r. 击球瞬间反弹的球给棒一反冲力 f，手给棒一约束力 f_0. 列出运动方程如下：

$$\begin{cases} fr = I\,\dfrac{\mathrm{d}\omega}{\mathrm{d}t}, & \text{转动定理,} \\ f - f_0 = m\,\dfrac{\mathrm{d}v_C}{\mathrm{d}t}, & \text{质心定理,} \\ \dfrac{\mathrm{d}v_C}{\mathrm{d}t} = r_C\,\dfrac{\mathrm{d}\omega}{\mathrm{d}t}, & \text{运动学关系,} \end{cases}$$

解出约束力

$$f_0 = \left(1 - \frac{mr_C r}{I}\right) f,$$

可见，手提供的约束力是个被动的响应力，与球反冲力 f 与击球点位置 r 有关. 试令 $f_0 = 0$，得到打击中心位置为

$$r_0 = \frac{I}{mr_C} = kr_C, \quad k \equiv \frac{I}{mr_C^2}. \tag{7.21}$$

这里，引入比例系数 k，它被定义为球棒的实际惯量与其质心惯量之比，其数值取决于棒的形状，其意义是表征了打击中心与质心的位置之比，即以质心位置 r_C 为尺度去表示打击中心的位置 r_0，而球棒的质心位置可以实地由手指点测重心法来确定.

让我们来看两个极端棒形：

(1) 粗细均匀棒，经计算得 $k = 4/3$，则打击中心 $r_0 \approx 1.3\,r_C$.

(2) 细长三角形平板，经计算得 $k = 9/8$，则打击中心 $r_0 \approx 1.1\,r_C$.

总之，k 约在 1.1～1.3 范围. 当然，全面考察手握的约束力，还有维持质心运动的向心力和对重力的支持力，它们是持续力，在击球之前就已存在. 击球瞬间使手突感震动的是上述约束力 f_0 的反作用力. 在列上述方程中并未计及重力，这是因为击球瞬间棒基本上运动于一水平面.

● 圆锥棒——质心、转动惯量和打击中心

见图 7-19，一圆锥棒的质量体密度为 ρ. 由对称性分析，可知其质心位于中轴线上，将质量压缩于中轴上，形成一质量线分布，其线

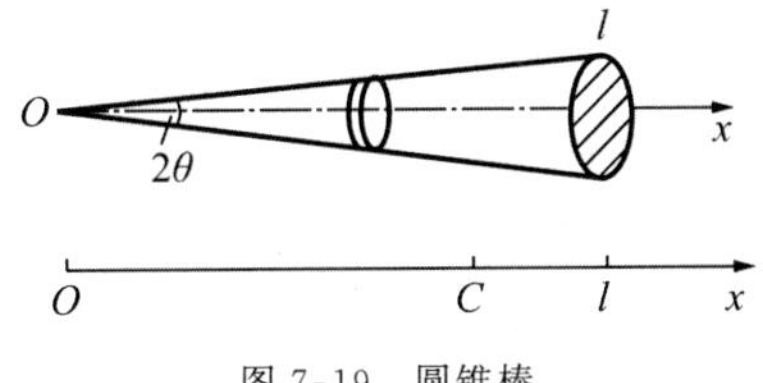

图 7-19 圆锥棒

密度 $\eta(x)$可以导出如下：

x—$x+\Delta x$ 段圆片体积

$$\Delta V = (\pi r^2)\Delta x = \pi(x\tan\theta)^2\Delta x,$$

质量

$$\Delta m = \rho\Delta V = \pi\rho\tan^2\theta\, x^2\Delta x,$$

故得

$$\eta(x) = \frac{\Delta m}{\Delta x} = Ax^2,\quad A = \pi\rho\tan^2\theta \quad (\text{常系数}).$$

于是，得出质心位置为

$$r_C = \frac{\int_0^l \eta x\,\mathrm{d}x}{\int_0^l \eta\mathrm{d}x} = \frac{\int_0^l Ax^3\,\mathrm{d}x}{\int_0^l Ax^2\,\mathrm{d}x} = \frac{3}{4}l. \tag{7.22}$$

过端点 O 的垂直轴的转动惯量为

$$\begin{aligned} I &= \int \mathrm{d}I = \int_0^l \left(1+\frac{1}{4}\tan^2\theta\right)\eta x^2\,\mathrm{d}x \\ &= \frac{3}{5}ml^2\left(1+\frac{1}{4}\tan^2\theta\right). \end{aligned} \tag{7.23}$$

这里，被积量 $\mathrm{d}I$ 含两部分. 距离转轴 x 处的薄圆片其半径为 $x\tan\theta$，它绕自身直径的转动惯量 $\mathrm{d}I_1 = \frac{1}{4}\tan^2\theta \cdot \eta x^2\,\mathrm{d}x$；而平行轴定理又提供了 $\mathrm{d}I_2 = \eta x^2\,\mathrm{d}x$. 这里还注意到圆锥体总质量可表示为

$$m = \int_0^l \eta\mathrm{d}x = \frac{1}{3}Al^3.$$

圆锥棒更接近棒球棒之实际形状，其打击中心位置由 $r_0 = kr_C$ 决定，此时

$$k=\frac{I}{mr_C^2}=\frac{16}{15}\left(1+\frac{1}{4}\tan^2\theta\right),$$

设 $\theta\approx15^\circ$，得 $k\approx1.09$，即

$$r_0\approx1.09r_C\approx0.8l. \tag{7.24}$$

- **从纯转到纯滚**

见图 7-20，一半径为 R 的圆盘具有初始角速度 ω_0，被轻轻地置于非光滑的水平面上. 于是，在摩擦力的驱动下，质心获得了向右加速度，越来越快，同时在摩擦力矩的阻碍下，圆盘的角速度逐渐减少，出现了圆盘又滑又转的中间过程，而 $v_C<\omega R$. 这时摩擦力依然存在且方向指右，继续使 v_C 增加而使 ω 减少. 一旦达到了 $v_C=\omega R$，则，圆盘与地面接触点的速度为零，现这被称作纯滚. 此后是否存在静摩擦力？这一问题不难用反证法确认，对于水平运动状态，达到纯滚以后的静摩擦力为零. 现设滑动摩擦系数为 μ，圆盘初角速度 ω_0，质量 m. 试求：达到纯滚所经历的时间 t，路程 l，纯滚角速度 ω_p，以及动能亏损.

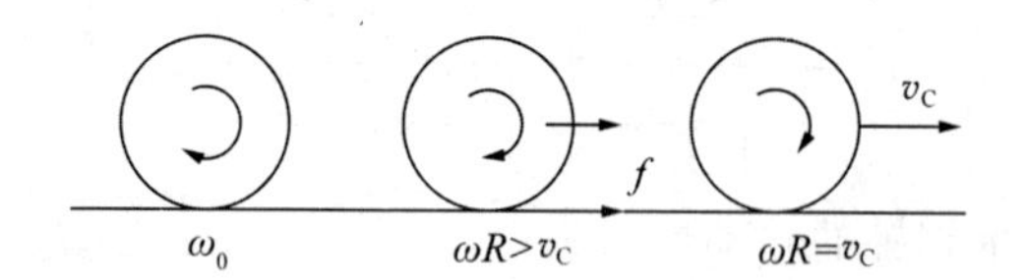

图 7-20　从纯转到纯滚

这是一个平面运动，可分解为随质心轴的平动与绕质心轴的转动. 质心受恒力 μmg，作匀加速运动，速度逐渐增加；圆盘受恒定阻尼力矩 μmgR，也作匀减角速运动. 列出相关方程如下：

$$\begin{cases}v_C=\mu gt,\\ \omega=\omega_0-\dfrac{\mathrm{d}\omega}{\mathrm{d}t}\cdot t,\\ I\dfrac{\mathrm{d}\omega}{\mathrm{d}t}=\mu mgR,\\ v_C=\omega R,\quad\text{（纯滚条件）}\end{cases}$$

解出

$$
\begin{cases}
t = \dfrac{\omega_0 R}{\mu g\left(1+\dfrac{mR^2}{I}\right)}, \\
l = \dfrac{1}{2}\mu g t^2 = \dfrac{\omega_0^2 R^2}{2\mu g\left(1+\dfrac{mR^2}{I}\right)^2}, \\
v_C = \dfrac{\omega_0 R}{\left(1+\dfrac{mR^2}{I}\right)}, \\
\omega_p = \dfrac{\omega_0}{\left(1+\dfrac{mR^2}{I}\right)}.
\end{cases}
\tag{7.25}
$$

对于圆盘或圆柱，$I=mR^2/2$，于是

$$
t=\frac{\omega_0 R}{3\mu g},\quad l=\frac{\omega_0^2 R^2}{18\mu g},\quad v_C=\frac{\omega_0 R}{3},\quad \omega_p=\frac{\omega_0}{3};\tag{7.26}
$$

对于圆环或圆筒，$I=mR^2$，于是

$$
t=\frac{\omega_0 R}{2\mu g},\quad l=\frac{\omega_0^2 R^2}{8\mu g},\quad v_C=\frac{\omega_0 R}{2},\quad \omega_p=\frac{\omega_0}{2}.\tag{7.27}
$$

动能改变量为

$$
\Delta E_k=\left(\frac{1}{2}mv_C^2+\frac{1}{2}I\omega_p^2\right)-\frac{1}{2}I\omega_0^2=\begin{cases}-\dfrac{1}{6}mR^2\omega_0^2, & \text{圆柱;}\\ -\dfrac{1}{4}mR^2\omega_0^2, & \text{圆筒.}\end{cases}\tag{7.28}
$$

最后说明两点.(1) 认为摩擦力做功数值为$-\mu mgl$,且认为它等于动能损失值,这是不正确的.其实,摩擦力所做功的一部分是用于将转动能转换为质心动能(平动能).(2) 达到纯滚以后,目前既无静摩擦力,又无其他力,那圆盘是否永远纯滚下去?事实上并非如此,这是因为地面受压变形而对物体产生一滚动摩擦力,使圆盘逐渐减速,以致停止.

若改变初条件,先让圆盘有个平动速度,从纯滑开始,通过摩擦力作用,最终也将达到纯滚.以同样方式提出问题,已知v_0,μ,m和R,求达到纯滚所经历的t,l,纯滚态的ω_p,v_C,以及动能损失ΔE_k.此题留给读者自己讨论.

- **斜面上圆筒的滚动**

见图 7-21,在非光滑斜面上一圆筒或圆柱,从静止开始纯滚而下. 试求下落 h 高度时,物体的质心速度、角速度和静摩擦力.

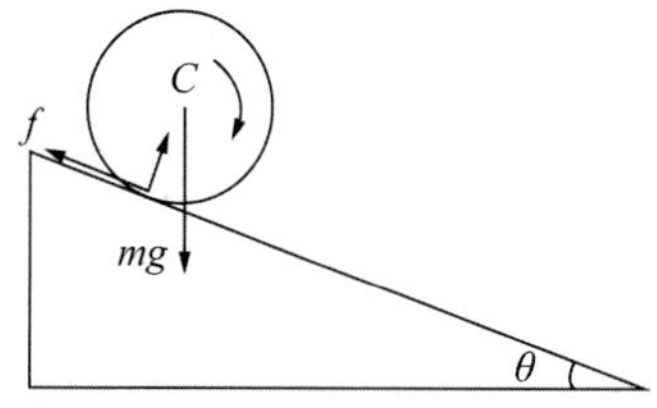

图 7-21 斜面上圆筒纯滚

这是一个平面运动. 物体受到三个力. 对质心而言,斜面支持力为法线力故而不做功,重力做功由质心重力势能替代,静摩擦力对质心是要做负功的,它将质心的部分平动动能转换为绕质心轴的转动能,这是通过摩擦力矩对物体做正功来实现的. 总之,存在的静摩擦力是维持纯滚的前提,但不耗散机械能. 根据纯滚过程的机械能守恒和纯滚条件,列出两个方程如下:

$$\begin{cases}\frac{1}{2}mv_C^2+\frac{1}{2}I\omega^2=mgh,\\ v_C=\omega R,\end{cases}$$

解出

$$v_C=\sqrt{\frac{2gh}{1+\frac{I_C}{mR^2}}} \tag{7.29}$$

对于圆环或圆筒,转动惯量 $I_C=mR^2$,于是

$$v_C=\sqrt{gh},\qquad \omega=\frac{\sqrt{gh}}{R};$$

对于圆盘或圆柱,转动惯量 $I_C=mR^2/2$,于是

$$v_C=\frac{2}{\sqrt{3}}\sqrt{gh},\qquad \omega=\frac{2}{\sqrt{3}R}\sqrt{gh}.$$

这结果表明,圆柱比圆筒滚得快,最先到达底部;质心速度 v_C 与质量 m 无关,即铁筒和木筒将同时到达底部;质心速度也与半径 R 无关,即粗筒与细筒也将同时到达底部. 试想圆筒中充满水或油,它在斜面上纯滚而下,若与圆柱体和空圆筒比较快慢,它将获得第几名? 此题留给读者思考.

再考量维持纯滚的静摩擦力 f. 应用质心运动定理和匀加速直

线运动学关系式，列出以下方程：

$$\begin{cases} mg\ \sin\theta - f = ma_C, \\ v_C^2 = 2a_C s, \quad h = s\sin\theta, \end{cases}$$

得

$$f = m\sin\theta\left(g - \frac{v_C^2}{2h}\right) = \begin{cases} \dfrac{1}{3}mg\ \sin\theta, & \text{圆柱;} \\ \dfrac{1}{2}mg\ \sin\theta, & \text{圆筒.} \end{cases}$$

这是纯滚所要求的摩擦力.实际上非光滑斜面是否能提供这么多的静摩擦力，取决于最大静摩擦系数 μ_0，相应的最大静摩擦力

$$f_M = \mu_0 N = \mu mg\cos\theta,$$

满足纯滚的条件是

$$f_M \geqslant f, \quad 即 \quad \mu_0 mg\cos\theta \geqslant \frac{1}{3}mg\sin\theta \quad (圆柱).$$

于是得到 μ_0 应满足的条件是

$$\mu_0 \geqslant \frac{1}{3}\tan\theta \quad (圆柱); \qquad \mu_0 \geqslant \frac{1}{2}\tan\theta \quad (圆筒). \tag{7.30}$$

换句话说，当上述条件被满足，则实现了纯滚；若此条件不被满足，虽然摩擦力还是存在，但 $v_C > \omega R$，又滑又滚，与斜面接触点的速度不为零且方向向下，滑动占优势.联系上一题水平纯滚时静摩擦力为零，本题斜面纯滚时静摩擦力不为零，这是因为前者无其他外力，而后者存在外力——重力在斜面方向的分量.存在的静摩擦力矩产生一角加速度，以与质心加速度相匹配而维持纯滚，为了看清这一点，下面应用转动定理求解 f，

$$\begin{cases} I\dfrac{d\omega}{dt} = fR, & \text{转动定理,} \\ m\dfrac{dv_C}{dt} = mg\ \sin\theta - f, & \text{质心运动定理,} \\ v_C(t) = R\omega(t), & \text{纯滚条件.} \end{cases}$$

解出

$$f=\frac{mg\sin\theta}{1+\dfrac{mR^2}{I}}=\begin{cases}\dfrac{1}{3}mg\sin\theta, & 圆柱;\\ \dfrac{1}{2}mg\sin\theta, & 圆筒.\end{cases}$$

这结果与上述一致.

- **水平面内球杆碰撞**

见图 7-22，两体 m_1, m_2 刚性连结，连杆长 l，其质量可被忽略，第三者 m_3 以速度 v_0 射向连杆中点 O,发生弹性碰撞. 试求碰后两体质心速度 v_C,角速度 ω 和反弹速度 v_3.

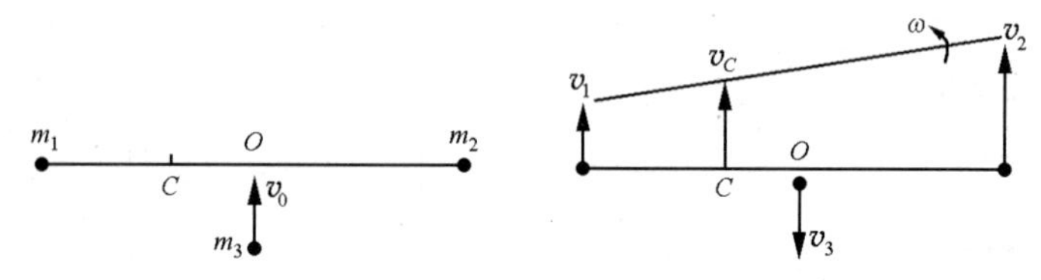

图 7-22 水平面内球杆碰撞

这是一个平面运动,碰撞瞬间无外力,故三体系统动量守恒,角动量守恒,且动能守恒. 有三个未知量,恰有三个独立的守恒方程,故其解存在且唯一. 值得提出的是,关于角动量的表达式既可选杆中点 O 为参考点,也可选两体质心 C 为参考点. 兹列出方程组如下:

(1) 动能守恒 $\dfrac{1}{2}(m_1+m_2)v_C^2+\dfrac{1}{2}I_C\omega^2+\dfrac{1}{2}m_3v_3^2=\dfrac{1}{2}m_3v_0^2$,

(2) 动量守恒 $(m_1+m_2)v_C-m_3v_3=m_3v_0$,

(3) 角动量守恒

$$I_C\omega-(m_1+m_2)v_Cr_0=0, \quad O 点为参考点,$$

$$I_C\omega-m_3v_3r_0=m_3v_0r_0, \quad C 点为参考点.$$

这里,r_0 为两体质心到杆中点的距离,I_C 为两体对质心的转动惯量,它们可借用两体杠杆关系予以确定,

$$r_0=\frac{m_1-m_2}{2(m_1+m_2)}l, \quad I_C=\frac{m_1m_2}{m_1+m_2}l^2.$$

本题还可以采取另一方式提出问题，即求碰撞后三者的速度 v_1, v_2, v_3，再由 $(m_1v_1+m_2v_2)=(m_1+m_2)v_C$ 得质心速度,由 (v_2-v_1)

$=\omega l$ 得角速度. 针对(v_1,v_2,v_3)的三个守恒方程为

(1) $\frac{1}{2}m_1v_1^2+\frac{1}{2}m_2v_2^2+\frac{1}{2}m_3v_3^2=\frac{1}{2}m_3v_0^2$,

(2) $m_1v_1+m_2v_2-m_3v_3=m_3v_0$,

(3) $m_2v_2\ \frac{l}{2}-m_1v_1\ \frac{l}{2}=0$ (选 O 点表达角动量).

比较而言,这一组方程比上一组简明,求解较省事. 具体求解过程在此从略,其结果如下:

$$
\begin{cases}
v_1=\dfrac{4m_2m_3}{4m_1m_2+(m_1+m_2)m_3}v_0,\\
v_2=\dfrac{4m_1m_3}{4m_1m_2+(m_1+m_2)m_3}v_0,\\
v_3=\dfrac{4m_1m_2-(m_1+m_2)m_3}{4m_1m_2+(m_1+m_2)m_3}v_0;
\end{cases}
$$

进而得

$$\omega=\frac{4(m_1-m_2)m_3}{4m_1m_2+(m_1+m_2)m_3}\frac{v_0}{l},\tag{7.31}$$

$$v_C=\frac{8m_1m_2m_3}{(m_1+m_2)[4m_1m_2+(m_1+m_2)m_3]}v_0.\tag{7.32}$$

可见,当 $m_1=m_2$ 时,角速度为零,碰撞点正是两体质心位置,碰后两体连杆仅有平动. 当 $m_1\neq m_2$ 时,有角速度,碰后两体连杆既平动又转动. 这角速度,既可以看为绕质心轴的转动角速度,也可以看为 m_2 绕 m_1 或 m_1 绕 m_2 的转动角速度,反正都一样,因为刚体角速度具有唯一性.

- **光滑面上细杆倾倒**

见图 7-23(a),光滑面上有一细杆,其质量 m 均匀分布,长度为 $2r$,初始倾角为 θ_0,试分析其倾倒过程中相关的力学量:质心速度 $v_C(\theta)$,质心加速度 $a_C(\theta)$,转动角速度 $\omega(\theta)$以及接触处的速度 $v_A(\theta)$ 和支持力 $N(\theta)$.

兹分别讨论如下:

(1) 质心运动轨迹. 细杆仅受两个力,重力 $m\boldsymbol{g}$ 向下,支持力 $\boldsymbol{N}$ 向上,合力方向垂直向下. 故质心运动轨迹沿铅直方向作加速运动.

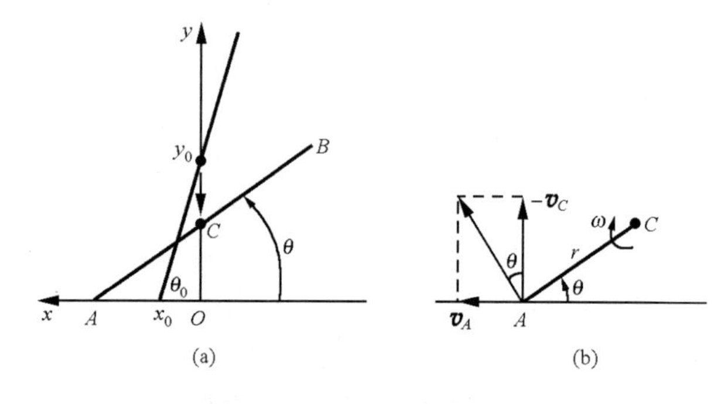

图 7-23　光滑面上细杆倾倒

(2) 端点速度 v_A 与 v_C 之关系. 因刚性约束, $\overline{AC}$ 长度 r 不变, 故 v_A 与 v_C 之间必有确定关系. 由约束条件

$$x^2(t)+y^2(t)=r^2,$$

有

$$2x\frac{\mathrm{d}x}{\mathrm{d}t}+2y\frac{\mathrm{d}y}{\mathrm{d}t}=0 \quad 即 \quad \frac{\mathrm{d}x}{\mathrm{d}t}=-\frac{y}{x}\cdot\frac{\mathrm{d}y}{\mathrm{d}t}.$$

注意到质心向下运动速率 $v_C=-\mathrm{d}y/\mathrm{d}t$. 倾角正切值 $\tan\theta=y/x$, 得

$$v_A(t)=v_C(t)\tan\theta, \tag{7.33}$$

可见, $v_A\geqslant v_C$ 或 $v_A<v_C$ 均有可能, 由倾角 $\theta\geqslant$或$<\pi/4$ 而定.

(3) 角速度 ω 与 v_C 之关系. 细杆运动系平面运动, 可被分解为随质心的平动和绕质心的转动, 后者由角速度 ω 描述. 如图 7-23(b) 所示, $\boldsymbol{v}_A=\boldsymbol{v}_C+\boldsymbol{\omega}\times\boldsymbol{r}$, 由矢量三角形可得

$$\omega(t)=\frac{v_C(t)}{r\cos\theta}. \tag{7.34}$$

(4) 求出质心速度 v_C. 在细杆倾倒过程中, 支持力 $\boldsymbol{N}$ 虽然变化, 却始终垂直端点速度, 即其瞬时功率 $\boldsymbol{N}\cdot\boldsymbol{v}_A=0$, 故细杆运动机械能守恒,

$$\frac{1}{2}mv_C^2+\frac{1}{2}I\omega^2=mg(y_0-y).$$

考量到

$$\omega=v_C/r\cos\theta,\quad I=mr^2/3,\quad (y_0-y)=r(\sin\theta_0-\sin\theta),$$

解出

$$v_C = \sqrt{\frac{6gr(\sin\theta_0 - \sin\theta)\cos^2\theta}{1+3\cos^2\theta}}. \tag{7.35}$$

比如，令 $\theta_0 = \pi/2$，即起始时细杆直立，而令 $\theta=0$，即细杆倒地，有

$$v_C = \sqrt{\frac{3}{2}gr}.$$

(5) 求出质心加速度 a_C. 速度函数 $v_C(\theta)$ 以角度 θ 为变量倒也具有直接的观测意义，由它不难导出

$$a_C(\theta) = \frac{\mathrm{d}v_C}{\mathrm{d}t} = \frac{\mathrm{d}v_C}{\mathrm{d}\theta}\cdot\frac{\mathrm{d}\theta}{\mathrm{d}t},$$

注意到 $\frac{\mathrm{d}\theta}{\mathrm{d}t} = -\omega$，$\omega = \frac{v_C}{r\cos\theta}$，于是

$$\begin{aligned} a_C(\theta) &= \frac{v_C}{r\cos\theta}\frac{\mathrm{d}v_C}{\mathrm{d}t} = -\frac{1}{2r\cos\theta}\frac{\mathrm{d}v_C^2}{\mathrm{d}\theta} \\ &= \frac{3(1+\cos^2\theta)\cos^2\theta + 2(\sin\theta_0\sin\theta - 1)}{(1+3\cos^2\theta)^2}3g. \end{aligned}$$

比如，令 $\theta_0 = \pi/2$，$\theta=0$，有 $a_C = 3g/4$，此时支持力 $N = mg/4$.

(6) 最后求出变化着的支持力 N. 应用质心运动定理，$ma_C = (mg - N)$，得支持力

$$N(\theta) = \left(1 - \frac{a_C}{g}\right)mg = \frac{7 - 6\sin\theta_0\sin\theta - 3\cos^2\theta}{(1+3\cos^2\theta)^2}mg. \tag{7.36}$$

比如，令 $\theta_0 = \pi/2$，若 $\theta = \pi/2$，即刚起始时 $N = mg$；若 $\theta=0$，即倒地时，$N = mg/4$，这数值与“两人抬杠一方撒手”的结果相同.

- **碗面上小球纯滚周期**

见图 7-24，设碗面半径为 R，小球半径为 r. 小球纯滚动于碗面，在小角度 θ 范围内，小球以铅直底端 A 为中心作简谐振动，并且有自转. 接触点 O 瞬时速度为零，即是瞬心. 选 O 为参考点考量力矩，此时支持力矩和静摩擦力矩均为零，只有重力矩 $mgr\sin\theta$. 对瞬时轴应用转动定理，

$$mgr\sin\theta = I\frac{\mathrm{d}\omega}{\mathrm{d}t}, \tag{7.37a}$$

注意到纯滚条件

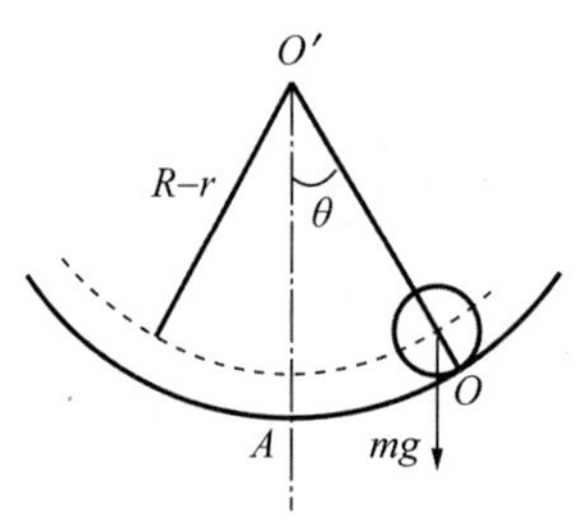

图 7-24　碗面上小球纯滚

$$v_C = r\omega \quad 即 \quad \frac{dv_C}{dt} = r\frac{d\omega}{dt}, \tag{7.37b}$$

以及质心运动于半径为$(R-r)$的圆弧上，其线速度与公转角速度 $d\theta/dt$ 的关系为

$$v_C = (R-r)\frac{d\theta}{dt}$$

即

$$\frac{dv_C}{dt} = (R-r)\frac{d^2\theta}{dt^2}, \tag{7.37c}$$

联立上面(7.37a)—(7.37c)三个方程，并注意到自转角速度 ω 与公转角速度 $d\theta/dt$ 方向相反，于是有微分方程，

$$\frac{d^2\theta}{dt^2} = -\frac{mgr^2}{(R-r)I}\sin\theta \approx -\frac{mgr^2}{(R-r)I}\theta.$$

这是简谐振动方程的标准形式，方程右边系数给出了振动的角频率 ω_0^2，这些结论在第 8 章将有系统的描述，其所涉及的动力学方程源于这里的刚体力学. 于是，在小角 $\theta \leqslant 0.4$ rad 条件下，小球公转摆动角频率为

$$\omega_0 = \sqrt{\frac{mgr^2}{(R-r)I}},$$

相应的周期为

$$T = \frac{2\pi}{\omega_0} = 2\pi\sqrt{\frac{(R-r)I}{mgr^2}}.$$

对于球面槽中的小球振动，相对瞬时轴的转动惯量 $I = 7mr^2/5$，故其周期为

$$T_1 = 2\pi\sqrt{\frac{7}{5}\frac{R-r}{g}}, \tag{7.38}$$

例如，$R=10$ cm，$r=1$ cm，算出小振动周期 $T\approx 0.71$ s. 推广到柱面槽中的小柱体，则其纯滚的小振动周期$(I=3mr^2/2)$为

$$T_2 = 2\pi\sqrt{\frac{3}{2}\frac{R-r}{g}}. \tag{7.39}$$

最后说明，本题也是一种平面运动．在处理方法上与前面几个题目的不同之处是，选择瞬时轴为基轴，将小球纯滚分解为随瞬时轴的平动和绕瞬时轴的转动．这样选择对于本题的好处是，静摩擦力矩为零，故在应用转动定理时只需考量重力矩的贡献．说到底是因为本题欲求纯滚摆动周期，它是关于整体运动的一个特征量，故要导出其动力学微分方程的具体形式．在本题若应用机械能守恒定理，无助于解决摆动周期问题．

- **两轮磨合**

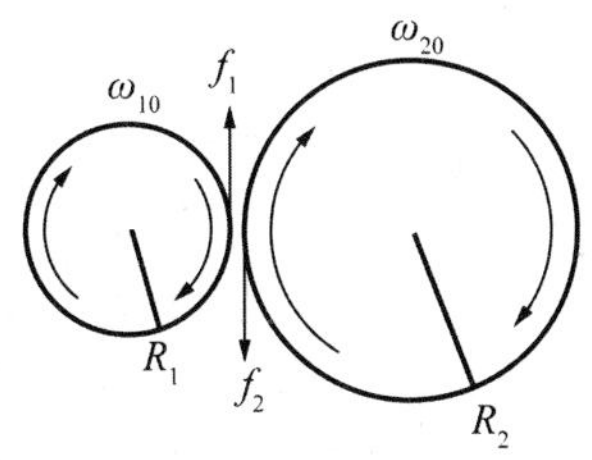

图 7-25　两轮磨合

见图 7-25，两个轮子各自绕 z_1 轴、z_2 轴作定轴转动，其初始角速度、转动惯量和半径分别为 (ω_{10}, I_1, R_1) 和 (ω_{20}, I_2, R_2)．让两者逐渐靠近而相接触．由于摩擦力矩的作用，各自的角速度将发生变化．经历一磨合过程，最终达到一稳定的角速度 ω_1' 和 ω_2'．此时两轮在接触点的相对速度为零，摩擦力消失．因此，角速度 ω_1' 与 ω_2' 的方向必定相反．试求出最终角速度 ω_1' 和 ω_2'．

分别应用各自的定轴转动定理，

$$I_1 \mathrm{d}\omega_1 = f_1 R_1 \mathrm{d}t, \qquad I_2 \mathrm{d}\omega_2 = f_2 R_2 \mathrm{d}t,$$

注意到 $f_1 = f_2$，于是

$$I_1 R_2 \mathrm{d}\omega_1 = I_2 R_1 \mathrm{d}\omega_2,$$

两边积分从初态到终态，得

$$I_1 R_2 (\omega_1' - \omega_{10}) = I_2 R_1 (\omega_2' - \omega_{20}),$$

再根据终态稳定条件 $v_1 = v_2$，即

$$\omega_1' R_1 = -\omega_2' R_2,$$

解出

$$\omega_1' = \frac{R_2 (I_1 R_2 \omega_{10} - I_2 R_1 \omega_{20})}{I_1 R_2^2 + I_2 R_1^2},$$

$$\omega_2' = \frac{R_1 (I_2 R_1 \omega_{20} - I_1 R_2 \omega_{10})}{I_1 R_2^2 + I_2 R_1^2}.$$

由此可见

如果 $R_1=R_2$，则 $\omega_1'=-\omega_2'=\dfrac{I_1\omega_{10}-I_2\omega_{20}}{I_1+I_2}$；

如果 $R_1=R_2, I_1=I_2$，则 $\omega_1'=-\omega_2'=\dfrac{1}{2}(\omega_{10}-\omega_{20})$；

如果 $R_1=R_2, I_1=I_2, \omega_{10}=\omega_{20}$，则 $\omega_1'=\omega_2'=0$.

本题值得注意的是，若将两轮子看为一个系统，相应地将一对摩擦力看作内力，系统的角动量也是不守恒的，因为轴约束合力矩不为零. 须知一个系统只能选定一个参考轴来考量轴力矩. 如果选 z_1 轴为参考轴，则轴约束力矩 $M_{1z}=0$，然而 $M_{2z}\neq 0$.

• 小结

以上 11 个题目及其求解，篇幅颇长，属于定轴转动或平面运动的，约各占一半. 其中所应用到的主要定理及其频数，计有：

刚体定轴转动定理(10 次)，质心运动定理(9 次)，动量守恒(2 次)，机械能守恒(5 次)，角动量守恒(2 次)，运动学公式(18 次).

从中不难看出，在解决实际力学问题中，守恒定理的应用只是一个方面的重要贡献. "守恒"是有条件的，而动力学方程则更基本更普遍.

7.5　快速重陀螺的旋进

- 现象描述
- 理论说明——近似条件与旋进角速度公式
- 陀螺的定轴性——陀螺罗盘与回转效应

• 现象描述

见图 7-26，一重陀螺，质量对称分布，对称轴 $\overrightarrow{Oz}$. 若陀螺不转，无自转角动量，在重力矩作用下，它将倾倒. 若陀螺高速自转，具有很大的初始的自转角动量 $\boldsymbol{L}_s$，在重力矩作用下它将倾而不倒，其对称轴 $\overrightarrow{Oz}$ 将绕铅直方向的 Z 轴缓慢旋转，添加了一个角速度 $\boldsymbol{\omega}_p$. 这种运动被称为旋进或进动(precession). 旋进是刚体一种特殊的定点运动. 与刚体旋进相联系，陀螺的质心将作圆周运动，其向心力只可能由支点接触处的摩擦力来提供. 摩擦力的存在也将耗散动能，使自转角速度减慢.玩过陀螺者均有一个感觉,地面太光滑比如冰面,或太粗糙比如麻砂面,都不利于陀螺作持续长时间的旋进,这便是摩擦力的功过所致.

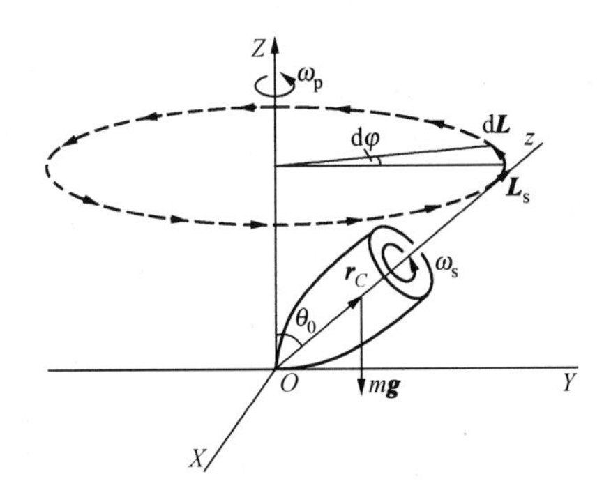

图 7-26　陀螺的进动

● 理论说明——近似条件与旋进角速度公式

(1) 对于对称刚体,若选择对称轴上一点 O 为参考点,考量其自转角动量 $\boldsymbol{L}_s$,则 $\boldsymbol{L}_s=I\boldsymbol{\omega}_s$ 是严格成立的,请参考图 7-26.这表明对称轴 $\overrightarrow{Oz}$、自转角速度 $\boldsymbol{\omega}_s$、自转角动量 $\boldsymbol{L}_s$ 和质心位矢 $\boldsymbol{r}_C$ 四者方向一致,这是理论分析的第一个要点,

$$\overrightarrow{Oz} \,/\!/\, \boldsymbol{\omega}_s \,/\!/\, \boldsymbol{L}_s \,/\!/\, \boldsymbol{r}_C.$$

(2) 快速重陀螺,其自转角速度值 ω_s 很大,远大于进动角速度 ω_p,在 $\omega_s \gg \omega_p$ 近似条件下,总角速度 $\boldsymbol{\omega}$ 和总角动量 $\boldsymbol{L}$ 可表示为

$$\boldsymbol{\omega}=\boldsymbol{\omega}_s+\boldsymbol{\omega}_p \approx \boldsymbol{\omega}_s, \qquad \boldsymbol{L}=\boldsymbol{L}_s+\boldsymbol{L}_p \approx \boldsymbol{L}_s=I\boldsymbol{\omega}_s,$$

(3) 应用转动定理.注意到定点支持力矩为零,忽略摩擦力矩,主要的是重力矩 $\boldsymbol{M}=\boldsymbol{r}_C\times m\boldsymbol{g}$,于是,该角动量改变量

$$\mathrm{d}\boldsymbol{L}=\boldsymbol{M}\mathrm{d}t=(\boldsymbol{r}_C\times m\boldsymbol{g})\mathrm{d}t,$$

而 $\boldsymbol{L}\approx\boldsymbol{L}_s /\!/ \boldsymbol{r}_C$,故 $\mathrm{d}\boldsymbol{L}\perp\boldsymbol{L}$, $\mathrm{d}\boldsymbol{L}\perp m\boldsymbol{g}$.这表明,在重力矩作用下,高速自转的重陀螺,其角动量 $\boldsymbol{L}$ 大小不变,仅改变方向,由此递推,便形成绕 Z 轴的旋进,如图 7-26 所示.

(4) 基于以上分析结果就不难导出旋进角速度,

$$\omega_p=\frac{\mathrm{d}\varphi}{\mathrm{d}t}, \quad \mathrm{d}\varphi=\frac{\mathrm{d}L}{L\sin\theta_0},$$

其中　　　$dL = r_C \cdot mg \sin\theta_0 \, dt$，　$L \approx L_s = I\omega_s$，

结果为

$$\omega_p \approx \frac{mgr_C}{I\omega_s} \quad \text{即} \quad \omega_p\omega_s = \frac{mgr_C}{I}. \tag{7.40}$$

由此可见，陀螺固有的自转角动量 $I\omega_s$ 越大，则旋进角速度 ω_p 越小，进动越慢，因此上述近似处理的精度越好. 以玩具陀螺为例，设陀螺形状为圆锥体，底面半径 $R\approx2.5$ cm，高 $l\approx5$ cm，绕轴转动惯量 $I=3mR^2/10$，质心距离由(7.22)式给出，$r_C=3l/4$，于是得

$$\omega_p\omega_s = \frac{5}{2}\frac{gl}{R^2}, \tag{7.41}$$

设 $\omega_s\approx2\pi\times4$ rad/s，则 $\omega_p\approx0.8$ rad/s，即当自转 4 Hz 时，旋进频率 0.12 Hz.

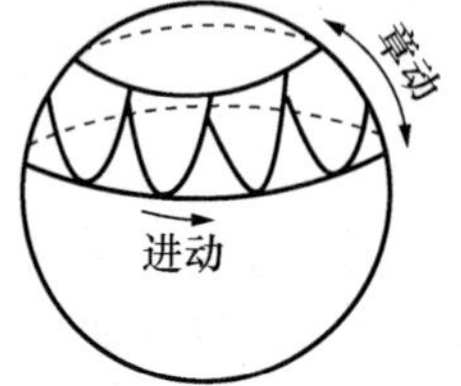

图 7-27　进动与章动示意图

(5) 若高速自转的刚体，其质量分布偏离轴对称性，或上述近似条件不被满足，则自转轴 $\overrightarrow{Oz}$，角速度 $\boldsymbol{\omega}$ 和角动量 $\boldsymbol{L}$ 三者方向并不一致. 严格的理论表明，此时陀螺运动表现为其自转轴既有 φ 角的变化——旋进(即进动)，也有 θ 角的变化——章动(nutation)，如图 7-27 所示，陀螺一面绕 z 轴旋转，一面上下"点头"摆动. 图中所示球面为一参考球面，其半径矢量表示自转角速度方向.

地球是个自转体，由于其质量分布并不均匀，形貌亦非球体，且通过地心的地轴并不垂直地心公转平面，即赤道面与黄道面不一致，有 23°27′之夹角，这等等因素致使太阳和月球对地球的引力矩不为零，造成地轴的进动和章动. 地轴的进动，在二千多年前就已被天文学家观测到，其精确值现为 50.2″(角秒)/年. 这一现象在中国被称为"岁差"，因为它导致回归年与恒星年并不严格相等. 地轴的章动于二百五十多年前被天文学家发现，地轴章动周期为 18.6 年. 在中国古代历法中把 19 年称为"一章"，"章动"一词由此而来.

● 陀螺的定轴性——陀螺罗盘与回转效应

泛言之，绕支点作高速旋转的刚体，被统称为陀螺(top). 由于支承方式、刚体形状和质量分布的不同而有各种形式的陀螺. 以其支点与质心是否重合而分为平衡陀螺和重力陀螺；以质量分布而分为对称陀螺和非对称陀螺. 上面描述过的陀螺就是一个对称重力陀螺及其进动性和章动性. 图 7-28 显示的是一个对称平衡陀螺，其转子、内环、外环三者的转轴两两正交，且相交于一点，该交点与整个陀螺的质心重合. 转子的高速旋转可以由电动机或气动来驱动. 如果不考虑轴承的摩擦和转动时空气的阻力，而重力矩为零，则陀螺角动量守恒，转子的转轴将保持它的指向永远不变，不论支架如何翻滚. 这被称作陀螺的定轴性或定向性. 利用对称平衡陀螺的定轴性，可以进一步研制成为一个陀螺罗盘，用于航空航海的导航. 边缘厚重高速自转的陀螺所具有的高稳定度的空间定向性，也可由图 7-29 得以直观地说明. 在角动量空间中，按转动定理，$\mathrm{d}\boldsymbol{L}=\boldsymbol{M}\mathrm{d}t$，这力矩相当于 $\boldsymbol{L}$ 矢量端点的速度，改变 $\boldsymbol{L}$ 方向的是横向 $\mathrm{d}\boldsymbol{L}$，它等于角冲量 $\boldsymbol{M}\mathrm{d}t$. 图中显示，在同样 $\boldsymbol{M}\mathrm{d}t$ 作用下，固有角动量小者，其方向改变 $\Delta\theta$ 大；固有角动量大者，其 $\Delta\theta$ 小. 在一短时间内可能出现的来自外部干扰的角冲量，是一种微扰且随机，只在瞬间使陀螺稍有回转摆动，过后陀螺转轴仍系原来指向. 但是，如果这是来自轴承的强迫力矩，则有一反作用力矩作用于轴承，这一效应被称为陀螺效应或回转效应. 凡是高速旋转的物体，其自转轴发生变向，就必然伴随有回转效应. 比如，轮船上汽轮机的转子，或飞机上涡轮发动机的转子，当轮船或飞机航行的方向改变时，其轴承就要

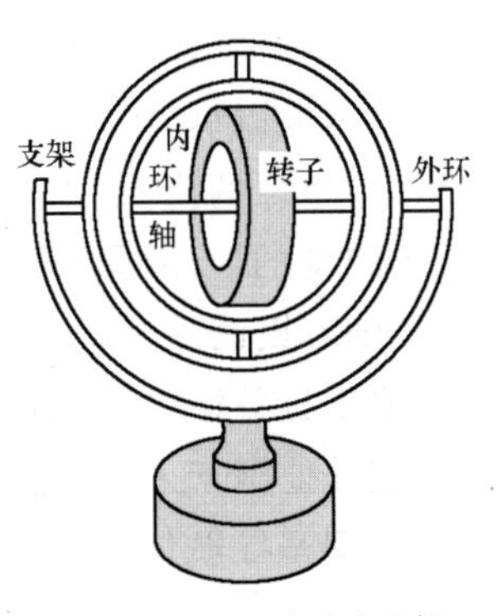

图 7-28 三自由度陀螺

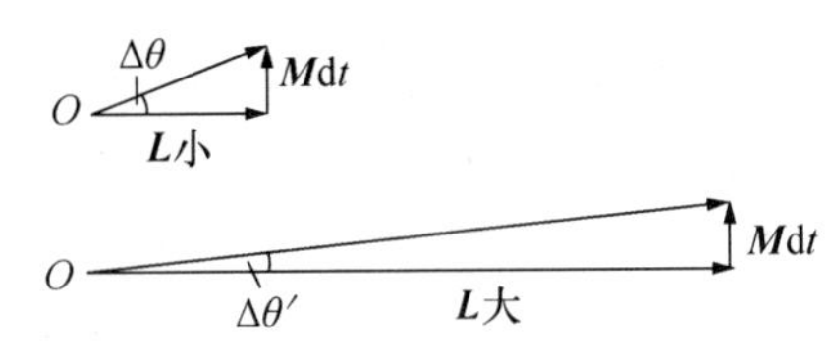

图 7-29 说明自转角动量大者定轴性好

承受由回转效应引起的巨大的动压力，它不但可能破坏轴承，而且会影响航行的稳定性. 不过，也可以利用回转效应制成稳定仪，当海浪使船体发生侧向滚动时，该装置响应一个回转力矩以减弱船体的侧滚.

自 18 世纪欧拉(L. Euler，1707—1783)建立了动力学方程和欧拉运动学方程以后，陀螺运动的理论才得以发展. 上述论及的陀螺进动和章动，陀螺的定轴性和回转效应，正是陀螺运动理论的主要内容. 关于陀螺的应用研究也经历了一个长时间的探索. 首先在 19 世纪中叶，随着钢制外壳船舶的出现，磁罗盘导航失效，人们对用陀螺导航的要求日益迫切. 在第一次大战中美国海军制成了陀螺导航仪，并很快被其他国家采用. 随着航海航空事业的发展，陀螺仪已成为不可缺少的精密导航仪器. 20 世纪初出现了飞机的陀螺稳定器和自动驾驶仪. 直到 1940 年后，陀螺罗盘才完全替代了磁罗盘. 1950 年出现了陀螺惯性导航系统. 为了消除难以避免的轴承摩擦力和支点与质心的偏差所引起的进动漂移，人们着手研制电陀螺和磁陀螺——用电力或磁力托起球形转子以实现无支承悬浮. 当然磁陀螺转子必须是个超导体.

习 题

7.1 一圆盘绕固定轴由静止出发作匀加速转动，加速度为 0.50 rad/s^2，求经过 10 s 后盘上离轴 $r=1.0$ cm 处一点的切向加速度和法向加速度. 在刚刚开始时，该点的切向加速度和法向加速度各等于多少？

7.2 有一圆盘绕定轴 O 转动，试证圆盘上任意二点 A，B 的速度 $\boldsymbol{v}_A$，$\boldsymbol{v}_B$ 与加速度 $\boldsymbol{a}_A$，$\boldsymbol{a}_B$ 有下列关系：$\boldsymbol{v}_A$ 与 $\boldsymbol{a}_A$ 间的夹角 θ_A 等于 $\boldsymbol{v}_B$ 与 $\boldsymbol{a}_B$ 间的夹角 θ_B.

7.3 一半径为 R 的轮子在水平面上作纯滚动如图所示.

(1) 若已知轴心 O 的速度 $v_O=$常数. 求轮边上任一点 A 的速度和加速度的大小及方向，并在图上标出.

(2) 若已知轮心 O 作匀加速运动，加速度为 a，求最高点 B 的加速度的大小和方向($t=0$，$v_O=0$).

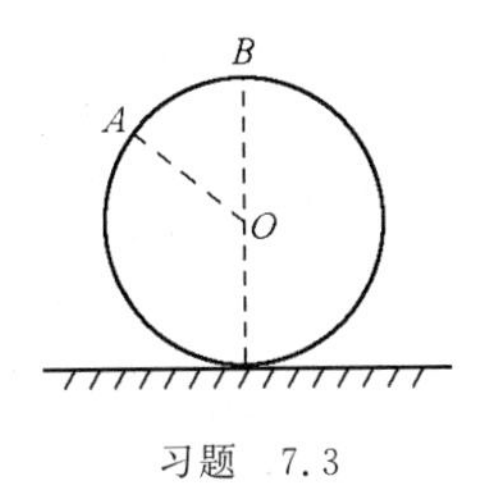

习题　7.3

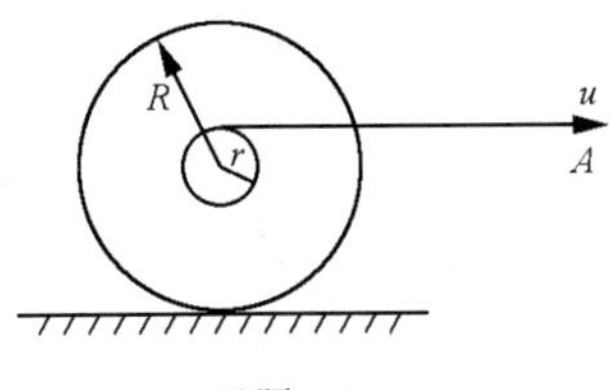

习题　7.4

7.4　半径为 R 的轮子在水平面上作纯滚动，轮中部绕线轴的半径为 r，线端点 A 以不变的速度 u 沿水平方向运动(见图)，求

(1) 轮心的速度及轮子的转动角速度；

(2) 轮子与平面接触点 B 的加速度.

7.5　试从(7.3)式出发证明，若已知刚体的角速度 $\boldsymbol{\omega}$ 及任一点 A 的速度 $\boldsymbol{v}_A$，则瞬心 P 点与 A 点的距离为 $R_{AP}=v_A/\omega$，它提供了寻找瞬心位置的一种方法.

7.6　寻找瞬心位置的几何方法是，在平面平行运动刚体上找出速度方向不同的两点 A，B，分别作 $\boldsymbol{v}_A$，$\boldsymbol{v}_B$ 方向的垂线，两垂线的交点即为瞬心. 试据此求图示均匀直杆在墙和地面均光滑情况下滑倒时的瞬心.

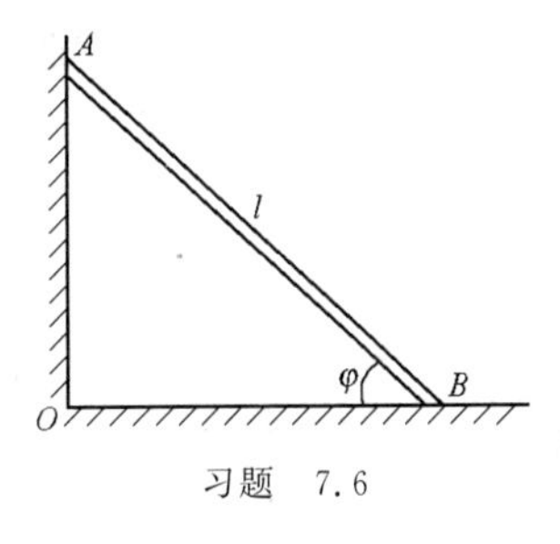

习题　7.6

7.7　由三根长 l、质量为 m 的均匀细杆组成一个三角架，求它对通过其中一个顶点且与架平面垂直的轴的转动惯量.

7.8　求图 7-19 所示的圆锥棒对它的对称轴 Ox 的转动惯量.

7.9　如图，钟摆可绕 O 轴转动. 设细杆长 l，质量为 m，圆盘半径为 R，质量为 M. 求

(1) 对 O 轴的转动惯量；

(2) 质心 C 的位置和对它的转动惯量.

7.10　在质量为 M、半径为 R 的匀质圆盘上挖出半径为两个圆孔，孔心在半径的中点. 求剩余部分对大圆盘中心且与盘面垂直的轴线的转动惯量.

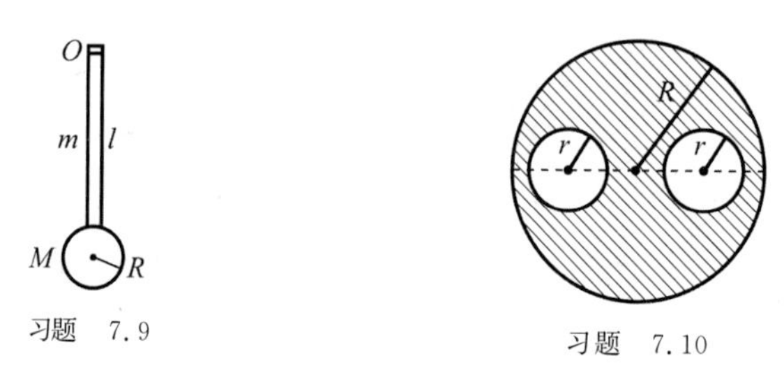

习题 7.9

习题 7.10

7.11 一大电机在达到 20 r/s(转/秒)的转速时关闭电源,若令其在仅有摩擦力矩的情况下逐渐停止,需时 240 s;若加上阻尼力矩 500 N·m,则在 40 s 即可停止.试计算该电机的转动惯量.

7.12 飞轮的质量为 100 kg,直径为 1 m,转速为 100 r/min,现要求在 5 s 内使其制动,求制动力 F.设闸瓦与飞轮之间的摩擦因数 $\mu=0.50$,飞轮的质量全部分布在轮的外周上,尺寸如图所示.

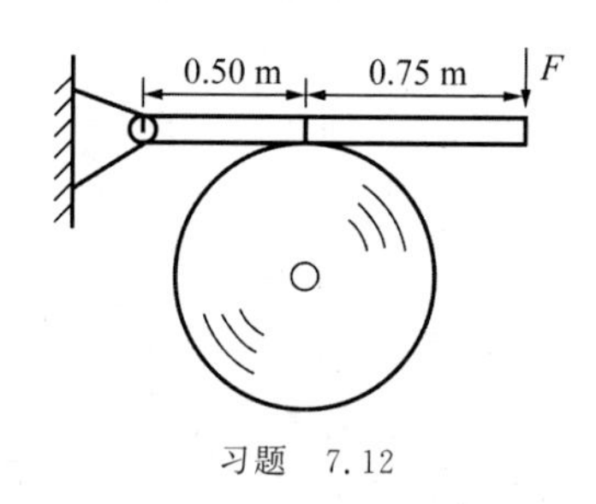

习题 7.12

7.13 图中的均匀圆盘半径为 R,质量为 M,可绕 O 轴无摩擦转动.盘边缘绕一轻绳,绳上挂一质量为 m 的物体.求圆盘的角加速度及圆盘边缘各点的切向加速度;这系统的机械能是否守恒?

习题 7.13

7.14 图示为固定在一起的两个同轴圆柱刚体,可绕 OO' 轴转动.设大柱体与小柱体的半径分别为 R_1 和 R_2,长分别为 l_1 和 l_2,整个刚体的质量为 M,两柱体上的绳子分别与 m_1,m_2 相连,求转动时刚体的角加速度.

7.15 质量为 M、半径为 R 的圆盘可绕 O 轴在铅垂面内转动.

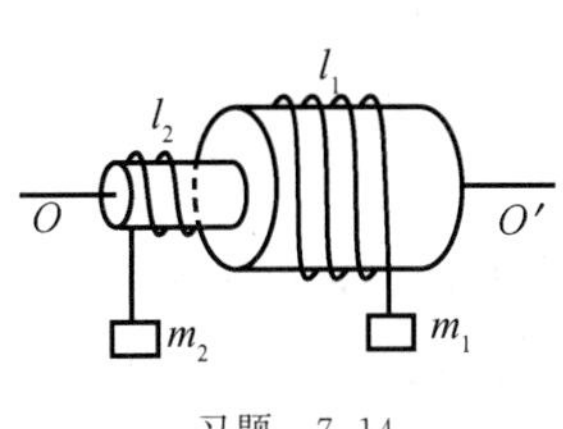

习题　7.14

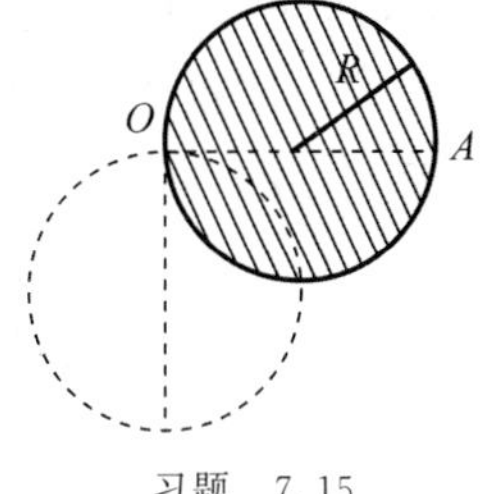

习题　7.15

若盘开始时自静止下落，求到达铅垂位置（图中虚线）时盘的质心及 A 点的速度.

7.16　太阳绕其自转轴的旋转周期平均为 22 天. 已知太阳平均半径为 6.96×10^{8} m，平均密度为 1.41×10^{3} kg/m^3. 若太阳由于某种原因塌缩成密度为 1.18×10^{17} kg/m^3 的中子星，试估算它的自转角速度和周期.

7.17　图中 AB 为一静止的细长棒，长为 l、质量为 M，可绕 O 轴在水平面内转动. 若以质量为 m、速率为 v 的子弹在水平面内沿与棒垂直的方向射入棒的一端，设击穿后，子弹的速率减为 $v/2$. 求棒的角速度.

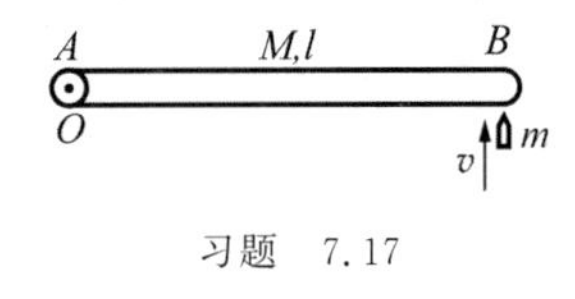

习题　7.17

7.18　质量为 M 的人站在可绕中心垂直轴转动的静止圆盘的边缘处. 圆盘的质量为 $10M$，半径为 R. 圆盘与轴的摩擦可略去不计. 此人沿圆盘边缘切线方向抛出质量为 m 的石头，石头相对于地面的速率为 v. 求

（1）圆盘的角速率；

（2）此人扔掉石头后的线速率.

7.19　一质量为 M、半径为 R 的水平圆盘，可绕通过其中心且与盘面垂直的光滑铅直轴转动. 圆盘原来是静止的，盘上站着一质量为 m 的人，当这个人沿着距圆盘中心为 $r(r<R)$ 的圆周匀速走动、相对于圆盘的速率为 v 时，圆盘将以多大的角速度旋转？

7.20　参见习题 5.3，如果突然将棒端 O 点固定，使棒变为绕过 O 点的轴的转动，求棒的角速度.

7.21　求习题 7.6 所示直杆从角度 φ_0 以无初速开始滑倒，但 A

端末离开墙时的质心速度和转动角速度(表为 φ 的函数),设杆长 l.

7.22　一质量为 m、半径为 R 的均匀圆柱,以初速 v_0 沿 $45°$斜面自底部向上运动.已知摩擦因数 $\mu=1/3$,求圆柱开始纯滚的时间 t,及此时质心加速度、圆柱的转动角速度.

7.23　一长为 l、质量为 M 的均匀细棒,静止于光滑水平桌面上,一质量为 m 的小球以初速 $\boldsymbol{v}_0$ 与棒的端点垂直地作弹性碰撞.求碰后小球与棒的运动情况.

7.24　如图所示,质量为 m,半径为 r 的小球从半径为 R 的固定圆柱面顶端自静止开始滚动.为保证在 $\theta\leqslant 45°$的范围内小球作纯滚动,试求静摩擦因数 μ 的最小值.

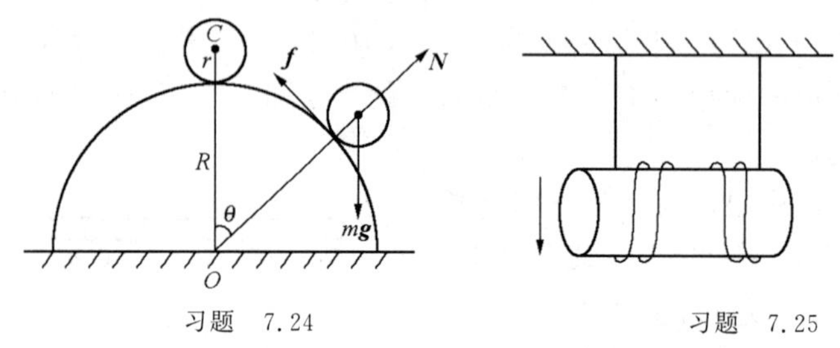

习题　7.24　　　　　　　　　　习题　7.25

7.25　圆柱体重 6 kg,用两条轻软的绳子对称地绕在这圆柱体两端附近,两绳的另一端分别拴在天花板上.现将圆柱体水平地托着,且使两绳铅直地拉紧,然后将它释放.试求此圆柱体向下运动的加速度及向下加速运动时绳中的张力.

7.26　地面上有一线轴,今用一力拉线,线与地面成 θ 角.假定线轴与地面之间无滑动,试证明:

(1) $\theta<\arccos(r/R)$时,线轴向前滚动;

(2) $\theta>\arccos(r/R)$时,线轴向后滚动.

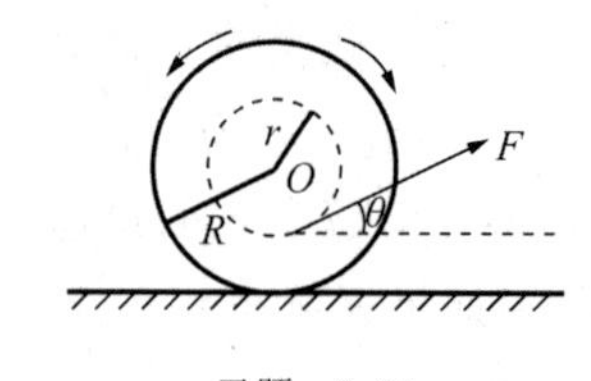

习题　7.26

8 振　动

8.1 振动的描述

- 概述
- 简谐振动及其特征量——振幅,周期或频率,相位与初相位
- 任意周期运动的分解——周期函数的傅里叶分析

• 概述

周而复始而循环往复的运动,被统称为振动.比如,弹簧振子的运动,挂钟的摆动,心脏的跳动,肺部的呼吸;声波场中介质元的振动,地震波场中地壳的振动,大风冲击下桥梁的振动;弦乐器中弦的振动,管乐器中空气的振动,打击乐器中鼓面锣面的振动;汽轮机、涡轮机、发电机、电动机和车床中,高速旋转的转子引起的支架的振动,底座的振动乃至厂房的振动;固体物理中晶格的热振动,多原子分子中原子的振动,等等.总之,振动是自然界和物理世界中广泛存在且十分重要的一种运动形态.可以说,人类生活在振动和波动的环境中.如果联系到电磁现象——交变的电压和电流,交变的电场和磁场,那振动的物理量或周期性变化的物理量,就不限于力学范畴中的

机械位移了.这些不同范围的周期运动或周期变化,在描述方式和处理方法乃至某些结果的数学形式上,均具有极大的相似性和可类比性.对较为直观的机械振动的研究,无疑地为我们直接掌握振动这一类的运动形态提供坚实的基础.本章先是对振动作简要的描述,随后几节着重分析振动的动力学机制,内在的和外激的因素,以及相应的各种振动的主要特征和相关的若干应用.

● 简谐振动及其特征量——振幅,周期或频率,相位与初相位

见图 8-1,设一维弹簧振子有一初位移,然后被释放而自由运

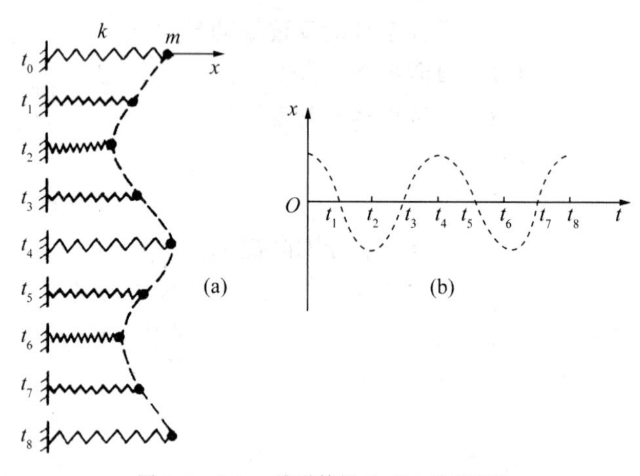

图 8-1 (a) 一维弹簧振子,(b) 位移函数

动,将出现周而复始的简谐振动,其位移函数一般可采取以下三种表达式中之一种.

$$
\begin{aligned}
x(t) &= A\cos(\omega t + \varphi_0), \\
x(t) &= A\cos(2\pi f t + \varphi_0), \\
x(t) &= A\cos\left(\frac{2\pi}{T}t + \varphi_0\right).
\end{aligned}
\tag{8.1}
$$

理论上常用第一表达式.兹对包含于振动函数中的几个特征量分述如下.

(1) 振幅 A,表示振动的最大位移量 $\pm A$.

(2) 周期 T,表示完成一次振动的时间;或频率 f 表示一秒钟有

几次振动;或角频率 ω 表示一秒钟变化的相角弧度值. 三者一一对应,均用以表示振动的快慢程度,

$$\omega = 2\pi f = \frac{2\pi}{T}, \tag{8.2}$$

频率 f 的单位为次/秒,称为赫兹,记作 Hz, $1\ \text{Hz}=1\ \text{s}^{-1}$,角频率 ω 的单位为弧度/秒,记作 rad/s. 例如,男中音频率约为 $f\approx 300$ Hz,其角频率 $\omega\approx 1.88\times 10^3$ rad/s. 不过要注意,理论上常常与角频率 ω 打交道,为省事有时也说频率 ω.

(3) 初相位 φ_0 与相位 $\varphi(t)=\omega t+\varphi_0$. 它被用以刻画一周期内振动的不同状态. 例如图 8-1(b)显示的 8 个不同时刻的运动状态,其相位值分别为初相位 $\varphi_0=0$, $\varphi_1=\pi/2$, $\varphi_2=\pi$, $\varphi_3=3\pi/2$, $\varphi_4=2\pi$,完成一个周期,过后 $\varphi_5=5\pi/2$, $\varphi_6=3\pi$, $\varphi_7=7\pi/2$, $\varphi_8=4\pi$,恰巧完成了两个周期. 若问相位值 $\varphi=\pi/4$,该是对应哪一个点的运动状态,请读者自己练习. 值得注意的是,时刻 t_1 与 t_3 振子的位移量相同,但振子的速度不同,相位值 φ_1 与 φ_3 反映了这一区别. 再看 t_0 与 t_2 两个时刻,振子的速度均为零,但位移量不同,相位值 φ_0 与 φ_2 反映了这一区别. 故中译名相位(phase)是双义词,同时反映了位置和速度(变化趋势)两个特征. 总之,一周期内各点的运动状态皆不同,由相位值一一给予细致地刻画. 相位值相差 2π 整数倍的两个状态完全相同. 初相位 φ_0 在两个同频简谐振动的合成中显得特别重要,这将在 8.9 节中详加说明.

最后尚需说明一点,(8.1)式表达的简谐振动,在时间上是无限持续的. 这实际上是不可能存在的理想模式. 即使对于一维弹簧振子,由于空气的阻尼和伴随弹簧反复伸缩而产生的材料内耗,使振子不可能永远保持等幅振动. 但是,在持续振动时间 Δt 远远大于振动周期 T 的情形,就可以用简谐振动作近似地描写. 换言之,理想的简谐振动是那种 $\Delta t\gg T$ 实际振动的抽象. 在各种类型的振动中,简谐振动是最基本最典型的一种振动. 或者说,简谐振动是各式周期运动的基元成分.

- **任意周期运动的分解——周期函数的傅里叶分析**

简谐振动被证认为各式周期运动的基元成分,这有两个根据. 一

是数学上的傅里叶分析，二是物理上线性动力学系统的广泛存在.

在数学上，一个周期为 T 的函数 $x(t)$，可以被展开为一系列不同频率的简谐函数的叠加——傅里叶级数展开：

$$x(t) = x_0 + \sum_n c_n \cos(2\pi f_n t + \varphi_n), \quad n = 1,2,3,\cdots$$

其中，频率 $f_n = nf_1$，而 $f_1 = 1/T$，被称为基频亦即原周期函数的频率，其他频率皆为基频的整数倍，二倍频、三倍频，等等. 频率为 f_n 的那个简谐成分的振幅为 c_n，被称作傅里叶系数(Fourier coefficients)，它决定于原函数 $x(t)$ 的线形，

$$\begin{cases} x_0 = \dfrac{1}{T}\displaystyle\int_{-T/2}^{T/2} x(t)\,\mathrm{d}t, \\ a_n = \dfrac{2}{T}\displaystyle\int_{-T/2}^{T/2} x(t) \cdot \cos(2\pi f_n t)\,\mathrm{d}t, \\ b_n = \dfrac{2}{T}\displaystyle\int_{-T/2}^{T/2} x(t) \cdot \sin(2\pi f_n t)\,\mathrm{d}t, \\ c_n = \sqrt{a_n^2 + b_n^2}, \\ \varphi_n = -\arctan\dfrac{b_n}{a_n}. \end{cases} \tag{8.3}$$

图 8-2 显示一矩形周期函数及其前 5 个傅里叶分量. 经积分运算可知：

$$c_0 = 0, \quad c_1 = \frac{4}{\pi}, \quad c_2 = 0, \quad c_3 = \frac{4}{3\pi}, \quad c_4 = 0, \quad c_5 = \frac{4}{5\pi}.$$

各种内容和机制的动力学系统，总可以被抽象为一方框图——一个初态经系统而响应了一个终态，或一端输入经系统而响应了一个输出. 一个复杂的激励(输入)，可以被分解为若干简单的激励，比如上述的傅里叶级数展开，对应地有若干简单的分响应. 若总激励经动力学系统导致的总响应等于若干分响应之叠加，则该系统称为线性动力学系统；反之，总响应不等于分响应之叠加，则该系统称为非线性系统. 由此可见，对于线性系统而言，对激励的分解和对响应的合成才有意义，或者说才被允许. 以上概述过于抽象，随后几节将在适当场合联系具体情形给予具体说明. 在此无非表明一点，如果没有系统线性的保证，那数学上的傅里叶分析只是纸上谈兵，并无物理上的实际效应. 一旦两者得以结合，便将如虎添翼，使人们对系统诸如

力学的、热学的、电磁学的和光学的系统的分析能力，大为增强，提高到了一个新水平和新境界.

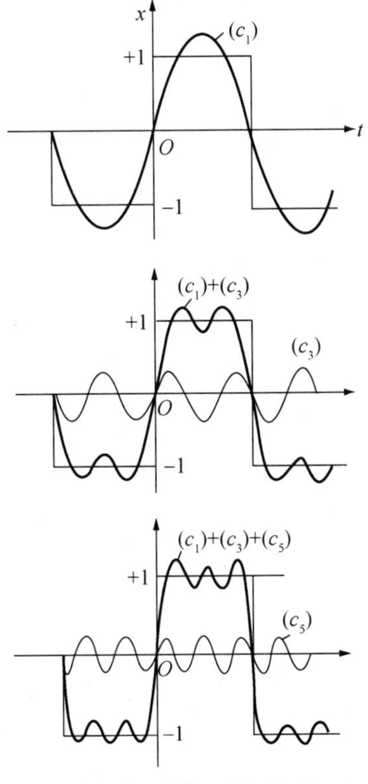

图 8-2 方波及其傅里叶分量(前 5 个)

8.2 弹性系统的自由振动

- 一维弹簧振子及其运动方程
- 本征频率
- 初条件决定振幅和初相位
- 复摆、单摆和等时摆
- 自由谐振子的能量
- 求本征频率的其他方法——等效劲度系数

• 一维弹簧振子及其运动方程

如图 8-1 所示,一劲度系数为 k 的水平弹簧与质量为 m 的质点,组成一个一维弹性系统,根据胡克定律和牛顿定律,

$$f = -kx, \qquad m\frac{\mathrm{d}^2 x}{\mathrm{d}t^2} = f,$$

得振子的运动方程

$$\frac{\mathrm{d}^2 x}{\mathrm{d}t^2} = -\frac{k}{m}x, \tag{8.4}$$

它表明待求的位移函数 $x(t)$ 具有这样的特征,其对 t 二次求导以后再现自身且添加一负号. 注意到 k 单位为 N/m, m 单位为 kg, 故系数 k/m 的量纲为 $1/\mathrm{s}^2$, 引入缩写符号 ω_0,令

$$\omega_0^2 = \frac{k}{m}, \qquad \omega_0 = \sqrt{\frac{k}{m}}, \tag{8.5}$$

于是(8.4)式被改写为

$$\frac{\mathrm{d}^2 x}{\mathrm{d}t^2} = -\omega_0^2 x. \tag{8.6}$$

其通解形式为

$$x(t) = A\cos(\omega_0 t + \varphi_0). \tag{8.7}$$

这表明振子作简谐振动. 简谐函数就是这样,经两次微商后再现自身且添负号. 可见,微分方程(8.4)式或(8.6)式中的负号是至关重要的,它是那系统存在线性恢复力的一个标志.

• 本征频率

首先我们注意到谐振子的(角)频率 ω_0 由(8.5)式给出,它决定于 k 和 m,与初条件无关. 无论什么初条件,一旦振动起来,就是这个确定的频率,它是弹性系统特征的集中体现,故称 ω_0 或 $f_0 = \omega_0/2\pi$ 为本征频率(eigenfrequency),也曾被称为固有频率. 值得强调的是,一旦得到了物体运动微分方程具有如下形式

$$\frac{\mathrm{d}^2 x}{\mathrm{d}t^2} + \omega_0^2 x = 0, \tag{8.8}$$

便可断定物体作简谐振动,其本征角频率由函数项 $x(t)$ 的系数给出

应是 ω_0.

- **初条件决定振幅和初相位**

通解形式中有两个待定常数，振幅 A 和初相位 φ_0，它们决定于初条件(x_0, v_0)，这里 x_0 为初位移，v_0 为初速度. 其具体关系式是

$$A = \sqrt{x_0^2 + \frac{v_0^2}{\omega_0^2}}, \qquad \varphi_0 = -\arctan\frac{v_0}{x_0\omega_0}. \tag{8.9}$$

可见，当 x_0 相同而 v_0 不同，或 x_0 不同而 v_0 相同，将出现不同的初相位 φ_0 值与不同的振幅值. 以上结果由联立方程

$$x_0 = A\cos\varphi_0, \quad v_0 = \left(\frac{\mathrm{d}x}{\mathrm{d}t}\right)_0 = -A\omega_0\sin\varphi_0,$$

解出.

- **复摆、单摆和等时摆**

见图 8-3，一刚体可绕 O 轴在铅直面内作定轴转动，忽略轴承的摩擦力矩，刚体仅在重力矩作用下摆动，称其为复摆(compound pendulum)，又称物理摆. 由定轴转动定理和力矩公式：

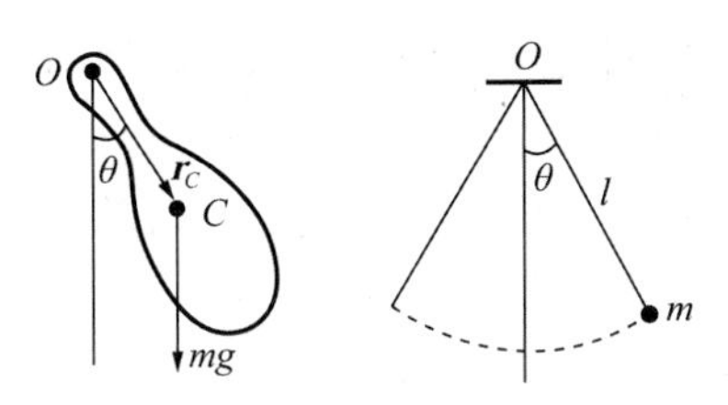

图 8-3 复摆与单摆

$$I\frac{\mathrm{d}^2\theta}{\mathrm{d}t^2} = M_z, \quad M_z = -r_C mg\sin\theta,$$

得到复摆的运动方程

$$\frac{\mathrm{d}^2\theta}{\mathrm{d}t^2} + \frac{mgr_C}{I}\sin\theta = 0. \tag{8.10}$$

当摆角较小，$\theta < 0.4$ rad，可作小角近似 $\sin\theta \approx \theta$，于是

$$\frac{\mathrm{d}^2\theta}{\mathrm{d}t^2}+\frac{mgr_C}{I}\theta=0. \tag{8.11}$$

这与(8.8)式类似,便可作出如下结论:

$$\theta(t)=\theta_0\cos(\omega_0 t+\varphi_0),\quad \omega_0=\sqrt{\frac{mgr_C}{I}}. \tag{8.12}$$

单摆可以被看作复摆的特例.即可令 $I=ml^2, r_C=l$,这里忽略摆线的质量.于是得到小角度条件下,单摆作简谐振动的角频率为

$$\omega_0=\sqrt{\frac{g}{l}},\qquad T_0=2\pi\sqrt{\frac{l}{g}}. \tag{8.13}$$

以上推导表明,致使复摆或单摆作简谐振动 $\theta(t)$ 的动因是重力矩;在小角条件下,重力矩近似为一线性恢复力矩.以上复摆和单摆的 ω_0 也系本征频率,与振幅 θ_0(最大摆角)无关,显然这也只是在小角度条件下如此.若摆角过大,摆动周期就与振幅 θ_0 有关了,这便是摆的等时性问题的研究.下面列出单摆周期 T/T_0 随摆幅 θ_0 变化的一组观测数据:

θ_0	0°	5°	10°	15°	20°	30°	45°	60°
T/T_0	1.0000	1.0005	1.0019	1.0043	1.0077	1.0174	1.0396	1.0719

可见,在摆角小于25°即0.4 rad范围内,实际周期与小角近似结果的偏离不大于1%.

人类对于摆的研究,历史久远,这与摆运动的周期性可用于对时间的计量有关.公元前4世纪,亚历斯多芬在喜剧《蛙》中写道,音乐应该用摆动衡量.公元前214年,摆被用于拾振放大器——敌人用铁器挖地道时的撞击,可使一个悬挂的花瓶摆动.不过,对于摆的较为系统的研究,从理论上和实验上给予分析和阐述的,却直到17世纪由伽利略、惠更斯和牛顿等人相继完成.17岁的伽利略还是个医学院的学生,他在教堂作弥撒时,注意到了被点蜡人晃动了的灯架的摆动,他用数自己脉搏的办法,测量了每次摆动的时间,意外地发现尽管摆幅越来越小,但每次摆动的时间却相同.回家后,他又进一步作了不同的摆幅和不同质料的摆锤的实验,认定了摆动的等时性.他利用摆动的周期性,设计了一种脉搏仪,用标准长度的单摆来测量患者

的脉搏. 1614 年,晚年的伽利略用单摆调整时钟,设计并制造了摆钟.

惠更斯于 1656 年利用摆的等时性制成了摆时钟. 他把摆锤的运动视为圆周运动的一部分而给予细致的分析,并用几何方法得到了摆动周期公式 $T=2\pi\sqrt{l/g}$. 他发明了等时摆,如图 8-4 所示,其摆动周期与摆幅无关,这是巧妙地用两条旋轮线 OA 和 OA' 来控制摆线的有效长度而得以实现的. 惠更斯也是一位非线性振动研究的先驱者,他发现当摆幅较大时,摆动周期与摆幅有关. 惠更斯关于摆运动方面的研究成果总结于《摆动时钟》一书中,出版于 1674 年. 关于摆的动力学研究,直到 1687 年牛顿的《自然哲学的数学原理》一书问世后才进入主题,其中也专门论述了摆锤在真空和阻力介质中的运动.

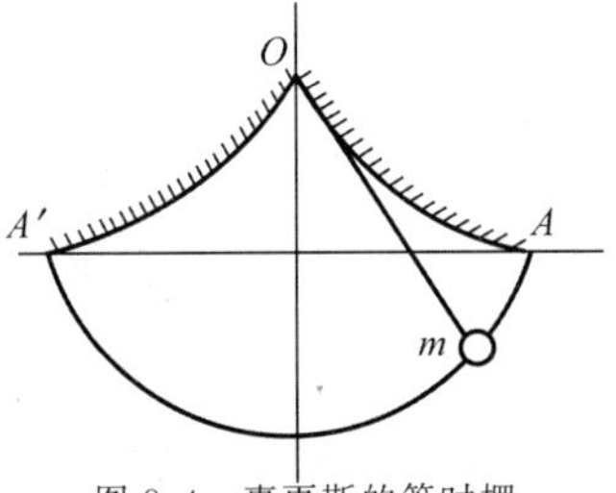

图 8-4 惠更斯的等时摆

- **自由谐振子的能量**

它含动能 $mv^2/2$ 和弹性势能 $kx^2/2$ 两部分:

$$E_{\mathrm{k}}(t)=\frac{1}{2}m\left(\frac{\mathrm{d}x}{\mathrm{d}t}\right)^2=\frac{1}{2}mA^2\omega_0^2\sin^2(\omega_0t+\varphi_0),$$

$$E_{\mathrm{p}}(t)=\frac{1}{2}kx^2=\frac{1}{2}kA^2\cos^2(\omega_0t+\varphi_0).$$

对于自由谐振子,其本征频率 $\omega_0^2=k/m$,可见上述两项的系数相等,于是,在任意时刻自由谐振子的机械能

$$E(t)=E_{\mathrm{k}}(t)+E_{\mathrm{p}}(t)=\frac{1}{2}kA^2=\frac{1}{2}mA^2\omega_0^2,\qquad(8.14)$$

与 t 无关. 这表明自由谐振子运动过程中,动能与弹性势能互相转换而保持机械能守恒. 这是自然的,所谓"自由",就是指振子仅受系统内部保守力的作用,无其他外力存在. 以后,我们将会遇到强迫谐振子的运动,那里虽然也有类似的 $E_{\mathrm{k}}(t)$,$E_{\mathrm{p}}(t)$ 表达式,但那系数不相等,这将导致 $E(t)$ 与 t 有关,即其机械能并不守恒.

● 求本征频率的其他方法——等效劲度系数

无论从运动学或动力学角度看，本征频率无疑是一弹性系统的一个最重要的物理量. 可以通过建立动力学方程来确定 ω_0，也可以由此演化出更直接的方法求出 ω_0. 具体做法可有两种.

(1) 考察力. 令振子作一小位移 x，考察力 $f=-k_e x$ 是否成立. 如是，则它为线性恢复力，于是这系统的本征频率 $\omega_0=\sqrt{k_e/m}$，这里 k_e 为等效劲度系数. 例如图 8-5 所示弹簧组合的四种情况，不难求得其等效劲度系数分别为

$$\text{(a)}\ k_e=k_1+k_2,\ \text{(b)}\ k_e=\frac{k_1k_2}{k_1+k_2},\ \text{(c)}\ k_e=k_1+k_2,\ \text{(d)}\ k_e=k.$$

可见，并联弹簧振子 ω_0 将增加，串联弹簧振子 ω_0 将减少，铅直与水平的弹簧振子的 ω_0 相等.

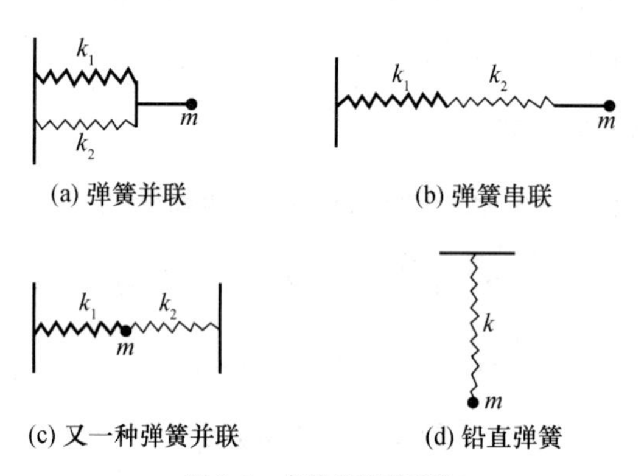

图 8-5　求等效劲度系数

(2) 考察能量 E，再根据(8.14)式直接导出本征频率公式

$$\omega_0=\sqrt{\frac{2E}{mA^2}}. \tag{8.15}$$

这里 E 既可以是这系统的最大势能，也可以是这系统的最大动能，当然也可以是任一时刻这系统的机械能.

现举一个用能量方法求本征频率 ω_0 的例子. 如图 8-6 所示，一 U 形管装有密度为 ρ 的液体，液柱总长度为 L. 先在左端吹气加压，

使两端液面高度差 h，然后放气，便出现液柱振荡现象，试求其振荡频率. 在振荡过程中，a 面为最高位置，b 面为平衡位置，c 面为最低位置，故液柱振荡的振幅 $A=\overline{ac}/2=h/2$. 设平衡位置 bb' 时这系统的重力势能为零，高度差 h 时液柱重力势能增加为 $E=\Delta mgh/2$，这是 ab 段液块 Δm 与 $b'c'$ 段的势能差，这里 $\Delta m=\rho Sh/2$，而液体总质量 $m=\rho SL$. 代入(8.15)式，求出液柱振荡角频率

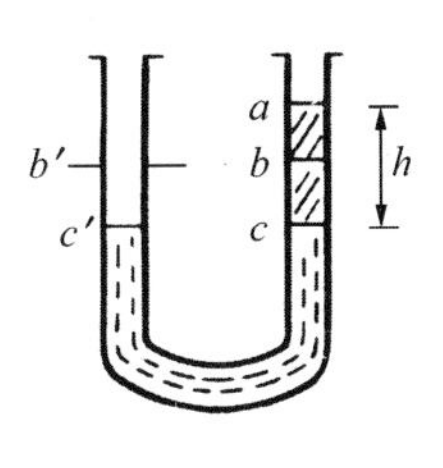

图 8-6 液柱振荡

$$\omega_0=\sqrt{\frac{2E}{mA^2}}=\sqrt{\frac{2\left(\rho S\,\frac{h}{2}\right)g\,\frac{h}{2}}{(\rho SL)\left(\frac{h}{2}\right)^2}}=\sqrt{\frac{2g}{L}}.$$

它与 h 无关，这是预料中的，因为 h 表示的是一种初条件；它与液体密度 ρ 也无关，这倒是事先未料及的. 不过，在这里并未考量液体振荡时与管壁的黏性阻力. 设 $L\approx30$ cm，算出 $\omega_0\approx8.1$ rad/s，即 $f_0\approx1.3$ Hz.

8.3 多自由度弹性系统

- 双振子——双原子分子振动模式
- 耦合双振子
- 三振子——CO_2 简正振动模式
- 弹簧的有效质量
- 讨论——试用准静态能量法求出弹簧有效质量

上一节研究的是单自由度弹性系统及其本征频率，这是振动物理的基础. 这一节讨论几个典型的多自由度弹性系统及其本征频率，不过本课程仍限于一维情形.

• 双振子——双原子分子振动模式

见图 8-7，一劲度系数为 k 的弹簧，其两个自由端系有两个质量块 m_1 和 m_2. 这是双原子分子的力学模型，比如 H_2，N_2，O_2，这类分子中的双原子，可近似地看为由一弹性力维系而作小振动. 兹介绍两

种方法求其本征频率.

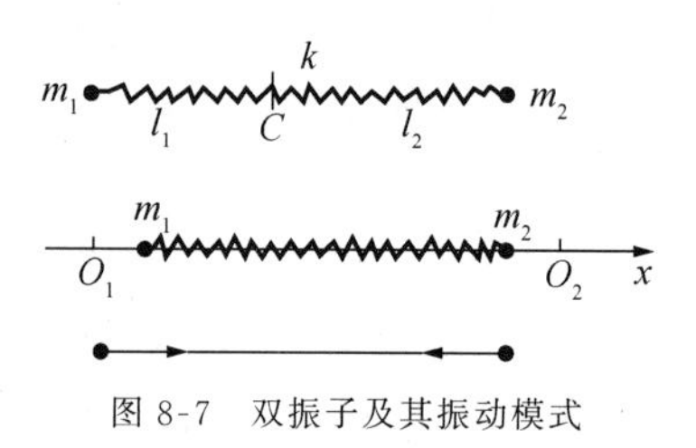

图 8-7　双振子及其振动模式

(1) 图像分析.该系统不受外力,质心不动,故可以断定双振子同频逆向运动,且振幅比 $A_1/A_2=m_2/m_1$,满足杠杆关系.于是,双振子的振动函数被表示为

$$x_1(t) = A_1\cos\omega_0 t,$$

$$x_2(t) = A_2\cos(\omega_0 t + \pi).$$

为了求得本征频率 ω_0,可以将弹簧以质心为界分为左右两段,其相应的劲度系数为 k_1 和 k_2.对于同品种弹簧,长度 l 越短则其 k 越大,故列出关于 k_1,k_2 的两个关系式

$$\begin{cases}\dfrac{k_1}{k_2} = \dfrac{l_2}{l_1} = \dfrac{m_1}{m_2},\\[2mm] \dfrac{1}{k_1} + \dfrac{1}{k_2} = \dfrac{1}{k},\end{cases}$$

求得

$$k_1 = \frac{m_1+m_2}{m_2}k,\quad k_2 = \frac{m_1+m_2}{m_1}k. \tag{8.16}$$

进而得本征频率

$$\omega_0 = \sqrt{\frac{k}{\mu}},\quad \mu = \frac{m_1 m_2}{m_1+m_2}. \tag{8.17}$$

可见,出现了约化质量 μ,凡是将两体问题转化为一体问题则约化质量这一角色必定登场主演.如果采用能量语言描述之,谐振子处于弹性势能谷,在其邻近区域作小振动,劲度系统 k 便是弹性势能在谷点的二次微商值,即 $k=(\mathrm{d}^2E/\mathrm{d}x^2)_0$,于是(8.17)式被转换为

$$\omega_0 = \sqrt{\frac{1}{\mu}\left(\frac{\mathrm{d}^2E}{\mathrm{d}x^2}\right)_0}. \tag{8.18}$$

(2) 标准理论方法. 设坐标轴为 x 轴,m_1 位移量 x_1 由平衡点 O_1 起算,m_2 位移 x_2 由平衡点 O_2 起算. 列出运动方程

$$m_1\frac{\mathrm{d}^2x_1}{\mathrm{d}t^2}=-k(x_1-x_2),\quad m_2\frac{\mathrm{d}^2x_2}{\mathrm{d}t^2}=-k(x_2-x_1).$$

设稳定振动模式为

$$x_1(t)=A_1\cos\omega t,\quad x_2(t)=A_2\cos\omega t.$$

代入运动方程,得

$$-m_1A_1\omega^2=-k(A_1-A_2),\quad -m_2A_2\omega^2=-k(A_2-A_1),$$

经整理得振幅代数方程,

$$\begin{cases}(k-m_1\omega^2)A_1-kA_2=0,\\ -kA_1+(k-m_2\omega^2)A_2=0,\end{cases}$$

这是一个齐次方程,其振幅非零解的条件是其系数行列式为零,即

$$\begin{vmatrix}k-m_1\omega^2 & -k\\ -k & k-m_2\omega^2\end{vmatrix}=0,$$

展开为

$$(k-m_1\omega^2)(k-m_2\omega^2)-k^2=0,$$

此乃频率方程. 求得

$$\omega_a=0,\qquad \omega_b=\sqrt{\frac{(m_1+m_2)k}{m_1m_2}}=\sqrt{\frac{k}{\mu}}.\tag{8.19}$$

零频表示系统整体刚性平动,非零频成分才是实际振动. 再将 ω_b 代入振幅方程,求得振幅关系为

$$\frac{A_1}{A_2}=-\frac{m_2}{m_1}.\tag{8.20}$$

这表明双振子实际振动时反向,相位差 π,且振幅比满足杠杆关系. 这些定量结果均与图像分析方法所得的一致. 这一标准理论方法可用于处理复杂系统.

● 耦合双振子

见图 8-8. 弹簧 k_1 联系的振子 m_1 与 k_2 联系的振子 m_2 之间,由弹簧 k 牵连,形成一耦合双振子系统. 设两振子的位移量分别为 $x_1(t)$和 $x_2(t)$,其运动方程为

$$m_1\frac{\mathrm{d}^2x_1}{\mathrm{d}t^2}=-k_1x_1-k(x_1-x_2),$$

$$m_2\frac{\mathrm{d}^2x_2}{\mathrm{d}t^2}=-k_2x_2-k(x_2-x_1).$$

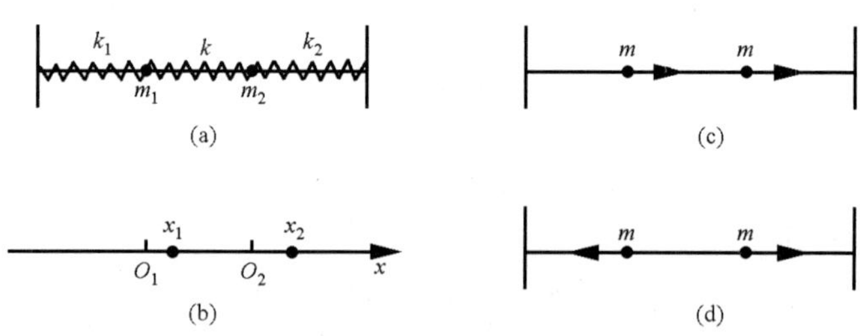

图 8-8 耦合双振子的振动模式

须知，系统的稳定振动模式应当是同频同相位或反相位的，故设

$$x_1(t)=A_1\cos\omega t,\quad x_2(t)=A_2\cos\omega t.$$

代入运动方程，经整理得振幅联立代数方程，

$$\begin{cases}(k_1+k-m_1\omega^2)A_1-kA_2=0,\\-kA_1+(k_2+k-m_2\omega^2)A_2=0,\end{cases}\tag{8.21}$$

这是一个齐次方程，其振幅非零解的条件是其系数行列式为零，

$$\begin{vmatrix}k_1+k-m_1\omega^2 & -k\\-k & k_2+k-m_2\omega^2\end{vmatrix}=0,$$

展开为一频率方程，

$$(k_1+k-m_1\omega^2)(k_2+k-m_2\omega^2)-k^2=0,\tag{8.22}$$

解出本征频率 ω_a,ω_b，再代入振幅方程确定振幅比 A_1/A_2，最后得到耦合双振子系统的振动模式.

为了突出物理图像，试讨论一特例，$k_1=k_2=k$，$m_1=m_2=m$，于是(8.22)式被简化为

$$(2k-m\omega^2)^2-k^2=0,$$

有

$$m\omega^2=2k\mp k=k\text{ 或 }3k,$$

得本征频率

$$\omega_a=\sqrt{\frac{k}{m}},\qquad\omega_b=\sqrt{\frac{3k}{m}},\tag{8.23}$$

相应的振幅比为

$$\left(\frac{A_1}{A_2}\right)=\frac{k}{2k-m\omega^2}=\begin{cases}+1, & 当\ \omega=\omega_a,\\ -1, & 当\ \omega=\omega_b.\end{cases} \tag{8.24}$$

由此可见,这个耦合双振子系统存在两个振动模式,

$$\begin{cases}x_1(t)=A\cos(\omega_a t+\varphi_a),\\ x_2(t)=A\cos(\omega_a t+\varphi_a),\end{cases}$$

或

$$\begin{cases}x_1(t)=B\cos(\omega_b t+\varphi_b),\\ x_2(t)=-B\cos(\omega_b t+\varphi_b),\end{cases}$$

如图 8-8(c),(d)所示. 至于初相位 φ_a 或 φ_b,以及振幅值 A 或 B 的具体取值,那决定于初条件. 重要的是,本征频率及相应的振幅比被系统本性(k,m)决定. 图 8-8(c)表明双振子同相位同振幅,这意味着中间耦合弹簧无伸缩而不起作用,故 m_1 或 m_2 如同在一个弹簧作用下振动,自然其频率应当为 $\omega_a=\sqrt{k/m}$. 图 8-8(d)表明双振子反相位同振幅,这意味着中间耦合弹簧的形变量加倍,对每个振子来说等效于 k_e 变为$(k+2k)=3k$,这便是 $\omega_b=\sqrt{3k/m}$的由来.

- **三振子——CO_2 简正振动模式**

见图 8-9,三振子弹性系统,可以作为像 CO_2 这类三原子分子的力学模型,碳原子居中,两侧对称地由弹性力维系着氧原子. 求其本

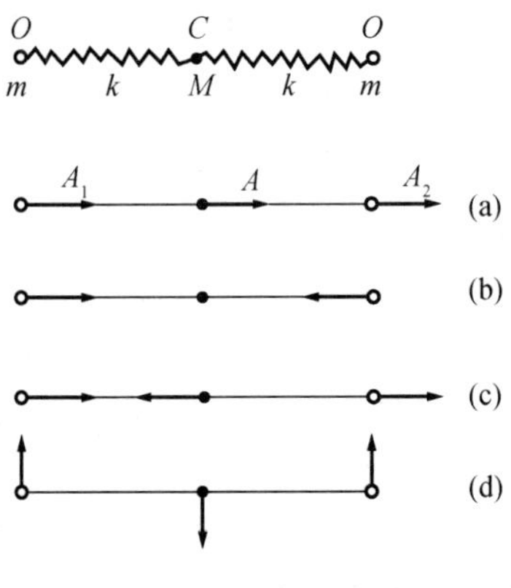

图 8-9 CO_2 振动模式

征频率和振幅比的理论程序，与耦合双振子的完全类同. 这就是：设位移函数 $x_1(x)$，$x_2(t)$，$x_3(t)$→列出动力学微分方程组→设稳定解为同频同相位的简谐型→振幅方程组→频率方程组→解出本征频率 ω_a，ω_b，ω_c→代入振幅方程组求得振幅比. 不过，注意到与耦合双振子不同之处是，三振子不受外力，其质心不动或匀速运动. 因此，可根据对称性分析，由直观图像得到以下结果：

$$\begin{cases}\omega_a = 0, \quad \text{表示整体平动；} \\ \omega_b = \sqrt{\dfrac{k}{m}}, \quad \dfrac{A_1}{A_2} = -1, \quad A = 0; \\ \omega_c = \sqrt{\dfrac{k}{\mu}}, \quad \mu = \dfrac{mM}{2m+M}, \quad \dfrac{A_1}{A_2} = 1, \quad \dfrac{A_1}{A} = -\dfrac{M}{2m}; \\ \omega_d = \sqrt{\dfrac{2k'}{\mu}}, \quad \mu = \dfrac{mM}{2m+M}, \quad \dfrac{A_1}{A_2} = 1, \quad \dfrac{A_1}{A} = -\dfrac{M}{2m}.\end{cases} \tag{8.25}$$

三原子分子有 9 个自由度，减去 3 个平动自由度，再减去 2 个转动自由度(对于线型分子)，还有 4 个振动自由度. 由图 8-9(b)和(c)显示沿分子轴向的两个对称和反对称的振动模式，图 8-9(d)显示轴外一振动模式，其本征频率为 ω_d，式中 k' 是与分子横向形变相对应的弯曲力常数，如同 k 是与分子轴向形变相对应的伸缩力常数，这两个特征常数反映了 C—O 化学键的性质. 其实轴外振动有两个自由度(正交坐标轴)，由于线型分子的轴对称性，这两个振动本征频率是完全相同的，系频率简并振动. 多自由度弹性系统振动模式的研究，为多原子分子理论提供了必要的力学模型. 可观测的分子振动光谱与这些振动模式息息相关，理论与实验的对证，为人们认识分子结构与化学键性质提供了有效途径.

最后尚需说明一点. 上述关于双振子、耦合振子和三振子系统的研究，着眼于系统的本征频率和振幅比. 它们均属系统的本性，因而通常将其相关的振动模式称为简正振动模式(normal mode of vibration). 中译名“简正”含简谐公正之双义，一简正模属于系统公有，全部振子均按相同频率作简谐振动. 由于涉及的动力学微分方程均为线性方程,其解满足叠加原理.就是说,所有简正模的线性组合依然满足运动方程,其线性系数由初条件决定,从而决定了那些简正模各自被激发的程度,最终确定了每个振子的实际振动态.比如,对于三振子系统,若最初按图 8-9(b)方式将两端振子压缩,然后放手,那系统只有简正频率为 ω_b 的简正模被激发,其他简正模潜伏之.若首先给一质点以冲击,然后释放开这个系统,则将产生复杂的运动,它是若干这样的简正振动的叠加,而简正振动的数目总是等于振动自由度的数目.

- **弹簧的有效质量**

求解多自由度系统本征频率的那个标准理论方法,可用来求出弹簧的有效质量,而将一维弹簧振子的本征频率公式修正为

$$\omega_0 = \sqrt{\frac{k}{m+m^*}}, \qquad (8.26)$$

这里,m^* 便是弹簧实际惯性质量 m_0 反映到基频 ω_0 公式中的有效质量.可用几种方法求得 m^*,其中之一是将连续分布的弹簧质量离散化——离散质元法,如图 8-10(a)所示,将弹簧等分为 N 段小弹簧,等间隔地分布着等质量的质点,最后再接上振子 m 于端点.于是,$m_1=m_2=\cdots=m_N=m_0/N$,$k_1=k_2=\cdots=k_N=Nk$.仿照分析双振子耦合系统的理论程序,求出一组本征频率值.可以预料其理论推算的工作量是很大的,尤其为了精确而选 N 为较大数目时.结果表明,有效质量 m^* 在 $m_0/3\sim m_0/2$ 之间.较精确的数值为

图 8-10(a) 离散质元法分析弹簧有效质量

$$m^* \approx 0.37m_0. \qquad (8.27)$$

- **讨论——试用准静态能量法求出弹簧有效质量**

如图 8-10(b)所示,一端固定的水平均质弹簧,其自然长度为 l_0,自身质量为 m_0,其另一端系有一质量为 m 的振子.若让该振子有个初位移 A,然后释放之,则这振子以一定角频率 ω_0 作自由振动.设其位移函数为

$$x_0(t) = A\cos\omega_0 t, \tag{1*}$$

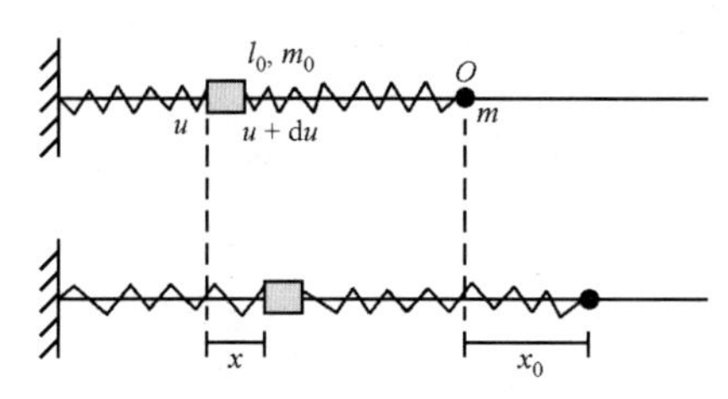

图 8-10(b)　能量法导出弹簧有效质量

在这自由振动过程中，弹簧系统的机械能是守恒的. 若不计及弹簧的质量 m_0，则这机械能守恒式可写成

$$\frac{1}{2}kx_0^2 + \frac{1}{2}mv_0^2 = \frac{1}{2}kA^2, \quad \left(v_0 = \frac{\mathrm{d}x_0}{\mathrm{d}t}\right) \tag{2*}$$

代入式(1*)，有

$$kA^2\cos^2\omega_0 t + mA^2\omega_0^2\sin^2\omega_0 t = kA^2,$$

即

$$\cos^2\omega_0 t + \frac{m}{k}\omega_0^2\sin^2\omega_0 t = 1,$$

可以判定

$$\frac{m}{k}\omega_0^2 = 1,$$

于是得弹簧振子作自由振动的本征角频率为

$$\omega_0 = \sqrt{\frac{k}{m}}.$$

这个从能量法得到的 ω_0 公式与由动力学方程所得结果是一致的.

若计及弹簧质量 m_0 的影响，则必须对上述(2*)式左端第二项即动能项作出相应的修正. 因为端点振子的位移 $x_0(t)$ 必然导致弹簧各段质量元响应一个位移 $x(t)$，而第一项即弹性势能项 $\frac{1}{2}kx_0^2$，它表示的正是整段弹簧的弹性势能，故对它无须修正. 在这里我们采用准静态近似来处理 $x(t)$ 与 $x_0(t)$ 的关系，兹具体分析如下.

沿弹簧自然长度 l_0 取一自然坐标 u，在 $(u, u+\mathrm{d}u)$ 段的质量元其质量为

$$\mathrm{d}m = \eta\mathrm{d}u, \quad \text{质量线密度} \quad \eta = \frac{m_0}{l_0},$$

当端点即 $u=l_0$ 处位移 x_0 时，该质量元响应的位移量 x 满足线性关系，

$$x = \frac{u}{l_0}x_0 \propto u, \tag{3*}$$

这就是准静态近似，而在静态弹簧拉伸实验中上式是严格成立的.于是，当端点振子有一个速度 v_0 时，该质量元就有一个相应速度和动能，分别为

$$v(u)=\frac{\mathrm{d}x}{\mathrm{d}t}=\frac{u}{l_0}v_0,\quad \mathrm{d}E_k^*=\frac{1}{2}\mathrm{d}m\cdot\left(\frac{u}{l_0}\right)^2v_0^2,$$

由此可见，弹簧沿途各点的速度是不同的，与其自然坐标 u 成正比.那么，这根弹簧的总动能便可由一积分式而得到，

$$\begin{aligned}E_k^*&=\int_0^{l_0}\mathrm{d}E_k^*=\frac{1}{2}\cdot\frac{\eta}{l_0^2}v_0^2\cdot\int_0^{l_0}u^2\mathrm{d}u\\&=\frac{1}{2}\frac{\eta}{l_0^2}v_0^2\cdot\frac{1}{3}l_0^3\\&=\frac{1}{2}\left(\frac{m_0}{3}\right)v_0^2.\end{aligned}$$

至此，完成了对弹簧质量不可忽略时系统之动能项的修正，即

$$\frac{1}{2}mv_0^2\longrightarrow\frac{1}{2}\left(m+\frac{m_0}{3}\right)v_0^2,$$

相应的系统本征角频率的修正为

$$\omega_0=\sqrt{\frac{k}{m}}\longrightarrow\omega_0=\sqrt{\frac{k}{m+m^*}}.\tag{4*}$$

换言之，自身质量为 m_0 的弹簧对系统本征频率的影响由其有效质量 m^* 来体现，且

$$m^*=\frac{1}{3}m_0.\tag{5*}$$

让我们进一步考量上述准静态近似所要求的实际条件.我们知道，端点振子的振动必将引起弹簧上各质量元先后振动起来，而形成一个弹性波，且各点振动的步调并不一致，即存在相位差.只有当弹簧长度 l_0 远远地小于这弹性波的波长 λ 时，才可近似地认为“步调一致”，即满足准静态近似(3*)式.据此写下

$$l_0\ll\lambda,\quad 且\ \lambda=\frac{波速}{频率}=\frac{V}{f}.\tag{6*}$$

换言之，准静态近似所要求的频率条件为

$$f \ll f_{\mathrm{M}} = \frac{V}{l_0}. \tag{7*}$$

查有关波速的数据表，获知合金固体中的波速 V 在 10^3 m/s 量级. 若设该弹簧长度 $l_0 \approx 30$ cm，得

$$f_{\mathrm{M}} \approx 3 \times 10^3 \text{ Hz}.$$

这表明此种场合只要振子频率被限定于几百赫兹范围内，其准静态近似条件能很好地得以满足.

8.4　弹性系统的阻尼运动

- 运动方程含阻尼项
- 阻尼因数
- 弱阻尼时的衰减振动
- 强阻尼时的衰减运动
- 临界阻尼

● 运动方程含阻尼项

见图 8-11，一弹簧连系一质量块. 当介质是液体或气体时，质量块的运动将受到来自流体黏性力的作用，而不能维持等幅的自由振动. 由牛顿运动定律，写出

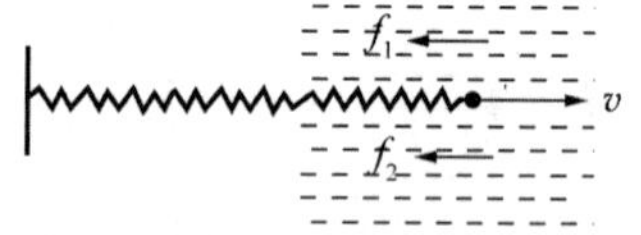

图 8-11　阻尼振动

$$m\frac{\mathrm{d}^2 x}{\mathrm{d}t^2} = f_1 + f_2,$$

其中，弹性力 $f_1 = -kx$，黏性力 f_2 与物体运动速度有关，一般被表示为

$$f_2 = -\gamma\frac{\mathrm{d}x}{\mathrm{d}t}. \tag{8.28}$$

这里，γ 被称为阻力系数或力阻，其单位为牛·秒/米，记为 N·s/m. 于是得运动方程，

$$\frac{\mathrm{d}^2 x}{\mathrm{d}t^2} + \frac{\gamma}{m}\frac{\mathrm{d}x}{\mathrm{d}t} + \frac{k}{m}x = 0,$$

可见，运动微分方程中的一次微商项与阻力相联系，被称为阻尼项；零次微商项即所求函数项代表弹性力.

- **阻尼因数**

为了规范此时的微分方程形式，引入阻尼因数 β，它被定义为

$$2\beta = \frac{\gamma}{m}, \tag{8.29}$$

其单位为 1/秒，记为 1/s，与频率单位相同. 注意到 $k/m = \omega_0^2$，最后得弹性系统振子的阻尼运动方程为

$$\frac{\mathrm{d}^2 x}{\mathrm{d}t^2} + 2\beta \frac{\mathrm{d}x}{\mathrm{d}t} + \omega_0^2 x = 0. \tag{8.30}$$

求解该微分方程的难度取决于阻尼因数 β 的性质. 只有在低速运动情形下，β 为常数，即黏性阻力 $f \propto v$，这时(8.30)式才成为常系数二阶线性齐次方程. 高速运动时，将出现 $f \propto v^2$ 情形，那方程就成为一个非线性微分方程. 本课程针对 β 为常数的情形. 在数学上对于常系数二阶线性齐次方程有标准的解法，其通解形式按阻尼因数的大小，呈现三种不同状态，现分述如下.

- **弱阻尼时的衰减振动**

当 $\beta^2 < \omega_0^2$，方程(8.30)的解为

$$x(t) = A\mathrm{e}^{-\beta t} \cos(\omega t + \varphi_0), \tag{8.31}$$

其中

$$\omega = \sqrt{\omega_0^2 - \beta^2}, \tag{8.32}$$

如图 8-12 所示，振子运动虽也往返，但并不复始，振幅递减，这是因为黏性阻力时时做负功，耗散了系统的机械能.

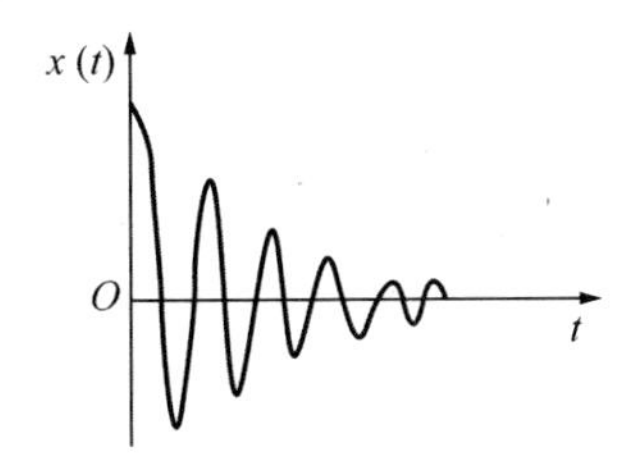

图 8-12　阻尼振动

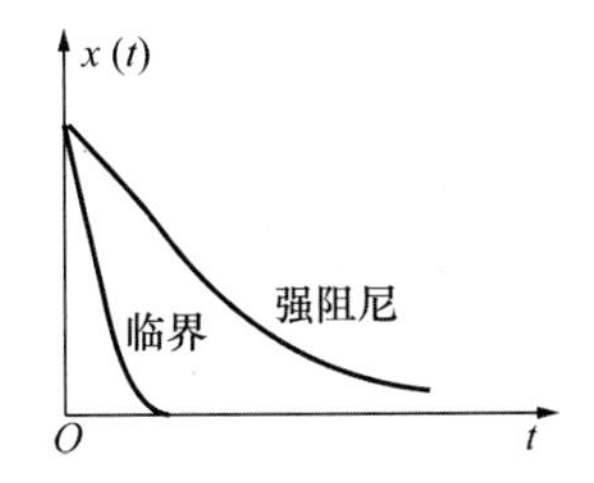

图 8-13　强阻尼和临界阻尼运动

- **强阻尼时的衰减运动**

当 $\beta^2>\omega_0^2$，方程(8.30)的解为

$$x(t)=c_1\mathrm{e}^{-(\beta-\beta_0)t}+c_2\mathrm{e}^{-(\beta+\beta_0)t},\tag{8.33}$$

其中

$$\beta_0=\sqrt{\beta^2-\omega_0^2}.\tag{8.34}$$

位移函数的变化如图 8-13 所示，不呈现振荡.

- **临界阻尼**

当 $\beta^2=\omega_0^2$，方程(8.30)的解为

$$x(t)=(c_1+c_2t)\mathrm{e}^{-\beta t}.\tag{8.35}$$

如图 8-12 所示，其运动开始有较大的恢复趋势，似有冲过平衡点向负方向运动而欲振动之态，但终究没有冲过去，表现为比过阻尼更快地趋向平衡点. 这一临界态的特性颇引人兴趣.

注意到以上三种情况的通解中，均含两个待定常数(A,φ_0)或(c_1,c_2)，它们由初条件(x_0,v_0)确定. 这里显示的三条函数曲线均为有初位移而 $v_0=0$ 的情形. 若系统有初速度而 $x_0=0$，则三条位移函数曲线的形貌在初始阶段将不一样，读者自己试画之.

最后，值得一提的是，上述关于弹性系统线性阻尼运动的三种可能的状态，是按阻尼因数 β 与本征频率 ω_0 值之比值与 1 相比较而分别的. 可见，ω_0 作为弹性系统的一个最重要参数，虽然现在不显现频率特性，但仍在深层次上继续起作用. 上述三种运动的共同特点是衰减，虽然过程有所不同. 凡是按 $\mathrm{e}^{-\alpha t}$ 指数而衰减的过程，其快慢程度取决于负指数的系数 α 值的大小，通常引入时间常数

$$\tau=1/\alpha,\tag{8.36}$$

被用以定量描述衰减过程的快慢. 当 $t=\tau$ 时，运动衰减为起初的 37%；当 $t=3\tau$ 时，仅保持有 5%.

8.5 简谐量的保守性与对应表示

- 简谐量微商仍为同频简谐量
- 简谐量积分仍为同频简谐量
- 两个同频简谐量的合成仍为同频简谐量
- 简谐量与矢量的对应
- 简谐量与复数的对应
- 简谐量的微商算符与积分算符

物理学对于简谐振动情有独钟,这缘于简谐量具有若干独特的性质.现将这些独特性质在本节予以集中地介绍,而其应用几乎遍及物理学的各个领域.下一节对于弹性系统的强迫振动的处理方法,就是其应用的一个典型.

- **简谐量微商仍为同频简谐量**

比如,一维弹簧振子的位移函数是一简谐量,

$$x(t) = A\cos(\omega t + \varphi_0),$$

相应的速度函数为

$$v(t) = \frac{\mathrm{d}x}{\mathrm{d}t} = \omega A\cos\left(\omega t + \varphi_0 + \frac{\pi}{2}\right) = B\cos(\omega t + \varphi_0'), \tag{8.37}$$

这里

$$B = \omega A, \quad \varphi_0' = \varphi_0 + \frac{\pi}{2},$$

这表明,速度依然是一同频简谐量,且幅值乘以 ω 倍,而相位添加 $\pi/2$,如图 8-14 所示.速度与位移的相位差为 $\pi/2$,表明两者变化步调并不一致.比如,位移最大时刻,速度为零;位移为零时刻,速度恰值正极大或负极大,这正是通过平衡点时的状态.接着再作一次微商运算以求得其加速度,

$$a(t) = \frac{\mathrm{d}v}{\mathrm{d}t} = \omega B\cos\left(\omega t + \varphi_0' + \frac{\pi}{2}\right) = C\cos(\omega t + \varphi_0''), \tag{8.38}$$

其中

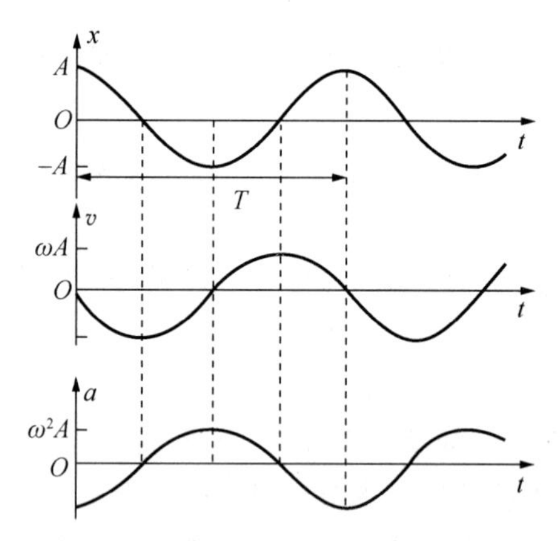

图 8-14　简谐运动的位移、速度、加速度

$$C = \omega B = \omega^2 A, \quad \varphi_0'' = \varphi_0' + \frac{\pi}{2} = \varphi_0 + \pi.$$

这正是所预料的,加速度函数依然是一同频简谐量,且幅值再乘以 ω,相位又添加 $\pi/2$. 于是加速度与位移的相位差为 π,这表明两者变化步调恰好相反. 比如,位移为正极大时,加速度达到负极大;位移为零时,加速度也为零,而速度却最大.

- **简谐量积分仍为同频简谐量**

位移是速度的积分,而积分是微商的逆运算. 可以预料,一简谐量的积分依然是一同频简谐量,

$$\int B\cos(\omega t + \varphi_0')\,\mathrm{d}t = \frac{B}{\omega}\cos\left(\omega t + \varphi_0' - \frac{\pi}{2}\right), \tag{8.39}$$

且其幅值除以 ω,其相位减去 $\pi/2$.

这有一点值得注意,原本表示简谐变化快慢的角频率 ω,经微商或积分运算后,不仅依然保留在相角中起着角频率的作用,而且影响到简谐量的幅值变化 ω 倍或 $1/\omega$ 倍.

- **两个同频简谐量的合成仍为同频简谐量**

在很多场合将出现两个同频简谐振动的叠加. 设

$$x_1(t) = A_1\cos(\omega t + \varphi_{10}), \quad x_2(t) = A_2\cos(\omega t + \varphi_{20}),$$

则两者的合成运动为

$$x(t)=x_1(t)+x_2(t)=A_1\cos(\omega t+\varphi_{10})+A_2\cos(\omega t+\varphi_{20}).$$

可以用三角函数的直接运算方法且利用三角函数的有关公式,求得合成运动为

$$x(t)=A\cos(\omega t+\varphi_0),$$

且

$$A^2=A_1^2+A_2^2+2A_1A_2\cos(\varphi_{20}-\varphi_{10}),$$

$$\tan\varphi_0=\frac{A_1\sin\varphi_{10}+A_2\sin\varphi_{20}}{A_1\cos\varphi_{10}+A_2\cos\varphi_{20}}. \tag{8.40}$$

这个公式十分有用,在力学中的振动与波,在电磁学中的交流电路,在光学中的光波叠加与干涉,等等场合都将应用到这一公式.当然,两个同频简谐量的合成依然为一同频简谐量这一性质的物理意义,并不限于此,它将在求解线性动力学微分方程中进一步发挥作用.

- **简谐量与矢量的对应**

矢量有长度与方向,而简谐量有幅值与相位.基于此而建立了两者的对应关系——取矢量的长度表示简谐量幅值 A,取矢量的方向角表示简谐量的相位$(\omega t+\varphi_0)$,如图 8-15(a)所示.泛言之,"对应关系"不是"相等关系",量的对应服务于运算的对应,只有在对应的运算操作和结果中才能显示当初建立对应关系的合理性和优越性.比如,在目前矢量与简谐量的对应,则服务于处理两个同频简谐量的合成,如图 8-15(b)所示:

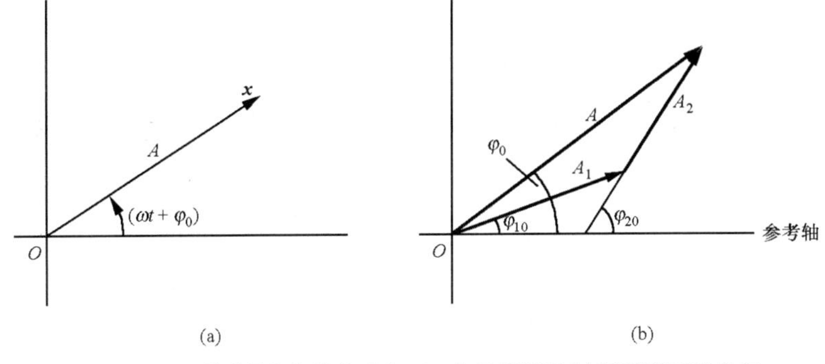

图 8-15 (a) 简谐量与矢量的对应,(b) 矢量图解两个同频简谐量的叠加

$$\begin{array}{ccccc} x_1(t) & + & x_2(t) & = & x(t), \\ \updownarrow & & \updownarrow & & \updownarrow \\ \boldsymbol{x}_1 & + & \boldsymbol{x}_2 & = & \boldsymbol{x}. \end{array} \tag{8.41}$$

按矢量运算规则,容易地求得合成矢量 $\boldsymbol{x}$ 的长度 A 与方向角 $(\omega t+\varphi_0)$. 其结果与(8.40)式给出的完全一致,读者可以审核之. 由此便不难想到,若用矢量图解法处理多个同频简谐量的合成问题,可能十分简便.

• 简谐量与复数的对应

复平面上一点代表一个复数,也对应一个矢量. 由矢量对应简谐量,进一步发展为简谐量与复数的对应,这在对应概念上想来倒很自然. 复数有模与辐角两个特征,而简谐量有幅值与相位. 两者的对应关系是,取复数 $\tilde{x}$ 之模表示简谐量的幅值 A,取复数之辐角表示简谐量的相位,即

$$x(t)=A\cos(\omega t+\varphi_0)\longleftrightarrow\tilde{x}(t)=A\mathrm{e}^{\mathrm{i}(\omega t+\varphi_0)}.$$

于是,两个同频简谐量之合成便对应于两个复数之和,

$$\begin{array}{ccccc} x_1(t) & + & x_2(t) & = & x(t), \\ \updownarrow & & \updownarrow & & \updownarrow \\ \tilde{x}_1 & + & \tilde{x}_2 & = & \tilde{x}. \end{array} \tag{8.41}$$

按复数运算规则求得合成复数之模及其辐角,再"翻译"回去,它代表了一个合成的简谐量,结果与(8.40)式给出的完全一致. 建立复数与简谐量对应的优越性,不仅体现在多个同频简谐量叠加的复数解法中,也体现在简谐量的微商运算和积分运算的对应算符中.

• 简谐量的微商算符与积分算符

由简谐量的复数对应,进一步导出简谐量微商 $\mathrm{d}x/\mathrm{d}t$ 的复数对应,

$$\frac{\mathrm{d}\tilde{x}}{\mathrm{d}t}=\frac{\mathrm{d}}{\mathrm{d}t}A\,\mathrm{e}^{\mathrm{i}(\omega t+\varphi_0)}=\mathrm{i}\omega A\,\mathrm{e}^{\mathrm{i}(\omega t+\varphi_0)},$$

即

$$\frac{\mathrm{d}\tilde{x}}{\mathrm{d}t}=\mathrm{i}\omega\tilde{x}. \tag{8.42}$$

这表明,简谐量经微商运算带来的幅值 ω 倍、相位添加 $\pi/2$ 的两点变

化,在复函数域中由一个量 $\mathrm{i}\omega$ 予以反映,其中虚数单位 $\mathrm{i}=\sqrt{-1}$,体现了 $+\pi/2$ 的相移量.上式说明,在实函数域中简谐函数的微商算符 $\mathrm{d}/\mathrm{d}t$ 对应复函数域中 $\mathrm{i}\omega$,即

$$\frac{\mathrm{d}}{\mathrm{d}t} \longleftrightarrow \mathrm{i}\omega, \quad \int \mathrm{d}t \longleftrightarrow \frac{1}{\mathrm{i}\omega}. \tag{8.43}$$

有了这种算符对应,便将线性动力学微分方程转换为复数代数方程,以致求解起来自然十分简洁.

8.6 弹性系统的受迫振动与共振

- 运动方程含周期性驱动力
- 复数法求其定态解
  ——受迫振动
- 受迫振动的重要特征
- 位移幅值和相位的频应曲线
  ——位移共振
- 速度幅值和相位的频应曲线
  ——速度共振
- 受迫弹性系统的能量分析
- 共振系统的品质因数
  ——Q 值
- 能量的共振转移与共振吸收

• 运动方程含周期性驱动力

见图 8-16,一维弹簧振子除了受到弹性力 f_1 和阻尼力 f_2 作用外,还受到一个外来的周期性驱动力(driving force),

$$f(t)=F\cos\omega t,$$

这里 F 为驱动力之幅值,简称力幅,ω 为驱动力之角频率.荡秋千的外推力,隆隆马达对机房的作用力,或者队伍行进的步伐对桥梁的作用力,均系这类周期性驱动力的日常例子.于是,振子的运动方程为

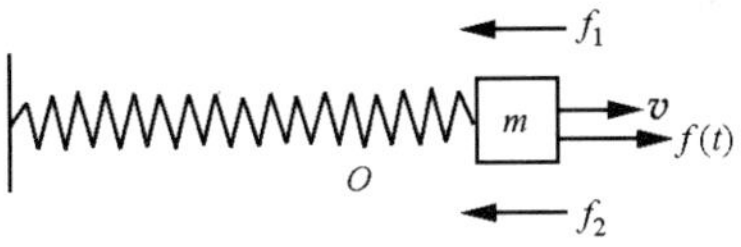

图 8-16 周期性驱动力 $f(t)$

$$m\frac{\mathrm{d}^2x}{\mathrm{d}t^2}=f_1+f_2+f(t)=(-kx)+\left(-\gamma\frac{\mathrm{d}x}{\mathrm{d}t}\right)+F\cos\omega t,$$

即

$$\frac{\mathrm{d}^2x}{\mathrm{d}t^2}+2\beta\frac{\mathrm{d}x}{\mathrm{d}t}+\omega_0^2x=C\cos\omega t, \tag{8.44}$$

其中，β 为阻尼因数，ω_0 为本征角频率，C 为单位质量受到的驱动力之幅值. 即

$$2\beta=\gamma/m,\quad \omega_0^2=k/m,\quad C=F/m.$$

方程(8.44)与弹性振子阻尼运动方程(8.30)的区别是其右端不为零，这是一个二阶常系数线性非齐次的微分方程. 微分方程理论表明，非齐次微分方程的通解等于“齐次方程的通解”加上“非齐次方程的特解”. 而目前齐次方程的通解正是弹性系统的阻尼运动，其三种可能的过程均系衰减运动，在此称其为暂态(transient state)，它在稍长时间后便不复存在. 非齐次方程的特解是长时间能维持下来的定态(steady state). 我们关注并寻求的正是这个定态解.

- **复数法求其定态解——受迫振动**

设方程(8.44)特解形式设定为同频简谐型，

$$x(t)=A\cos(\omega t+\varphi_0)\longleftrightarrow \tilde{x}(t)=Ae^{i(\omega t+\varphi_0)}.$$

这一设定是合理的，因为(8.44)方程是线性微分方程，故方程左边三项由于简谐量的保守性而成为三个同频简谐函数，其和仍为同频简谐型，而与右边同频简谐型驱动力相一致，这是完全可能的. 这里我们采用复数法，将该微分方程转变为复数的代数方程如下，

$$[(i\omega)^2+2\beta i\omega+\omega_0^2]\tilde{x}=Ce^{i\omega t},$$

解出

$$\tilde{x}(t)=\frac{C}{(\omega_0^2-\omega^2)+i2\beta\omega}e^{i\omega t}, \tag{8.45}$$

即

$$\begin{cases} A=|\tilde{x}|=\dfrac{C}{\sqrt{(\omega_0^2-\omega^2)^2+4\beta^2\omega^2}}, \quad C=F/m, \\ \varphi_0=\arctan\dfrac{-2\beta\omega}{(\omega_0^2-\omega^2)}. \end{cases} \tag{8.46}$$

这里 A 和 φ_0 确定了周期性驱动力作用下振子的运动特征，故这种振动称为受迫振动(forced vibration).

● 受迫振动的重要特征

与自由振动和阻尼振动相比较，弹性系统的受迫振动具有以下几个重要特征.

(1) 受迫振动的频率与外来驱动力的频率相同，振子按外来驱动力即外激励的频率而作受迫振动.

(2) 受迫振动的振幅 A 与相位 φ_0 是确定的，与初条件即初位移和初速度无关，它们由力幅 F、质量 m、外驱动力频率 ω、阻尼因数 β 和弹性系统本征频率值 ω_0 等诸多因素决定. 初条件仅影响最初的暂态过程，并不影响其定态解.

(3) 尤其引人注目的是出现了 $A(\omega)$，$\varphi_0(\omega)$ 函数，这就是说，外驱动力的频率将影响着受迫振动的振幅和相位，在其他参量相同情形下，不同 ω 值将产生不同的振幅和相位. 正是如此，在振幅或相位的频率响应曲线（频应曲线）中出现了"共振"(resonance).

● 位移幅值和相位的频应曲线——位移共振

图 8-17(a)显示了位移幅值对频率的响应函数 $A(\omega)$ 曲线，出现了共振峰(resonant peak). 出现共振峰的频率条件 ω_r 及相应的共振峰高度 A_M 为

$$\omega_r=\sqrt{\omega_0^2-2\beta^2},\quad A_M=\frac{C}{2\beta\sqrt{\omega_0^2-\beta^2}}. \tag{8.47}$$

由此可见，共振频率 ω_r 并不等于本征频率 ω_0 值，而是稍小一些. 阻尼因数越小，则 ω_r 值越靠近 ω_0，峰值 A_M 也越大，且共振峰越加尖锐. 在弱阻尼条件下，$\beta^2\ll\omega_0^2$，有

$$\omega_r\approx\omega_0,\quad A_M\approx\frac{C}{2\beta\omega_0}, \tag{8.48}$$

由于此时共振峰非常尖锐，当外来激励频率在 ω_r 附近稍有改变，将导致振幅响应有显著变化.

位移函数的初相位 φ_0 反映了位移 $x(t)$ 与驱动力 $f(t)$ 之间的相位差. 图 8-17(b)显示了该相位差对频率的响应函数 $\varphi_0(\omega)$ 曲线，φ_0 取值范围为$(-\pi,0)$，说明位移变化总是落后于驱动力的变化. 当

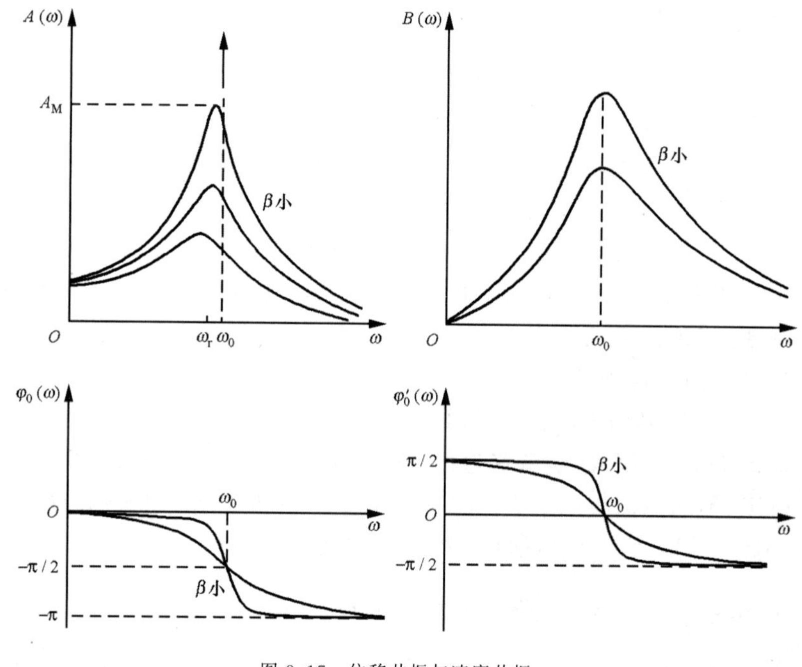

图 8-17 位移共振与速度共振

$\omega=\omega_0$ 时，恰巧有 $\varphi_0=-\pi/2$.

- **速度幅值和相位的频应曲线——速度共振**

由位移函数得到速度函数 $v(t)=B\cos(\omega t+\varphi_0')$，其中

$$B(\omega)=\omega A(\omega),\quad \varphi_0'(\omega)=\varphi_0(\omega)+\frac{\pi}{2}. \tag{8.49}$$

这两条频应曲线分别显示于图 8-17(c)和(d). 有意思的是，速度幅值 $B(\omega)$的共振频率正好严格地等于本征频率 ω_0 值，这时速度函数与激励函数的相位差也恰巧为零，即 $\varphi_0'(\omega_0)=0$，这表明 $v(t)$与 $f(t)$完全同步. 乘积 $f(t)v(t)$表示瞬时功率，那 $\varphi_0'=0$ 意味着驱动力对系统时时做正功，向系统输送或转移能量的效率最高，从而出现了速度共振峰.

● 受迫弹性系统的能量分析

定性地看,一个系统内部存在阻尼力这种耗散因素,却又能维持等幅振动这一稳定态,那必定是从外部输入能量以补偿内部耗散.下面对此定量考察之.

先考察阻尼力 $f_2=-\gamma v$,其瞬时功率为

$$f_2 v=-\gamma v^2=-\gamma\omega^2A^2\cos^2(\omega t+\varphi_0'),$$

相应的平均功率

$$P_2=\frac{1}{T}\int_0^T f_2 v\mathrm{d}t=-\frac{1}{2}\gamma\omega^2A^2.$$

再考量外来驱动力 $f(t)=F\cos\omega t$,其瞬时功率为

$$fv=F\omega A\cos\omega t\cos(\omega t+\varphi_0').$$

这相位差 φ_0' 的存在,表明外来驱动力并非时时做正功,一周期内它有时做正功有时做负功,或者说与外界驱动力相联系的那个系统即激励能源,有时输出能量有时又回收能量,但总量是前者多于后者.于是,驱动力的平均功率为

$$P=\frac{1}{T}\int_0^T fv\mathrm{d}t=\frac{1}{2}F\omega A\cos\varphi_0'=\frac{1}{2}\gamma\omega^2A^2. \tag{8.50}$$

正如所期望的那样,

$$P+P_2=0.$$

这表明,为了维持定态,外界在一周期(2π)内向系统输入的能量值为

$$\Delta E=PT=\pi\gamma\omega A^2, \tag{8.51}$$

这也正是一周内系统耗散的能量值.

● 共振系统的品质因素——Q 值

综上所述,受迫振动系统的显著特点是存在一共振态,故人们简称其为共振系统.可以引入一个物理量——品质因数(quality factor),用以集中地反映共振系统的性能,它被简称为 Q 值.可以有几种不同的方式引入 Q 值,这里从能量的角度定义品质因数

$$Q=2\pi\frac{\Delta E_0}{\Delta E}, \tag{8.52}$$

其中分子 ΔE_0 表示系统的储能,$\Delta E_0=\frac{1}{2}kA^2$;分母 ΔE 表示一周期内

系统的耗能值. ΔE 由(8.51)式给出. 这定义式表明 Q 值越高,系统储能本领越大,而所付出的能量代价越小. 代入 ΔE_0,ΔE 公式,得

$$Q=\frac{k}{\gamma\omega}.$$

通常总是在共振态及其邻近考量 Q 值,此时 $\omega\approx\omega_0$,并注意到 $\omega_0=\sqrt{k/m}$,最后得

$$Q=\frac{\omega_0 m}{\gamma} \quad \text{或} \quad Q=\frac{\sqrt{km}}{\gamma}. \tag{8.53}$$

它指出为了提高共振系统的 Q 值,该怎样调整系统参数. 进一步的推导表明,Q 值越高,则系统达到共振的峰值越大且越尖锐,即系统对外部激励有着更高的选择性.

- **能量的共振转移和共振吸收**

图 8-17 显示的一组频应曲线,其横坐标为频率变量 ω,这里有两种情形值得注意.

(1) 当外部激励频率 ω 为单一时,为了达到共振态,必须调控系统的本征频率 ω_0,使之接近 ω,即 $\omega_0=\omega$. 这一操作被称为调谐.

(2) 当外部激励频率并非单一,或者有一频带宽度$(\omega_1-\omega_2)$,那么其中频率 $\omega=\omega_0$ 的激励将被系统强烈地吸收,实现了能量的共振转移. 共振系统具有选频性能. 总之,在本征频率及其邻近,受迫系统出现共振态,此时系统对外界激励源的能量吸收得最充分. 这一机理被称为能量的共振转移或能量的共振吸收. 对于收音机或电视机,人们通过调频而选台的机理也是如此,只不过它们是接收回路中的受迫谐振电路.

图 8-18 装置直观地显示了能量共振转移和吸收现象. 用一根被绷紧的弦线作为横梁,其上系挂四个单摆,其中 1 号、2 号和 3 号的摆长依次加长,而 4 号摆长与 2 号的相等.

演示一,只让 4 号有个初位移或初速度摆动起来,稍后便看到 2 号振子有了响应,也开始摆动起来,且摆幅越来越大,而 1 号和 3 号却无动于衷. 这里那根横弦线起着耦合作用. 4 号摆动通过横弦耦合而产生一个周期性驱动力,作用于 1 号、2 号和 3 号. 由于它们本征

频率的差别，唯有 2 号达到共振，实现了能量的共振转移和吸收. 进一步还将观察到，2 号摆幅达到了一个极大值，而此时 4 号几乎不动. 过后又重复出现 4 号摆幅变大，2 号摆幅变小. 2 号与 4 号通过横弦组合成为一个耦合摆.

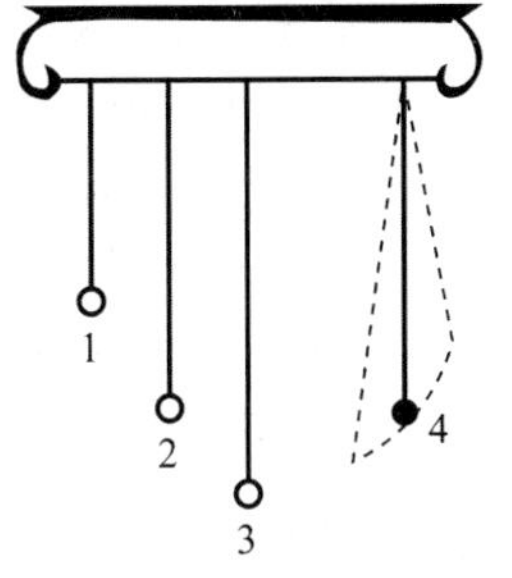

图 8-18 演示能量共振吸收

演示二，将 1 号、2 号和 3 号同时摆动起来，让 4 号不动. 在较长时间中，1 号和 3 号始终维持等幅摆动，而 2 号摆幅变小，4 号有了响应，开始摆动且摆幅逐渐变大. 这种情景相当于上述第二种情形. 对 4 号系统来说，这时外来激励含三种频率成分，唯有其中与自己本征频率相近的激励能量被它强烈地吸收.

受迫振动及其共振现象，广泛地存在于建筑物、桥梁、机床、机房乃至人体等场合，有利有害. 当共振可能带来破坏性后果时，就要设法避免它的出现，那有效措施就是让外界激励频率远离系统本征频率. 从力学观点看，人体是一个由肌肉、骨骼、关节和器官组成的复杂的弹性系统，图 8-19 为一人体机械模型. 图中所标数据为各子系统

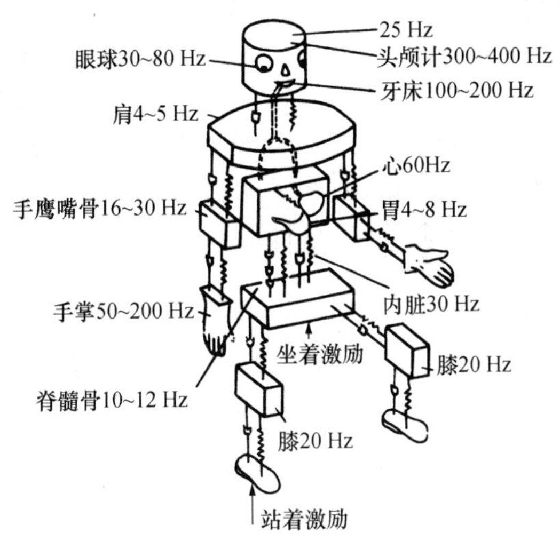

图 8-19 人体各部分的本征频率

经测试所得的本征频率值.比如,人的胃部本征频率在4～8 Hz,而拖拉机在土路上跑长途运输时,测得其座椅的垂直加速度相对应的功率谱在4～8 Hz段有较大的值,这正是人胃的共振敏感区,因而对胃器官损伤较大而导致疾病.我们也注意到百米短跑名星,其步频恰巧亦处在这一频段,幸好这毕竟是10秒钟光景的短暂时间.当今国际科技界十分重视乘座舒适性的研究,其衡量指标中有能量、加速度,还有加加速度.

8.7 自激振动

泛论之,一个弹性系统受到外界激励便产生振动.若激励是短暂的冲击,则系统作阻尼振动;若激励是持续的脉动,则系统作受迫振动.有意思的是,有一类弹性系统,即使外界激励为定常,也能产生振动——自激振动(self-excited vibration),简称为自振.各种管乐器、机械钟表和心脏等均为自振系统.如果联系电子线路和电磁现象,那晶体管振荡器、能输出各种电压波形的信号发生器和电磁断续器也是自振系统.北风呼啸,旷野中输电线在大风中尖叫,自来水管有时出现颤振或嗡嗡长鸣,车床在切削过程中有时也会出现颤动,等等,这些现象均系自振.深入分析自振产生的机制以后,发现自振系统必定由三个部分组成:(1) 振动系统;(2) 能源,用以供给自振过程中的能量耗损;(3) 具有正反馈特性的控制和调节系统,正是这一反馈性能将定常能量转变为交变的振动能量,这种反馈过程体现了振动系统对外界激励的控制和调节.自振系统的工作原理方框图如图8-20所示.

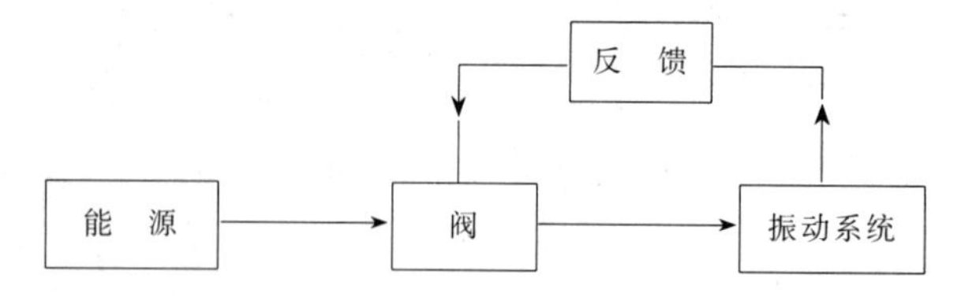

图8-20 自振系统工作原理

风对桥梁的作用,不仅表现在风压上,更表现在风致振动上.后者又可以分为两类,平均风作用下产生的自激振动;脉动风作用下的受迫振动.对于柔性结构的悬索桥,风致自激振动导致的破坏作用尤其显著.1940 年美国西海岸华盛顿州建成了中央跨径为 853 m 的悬索桥塔科马桥(Tacoma Bridge),跨度居当时世界第三,其设计抗风速为 60 m/s.不料四个月后,却在 19 m/s 的风速下,产生强烈扭曲而遭坍塌.塔科马桥事故再次令桥梁工程界震惊.经广泛深入的研究,终于提出了风致振动问题,由此开辟了桥梁与风场相互作用动力学研究新领域,逐渐形成了一门新兴学科——结构风工程学.塔科马桥事故是一个自激振动的典型.风致桥梁振动问题的定量研究十分复杂,其大略图像是,风场给予桥梁一个气动力,引起桥梁变形和振动,反过来这又改变了桥梁四周的风场,产生了一附加气动力作用于桥梁;如此反馈、循环和放大,最终造成桥梁大幅度剧烈的自振,相应地将风的动能转换为桥梁的振动能.而风场中的脉动成分或湍流成分将导致桥梁作受迫振动(抖振),从桥梁的实际情况看,抖振倒不会造成桥梁在短暂时间内的破坏性后果,不过它会引起结构的局部疲劳,也影响着行车的安全.

8.8　非线性振动与混沌

- 单摆——从线性到非线性动力学微分方程
- 从非线性走向混沌
- 非线性振动的物理特性

● 单摆——从线性到非线性动力学微分方程

在这之前,我们考量的弹性振子的运动,包括自由的、阻尼的和受迫的振动,其遵从的动力学微分方程均为线性方程,这源于存在线性弹性恢复力和线性阻尼力.显然,这种线性关系只在一定限度内被满足.其实,对于单摆运动如果不作小角近似,其运动方程为

$$\frac{d^2\theta}{dt^2}+\frac{g}{l}\sin\theta=0, \tag{8.54}$$

即

$$\frac{\mathrm{d}^2\theta}{\mathrm{d}t^2}+\frac{g}{l}\left(\theta-\frac{1}{6}\theta^3+\frac{1}{120}\theta^5-\cdots\right)=0,$$

它是一个非线性微分方程. 可以想见对它作精确求解是个难题. 现今对它作数值计算可得近似解,给出单摆在大摆角 θ_0 范围内的摆动角频率为

$$\omega\approx\omega_0\left(1-\frac{\theta_0^2}{16}\right),\quad \omega_0=\sqrt{\frac{g}{l}}. \tag{8.55}$$

可见,单摆的本征频率已经与摆幅 θ_0 有关了,摆幅大而频率低. 这是非线性振动的一个特点. 单摆运动的复杂性远不止于此. 若考虑阻尼力和周期性外激励,其运动方程为

$$\frac{\mathrm{d}^2\theta}{\mathrm{d}t^2}+2\beta\frac{\mathrm{d}\theta}{\mathrm{d}t}+\omega_0^2\sin\theta=C\cos\omega t. \tag{8.56}$$

它是更为复杂的非线性微分方程. 此时单摆运动不再是单纯的周而复始的往返摆动,出现了若干奇特有趣的运动图景. 比如,保持阻尼不变,驱动力频率不变而逐渐加大其力幅,则单摆运动含有倍周期成分;单摆作单向旋转且同时有小摆动;甚至出现无规貌似随机的行径——混沌(chaos). 尽管直接求解非线性微分方程至今仍是个难题,人们还是可以采取特殊的眼光和方式来揭示相关运动的某些特征. 目前常用的是相空间(θ, $\mathrm{d}\theta/\mathrm{d}t$)中相轨迹的描述方式和庞加莱截面法. 对此本课程不予细究.

- **从非线性走向混沌**

见图 8-21(a),一质量块系于一非线性弹簧与一线性阻尼器. 设弹簧非线性恢复力设为 $f_1=-k_1x^3$,线性阻尼力为 $f_2=-0.05k_2v$,周期性驱动力为 $f_3(t)=7.5k_3\cos t$,于是,质量块的运动方程为

$$m\frac{\mathrm{d}^2x}{\mathrm{d}t^2}+0.05k_2\frac{\mathrm{d}x}{\mathrm{d}t}+k_1x^3=7.5k_3\cos t,$$

其中 k_1, k_2, k_3 是三个单位不同的比例常数. 对于给定的初条件 (x_0, v_0),借助计算机进行数值解法,获得位移函数 $x(t)$ 曲线(时间历程),如图 8-21(b)所示,由图可见,该非线性振子时间历程的形貌已明显地有别于简谐型,虽然驱动力是简谐型. 尤其值得注意的是,两

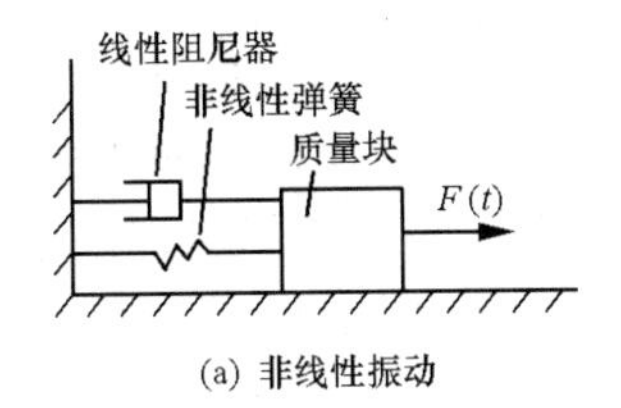

(a) 非线性振动

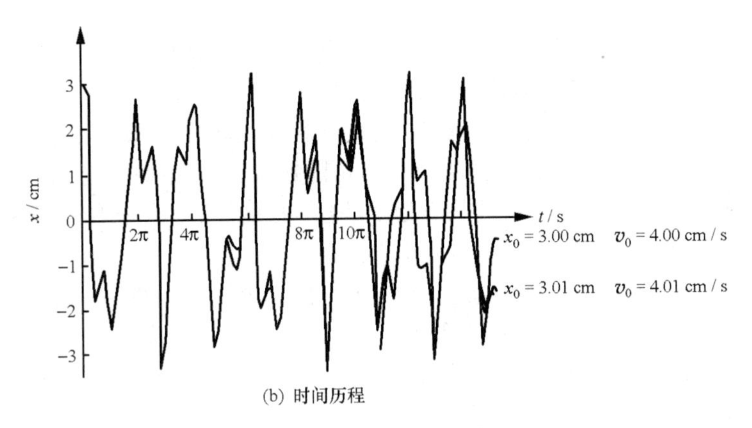

(b) 时间历程

图 8-21 非线性振动及其时间历程

条曲线的初值相差甚微，分别为(3.00 cm，4.00 cm/s)与(3.01 cm，4.01 cm/s)，仅差 10^{-2}；而经过不足 50 秒钟后，两者位移之差达 10^{0} 量级. 其实，在后半程，两者已显露出明显的差别. 真是差之毫厘，失之千里. 这种对初值依赖的敏感性是非线性系统演化行为的重要特征，称其为混沌. 众所周知，无论从观测数据的获得或理论上的设定，初值不可能是绝对准确的，总存在由有效数字所体现的误差. 混沌行为对初值依赖的敏感性，使得这种初值的微小差别，导致未来的显著的几乎不可预测的后果. 尽管系统演化过程遵从确定的动力学规律. 确定的规律导致不确定的后果——这确实令人耳目一新，心眼一亮. 物理学历来将对象或系统的变化规律性分野为两类. 一类是由牛顿力学开创的决定性或因果律，即一旦确定了初值，便确定了系统未来任何时刻的状态，因为系统遵循着一个确定的动力学规律. 另一类是由无规热运动体现出来的随机性或统计规律性，它不定量描述过程，只注重结果，而结果是以概率语言来表述的. 这两类规律性是物理学家认识世界表达自然的两种截然不同的眼光或思维方式.现在,居然出现了混沌——理论上的因果律与事实上的随机性并存于非线性系统的演化过程中,使得上述关于两种规律性的分野界限似乎变得模糊了.也许,从一开始便以随机性和统计规律性表述的那些场合,原本就蕴含着内在的复杂的非线性效应.

● 非线性振动的物理特性

除混沌特性外,非线性振动还具有若干物理特性,其重要性并不亚于混沌,它们均与频率有关.兹简述如下.

(1) 本征频率与振幅有关.线性弹性系统的本征频率与振幅无关,而非线性弹性系统的本征频率 ω_0 随振幅 A 大小而变化.这有两种表现,对于硬特性系统,ω_0 随 A 增大而提高;对于软特性系统,ω_0 随 A 增大而降低,单摆属此情形.

(2) 倍频和分数频响应.非线性弹性系统在单一频率 ω 的简谐驱动力作用下,其受迫振动并非同频简谐振动,一般情形下含有倍频 $n\omega$ 成分,在一定条件下还含有分数频率 ω/n 成分——倍周期响应.这里 n 为正整数.由于倍频和分数频的出现,非线性弹性系统共振频率的个数将多于系统自由度的数目.

(3) 组合频率响应.若有两个频率 ω_1 和 ω_2 的驱动力激励非线性弹性系统,将出现组合频率$(m\omega_1 \pm n\omega_2)$的受迫振动,这里 m,n 为整数.一定条件下某个组合频率(和频或差频)成分要比其他成分大得多.组合频率的出现,表明各激励之间有着相互影响.换言之,非线性弹性系统在多个激励同时作用下的总响应,不等于各激励单独作用下的响应的简单叠加.叠加原理不适用于非线性系统.这也是求解非线性动力学微分方程的困难之根源.

(4) 频率俘获现象.一自激振动系统以频率 ω_0 自振时,输入一频率为 ω 的激励,当 ω 与 ω_0 接近到一定范围,拍振便消失,出现单频简谐运动.此现象被称为频率俘获,产生俘获的频带被称为俘获带域.

(5) 跳跃和滞后的频应现象.如图 8-22 所示为一非线性弹性系统的频应曲线,横坐标 ω 表示外激励的频率.在 ab 段,振幅 A 随 ω 提高而增大,到达 b 处突跳向下到 c 点,尔后沿 cd 缓减;从此开始降

低 ω,则沿 $defa$ 走向,在 e 点突跳向上到 f 点. 可见,频率 ω 增加或减少过程中,发生振幅跳跃的频率是不同的,来回 $bcefb$ 形成一闭合回线,这被称为滞后现象.

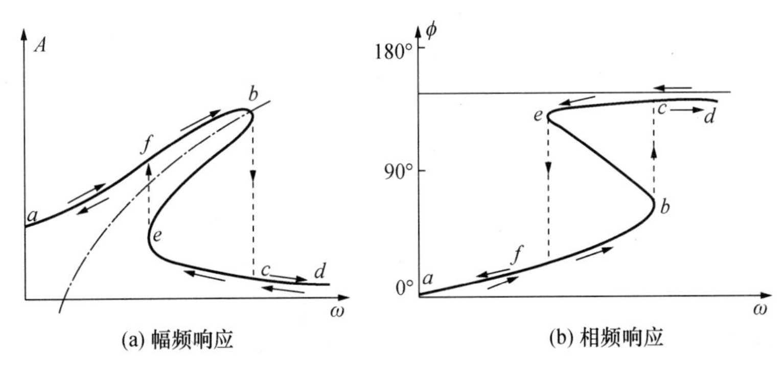

图 8-22 非线性系统的跳跃和滞后

8.9 振动的合成

- 概述
- 一维同频两个振动的合成——相干项
- 一维差频两个振动的合成——拍与拍频
- 正交同频两个振动的合成——椭圆轨迹系列
- 正交非同频两个振动的合成——李萨茹图形

● 概述

实际上有不少场合,存在两个或多个振源,比如,在教室中有多个置放于不同地点的扩音器. 于是,处于这种场合的质点或质量元,就随之同时作多种成分的振动,其最终运动状态便是这多种振动的线性叠加,即所谓满足运动叠加原理. 如果联系物理学的其他场合,比如,电学中的交流电路,光学中的偏振系统,就更能看到本节讨论的振动合成问题的普遍性价值. 以下分别几种典型情况,讨论振动的合成及其合成结果的主要特征.

- **一维同频两个振动的合成——相干项**

设一质点的运动同时含有两种相同频率的简谐振动,且两者均沿一维 x 轴方向,即

$$x_1(t) = A_1 \cos(\omega t + \varphi_{10}),$$
$$x_2(t) = A_2 \cos(\omega t + \varphi_{20}),$$

于是,该质点的合成运动为

$$x(t) = x_1(t) + x_2(t).$$

根据本章第 5 节曾述及的简谐量的保守性,获知两个同频简谐量之和依然为一个同频简谐量,故上式可进一步明确地写成

$$x(t) = A\cos(\omega t + \varphi_0). \tag{8.57}$$

眼下的问题是如何确定这合成振动的(A,φ_0)与两个分振动的(A,φ_{10}),(A_2,φ_{20})的关系.可以有三种方法求得这种关系,即三角函数的代数运算法、矢量图解法和复数解法.自然这三种解法均得同一结果如下,

$$A^2 = A_1^2 + A_2^2 + 2A_1A_2\cos(\varphi_{20} - \varphi_{10}), \tag{8.58}$$

$$\tan\varphi_0 = \frac{A_1\sin\varphi_{10} + A_2\sin\varphi_{20}}{A_1\cos\varphi_{10} + A_2\cos\varphi_{20}}. \tag{8.59}$$

特别值得我们关注的是(8.58)式中的那个交叉项

$$\Delta I = 2A_1A_2\cos\delta, \quad \delta \equiv \varphi_{20} - \varphi_{10}, \tag{8.60}$$

它表明,在分振幅 A_1,A_2 给定的条件下,那两个振动之间的相位差 δ 对合成振动的振幅有着决定性的影响:

当 $\delta = 2n\pi, \quad n = 0, \pm1, \pm2, \cdots,$

则 $\Delta I = 2A_1A_2, \quad A^2 = (A_1 + A_2)^2, \quad A_M = A_1 + A_2;$

当 $\delta = (2n+1)\pi, \quad n = 0, \pm1, \pm2, \cdots,$

则 $\Delta I = -2A_1A_2, \quad A^2 = (A_1 - A_2)^2, \quad A_m = |A_1 - A_2|.$

换言之,合成振动的振幅,可能达到的极大值为 A_M,可能达到的极小值为 A_m,究竟 A 为何值,还取决于两个分振动之间的相位差 δ.下一章波动学将告诉我们,波的强度比如声强或光强,正比于振幅平方即 A^2,故人们常称上述那个交叉项 ΔI 为强度相干项(coherence term).

• 一维差频两个振动的合成——拍与拍频

让我们先感受一个演示实验，选择好两个音叉，让其两个频率稍有差别，比如一个音叉的基频 $f_1=500$ Hz，另一个基频 $f_2=505$ Hz，两者差频 $\Delta f=5$ Hz$\ll f_1, f_2$. 尔后，敲击这两个音叉，这时教室中的人们便听到"嗡—嗡—嗡"声，这表明此种场合下的声强出现了周期性的慢变，如图 8-23(a)所示. 这一现象被称为拍(beat). 下面对拍现象作定量考察.

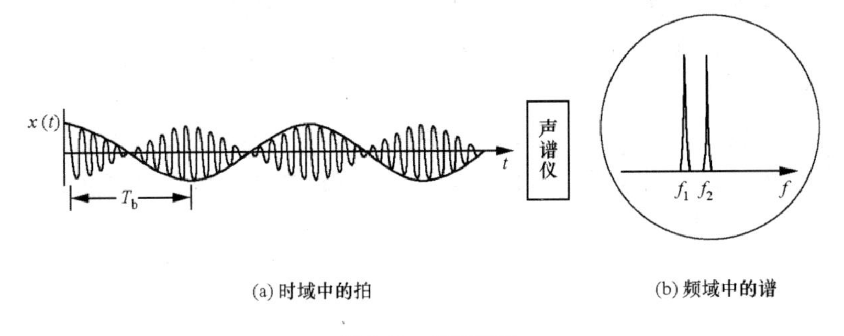

(a) 时域中的拍　　(b) 频域中的谱

图 8-23 拍与拍频

设一质点的运动沿一维 x 轴方向，同时含有两种不同频率的简谐振动成分. 为了突出其频率差别带来的影响，我们不妨假定那两个分振动的振幅相等，且初相位均为零. 于是，写出两个分振动为

$$x_1(t) = A_1\cos(\omega_1 t+\varphi_{10}) = A\cos\omega_1 t,$$
$$x_2(t) = A_2\cos(\omega_2 t+\varphi_{20}) = A\cos\omega_2 t,$$

则其合成振动为

$$x(t) = x_1(t)+x_2(t) = 2A\cos\left(\frac{\Delta\omega}{2}t\right)\cdot\cos\left(\frac{\omega_1+\omega_2}{2}t\right). \tag{8.61}$$

注意到频差 $\Delta\omega\ll\omega_1, \omega_2$，故(8.61)式表明，这合成振动是一个振幅作低频变化的高频振动. 人们常称此处 $\cos\left(\frac{\Delta\omega}{2}t\right)$ 为低频包络因子，或称其为低频调幅因子，正是它的作用导致高频振动的振幅时而最大时而为零，作周期性的低频变化. 从图 8-23(a)可以看出，这波包重

复的周期 T_b 是那调幅因子的周期的一半，换言之，这拍频 f_b 是那调幅因子频率的两倍，即

$$\omega_b = 2 \times \frac{\Delta\omega}{2} = \Delta\omega, \quad 或 \quad f_b = \Delta f. \tag{8.62}$$

这表明上述演示实验中人们听到的嗡嗡声的拍频 f_b 就等于差频 Δf. 图 8.23(b)显示这拍振动通过声谱仪所出现的频谱.

拍现象有许多重要应用. 人耳对频率近乎在零到大约 20 Hz 的拍十分敏感，并且不要求产生拍的两个振动的振幅完全相等. 据此可应用于调音.

例题 当拨动小提琴琴弦的同时，一个频率已知为 520 Hz 的音叉也发出声音，这时听到频率为 6 Hz 的拍，那么小提琴此时发音的频率为多少？

根据(8.62)式，将会有两个答案，因小提琴琴弦频率与音叉频率之差为 6 Hz，故应为 526 Hz，或为 514 Hz. 再调整小提琴琴弦的张力，如果张力增加时那拍频降低，便可断定其中稍低频率 514 Hz 是起初小提琴琴弦的实际频率，这是因为琴弦频率随张力增加而提高.

拍也被用来调整钢琴. 大多数钢琴的琴键同时敲击三根琴弦，这就要求三根琴弦产生同样的音调. 近代钢琴调节器，先使其中两根琴弦停止振动，并且调节第三根琴弦的张力，直至它与电子振荡器同步为止，这个电子振荡器事先已调整在所希望的频率. 然后逐一使另外两根琴弦振动起来并加以调节，直到听不到拍为止. 没有调好的钢琴其演奏出来的单音中包含着拍，虽然它可能快得难以一个个听出来，但是这种声音不和谐，可能是不悦耳的.

近代激光技术中，巧妙地产生了一种光拍以研究大分子的振动或转动能级. 先把一束激光分为两束，其中一束通过样品. 由于与样品中分子相互作用而使其频率发生变化，其差频在红外或远红外波段，这远小于光频；再将这一束光与另一束直达的光汇合而产生拍. 测定此时光拍的频率，便获得有关大分子的能级结构的信息. 这一测量原理与下一章介绍的多普勒测速仪原理十分相似.

• 正交同频两个振动的合成——椭圆轨迹系列

在大地震重灾区的现场，可见到那里的桥梁、铁轨和电线杆均呈麻花状的景象. 这是因为地震波既含纵波又含横波，其所到之处的物体同时作受迫纵振动和横振动，合成运动的轨迹为各种弯曲的图形. 设一质点同时在两个正交方向作同频简谐运动，其位移函数分别为

$$\begin{cases} x(t) = A_1\cos(\omega t + \varphi_1), \\ y(t) = A_2\cos(\omega t + \varphi_2). \end{cases} \tag{8.63}$$

通过三角函数的运算，可以将质点位移的两个分量表示式，合成为该质点位移(x,y)所遵循的一个轨迹方程，

$$\frac{x^2}{A_1^2} + \frac{y^2}{A_2^2} - 2\frac{xy}{A_2A_1}\cos\delta = \sin^2\delta, \tag{8.64}$$

$$\delta \equiv \varphi_2 - \varphi_1. \tag{8.64$'$}$$

泛泛而论，其运动轨迹为椭圆，它总是内切于由$(2A_1 \times 2A_2)$划定的那个矩形框，而椭圆的具体形态及其特征则取决于那相位差δ. 比如，当$\delta=0,\pi$时，其轨迹退化为直线；当$\delta=+\pi/2$时，其轨迹为右旋正椭圆(顺时针)；当$\delta=-\pi/2$时，其轨迹为左旋正椭圆(逆时针)；当δ为其他取值时，其轨迹为斜椭圆，或右旋或左旋. 由此可见，两个正交振动的相位差δ对合成轨迹的形态有着重要影响，如图 8-24 所示.

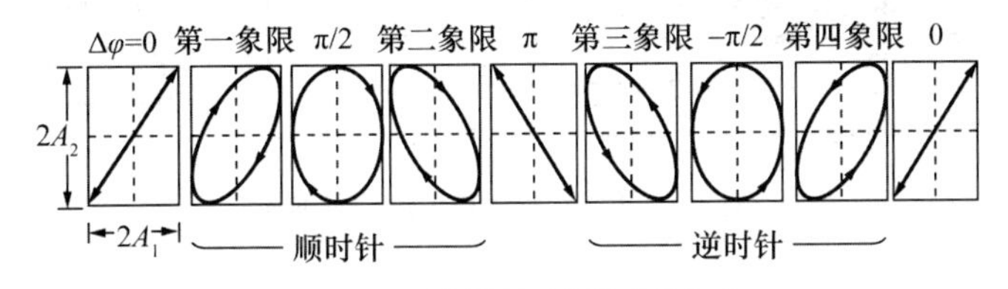

图 8-24　两个同频正交振动的合成

• 正交非同频两个振动的合成——李萨茹图形

设一质点在两个正交方向的位移函数分别为

$$\begin{cases} x(t) = A_1\cos(\omega_1 t + \varphi_1), \\ y(t) = A_2\cos(\omega_2 t + \varphi_2), \end{cases} \tag{8.65}$$

其合成运动的轨迹形态明显地依赖于那两个频率之比值和初相位.

当频率比值 $\omega_1/\omega_2=m/n$ 为最简整数比时,合成运动的轨道是稳定的闭合曲线或稳定的开口曲线,质点可长时间地在这曲线上作周而复始的运动,如图 8-25 所示.有意思的是,这稳定轨道的形状,不仅取决于频率比与相位差,还与初相位 φ_1,φ_2的取值有关.这些轨迹曲线通称为李萨茹图形(Lissajous figures).

$\frac{\omega_1}{\omega_2}$			
$\frac{\omega_1}{\omega_2}=\frac{1}{2}$	y, O, x $\varphi_1=0\quad \varphi_2=-\frac{\pi}{2}$	$\varphi_1=-\frac{\pi}{2}\quad \varphi_2=-\frac{\pi}{2}$	$\varphi_1=0\quad \varphi_2=0$
$\frac{1}{3}$	$\varphi_1=0\quad \varphi_2=0$	$\varphi_1=0\quad \varphi_2=-\frac{\pi}{2}$	$\varphi_1=-\frac{\pi}{2}\quad \varphi_2=-\frac{\pi}{2}$
$\frac{2}{3}$	$\varphi_1=\frac{\pi}{2}\quad \varphi_2=0$	$\varphi_1=0\quad \varphi_2=-\frac{\pi}{2}$	$\varphi_1=0\quad \varphi_2=0$
$\frac{3}{4}$	$\varphi_1=\pi\quad \varphi_2=0$	$\varphi_1=-\frac{\pi}{2}\quad \varphi_2=-\frac{\pi}{2}$	$\varphi_1=0\quad \varphi_2=0$

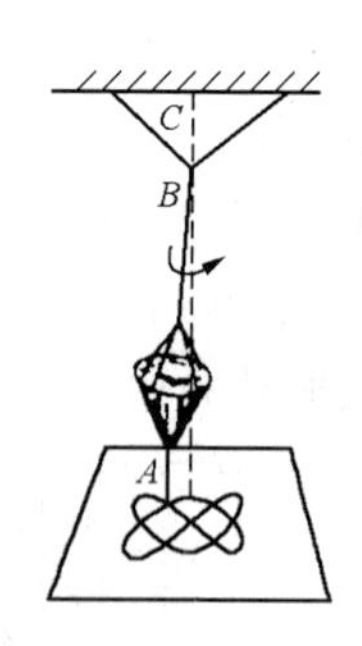

图 8-25　李萨茹图形及其演示(沙漏摆)

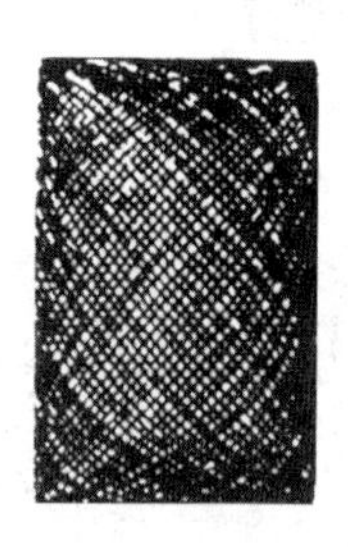

图 8-26　准周期运动轨迹

当频率比为无理数时,比如 $\omega_1/\omega_2=\sqrt{2},\sqrt{3}$等,轨道是不闭合且非重复的,在长时间内质点运动所经历的路径,将密布于 $(2A_1\times 2A_2)$矩形面内.这被称作准周期运动,如图 8-26.这种景象出现于非线性运动中,这是一个极不稳定的运动状态,稍有参量变化,比如正交振动之间稍有耦合，便转移到频率比为有理数的状态，出现稳定的李萨茹图形.

习　题

8.1　一物体沿 x 轴作简谐振动. 振幅为 12.0 cm，周期为 2.0 s，在 $t=0$ 时物体位于 6.0 cm 处且向正 x 方向运动. 求

（1）初相位；

（2）$t=0.50$ s 时，物体的位置、速度和加速度；

（3）当物体在 $x=-6.0$ cm 处且向负 x 方向运动时，物体的速度和加速度.

8.2　一简谐振动为 $x=\cos(\pi t+\varphi)$，试作出初相位 φ 分别为 0，$\pi/3$，$\pi/2$，$-\pi/3$ 时的 x-t 图.

8.3　三个频率和振幅都相同的简谐振动 $x_1(t)$，$x_2(t)$，$x_3(t)$，设 x_1 的图形如图所示，已知 x_2 与 x_1 的相位差 $\varphi_2-\varphi_1=2\pi/3$，$x_3$ 与 x_1 的相位差 $\varphi_3-\varphi_1=-2\pi/3$. 试在图中作出 $x_2(t)$ 和 $x_3(t)$ 的图形.

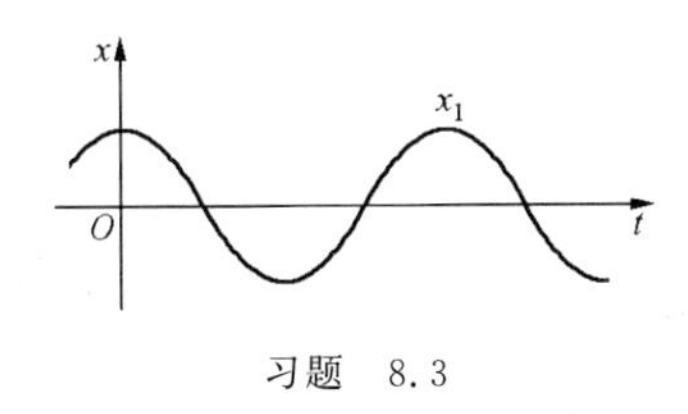

习题　8.3

8.4　一个质量为 0.25 g 的质点作简谐振动，其表达式为 $x=6\sin(5t-\pi/2)$，式中 x 的单位为 cm，t 的单位为 s. 求

（1）振幅和周期；（2）质点在 $t=0$ 时所受的作用力；

8.5　求半径为 5.00 cm 的金属球与长为 25.0 cm 的细棒组成的复摆的振动周期，设金属球质量为 m，细棒质量可忽略.

8.6　如图，一细棒两端装有质量均为 m 的小球 A，B，可绕水平轴 O 自由转动，且 $OA=l_1$，$OB=l_2$. 若细棒的质量可忽略不计，求细棒作角度很小的摆动时的周期.

8.7　图示两个弹簧系统，劲度系数为 k_1 和 k_2，分别求出两种情形的振动频率.

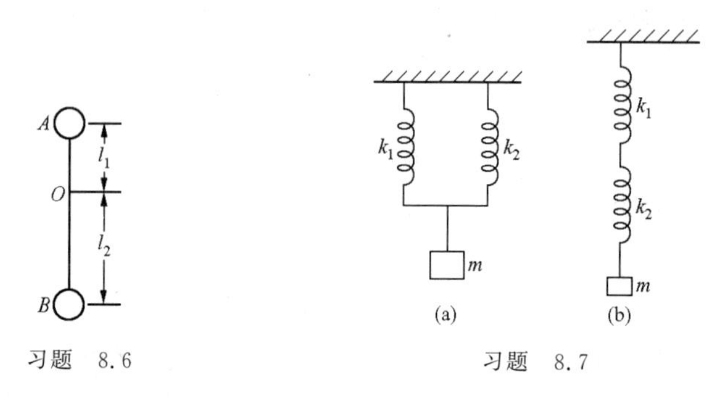

习题 8.6

习题 8.7

8.8 如图,一单摆的摆长 $l=100$ cm,摆球质量 $m=10.0$ g,开始时处在平衡位置.

(1) 若给小球一个向右的水平冲量 $F\Delta t=10.0\,\mathrm{g\cdot cm/s}$,以打击时刻为 $t=0$ 时刻,求振动的初相位及振幅;

(2) 若 $F\Delta t$ 是向左的,则初相位为多少?

习题 8.8

习题 8.9

8.9 在劲度系数为 k 的弹簧下悬挂一盘,一质量为 m 的重物自高度 h 处落到盘中作完全非弹性碰撞.已知盘子原来静止,质量为 M.求盘子振动的振幅和初相位(以碰后为 $t=0$ 时刻).

8.10 一竖直弹簧下挂一物体,最初用手将物体在弹簧原长处托住,然后撒手,此系统便上下振动起来.已知物体最低位置在初始位置下方 10.0 cm 处.求

(1) 振动频率;

(2) 物体在初始位置下方 8.0 cm 处的速度大小;

(3) 若将一个 300 g 的砝码系在该物体上,系统振动频率就变为原来频率的一半,则原物体的质量为多少?

(4) 原物体与砝码系在一起时,其新的平衡位置在何处?

8.11　两个劲度系数为 k，自然长度为 l_0 的弹簧，两端分别如图固定于沿铅直方向的 A，B 两点（$AB=3l_0/2$），中间连一质量为 m 的质点，设开始时 m 静止于 AB 的中点，求以后 m 的运动规律 $x=x(t)$.

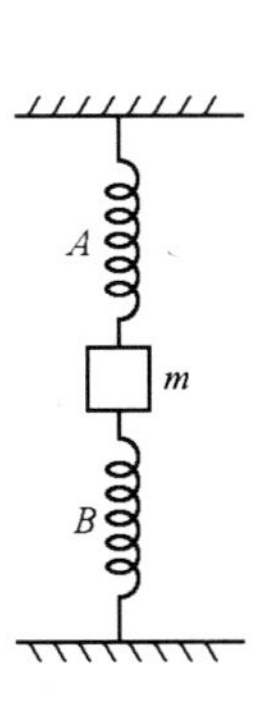

习题　8.11

8.12　图中的弹簧振子水平放置，弹簧的劲度系数为 k，振子质量为 m. 从弹簧原长处开始，对振子施加恒力 f，经一段距离 s_0 后撤去外力，试讨论外力撤去后振子的运动情况.

（1）振子将作何种运动？（2）确定振子运动的特征量；（3）写出振子位移函数的表达式（设从 s_0 处开始计时）；（4）求出系统的总能量.

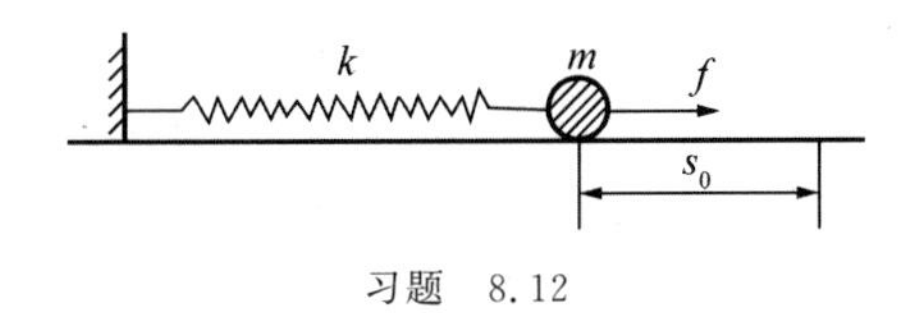

习题　8.12

8.13　光滑水平的桌面上放置一个劲度系数为 k 的弹簧，弹簧一端系着一质量为 M 的木块，这个系统的运动为 $x=A_0\cos\left(\sqrt{\frac{k}{M}}t+\varphi\right)$. 一团质量为 m 的油灰落在木块上与木块完全粘合在一起，在下列两种情况下求系统新的周期、新的振幅：

（1）油灰在 M 速度为零的瞬时落在木块上；

（2）油灰在 M 速度最大的瞬时落在木块上.

8.14　三个质量为 m 的质点和三个劲度系数为 k 的弹簧串联在一起，紧套在光滑的水平圆周上（见图）. 求此系统简正模即简正频率和运动方式.

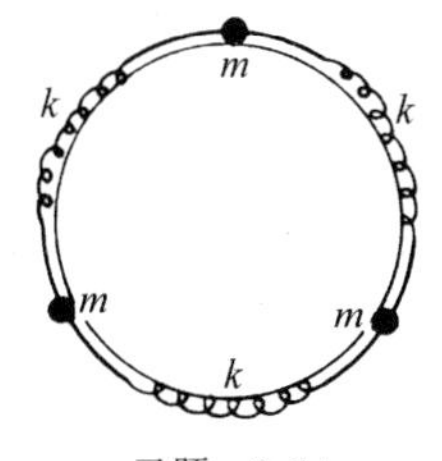

习题　8.14

8.15　阻尼振动起始振幅为 3.0 cm，经过 10 s 后振幅变为 1.0 cm. 经过多长时间振幅将变为 0.30 cm？

8.16　弱阻尼时的衰减振动中，相隔一个周期 T 的两振幅之比的自然对数称为对数减缩，记为 λ.

(1) 证明对数减缩 $\lambda=\beta T$；

(2) 设振子质量 $m=5.0\,\mathrm{kg}$，振动频率为 0.50 Hz，$\lambda=0.02$，求弹簧的劲度系数 k 和阻尼因数 β.

8.17 弹簧振子的固有频率为 2.0 Hz，现施以振幅为 100×10^{-5} N 的谐变力，使发生共振. 已知共振时的振幅为 5.0 cm，求

(1) 阻力系数 γ（设 $\beta^2\ll\omega_0^2$）；

(2) 当振子质量 m 为 500 g 时系统的 Q 值.

8.18 两个同方向同频率的简谐振动 $x_1=A\cos(\omega t+\pi/4)$，$x_2=\sqrt{3}A\cos(\omega t+3\pi/4)$. 求合成振动的振幅和初相位.

8.19 说明下面两种情形下的垂直振动合成各代表什么运动，试画出轨迹图来，并在图上标明旋转方向.

(1) $\begin{cases}x=A\sin\omega t,\\ y=B\cos\omega t.\end{cases}$　(2) $\begin{cases}x=A\cos\omega t,\\ y=B\sin\omega t.\end{cases}$

8.20 两支 C 调音叉，其一是标准的 256 Hz，另一是待校正的. 同时轻敲这两支音叉，在 20 s 内听到 10 拍. 问待校音叉的频率可能是多少？

9 波　动

9.1　波与波函数

- 波动图像——横波与纵波
- 定态波与脉冲波
- 波的传播速度——相速
- 平面简谐波函数
- 波面与波线
  平面波，球面波和柱面波

● 波动图像——横波与纵波

固体、液体和气体均有弹性，它们被统称为连续弹性介质. 在连续弹性介质中，局域质量元的扰动将导致周围质量元随之先后运动起来，由近及远而形成波——扰动在介质中的传播. 振源与弹性介质是形成机械波的两个基本条件. 在振动研究中，人们直接关注的是离散质量块即振子的运动，那么在波动研究中，人们直接关注的是运动的传播或运动状态的传播. 图 9-1 显示一维弹簧介质中出现的波动图像，其中图 9-1(a)为横波，其质量元振动方向与波传播方向正交；而图 9-1(b)为纵波，其质量元振动方向与波传播方向平行. 在气体或液体介质中纵波成分是主要的，而在固体介质中横波和纵波两种成分同时并存,地震波在地壳中的传播就是这样.

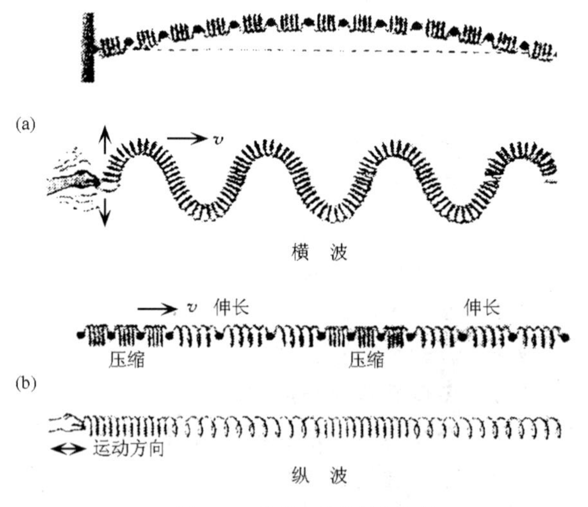

图 9-1 弹簧中的横波与纵波

• 定态波与脉冲波

当振源在长时间中作持续稳定振动时,则波场中各点也将作持续稳定的振动.这种波被称为定态波,其基元成分是平面简谐波.沿 x 方向传播的平面简谐波的表达式为

$$u(x,t)=A\cos(\omega t+\varphi_0(x)),\tag{9.1}$$

其中,振幅 A 与时刻 t 无关,保持稳定,且与场点位置无关.角频率 ω 与场点位置无关,表明波场中各点随振源作同频振动.相位函数 $\varphi_0(x)$ 为 x 处振动的初相位,显然 $\varphi_0(x)$ 与场点位置有关,正是它体现了振动在空间的传播而形成波动.需要强调的是,这里符号 u 表示位移量,它是质量元瞬时位置与其无波动时平衡位置的偏离,它可能是横偏离,也可能是纵偏离,均以 u 轴示之.与定态波相比较而存在的是一种脉冲波.歼击机俯冲或炮弹爆炸瞬间都将激发出这种短时间的脉冲波,其波形局限于一小区域,谓之为波包(wave packet),波包随时间在空间推移,形成脉冲波的传播图像.脉冲波的存在,并不影响平面简谐波作为各种复杂波动的基元成分的地位,只要这波赖

以传播的介质是线性介质.

- **波的传播速度——相速**

见图 9-2,一列定态波向 x 方向传播,即 t 时刻 x 处的运动状态,在$(t+\Delta t)$时刻出现于$(x+\Delta x)$处,由此定义波的传播速度

$$v=\frac{\Delta x}{\Delta t},$$

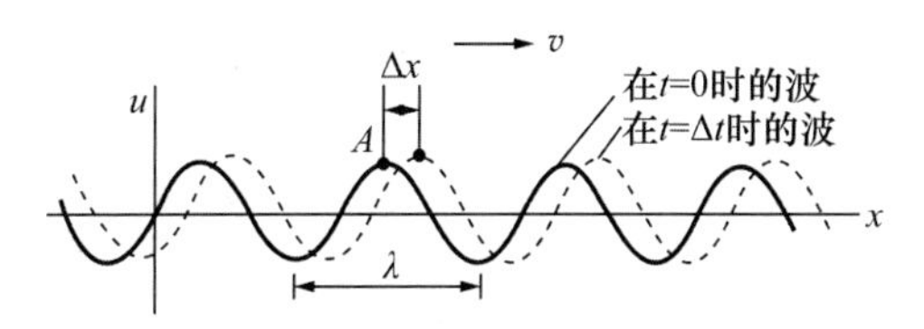

图 9-2 波的传播——相速

常称它为相速(phase velocity),意在表明它反映的是运动状态的传播速度.我们知道,运动状态被相位精确地刻画,故有了相速便可显示(9.1)式中的相位函数 $\varphi_0(x)$.设原点振动的初相位为 φ_0,其 t 时刻的运动状态对应相位$(\omega t+\varphi_0)$,经历 Δt 时间,该状态传播到 $x=v\Delta t$ 处,由相位 $\omega(t+\Delta t)+\varphi_0(x)$刻画,即

$$\omega(t+\Delta t)+\varphi_0(x)=\omega t+\varphi_0,$$

得相位函数

$$\varphi_0(x)=\varphi_0-\omega\Delta t=\varphi_0-\omega\frac{x}{v}. \tag{9.2}$$

- **平面简谐波函数**

将以上相位函数代入(9.1)式,便得到平面简谐波函数的表达式为

$$u(x,t)=A\cos\left[\omega\left(t-\frac{x}{v}\right)+\varphi_0\right], \tag{9.3}$$

由此可见,平面简谐波具有时空双重周期性——其波场中各点随时间作简谐振动;同一时刻位移函数随空间有周期性分布.其空间周期称为波长,记为 λ.波长 λ 也可以理解为一次振动在空间展开的一段波列的长度.因此,波相速就该等于振动频率 f 与波长 λ 的乘积,即

$v = f\lambda$. 仿照对振动时间特征的描述，我们可以对应地引入空间频率 $\tilde{\nu}$，空间角频率 k，它们与空间周期 λ 的关系为

$$k = 2\pi\tilde{\nu} = \frac{2\pi}{\lambda}, \tag{9.4}$$

人们也时常称 k 或 $\tilde{\nu}$ 为波数.

于是，平面简谐波函数又有了以下两种表达式

$$u(x,t) = A\cos(\omega t - kx + \varphi_0), \tag{9.5}$$

$$u(x,t) = A\cos\left[2\pi\left(\frac{t}{T} - \frac{x}{\lambda}\right) + \varphi_0\right], \tag{9.6}$$

相应的波相速公式为

$$v = f\lambda = \frac{\omega}{k}. \tag{9.7}$$

关于平面简谐波函数的三个表达式，各有特点，任人选用. 其中(9.5)式含(ω, k)最简洁，(9.6)式含(T, λ)显示了定态波的时空双重周期性，(9.3)式含宗量$(t - x/v)$显示了波形以速度 v 在空间传播的波动图像.

● 波面与波线　平面波，球面波和柱面波

在三维连续介质中传播的波，其等相点的空间轨迹称作波面. 波面上各点处于同一振动状态. 一列波有一系列波面，分别对应不同的相位值. 与波面正交的一族线称作波线. 在各向同性介质中，波线表示振动的传播方向，即波相速的方向. 波场中的波面与波线是对波动的一种几何描述.

图 9-3 显示了三种典型形态的波面与波线. 这之前多次论及的平面简谐波函数，其表达的是一列沿 x 方向的平面波，其波面是一系列无限大的平面，均平行于(yz)平面. 球面简谐波函数的表达式为

$$u(r,t) = \frac{a}{r}\cos(\omega t - kr + \varphi_0), \quad r = \sqrt{x^2 + y^2 + z^2}. \tag{9.8}$$

柱面简谐波函数的表达式为

$$u(r,t) = \frac{b}{\sqrt{r}}\cos(\omega t - kr + \varphi_0), \quad r = \sqrt{x^2 + y^2}. \tag{9.9}$$

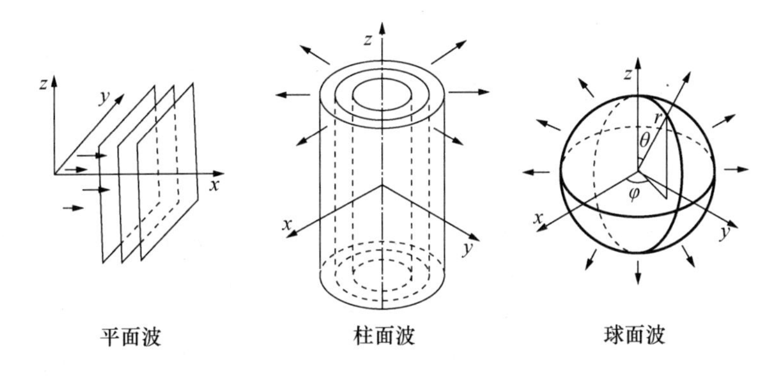

图 9-3 三种典型波面

可见这两者与平面简谐波的区别在于振幅系数 $A(r)$,它不再是一常数,与场点的位置有关.至于球面波 $A(r)\propto r^{-1}$,柱面波 $A(r)\propto r^{-\frac{1}{2}}$ 的根据,留待 9.5 节研究波场能流问题以后便得以理解.

9.2 波动方程

· 一维波动方程及其通解形式　　· 三维波动方程及其基元波

· 传播因子

● 一维波动方程及其通解形式

波函数包含时空变量.波函数所满足的方程被称为波动方程.或者更有意义的提法是,什么样的方程其解具有波动形式.在线性介质中,经典波动方程为二阶线性偏微分方程

$$\frac{\partial^2 u}{\partial x^2}-\frac{1}{v^2}\frac{\partial^2 u}{\partial t^2}=0. \tag{9.10}$$

该方程具有波动形式的解,其通解形式为

$$u_1(x,t)=F\left(t-\frac{x}{v}\right),$$

或

$$u_2(x,t)=G\left(t+\frac{x}{v}\right), \tag{9.11}$$

由于方程的线性,两者的线性叠加依然满足方程,即更为普遍的通解

形式为

$$u(x,t)=c_1F\left(t-\frac{x}{v}\right)+c_2G\left(t+\frac{x}{v}\right),\tag{9.12}$$

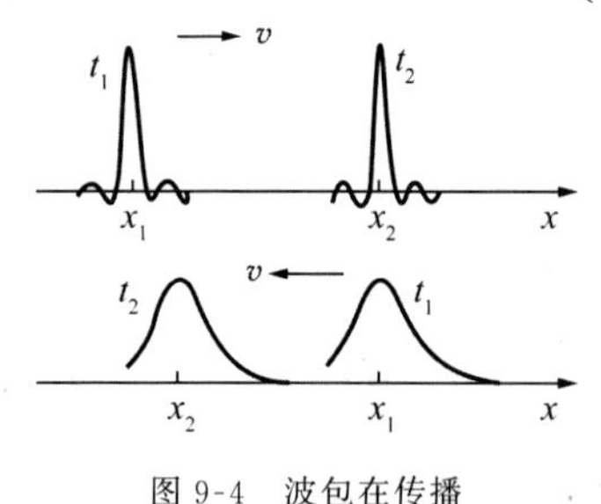

图 9-4 波包在传播

其中 c_1, c_2 为任意常系数. 值得强调的是,这里对波形 F 或 G 并无限制,它们既可以是全域的简谐波形,也可以是局域的脉冲波包,如图 9-4 所示. 读者不妨对公式(9.11)和公式(9.12)函数形式满足波动方程(9.10)这一点予以审核.

- **传播因子**

宗量$(t\mp x/v)$包含了时空变量,称它为传播因子. 凡是以传播因子为宗量的函数均表示一种波动,它表明了某一波形随时间以速度$\pm v$在空间传播. 对此说明如下. 设 t_0 时刻,波形由函数 $F(t_0-x/v)$ 描述,在下一时刻$(t_0+\Delta t)$,该波形传播到$(x+\Delta x)$处,即

$$t_0-\frac{x}{v}=(t_0+\Delta t)-\frac{x+\Delta x}{v},$$

有

$$\Delta t-\frac{\Delta x}{v}=0,$$

得传播速度为

$$\frac{\mathrm{d}x}{\mathrm{d}t}=v.$$

总之,函数 $F(t-x/v)$ 或 $G(t+x/v)$ 分别表示速度为 v 或 $-v$ 的行波. 实际存在的行波,比如声波、水波或固体中存在的各种弹性波,其波形态总是确定的,包括其振幅、频率和波长也是确定的. 这是一个根据初条件和边条件,求出波动方程的特解问题,本课程不予介绍. 不论特解是怎样一种具体形式,其波相速却是确定的,可由波动方程(9.10)式中 $\partial^2u/\partial t^2$ 项的系数获得. 在后面 9.4 节我们将从动力学角度建立波动方程,并从中获得波速公式.

- **三维波动方程及其基元波**

设波函数为 $\psi(\boldsymbol{r},t)$ 或 $\psi(x,y,z,t)$,在机械波中它代表位移函数

$u(\boldsymbol{r},t)$. 在三维空间中,经典力学线性波动方程的一般形式为

$$\frac{\partial^2\psi}{\partial x^2}+\frac{\partial^2\psi}{\partial y^2}+\frac{\partial^2\psi}{\partial z^2}-\frac{1}{v^2}\frac{\partial^2\psi}{\partial t^2}=0,$$

引入拉普拉斯算符$\nabla^2=\partial^2/\partial x^2+\partial^2/\partial y^2+\partial^2/\partial z^2$,得到波动方程的简化形式为

$$\nabla^2\psi-\frac{1}{v^2}\frac{\partial^2\psi}{\partial t^2}=0, \tag{9.13}$$

这方程表明,函数 ψ 的空间变化率与其时间变化率之间有着一种内在联系,正是这种联系呈现出一种波动. 方程(9.13)式的通解形式为

$$\psi=\psi\left(t-\frac{\boldsymbol{v}\cdot\boldsymbol{r}}{v^2}\right), \tag{9.14}$$

它表示传播速度为$\boldsymbol{v}$的一个任意波包. 这里,波包传播速度方向可以是任意的,只要其速率 v 与 $\partial^2\psi/\partial t^2$ 项的系数一致,这一波包便满足波动方程. 9.1 节论及的三种定态波,即平面简谐波、球面简谐波和柱面简谐波,也是满足这三维波动方程的,读者不妨予以审核. 波动方程解的基元形式,一般选为沿任意方向传播的平面简谐波

$$\psi(\boldsymbol{r},t)=A\cos(\omega t-\boldsymbol{k}\cdot\boldsymbol{r}+\varphi_0), \tag{9.15}$$

其中 $\boldsymbol{k}$ 为该平面波的特征矢量,称作波矢. 其数值 $k=2\pi/\lambda$,称为波数,这之前也曾称它为空间角频率. 波矢 $\boldsymbol{k}$ 的方向表示波相速方向,即波面是一系列与 $\boldsymbol{k}$ 正交的平面. 如图 9-5 所示,这是因为 $\boldsymbol{k}\cdot\boldsymbol{r}$ =常数的点的空间轨迹,就是这样的平面.

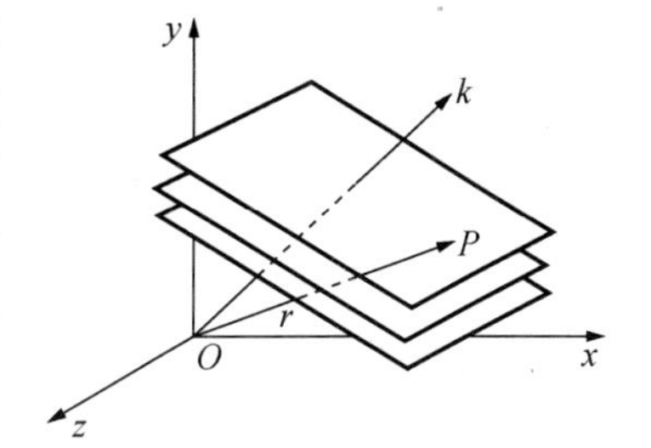

图 9-5 平面简谐波及其波矢 $\boldsymbol{k}$

可以看出,为满足波动方程,对平面简谐波的振幅 A,角频率 ω 和波矢 $\boldsymbol{k}$ 并无特定限制,但对 ω/k 值有要求,它必定是波动方程中表明的波相速 v 值. 这就是说,若干不同振幅或不同频率或不同传播方向的平面波的线性组合,仍满足波动方程,这是就波动方程的通解而言. 为满足实际上特定的初条件和边界条件,就有特定的平面波线性组合方式,这就是求波动方程的特解问题. 将复杂的波分解为一系列

基元波即平面简谐波的叠加,这种分析方法的有效性是基于波动方程的线性.这种分析方法不仅适用于对任意波包的分解,也适用于对球面波和柱面波的分解.这就是说,一列球面波或柱面波,也可以看作一系列平面波的特定组合.这便是关于波场分析的平面波理论的基本思想.

9.3 弹性体的应变与应力

- 拉伸应变与杨氏弹性模量
- 杆内各处应变与应力的细致关系
- 剪切应变与切变模量
- 体变与体积(弹性)模量
- 一些材料的弹性(杨氏)模量、切变模量和泊松比
- 弯曲与扭转

在弹性体内一处的扰动之所以能被传播而形成波,是因为体内各质量元之间的相互作用.这里研究的弹性体的应变及相应的弹性恢复力,就是这种相互作用的物理机制.静态弹性力学实验表明,在外力作用下,弹性体将发生形变,体内各点处于一种新的紧张状态,产生了一种弹性恢复力,以与外力抗衡,使弹性体处于一种静态平衡.因此,平衡态下可观测的外力就成为体内应变而产生的应力的一种量度.习惯上人们称这种存在于体内的形变与弹性恢复力为应变与应力(strain and stress).下面介绍应变与应力的基本类型.

● 拉伸应变与杨氏弹性模量

见图 9-6(a),一个条形介质棒,长 l,正截面积 S,一端被固定,另一端施一外力 F,则棒被拉伸,增长 Δl 而达到平衡.这表明此时介质棒内部任一正截面(两侧),存在内应力 F.实验表明,伸长量在一定限度内,有线性关系

$$\frac{F}{S}\propto\frac{\Delta l}{l},$$

引入一比例常数 E 而将上式写成一等式

$$\frac{F}{S}=E\,\frac{\Delta l}{l}, \tag{9.16}$$

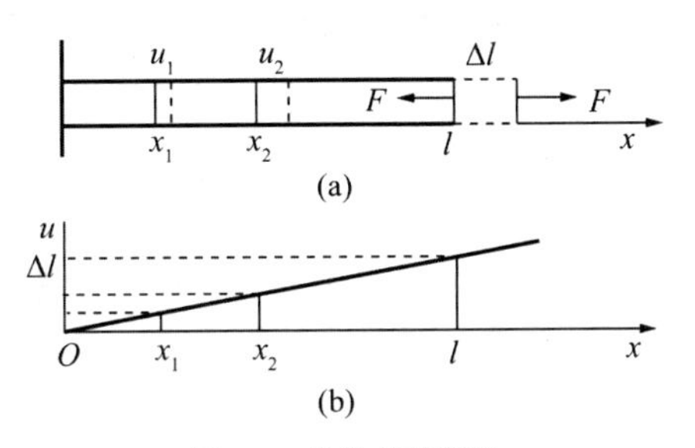

图 9-6 拉伸应变实验

其中，F/S 为介质内单位面积上沿法向的弹性力，被称为正应力或法向应力(normal stress)；$\Delta l/l$ 为相对伸长率，被称作延伸率(extensibility)；比例常数 E 系材料弹性参数，与该材料制成何种工件无关，被称作杨氏弹性模量(Young elastic modulus). 以下列出几种固体材料杨氏模量的量级：

材料	钢	铜	铝	玻璃	木
$E/(\mathrm{N\cdot m^{-2}})$	2×10^{11}	10^{11}	7×10^{10}	6×10^{10}	10^{10}

- **杆内各处应变与应力的细致关系**

值得注意的是，上述拉杆实验中的应变和应力并不限于那端面，介质棒内部处处有应变，处处有应力，如图 9-6 所示. 设介质棒内的位移函数为 $u(x)$，对应 x—$x+\Delta x$ 段质量元，其位移量为 u—$u+\Delta u$，故这一段的相对伸长率即应变量为 $\Delta u/\Delta x$，相应的弹性力为

$$F(x) = ES\left(\frac{\mathrm{d}u}{\mathrm{d}x}\right), \tag{9.17}$$

若 $\mathrm{d}u/\mathrm{d}x=$常数，与 x 无关，称之为均匀应变，目前静态拉伸实验就是如此. 若 $\mathrm{d}u/\mathrm{d}x$ 与 x 有关，称之为非均匀应变，随后即将看到的介质中的弹性波，就是这种情形. 总之，(9.17)式所刻画的应变与应力的细致关系是普遍适用的.

- **剪切应变与切变模量**

见图 9-7，一立柱高度为 b，截面积为 S，下端被固定，外力 F 沿

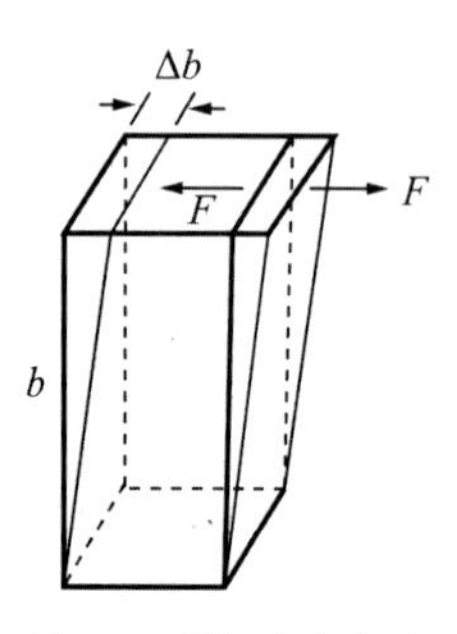

图 9-7　剪切应变实验

端面切线方向施于立柱上端面，则立柱将沿切向而有一形变，其位移量为 Δb，达到平衡. 这表明此时在介质柱内部任一正截面的两侧，存在切向弹性恢复力 F. 实验表明，在切向位移量一定限度内，有线性关系 $F/S \propto \Delta b/b$，写成一等式

$$\frac{F}{S}=G\frac{\Delta b}{b}. \tag{9.18}$$

其中，F/S 为介质内单位面积上沿切向的弹性力，被称为切向应力或剪应力(shear stress)；相对切向位移率 $\Delta b/b$ 被称为剪切应变(shearing strain)；比例常数 G 系材料弹性的另一参数，与该材料制成何种工件无关，被称作切变模量(shear modulus).

泊松(S. D. Poisson)发现，纵向被伸长的杆必定伴有横向的收缩，其收缩率与延伸率 $\Delta l/l$ 之比为一常数 σ，被称为泊松比，它联系着固体材料的杨氏模量 E 与切变模量 G，

$$G=\frac{E}{2(1+\sigma)}, \tag{9.19}$$

可见，E 总是大 G 于 2 倍以上. 固体材料的泊松比 σ 一般在 0.3～0.4. 下面列出某些材料的切变模量.

材料	钢	铜	铝	玻璃	硬木	长骨头
$G/(\mathrm{N\cdot m^{-2}})$	8.4×10^{10}	4.2×10^{10}	2.4×10^{10}	2.3×10^{10}	10^{10}	10^{10}

- **体变与体积(弹性)模量**

液体和气体易流动，易变形，随器而容. 这表明流体几乎无切向弹性恢复力，即流体的切变模量 $G=0$. 一静态流块或固体块，体积为 V，当其表面四周压强增加 Δp，其体积将被压缩 ΔV，而得以平衡. 两者 Δp 与 $\Delta V/V$ 存在线性关系，

$$\Delta p=-K\frac{\Delta V}{V}=K\frac{\Delta\rho}{\rho}, \tag{9.20}$$

这里，K 被称为体积模量(bulk modulus)，式中的负号表明，压强增

加则体积减少，$\Delta V<0$；相应有密度增加，$\Delta\rho>0$. 下面列出几种介质的体积模量，K 值越大，则介质越难以压缩，其体积变化或密度变化越小.

材料	水	乙醇	水银	空气	钢	玻璃
$K/(\mathrm{N\cdot m^{-2}})$	0.22×10^{10}	0.09×10^{10}	2.5×10^{10}	1.24×10^{5}	16×10^{10}	3.7×10^{10}

例题 海面以下 2 km 处的压强是大气压强的 200 倍，此深度海水密度相对于表面处的密度 ρ_0 的变化率为

$$\frac{\Delta\rho}{\rho_0}=\frac{\Delta p}{K}=\frac{(200-1)\,\mathrm{atm}}{0.22\times10^{10}\ \mathrm{N\cdot m^{-2}}}\approx 9.13\times10^{-3}. \quad (9.21)$$

可见，其密度或体积变化率不足 1%. 这表明，液体在中等压强变化范围，其体积变化是很小的，对固体来说更是这样，而对气体则不然.

• 一些材料的弹性(杨氏)模量、切变模量和泊松比

材　料	$E/(\mathrm{N\cdot m^{-2}})$	$G/(\mathrm{N\cdot m^{-2}})$	σ
不锈钢	19.7×10^{10}	7.57×10^{10}	0.30
电解铁	21×10^{10}	8.2×10^{10}	0.29
铜	12.6×10^{10}	4.6×10^{10}	0.37
金	8.1×10^{10}	2.85×10^{10}	0.42
银	7.5×10^{10}	2.7×10^{10}	0.38
铝	6.8×10^{10}	2.5×10^{10}	0.355
铅	1.5×10^{10}	0.54×10^{10}	0.43
硼硅酸玻璃	6.2×10^{10}	2.5×10^{10}	0.24
坚硬木材	$\sim10^{10}$		
丙烯树脂	0.39×10^{10}	0.143×10^{10}	0.4
尼龙	0.35×10^{10}	0.122×10^{10}	0.4
聚苯乙烯	0.36×10^{10}	0.133×10^{10}	0.353
骨骼(四肢沿轴)	2×10^{10}	0.8×10^{10}	
腱	2×10^{7}		
肋软骨	1.2×10^{7}		
血管	$\sim2\times10^{5}$		
橡胶	$\sim10^{6}$		

• 弯曲与扭转

在自然界中，物体的形变除伸缩形变和剪切形变外，还有弯曲与扭转两种常见的形变，像出现于横梁、树干或骨骼那里的情况. 虽然

弯曲与扭转形变与本章主题波动的关系不大，它们的效应更多地是表现于静力平衡问题中，但由于它们的力学机制与伸缩应变和剪切应变密切相关，故在本节一并予以介绍.

见图 9-8(a)，一介质板长度为 l，矩形截面积为$(a\times b)$，被置于两个支承物上. 在自重 w 作用下，板将弯曲. 以板为整体看，两个支持力均为 $w/2$ 向上，而自重力 w 向下，合力为零，合力矩亦为零，故板整体得以平衡，如图 9-8(b). 若将板一分为二来分析，比如左半部，有自重力 $w/2$ 向下，与支持力 $w/2$ 向上，合力为零，但两者的合力矩不为零. 介质板借助自身的弯曲形变，产生了一个内力矩，才得以平衡，如图 9-8(c). 对此细致说明如下.

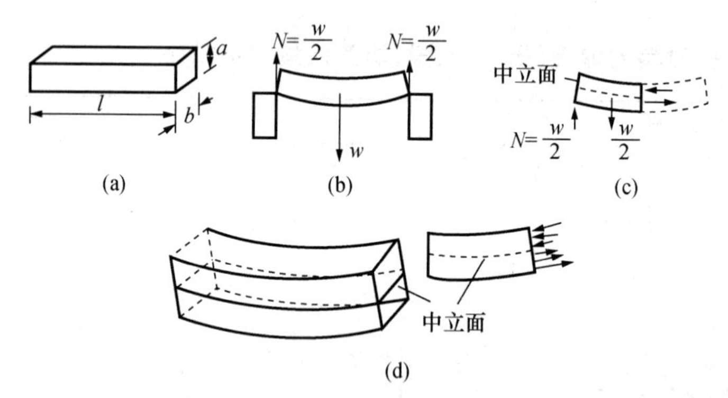

图 9-8　分析横梁的弯曲形变及其内力矩

板向下弯曲，其下半层被拉伸，有个横向拉力向右；上半层被压缩，有个横向压力向左. 这两个伸缩力对支点的合力矩方向与自重力矩相反，彼此抵消. 当然，离中立面较远的层面应变大，应力亦大，如图 9-8(d). 总之，横梁的弯曲产生了一个内力矩或称为应力矩，以抗衡外力矩，使自身处于一种紧张而平衡的状态. 略微深入的数学分析证明，当梁被弯曲成曲率半径为 R 时，梁中的内力矩公式为

$$\Gamma=E\frac{I_S}{R},\tag{9.22}$$

这里，E 是板材的杨氏模量，I_S 被称为截面二次矩，其值取决于截面形状，比如

$$\text{矩形截面 } I_S=\frac{a^3 b}{12}, \qquad \text{实心圆截面 } I_S=\frac{\pi r^4}{4}. \tag{9.23}$$

这表明,同样的矩形截面($a\times b$),若弯曲半径 R 一定,短边平放时的内力矩要大.或者说,在同样外力矩作用下,厚板的弯曲半径 R 大,即弯曲程度小,抗弯本领大.比如,设 $a=3b$,同样材料、同样尺寸和相同自重力矩,当长边 a 为高度时的弯曲半径为 R_1,当短边 b 为高度时的弯曲半径为 R_2,则

$$\frac{R_1}{R_2}=\frac{I_1}{I_2}=\frac{a^3 b}{b^3 a}=\frac{a^2}{b^2}=9,$$

可见,前者抗弯本领是后者的 9 倍.对于圆柱横梁,若半径加倍,则其抗弯本领将增强 $2^4=16$ 倍(见(9.23)式).空心结构比同样截面积的实心体更为坚固,这是因为空心结构有较大的面转动惯量,其抗弯本领大.这一原理在自然界中得到了广泛的应用.比如,一般骨头均是空心的.修长挺拔的竹子,中空多节,具有很强的抗弯能力.竹子具有优异的抗弯、抗拉和抗裂性能的机理,当今已成为材料科学中的一个研究课题.

再看扭转形变,见图 9-9,一端被固定的圆柱体,在自由端施加一力偶,产生一个沿轴向的扭转力矩.如果形变不太大,可以发现,任一通过轴线的平面将被扭转,扭转角度随着与固定端距离的增大而正比例增加,如图 9-9(b).这是一个剪切应变问题.相邻圆柱层,有不同的扭转角引起的切应变,从而产生剪切应力以及相应的剪切内力矩,与外力矩反向,彼此抵消而维持平衡.计算结果表明,由扭转形变产生的内力矩公式为

$$\Gamma=GI_{\mathrm{p}}\frac{\alpha}{l}, \tag{9.24}$$

这里,G 为材料的切变模量,α 为离固定端的距离为 l 的正截面的扭转角,如图 9-9(c).I_{p} 为有极转动惯量,其值取决于截面形状,对于实心圆柱体,$I_{\mathrm{p}}=\pi r^4/2$.可见,若圆柱体半径加倍,则其抗扭转本领增强 $2^4=16$ 倍.

当外扭转力矩不断增加,物体最终将断裂.以下列出人体中一些肢体骨骼出现这种情况的力矩和相应角度.

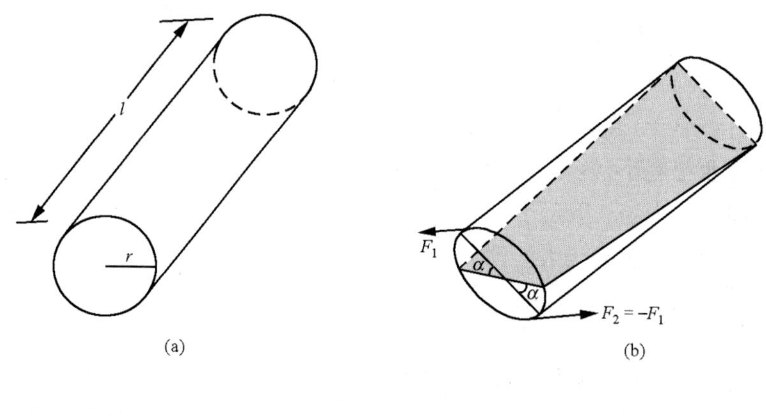

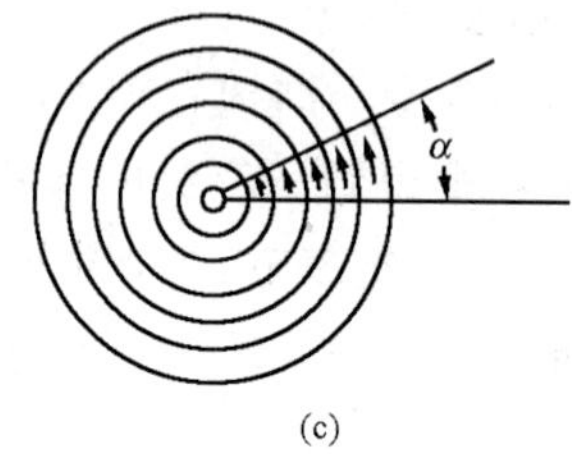

图 9-9　圆柱体的扭转形变与扭转角

骨骼	扭断力矩/(N·m)	扭断角度/(°)
腿股骨	140	1.5
胫骨	100	3.4
腓骨	12	35.7
臂肱骨	60	5.9
桡骨	20	15.4
尺骨	20	15.2

9.4　介质中的波速

- 波速问题
- 导出波动方程
- 纵波相速公式
- 横波相速公式
- 弦横波相速公式
- 气体中的声速公式
- 说明
- 声速数据表

● 波速问题

在不同介质中传播的弹性波将有不同的传播速度，即使其频率是一定的. 比如，声波相速：

标准状态下在空气中， $v=331\,\mathrm{m/s}$；

常温条件下在水中， $v\approx1450\,\mathrm{m/s}$；

在木材中， $v\approx3000\sim5000\,\mathrm{m/s}$；

在钢铁中， $v\approx4000\sim5000\,\mathrm{m/s}$.

这是为什么？波相速公式 $v=f\lambda=\omega/k$ 解答不了这个问题，它是一个关于波速的运动学公式，适用于任何性质和形态的波. 它不涉及波传播的动力学机制，它不回答为什么在不同介质中，波传播将有不同的波长值，虽然其频率相同.

中国唐山市于 1976 年发生大地震. 来自当地幸存者对最初震感的描述，有说“先是上下颠簸，接着横向筛摇”；又有说“先是横向摇晃，接着又来上下颠颤”. 两种感受均为实情. 原来震源同时激发纵波和横波，记作 p 波和 s 波，两者传播速度不同，纵波相速大于横波相速，$v_p>v_s$. 如图 9-10 所示，在震中距近区域，直达纵波震动方向几乎垂直地面，而在震中距远区域，首先到达的纵震动其主要成分沿水平方向. 地震台根据最初到达的纵波与横波的时差来确定震源位置. 这需要有四个以上地震台记录到的时差数据，才能比较精确地测定震源位置. 当然，地震波在地壳中的传播速度按层次深浅而有所不同. 地壳厚度平均约为 33 公里，其底面是地震波速的一个突变面. 地壳本身一般又分为上层与下层. 上层为花岗岩层亦称硅铝层，下层为玄武岩层亦称硅镁层. 在这两个区域中，地震 p 波或 s 波的速度也不同.

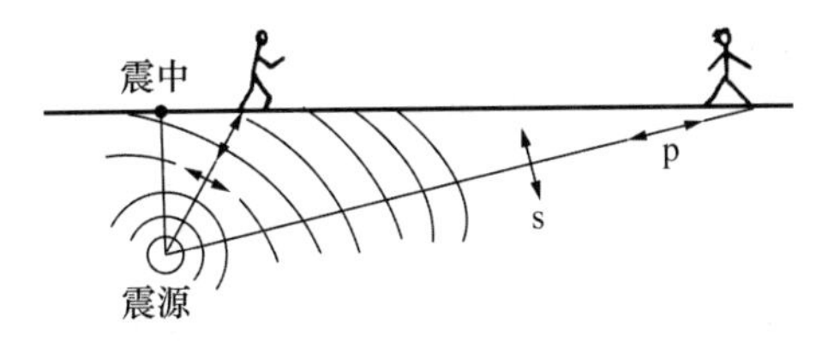

图 9-10 地震纵波与横波

总之，波在不同介质中的传播速度问题系动力学问题，需要从弹性体的应变与应力入手，去建立波动方程而求得解决.

- **导出波动方程**

见图 9-11,一根介质棒的一端被敲击,便激发一纵波沿棒传播.设纵向位移函数为 $u(x,t)$.则应力分布函数由(9.17)式给出,

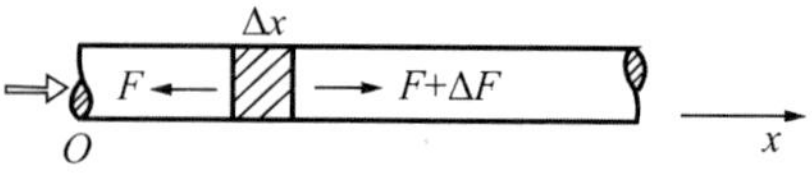

图 9-11 导出纵波方程

$$F(x,t)=ES\frac{\partial u}{\partial x}, \tag{1*}$$

隔离其中任一质量元在 x—$x+\mathrm{d}x$ 段,其含质量

$$\Delta m=\rho\Delta V=\rho S\Delta x,$$

应用牛顿定律于此质量元:

$$F(x+\Delta x)-F(x)=\Delta m\frac{\partial^2 u}{\partial t^2}, \tag{2*}$$

这里 $\partial^2 u/\partial t^2$ 表示质量元运动的加速度,而这时质量元的速度表达式为 $\partial u/\partial t$,注意它有别于波相速 $v=\mathrm{d}x/\mathrm{d}t$.上式左端的净应力即合外力,由(1*)式它可进一步表达为

$$F(x+\Delta x)-F(x)=\Delta F=\frac{\partial F}{\partial x}\cdot\Delta x=ES\frac{\partial^2 u}{\partial x^2}\Delta x,$$

代入(2*),有

$$E\frac{\partial^2 u}{\partial t^2}=\rho\frac{\partial^2 u}{\partial t^2}\quad\text{或}\quad\frac{\partial^2 u}{\partial x^2}-\frac{\rho}{E}\cdot\frac{\partial^2 u}{\partial t^2}=0, \tag{9.25}$$

这是一个标准的波动方程,其解具有波动形式.从以上纵波方程的建立中,可以看出波函数 $u(x,t)$ 对空间的一级导数 $\partial u/\partial x$,表示弹性体内相对形变率(应变);它对空间的二级导数 $\partial^2 u/\partial x^2$,导致体内这一质量元所受的净应力.这一点以往鲜有印象.由此可以说,波动是与位移函数对空间二级求导相联系的效应.

- **纵波相速公式**

由纵波方程(9.25)式中 $\partial^2 u/\partial t^2$ 的系数,并对照波动方程标准形式(9.10)式可得纵波相速公式

$$v=\sqrt{\frac{E}{\rho}}, \tag{9.26}$$

这里 E 为介质杨氏模量，ρ 为介质的质量体密度.

- **横波相速公式**

仿照纵波方程的导出程序，不难建立传播于介质中的横波方程，从而获得横波相速公式

$$v=\sqrt{\frac{G}{\rho}}. \tag{9.27}$$

这里 G 为介质的切变模量.

例题 对于铸铁 $\rho\approx7.60\times10^{3}\ \mathrm{kg/m^3}$，$E\approx10^{11}\ \mathrm{N/m^2}$，并且 $G\approx5\times10^{10}\ \mathrm{N/m^2}$，求得铸铁中纵波和横波相速度分别为

$$v_{\mathrm{p}}=\sqrt{\frac{10^{11}}{7.60\times10^{3}}}\,\mathrm{m/s}\approx3800\,\mathrm{m/s},$$

$$v_{\mathrm{s}}=\sqrt{\frac{5\times10^{10}}{7.60\times10^{3}}}\,\mathrm{m/s}\approx2560\,\mathrm{m/s},$$

若设一振动频率 $f=3200$ Hz，则相应的在铸铁中的纵波与横波波长为

$$\lambda_{\mathrm{p}}=\frac{v_{\mathrm{p}}}{f}\approx1.2\,\mathrm{m},\quad \lambda_{\mathrm{s}}=\frac{v_{\mathrm{s}}}{f}\approx0.8\,\mathrm{m}.$$

- **弦横波相速公式**

见图 9-12，一根弹性弦，张力为 T，质量线密度为 η. 当其局域有

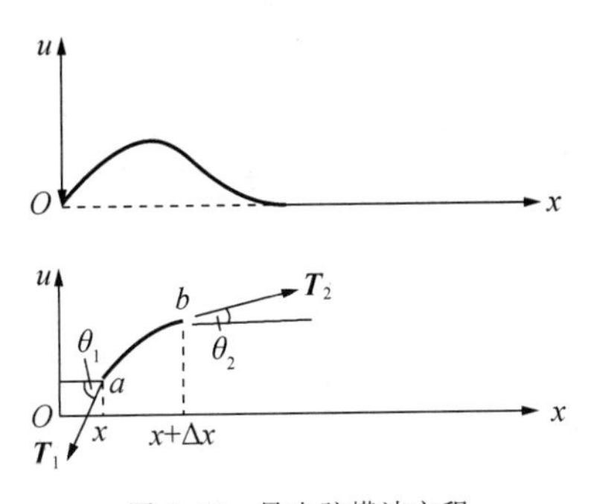

图 9-12 导出弦横波方程

横向扰动时,便产生一横波 $u(x,t)$沿弦传播.隔离一小段弧元 $\widehat{ab}$,其两端分别受到两个方向略有不同的张力 $\boldsymbol{T}_1$ 与 $\boldsymbol{T}_2$,其在横向即垂直轴方向的分力分别为

$$T\sin\theta_1 \approx T\left(\frac{\partial u}{\partial x}\right)_a,$$

$$T\sin\theta_2 \approx T\left(\frac{\partial u}{\partial x}\right)_b \approx T\left(\frac{\partial u}{\partial x}\right)_a + T\left(\frac{\partial^2 u}{\partial x^2}\right)_a \Delta x,$$

故弦横向净恢复力为

$$\Delta F = T\sin\theta_2 - T\sin\theta_1 = T\left(\frac{\partial^2 u}{\partial x^2}\right)\Delta x,$$

再应用牛顿定律于这段质量元 $\Delta m=\eta\Delta x$,有

$$T\left(\frac{\partial^2 u}{\partial x^2}\right)\Delta x=\eta\Delta x\,\frac{\partial^2 u}{\partial t^2},$$

即

$$\frac{\partial^2 u}{\partial x^2}-\frac{\eta}{T}\frac{\partial^2 u}{\partial t^2}=0. \tag{9.28}$$

这是一个标准的波动方程,从中获得弦横波的相速公式为

$$v=\sqrt{\frac{T}{\eta}}. \tag{9.29}$$

可见,当一根弦被绷得越紧,其横波速度越大,因为这时张力 T 大了,而质量线密度 η 近乎不变.二胡、小提琴调音时,随弦绷紧程度的加大,其基频(音调)越来越高,就是这个道理.最后,尚需说明一点,上述弦横波的线性波动方程的建立,有赖于小角近似和小位移近似,否则将导致非线性波动方程.不过,在弦乐器中,这一近似条件是被很好地满足的.

• 气体中的声速公式

对于气体,其切变模量 $G=0$,故不存在横波.气体中纵波即声波的速度公式,可由(9.26)式演化而来.问题在于如何求得气体等效杨氏模量 E_e,这涉及声场中的气体处于什么状态,经历怎样的热力学

过程.考虑到实际气体在通常条件下,比较稀薄,其性质接近理想气体,且具有很好的绝热性能,一气团按声频快速振荡,它来不及与周边气团交换热量,被近似地看作一个绝热振荡,或者说,气团按声频作周期性胀缩而疏密的过程是个绝热过程.基于此,导出理想气体声速公式为

$$v=\sqrt{\frac{\gamma p_0}{\rho_0}}=\sqrt{\frac{\gamma RT}{\mu}},\quad 即\quad E_e=\gamma p_0,\tag{9.30}$$

其中,p_0,T,ρ_0 分别为无波动时该气体的压强、温度和密度,γ 为气体绝热指数,即定压比热容与定容比热容之比值,μ 为气体摩尔质量,摩尔气体常数 $R=8.314\,\mathrm{J/(mol\cdot K)}$.

例题　对于空气,标准状态下的压强 $p_0=1.013\times10^5\ \mathrm{N/m^2}$,温度 $T=273.16\ \mathrm{K}$,空气密度 $\rho_0=1.293\ \mathrm{kg/m^3}$,绝热指数 $\gamma=1.40$,代入(9.27)式,得

$$v=331.2\ \mathrm{m/s}.\tag{9.31}$$

这与实测值 $v_0=331.45\ \mathrm{m/s}$ 十分接近,偏差在 0.1%.可见,用理想气体绝热过程看待气体中的声场是相当正确的.

● **说明**

本节从动力学观点导出介质中的波动方程,给出波相速公式.我们不禁要问,出现于波速公式中的介质性能参数如杨氏模量 E 和切变模量 G,是否就是静态弹性实验中所得的数值;当介质元处于频率 ω 振动状态时,这些性能参数是否会改变.这是一个更为深刻的问题,虽然在很宽的低频范围内,弹性参数几乎不变.当出现波速与振动频率有关即 $v=v(\omega)$ 情形时,将产生“色散”,波包在色散介质中传播时将要变形.这个问题留待 9.8 节介绍.

● **声速数据表**

(1) 气体中的声速 v(标准状态时的值 0℃)

气 体	$v/(m\cdot s^{-1})$	气 体	$v/(m\cdot s^{-1})$
空气	331.45	H_2O(水蒸气)(100℃)	404.8
Ar	319	He	970
CH_4	432	N_2	337
C_2H_4	314	NH_3	415
CO	337.1	NO	325
CO_2	258.0	N_2O	261.8
CS_2	189	Ne	435
Cl_2	205.3	O_2	317.2
H_2	1269.5		

(2) 液体中的声速 v(20℃)

液 体	$v/(m\cdot s^{-1})$	液 体	$v/(m\cdot s^{-1})$
CCl_4	935	$C_3H_8O_3$(甘油)	1923
C_6H_6(苯)	1324	CH_3OH	1121
$CHBr_3$	928	C_2H_5OH	1168
$C_6H_5CH_3$	1327.5	CS_2	1158.0
CH_3COCH_3	1190	$CaCl_2$ 43.2%水溶液	1981
$CHCl_3$	1002.5	H_2O	1482.9
C_6H_5Cl	1284.5	Hg	1451.0
$(C_2H_5)_2O$	1006	NaCl 4.8%水溶液	1542

(3) 固体中的声速

固 体	无限媒质中纵波速度/$(m\cdot s^{-1})$	无限媒质中横波速度/$(m\cdot s^{-1})$	棒内的纵波速度/$(m\cdot s^{-1})$
铝	6420	3040	5000
铍	12890	8880	12870
黄铜(Cu 70%, Zn 30%)	4700	2110	3480
铜	5010	2270	3750
硬铝	6320	3130	5150
金	3240	1200	2030
电解铁	5950	3240	5120
阿姆克铁	5960	3240	5200
铅	1960	690	1210
镁	5770	3050	4940

（续表）

固　体	无限媒质中纵波速度/(m·s⁻¹)	无限媒质中横波速度/(m·s⁻¹)	棒内的纵波速度/(m·s⁻¹)
莫涅耳合金	5350	2720	4400
镍	6040	3000	4900
铂	3260	1730	2800
银	3650	1610	2680
不锈钢	5790	3100	5000
锡	3320	1670	2730
钨	5410	2640	4320
锌铅	4210	2440	3850
熔融石英	5968	3764	5760
硼硅酸玻璃	5640	3280	5170
重硅钾铅玻璃	3980	2380	3720
轻氯铜银铅冕玻璃	5100	2840	4540
丙烯树脂	2680	1100	1840
尼龙	2620	1070	1800
聚乙烯	1950	540	920
聚苯乙烯	2350	1120	2240

9.5 波场中的能量与能流

- 介质元的振动动能与弹性势能
- 能量传输因子
- 平均能量密度
- 平均能流密度
- 一组声强的量级
- 声压与声压级　声强级

● 介质元的振动动能与弹性势能

见图 9-13，考察波场中任一介质元 $\Delta m=\rho\Delta V$，它在振动时，具有振动动能 ΔE_{k}，它被反复形变时，具有弹性势能 ΔE_{p}. 设位移函数即波函数为 $u(x,t)$，则

$$\Delta E_{\mathrm{k}}=\frac{1}{2}\rho\left(\frac{\partial u}{\partial t}\right)^{2}\Delta V. \tag{9.32}$$

然而对于连续介质中弹性势能的表达，我们尚不熟悉，现以纵波为例，采取与一维线性弹簧类比的方式分析之，参考图 9-14.

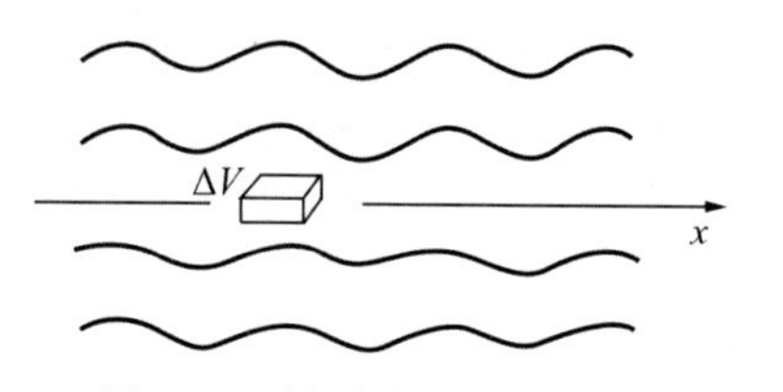

图 9-13 波场中介质元的机械能

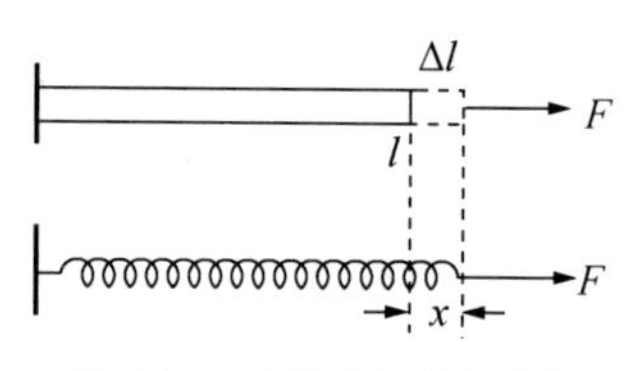

图 9-14 介质棒与弹簧类比

弹簧 介质棒

$$\left\{\begin{array}{rcl} F = kx & \longleftrightarrow & F = ES\,\dfrac{1}{l}\Delta l, \\ x & \longleftrightarrow & \Delta l, \\ k & \longleftrightarrow & k_e = \dfrac{ES}{l}, \\ E_p = \dfrac{1}{2}kx^2 & \longleftrightarrow & E_p = \dfrac{1}{2}k_e(\Delta l)^2 = \dfrac{1}{2}E\left(\dfrac{\Delta l}{l}\right)^2 V. \end{array}\right.$$

再将右端关于介质棒弹性势能表达式,应用于波场中的介质元,须作如下相应转换:$V\to\Delta V$, $\Delta l/l\to\partial u/\partial x$. 最后得纵波场中介质元的弹性势能表达式为

$$\Delta E_p = \frac{1}{2}E\left(\frac{\partial u}{\partial x}\right)^2\Delta V. \tag{9.33}$$

对于横波,介质元的弹性势能公式为

$$\Delta E_p = \frac{1}{2}G\left(\frac{\partial u}{\partial x}\right)^2\Delta V. \tag{9.34}$$

值得注意的是,上述关于波场中介质元的振动动能与弹性势能的表达式是普适的,并不限于平面简谐波.

- **能量传输因子**

以沿 x 方向传播的平面简谐波 $u(x,t)=A\cos(\omega t-kx)$ 为例,进一步揭示波场中能量 $\Delta E_k(x,t)$, $\Delta E_p(x,t)$ 的时空特性. 由(9.32),(9.33)式,得

$$\Delta E_{\mathrm{k}} = \frac{1}{2}\rho\omega^2 A^2 \Delta V \sin^2(\omega t - kx), \tag{9.35}$$

$$\Delta E_{\mathrm{p}} = \frac{1}{2}Ek^2 A^2 \Delta V \sin^2(\omega t - kx), \tag{9.36}$$

于是,包含于 ΔV 中的机械能为

$$\Delta E = \Delta E_{\mathrm{k}} + \Delta E_{\mathrm{p}} = \frac{1}{2}(\rho\omega^2 + Ek^2)A^2 \Delta V \sin^2(\omega t - kx),$$

再应用波相速公式 $v=\omega/k=\sqrt{E/\rho}$,确认 $\rho\omega^2=Ek^2$,故体积元 ΔV 所含机械能为

$$\Delta E = \rho\omega^2 A^2 \Delta V \sin^2(\omega t - kx). \tag{9.37}$$

这里有两点值得强调:

(1) 三个能量表达式(9.35),(9.36)和(9.37)中均含宗量$(\omega t - kx)$,这表明能量值如 ΔE_{k},ΔE_{p},ΔE,像个团块随时间在空间传输,其传输因子正是先前行波的相位传播因子$(\omega t - kx)$. 因此,能量传输速度 v_E 等于波相速 v,即

$$v_E = \omega/k = v, \tag{9.38}$$

这是预料中的事. 相位传播——运动状态传播——能量传输,三者本该一致. 伴随着波动必有能量的传输,正缘于此.

(2) 出乎意料的是,$\Delta E_{\mathrm{k}}(x,t)$与 $\Delta E_{\mathrm{p}}(x,t)$两者相位一致. 动能与势能同时达到最大或最小,同处达到最大或最小. 这与一弹簧振子的动能与势能之间相互转换和守恒情形是截然不同的. 这并不违背能量守恒律,因为处于连续介质中的体积元 ΔV,并非孤立系,它是一个开放站,能量有进有出. 图 9-15 有助于理解 ΔE_{k}与 ΔE_{p}变化步调的一致性. 比如,我们注意 a 点或 c 点邻近,其左右两侧的形变是反对称的,以致形变最强故势能最大,而这两处随时间的位移的改变量也最大,以致速度最大、动能最大. 对于 b 点或 d 点邻近,左右两侧形变对称,应变 $\partial u/\partial x=0$,且位移的改变量最小,$\partial u/\partial t=0$,即振动动能和弹性势能均取零值.

- **平均能量密度**

波场中单位体积内蕴含的能量被称作能量密度,表示为 $w(x,t)$,

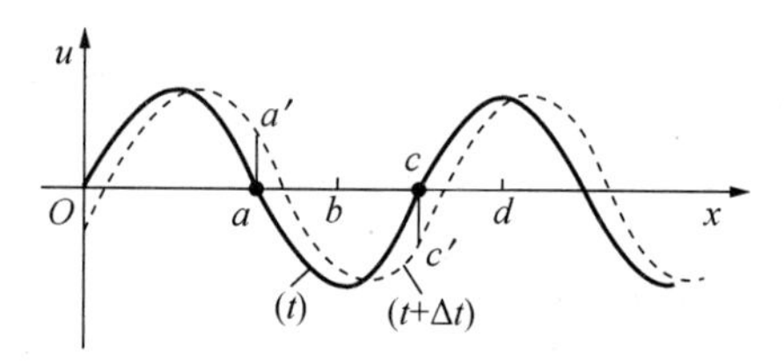

图 9-15 说明波场中动能与势能相位的一致性

$$w(x,t)=\lim_{\Delta V\to 0}\frac{\Delta E}{\Delta V}=\rho\omega^2A^2\sin^2(\omega t-kx),$$

对于交变振动场合,人们总是关注能量密度的时间平均值,它被称作平均能量密度,即

$$\overline{w}=\frac{1}{T}\int_0^T w(x,t)\mathrm{d}t=\frac{1}{2}\rho\omega^2A^2,\tag{9.39}$$

其单位为焦/米^3,记为 J/m^3.

● 平均能流密度

伴随着波动有能量的传输而形成能流.瞬时能流密度定义为单位时间内通过单位正截面的能量.在实际问题中人们更注重平均能流密度.考量到能量传输速度为 v,故平均能流密度为

$$I=\overline{w}v=\frac{1}{2}\rho\omega^2A^2v,\tag{9.40}$$

其单位为瓦/米^2,记为 W/m^2.平均能流密度 I 在声学中称作声强,在光学中称作光强,统而简称为波强度.说到底,研究能量密度 $\overline{w}$ 的目的是为了导出平均能流密度 I,至少从实际意义上是这样,因为对于一列行波,其作用于观测者和传感器的正是它的平均能流密度,或者与波强度直接相关的物理量.比如,人耳感受的是声压强波的幅值,如图 9-16 所示.

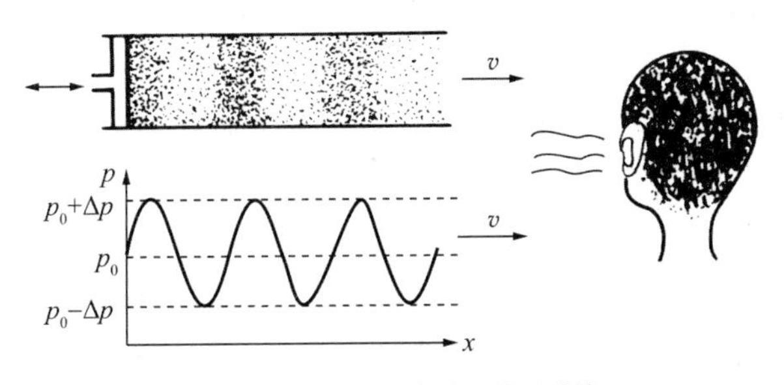

图 9-16 声波是疏密波也是压强波

• 一组声强的量级

声音状态	声强/(W・m^{-2})
刚能听到的声音	$1\times10^{-9}\sim10^{-12}$
钟表的滴答声	1×10^{-7}
平和的谈话声	1×10^{-5}
中等强度的演讲声	1×10^{-3}
叫喊声	1×10^{-1}
流行乐队演唱	1×10
震耳欲聋声	1×10^{3}

让我们据此数据，估算一位在大学里上大课的教师在两节课时间的讲话，共输出多少声能. 设讲课声强为中等强度 $I\approx10^{-3}$ W/m^2，时间 $\Delta t\approx100$ min$\approx6\times10^3$ s，声波波前面积 $\Delta S\approx50$ m^2，得输出声能

$$E = I\Delta t\Delta S = 10^{-3}\times6\times10^3\times50\,\mathrm{J}\approx300\,\mathrm{J}.$$

真是出乎意料地少，还不足 40 W 日光灯 10 秒钟内消耗的电能. 当然，这里考量的仅仅是纯粹的声能，并未计及教师在讲课过程中大脑思维和语言表述所付出的能量，也未计及发声系统声带口腔等器官的转换效率. 不过，这一点是清楚的，纯声波的功率是很小的. 比如，大课教员发声的平均功率约 50 mW.

• 声压与声压级 声强级

空气中的纵波即声波，可以用气体分子宏观位移函数 $u(x,t)$ 予以描述，也可以用压强波函数 $p(x,t)$ 或密度波函数 $\rho(x,t)$ 予以描

述. 现以沿 x 方向传播的平面简谐波为对象,即

$$u(x,t)=A\cos(\omega t-kx),$$

通过以下类比方式,简捷地导出相应的压强波函数：设气团体积元 $S\Delta x$,

	固体块	空气团
杨氏模量	E	$E_e=\gamma p_0$
净弹性力	$\Delta F=ES\dfrac{\partial^2 u}{\partial x^2}\Delta x$	$\Delta F=-S\dfrac{\partial p}{\partial x}\Delta x$

于是得到 $-\partial p/\partial x=E_e\partial^2 u/\partial x^2$, 即

$$p(x,t)=-E_e\frac{\partial u}{\partial x}=\gamma p_0 kA\cos\left(\omega t-kx+\frac{\pi}{2}\right)$$

$$=A_p\cos\left(\omega t-kx+\frac{\pi}{2}\right),\tag{9.41}$$

其中,A_p 为空气压强波的振幅,它与位移波振幅 A 的关系为

$$A_p=\gamma p_0 kA.\tag{9.42}$$

借此,并利用气体声速公式 $v=\omega/k=\sqrt{\gamma p_0/\rho_0}$,可以将以 A 表达的声强公式(9.40)改写为以 A_p 表达之,

$$I=\frac{1}{2}\rho_0 v\omega^2A^2=\frac{1}{2}\frac{A_p^2}{\rho_0 v},\tag{9.43}$$

其中,$\rho_0 v$ 称为声阻,其意义是在声压波幅值一定的条件下,声强 I 反比于声阻,声阻越大则声强越小. 如果联系电阻 R 元件,在交流电压峰值 U 一定条件下其电功率公式为 $P=U^2/2R$,就更能理解将 $\rho_0 v$ 谓之声阻的合理性了.

经过几个世纪的探讨,人们终于搞清楚,人耳感受到的是耳膜上空气压强的变化. 在声学中,将感受压强与静止压强之差称作声压. 明确地说,声压就是声压强波的振幅 A_p. 人耳对声压的感觉极为敏感,可听声压的范围亦很宽,从刚能听到的声压约为 20 μPa(微帕),至震耳噪声的声压达 200 Pa,竟相差 10^7 倍. 另一方面,人耳所感觉的响度并不与声压成正比,而是与声压对数值成正比,这正体现了生物适应自然的一种本性. 基于此,声学中引入声压级 L_p,它被定义为

实际声压值 p 与基准声压值 p_b 之比的常用对数乘以 20，即

$$L_p = 20\lg(p/p_b), \tag{9.44}$$

其单位为分贝(dB). 中国标准的基准声压 p_b，在空气中为 20 μPa，在水中为 1 μPa.

例题 声波“分贝数”与实际声压“帕”数的换算. 人耳可感最低声压为 20 μPa，其声压级为零分贝(0 dB)；震耳欲聋的声压为 200 Pa，其声压级为 140 dB；声压级为 100 dB 时，其声压为 2 Pa. 以上两者数值的换算均基于(9.44)式，读者可自行练习之.

理论上也可以引入声强级 L_I，它被定义为

$$L_I = 10\lg(I/I_b), \tag{9.45}$$

其单位为 dB. 其实，按此定义的声强级分贝数与声压级分贝数是相同的，因为(9.43)式已经表明，声强正比于声压平方. 这里的基准声强 I_b 为 10^{-12} W/m²，这与基准声压 20 μPa 相当. 图 9-17 曲线显示可闻声强随频率变化的对数曲线. 下面那条曲线表示听阈，即在给定的频率下，刚好能被听到的声强；上面那条曲线表示痛阈，在这样高的声强下，听骨受迫振动强烈，以致敲击中耳的耳壁，产生痛感. 正常的听觉声强范围处在这两条曲线之间.

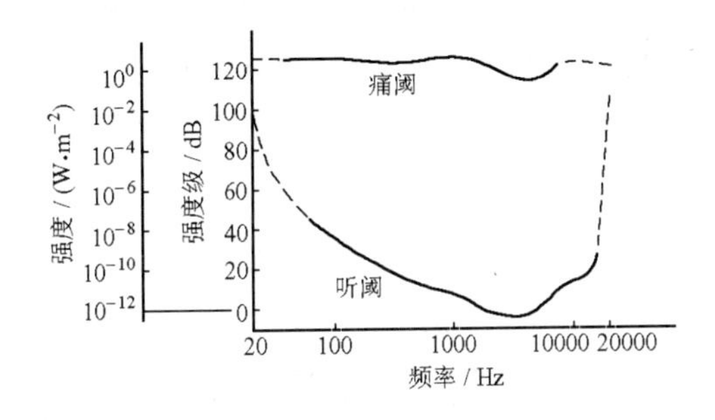

图 9-17 人耳听觉的听阈与痛阈曲线

最后说明一点，以上论述的声压强波、声压和声压级，之所以被强调，是基于声测量学这一背景. 有多种类型和性能的声压计用以直接测定声压级. 考量到任何声传感器总有自己的频应特性，声压计上指示的声压级大多数是以 1000 Hz 的纯音为基准而刻度. 以往长期

以来没有对声强或声功率直接测量的仪器,有关声强的实际数据均是通过对声压的测量而换算得来的. 20 世纪 70 年代以来,由于数字技术和微处理机应用的发展,一些能直接测量声强的实用仪器,如声强计、实时声强分析仪等,已陆续问世.

9.6 波的叠加和驻波

- 波的叠加原理
- 驻波的形成
- 驻波区别于行波的若干特点
- 两端固定弦的振动模式
- 空气柱的共振频率
- 反射波的相位突变问题
- 调幅波

● 波的叠加原理

前面几节研究的对象均为一列行波,而几列行波的叠加将出现许多有趣的现象,并导致许多重要的应用. 比如,两个振子以同一频率同时拍打水面,或校园中两个扩音器播放的声波,就能产生波的叠加,如图 9-18 所示,其中 P 点表示两列波交叠区域中的任一场点. 设波 1 单独存在时的扰动为 $\boldsymbol{u}_1(p,t)$,波 2 单独存在时的扰动为 $\boldsymbol{u}_2(p,t)$. 那么,当波 1 和波 2 同时存在时,场点 P 的扰动 $\boldsymbol{u}(p,t)$怎么样? 这要区分两种情况表述之. 一种常见的情况是,

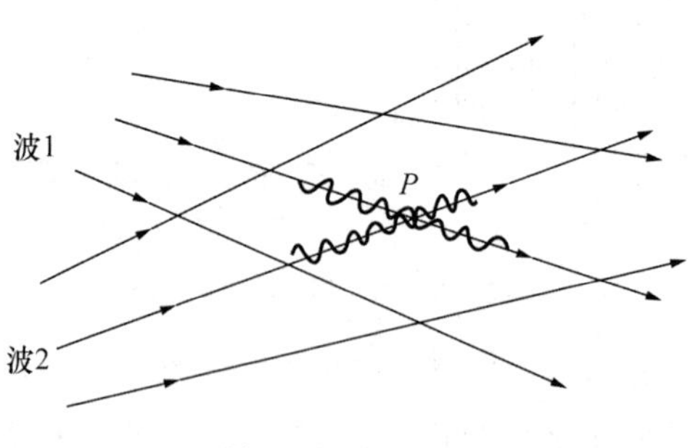

图 9-18 波的叠加

$$\boldsymbol{u}(p,t)=\boldsymbol{u}_1(p,t)+\boldsymbol{u}_2(p,t),\tag{9.46}$$

这表明,一列波的传播行为与另一列波是否存在无关,吾行吾素,这与两质点相遇而发生碰撞的物理图像迥然不同. 这种现象,在实验上被总结为波的独立传播定律,在理论上被认为波传播满足叠加原理. 换言之,波叠加原理的表达式(9.46)是波独立传播定律的数学描写. 另一种罕见情况是,

$$\boldsymbol{u}(p,t)\neq\boldsymbol{u}_1(p,t)+\boldsymbol{u}_2(p,t),\tag{9.47}$$

表明这种场合波叠加原理不再成立,一列波的传播行为已经受到另一列波的影响. 不过,在通常介质和通常波强度的条件下,波叠加原理是适用的,从而形成线性波动力学体系. 反之,波叠加原理不适用的场合,属于非线性波动力学的研究领域. 若无特别声明,本课程均在线性波动范畴中研究波叠加问题,即从(9.46)式出发研究各种具体的波叠加及相应的主要特点.

• 驻波的形成

设有两列行波,频率相同,振动方向亦相同,而传播方向正相反,如图 9-19 所示. 比如,一端固定的橡皮绳子,当另一端被强迫做周期性振动时,就存在一端入射的横波与固定端反射的横波同时传播于绳中,其叠加结果,行波的特性消失了,出现了崭新的波场特性,称其为驻波(standing wave). 兹作具体分析如下.

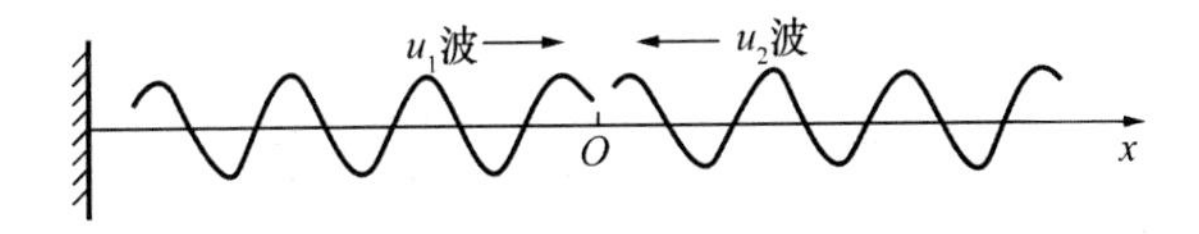

图 9-19 驻波的形成

设向右传播的行波为 u_1 波,向左传播的行波为 u_2 波,其波函数分别为

$$u_1(x,t)=A_0\cos(\omega t-kx),$$
$$u_2(x,t)=A_0\cos(\omega t+kx),$$

这里,我们设定这两列对头碰的行波,振幅相等,原点初相位均为零,

这不影响下述关于驻波特点的那些结论的正确性. 于是,这两列波的叠加场为

$$u(x,t)=u_1(x,t)+u_2(x,t)=2A_0\cos kx\cdot\cos\omega t,$$

或者写成

$$\begin{cases}u(x,t)=A(x)\cos\omega t,\\ A(x)=2A_0\cos kx.\end{cases}\tag{9.48}$$

这表明,这合成波函数 $u(x,t)$ 不再含有行波传播因子 $(\omega t\pm kx)$,出现了空间变量与时间变量的分居状态,这一结果包含着新的丰富的物理图像.

• 驻波区别于行波的若干特点

这可以被概括为以下几点.

(1) 驻波场中各质点虽然仍作简谐振动,其振幅却出现了空间分布,形成了一系列等间距的波腹和波节(wave loop and node). 在我们设定的 $\varphi_{10}=\varphi_{20}=0$ 条件下,当位置

$$x_n=n\frac{\lambda}{2},\quad n=0,\pm1,\pm2,\cdots,$$

则出现波腹,此处振幅最大 $A_M=2A_0$;当位置满足 $x_n'=\left(n+\frac{1}{2}\right)\frac{\lambda}{2}$, $n=0,\pm1,\pm2,\cdots$,则出现波节,此处振幅最小,$A_m=0$. 波振幅或波强度出现了一个新的空间分布,这称为波的干涉.

(2) 相邻波腹或相邻波节之间隔为

$$\Delta x=\lambda/2.\tag{9.49}$$

此值是普适的,与初条件和边条件无关. 这提供了测定行波波长 λ 的实验依据,从而测定了行波相速 $v=f\lambda$,当频率 f 已知时.

(3) 驻波场中各点谐振动之间的相位关系也表现出特殊性. 若将相邻两个波节之间的区域视为一个单元,则同一单元内部各点振动相位一致而同步起伏, 而相邻单元的振动相位差 π, 步调相反. 图 9-20 显示了驻波的瞬时波形. 由此可见驻波运动失掉了行波的传播特性.

(4) 驻波场亦失掉了行波的能流特性,即驻波场的平均能流密

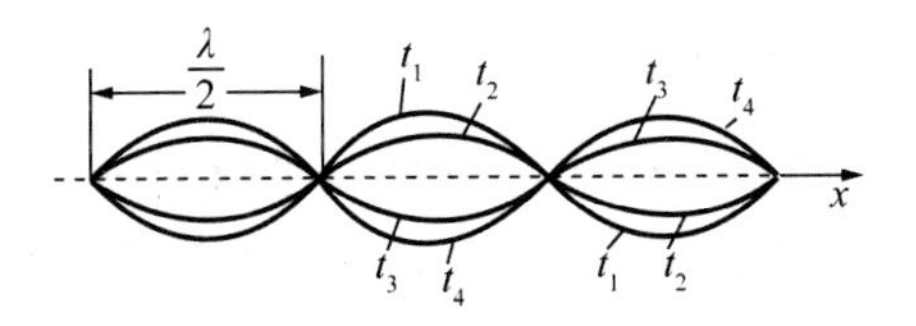

图 9-20 驻波瞬时波形系列

度为零，$I=0$. 但各点平均能量密度不为零，且等于两列行波的能量密度之和，即

$$\overline{w}=\overline{w}_1+\overline{w}_2=\rho\omega^2A_0^2. \tag{9.50}$$

下面对驻波场的能量问题稍作深入的分析. 根据连续介质中动能和势能的一般表达式(9.32)和(9.33)，写出驻波场中任一处的瞬时能量密度，

$$w_k(x,t)=\frac{1}{2}\rho\left(\frac{\partial u}{\partial t}\right)^2=2\rho A_0^2\omega^2\cos^2 kx\sin^2\omega t,$$

$$w_p(x,t)=\frac{1}{2}E\left(\frac{\partial u}{\partial x}\right)^2=2EA_0^2k^2\sin^2 kx\cos^2\omega t,$$

由此可见，$w_k\neq w_p$，各处内部瞬时动能与势能是不相等的. 这一点在波腹处或波节处表现得尤其突出，试将波腹位置 x_n，波节位置 x_n' 代入，结果是

波腹：$w_p(x_n,t)=0,\quad w_k(x_n,t)=2\rho A_0^2\omega^2\sin^2\omega t,$

波节：$w_k(x_n',t)=0,\quad w_p(x_n',t)=2EA_0^2k^2\cos^2\omega t.$

就是说，波腹处只有动能，其势能始终为零. 定性看，波腹处两侧位移函数值对称，故无形变；而波节处两侧位移函数反对称，故始终存在形变势能，且比别处的势能要大. 对上面两式求时间平均值便得到(9.50)式. 总之，驻波场在波形起伏运动过程中，是以单元为孤立系，发生着动能与势能的转换和守恒. 相邻两个单元之间不存在能量交换，不出现能量有进有出的图景. 驻波函数 $u(x,t)$ 是否满足波动方程？回答是肯定的. 因为其包含的两个行波函数均满足波动方程，而波动方程是线性的，两者的合成函数必定满足波动方程. 驻波就是这么一个特质的波，既无能流又满足波动方程，称其为驻波甚为合适.

• 两端固定弦的振动模式

弦乐器比如二胡、提琴,其弦线两端是被固定的. 当弦线被琴弓激励时,就产生方向相反的两列行波,反复地传播于弦线上而产生驻波. 这是一个满足特定边界条件的驻波场,即其两端必定是波节,而相邻波节之距离为 $\lambda/2$ 是普适的. 这样一来,长度为 l 的一段琴弦,可能存在的行波波长是一系列被限定的离散值,

$$\lambda_n = \frac{2l}{n}, \quad n = 1,2,3,\cdots. \tag{9.51}$$

在波速 v 一定的条件下(它决定于弦之张力与质量线密度),波长的离散值对应着频率的离散值,

$$f_n = \frac{v}{\lambda_n} = n\frac{v}{2l} = nf_1, \tag{9.52}$$

其中最低频率为 $f_1=v/2l$, 称其为基频, 依次为 f_2, f_3 等, 被称为二倍频、三倍频等. 弦被拉得越紧,张力大,波速高,提高了基频. 或者,演奏者重压手指于琴弦,缩短了弦长,这也提高了基频.

例题 1 钢琴中最长的琴弦的长度为 1.98 m,这根琴弦中的波速为 v=130 m/s,那么,这根弦激发的基频为

$$f_1=\frac{130}{2\times 1.98}\,\text{Hz}=32.8\,\text{Hz},$$

其二次、三次谐波的频率为 f_2=65.6 Hz,f_3=98.4 Hz.

例题 2 小提琴中频率最高的那根琴弦中的波速为 435 m/s,其长度为 0.33 m,那么,这根弦激发的基频为

$$f_1 = \frac{435}{2\times 0.33}\,\text{Hz} = 659\,\text{Hz},$$

其二次、三次谐波的频率为 1318 Hz, 1977 Hz.

这里,尚有一个较为深入的概念值得提出. 琴弓的推拉或琴键的敲击,产生了对琴弦的短暂的激振,其所含的频率范围很宽,是所谓的连续频谱. 而形成稳定驻波的频率取值却是离散的. 这表明,在外界激励信号中,只有这一系列特定的频率值 f_n 被选中而保留下来. 从这个意义上说,两端固定弦具有选频功能,这是通过弦上必然存在

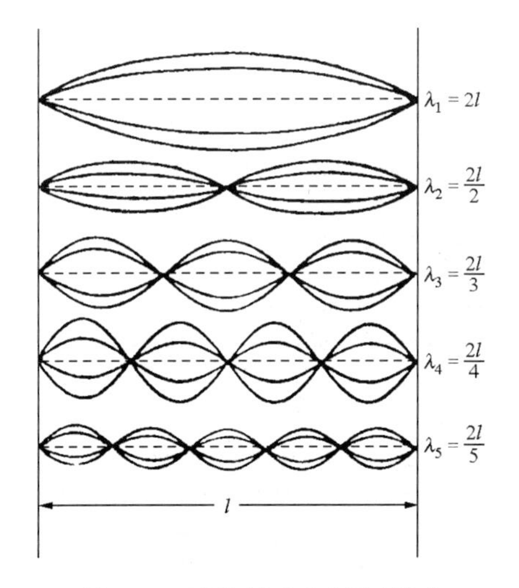

图 9-21 两端固定的弦的振动模式

的两列对头碰的波的叠加和干涉机制来实现的. 另外,表达一个振动模式,不仅要明确其频率,还要明确其振幅. 那么,存在于弦驻波中的各种频率成分的谐波,其振幅比值又是怎样的? 这不能一概而论. 它取决于由演奏动作所激励的频谱形状. 而人们听到的乐音,又是这些驻波振动模式,再通过琴盒的共鸣所发出的行波的和声.

- **空气柱的共振频率**

管乐器中存在声驻波. 声驻波与弦驻波的一般性质是相同的,虽然前者为纵波,后者为横波. 两者的差别在于边条件. 弦振动可能有强迫性边条件,比如其两端被固定. 而管中空气柱两端是自由的. 具体地说,像单簧管这类乐器,其中空气柱一端与管壁粘合,而管壁是静止的,故这一端是空气柱驻波场的波节;在开口的另一端,声波一部分被发射出去,一部分被反射回来,开口端的空气分子能够自由振动,故开口端是声驻波的波腹. 若空气柱两端均开口,则两端均为波腹. 当然,也可以将空气封装在一管中,在外激振条件下,造成两端皆为波节的声驻波. 图 9-22 显示空气柱驻波场的振动模式. 设空气柱长度为 l,当两端开口时,其共振波长与相应的共振频率为

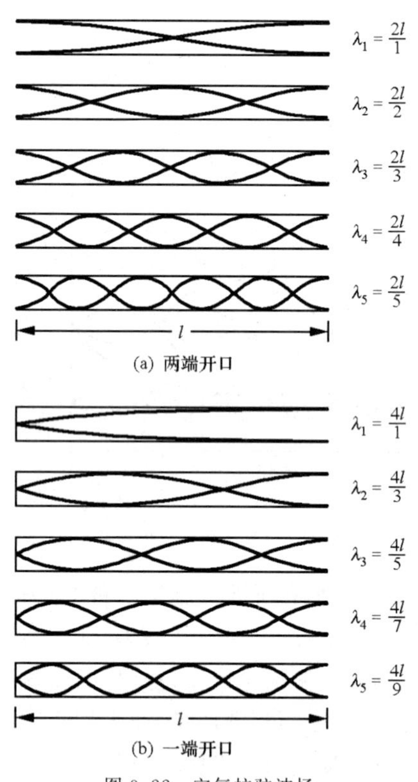

图 9-22　空气柱驻波场

$$\lambda_n=\frac{2l}{n},\quad f_n=n\,\frac{v}{2l},\quad n=1,2,3,\cdots. \tag{9.53}$$

当一端开口时,

$$\lambda_n=\frac{4l}{(2n-1)},\quad f_n=(2n-1)\,\frac{v}{4l},\quad n=1,2,3,\cdots. \tag{9.54}$$

例题　单簧管的基频 f_1 为 147 Hz,那么其有效长度为

$$l=\frac{v}{4f_1}=\frac{344}{4\times 147}\,\mathrm{m}=0.585\,\mathrm{m}=585\,\mathrm{mm}.$$

- **反射波的相位突变问题**

波在介质体内传播将伴有吸收现象,而波在介质界面将出现反

射和透射.这里不讨论界面波反射率和透射率问题,只关心反射波的相位变更,因为这直接关系着入射波和反射波合成的驻波场,在界面入射点亦即反射点是波腹还是波节的问题.图 9-23(a),表示一列行波自左向右传播,遇到介质界面,左侧入射方的介质波阻为 ρv,右侧透射方的介质波阻为 $\rho' v'$,图中界面右侧一小段波形表示若无界面存在时,波自由传播的波形,用作参考.此时反射波形究竟怎样,这取决于波阻 ρv 与 $\rho' v'$ 的数值大小.有关波动方程和相应的边值关系的理论表明,当 $\rho v > \rho' v'$,若借用光学语言即波从波密介质到波疏介质时,反射点振动相位与入射点振动相位一致;当 $\rho v < \rho' v'$ 时,即波从波疏介质到波密介质时,反射点振动相位有了突变,与入射点振动相位差 π.于是,对于第一种情况,界面处系驻波场的波腹;对于第二种情况,界面处系驻波场的波节——这是自由边界条件而非人为强迫造成的波节.由此可见,空气中传播的声波,凡遇液体表面或固体表面的反射,此表面即界面处必定是波节.然而,精细的实验显示,这时界面处并非严格意义下的波节;这是因为此界面并非全反射,其反射波振幅要小于入射波振幅,虽然两者相位差 π,故其合成振幅不等于零.

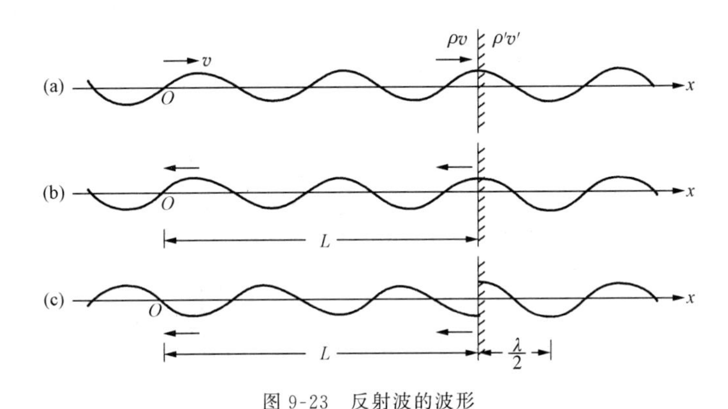

图 9-23 反射波的波形

(a) 入射波,(b) 反射波相位无突变,(c) 反射波相位突变 π

因此,在表达反射波与入射波相位关系时,要考量到上述两种情况的区别.设 O 点与界面入射点的波程为 L,据(9.2)式,入射波导致 O 点振动的初相位为 φ_0,反射波导致 O 点振动的初相位为 φ_0',那么,这两个振动的相位差为

$$(\varphi_0 - \varphi_0') = \begin{cases} \frac{2\pi}{\lambda}2L, & \text{当 } \rho v > \rho' v'; \\ \frac{2\pi}{\lambda}2L \pm \pi, & \text{当 } \rho v < \rho' v'. \end{cases} \tag{9.55}$$

- **调幅波**

以上重点论述的驻波是一种既重要又特殊的波叠加. 其实,波叠加的情态是多种多样的. 比如,图 9.24(a)所示,有两列行波均沿 x 方向传播,而两者的波长 λ_1,λ_2 稍有不同. 其合成波形便如图 9-24(b)所示,生成了一串串波包,而随时间在空间推移. 可见原本各自等振幅的两波列,其复合波变成了振幅随空间作周期性慢变的波形. 这类波被称为调幅波(amplitude modulated wave). 其实前一章第 8.9 节述及的拍(振动)就是调幅声波送到耳朵所产生的,那两个频率稍有不同的音叉发出的两列声波,在空间叠加结果形成了调幅声波. 故人们亦称调幅波为波拍(wave beat),以区别仅存在于局域的波包(wave packet). 还有,广播电台发射的电磁波,一般也是一种调幅波,它是一列振幅被声频调制的高频载波,进入收音机而被解调,再现了声音. 关于调幅波或波拍的数学描写,及其在空间推移的速度,留待 9.8 节讨论介质色散时给出.

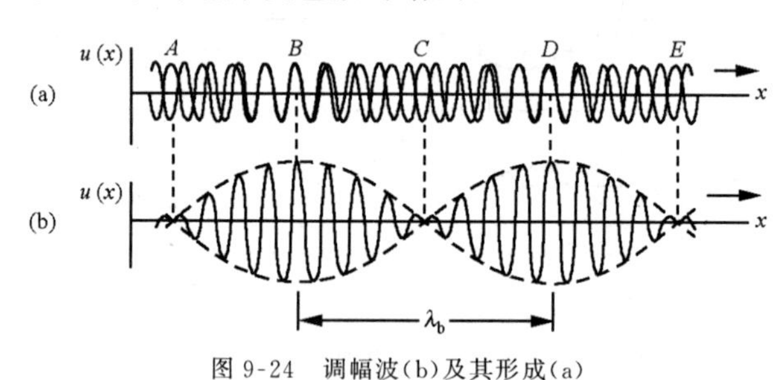

图 9-24 调幅波(b)及其形成(a)

9.7 多普勒效应与激波

- 纵向多普勒频移
- 雷达测速仪
- 多普勒流速计
- 多普勒频移的普遍公式
- 激波与马赫锥

● 纵向多普勒频移

波接收器所感受的信号频率与波源的发射频率之间可能存在差别,当它们并不静止时.这种现象被称作多普勒效应(Doppler effect).比如,一列特快火车,通过站台,汽笛长鸣,其音调听起来由高转低,呼啸而过.这便是一个多普勒频移现象.先让我们做一个抛接球游戏,如图 9-25(a),甲抛球而乙接球.假如甲每分钟抛出 66 个球,试问乙接收 66 个球是否需要 1 分钟?不难想象,这与甲或乙是否运动有关.设想,若甲一边抛球一边迎着乙跑动,那乙从接到第一个球开始计时,不足 1 分钟就可以拿到 66 个球.换言之,乙接球频率高于甲抛球频率.现在回到波列行进图像,见图 9-25(b)(c),S 为波源,S′为接收器,S_0 为介质空间参照系.设波源发射频率为 f,波源运动速度为 u,波在介质中传播速度为 v,接收器运动速度为 u'.注意,这里规定 S 指向 S′方向为速度的正方向.在 Δt 时间中,波源发射的振动次数为 $\Delta N = f\Delta t$,其在空间中展开的波列长度为

$$L = v\Delta t, \quad 当\ u = 0; \tag{9.56}$$

$$L' = L - \Delta L = (v - u)\Delta t, \quad 当\ u \neq 0. \tag{9.57}$$

而波列以相对速度$(v-u')$进入接收器,那么它被全部接收所需时间为 $\Delta t' = L'/(v-u')$,其中包含 ΔN 次振动.于是接收频率应当是

$$f' = \frac{\Delta N}{\Delta t'} = \frac{f\Delta t}{\dfrac{(v-u)\Delta t}{v-u'}},$$

即

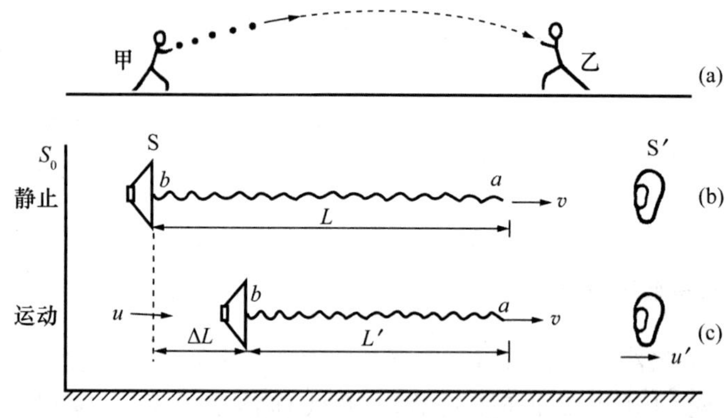

图 9-25 说明多普勒效应

$$f' = \frac{v-u'}{v-u}f = \frac{1-\dfrac{u'}{v}}{1-\dfrac{u}{v}}f. \tag{9.58}$$

这正是纵向多普勒频移公式(Doppler shift).以下说明几点:

(1) 当两者相向运动彼此靠近时,$u>0$,$u'\leqslant 0$,得 $f'>f$,接收频率高于发射频率.反之,当两者背向运动彼此远离时,$u<0$,$u'\geqslant 0$,得 $f'<f$,接收频率低于发射频率.举一例,设火车速度 40 m/s,这相当于时速为 144 km/h,其汽笛声频 $f=2000$ Hz,而声速约为 344 m/s,则当火车迎面而来时你收听到的频率为 $f'\approx 1.13f=2263$ Hz,提高了 263 Hz.而当火车飞快离开时,你所接收的频率为 $f'=0.90f=1800$ Hz,降低了 200 Hz.火车过境站台上的人们,听到汽笛声呼啸而过,就是这个道理.

(2) 当波速远大于振源速度,即 $v\gg u$ 时,有近似公式

$$f' \approx \left(1-\frac{u'}{v}\right)\left(1+\frac{u}{v}\right)f. \tag{9.59}$$

两者差频公式为

$$\Delta f = f' - f \approx \frac{u}{v}f, \quad 当\ u'=0. \tag{9.60}$$

(3) 虽然波源运动或接收器运动都将引起频移,但具体缘由却

不相同.前者导致波长的伸长或缩短,如图 9-26 所示;后者导致接收一段波列所需时间的增加或减少.

(4) 在非相对论情形下,真空中光波的纵向多普勒频移公式为

$$f' \approx \left(1+\frac{u_r}{c}\right)f, \qquad 当\ u_r \ll c. \tag{9.61}$$

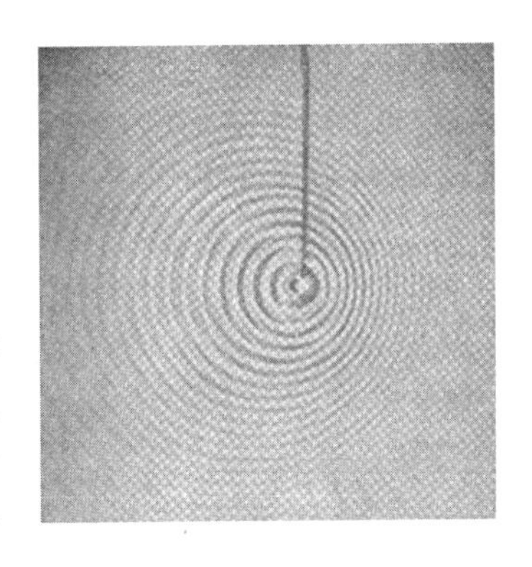

图 9-26 水波盘中一振子自左向右运动

其中 c 为真空光速,$u_r = u - u'$,是光源与接收器之间的相对速度.故人们常说,光波多普勒频移与声波的区别是,前者仅决定于两体的相对速度,而与两体各自相对介质参照系的速度无直接关系.不过,这个结论并非普适.

(5) 由于真空光速恒为 c 值,与光源或观测者是否运动无关.故试图通过光速的测量以确定两个参考系之间的相对速度的努力无效.幸好,(9.61)式提供了一种途径——通过对接收光频 f' 的测量及其与源光频 f 的差别,由该式求得恒星相对地球的速度 u_r.美国天文学家哈勃,就是由恒星谱线的红移即 f' 减少,推断出遥远恒星背离地球的退行速度,确立了天文学领域中的一个重要定律——哈勃定律,详见第 1 章 1.4 节.

- **雷达测速仪**

在通往首都机场的高速公路上,设置有若干个雷达测速仪以监测车速,见图 9-27.静止的测速仪发射一束频率为 f 的雷达波即电磁波,经运动目标反射而回波频率变为 f'',其间发生两次多普勒频移.第一次,运动目标作为接收者,其靠近速度为 V,据(9.61)式其接收频率为 $f' = (1+V/c)f$.第二次,运动目标成为波源,其发射频率为 f',故测速仪接收的回波频率为

$$f'' = (1+V/c)f' = (1+V/c)^2 f \approx (1+2V/c)f,$$

这里合理地略去二级小量 $(V/c)^2$.最终产生的差频为

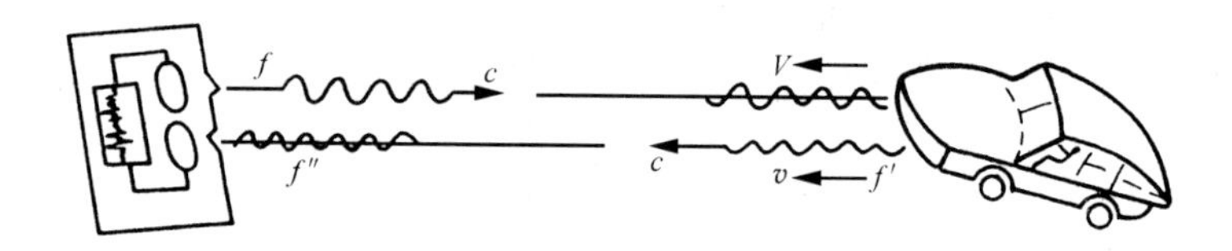

图 9-27 雷达测速仪

$$\Delta f = f'' - f = \frac{2V}{c} \cdot f. \tag{9.62}$$

测速器内部含有混频器,它将源生频率信号与回波两者合成而产生拍. 拍频 $f_b = \Delta f$,它属于低频因而容易被测量. 于是,目标速度为

$$V = \frac{cf_b}{2f}. \tag{9.63}$$

例题 试估算拍频数值. 设发射频率 $f \approx 20$ MHz,车速 $V \approx 30$ m/s～108 km/h,雷达波速 $c \approx 3 \times 10^8$m/s,则 $2V/c \approx 2 \times 10^{-7}$,得拍频 $f_b = \Delta f = 4$ Hz.

- **多普勒流速计**

利用多普勒频移可以测量血液流动的速度,其原理如图 9-28 所示. 在脉管的一侧放一个高频声源,在另一侧放一个晶体探测器,以接收被红血球所散射的声波信号. 如果倾角很小,那么可以用纵向多普勒频移公式(9.58)分析之. 在此场合,运动中的红血球同时充当两个角色,对静止的声源而言它是运动目标,对静止的探测器而言它是运动声源. 经两次多普勒频移,探测器接收到的声频为

$$f'' = \left(\frac{v}{v+u}\right) f' = \left(\frac{v}{v+u}\right)\left(\frac{v-u}{v}\right) f,$$

即

$$f'' = \left(\frac{v-u}{v+u}\right) f. \tag{9.64}$$

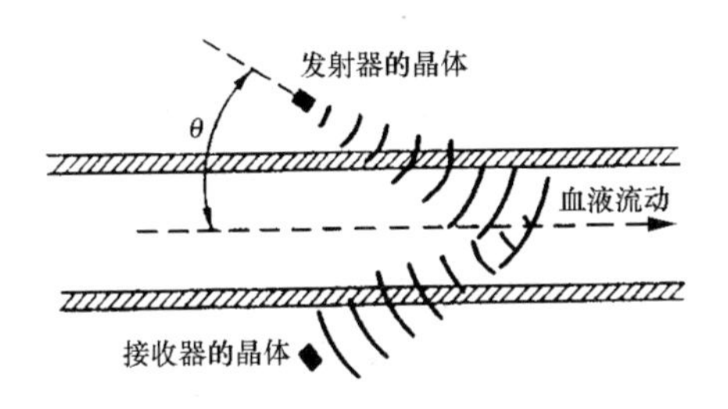

图 9-28 多普勒流速计原理

这里，f 为声源的发射频率，v 是声波在血液中的波速，u 是红血球的运动速度绝对值. 实侧 f'' 或拍频 $f_b=f''-f$，就可求得 u 值.

典型的红血球细胞的半径为 5×10^{-6}m. 这个数据在目前场合是重要的. 如果声波长与散射颗粒大小相比太长的话，波束将被大量运动颗粒的散射而使这种测量失效. 为了入射波束的定向性更好，也为了提高测量灵敏度，用于多普勒测速计中的声源是超声源，其频率可取 10 MHz.

- **多普勒频移的普遍公式**

当波源运动方向、接收器运动方向及其连线方向三者不一致时，接收频率与发射频率的关系式可按以下方式被导出.

先看波源运动而接收者静止的情形，见图 9-29(a). 现以相位语言考量频移. 设源 S 发射的角频率为 ω，在 $\mathrm{d}t$ 时间中其相位增量为 $\omega\mathrm{d}t$，在此时间中源沿 α 方向位移 $u\mathrm{d}t$，相应地改变了它与接收者的距离，波程差 $(r'-r)=-u\cos\alpha\,\mathrm{d}t$，这导致 S' 接收 $\mathrm{d}\varphi=\omega\mathrm{d}t$ 所需要的时间 $\mathrm{d}t'$ 不等于 $\mathrm{d}t$，而应当是

$$\mathrm{d}t'=\mathrm{d}t+\frac{r'-r}{v}=\frac{v-u\cos\alpha}{v}\,\mathrm{d}t,$$

这等价于接收角频率 ω' 不等于发射角频率 ω，因为

$$\omega'\mathrm{d}t'=\omega\mathrm{d}t,$$

故

$$\omega'=\frac{\mathrm{d}t}{\mathrm{d}t'}\omega=\frac{v}{v-u\cos\alpha}\,\omega,$$

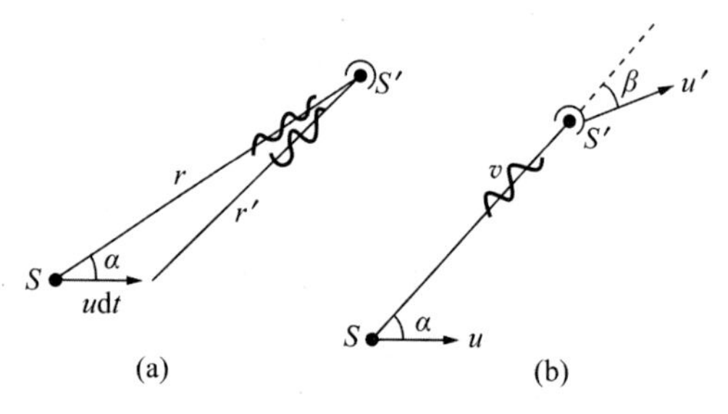

图 9-29 普遍多普勒效应

或接收频率

$$f' = \frac{v}{v - u\cos\alpha} f. \tag{9.65}$$

普遍情形如图 9-29(b)所示,源与接收者同时运动.仿照上述相位分析,得多普勒频移公式为

$$f' = \frac{v - u'\cos\beta}{v - u\cos\alpha} f, \tag{9.66}$$

其中 v 为波速.当 $\alpha=\beta=0$ 时,上式就简化为纵向频移公式.该式看起来倒亦简朴.不过,注意到其中标志运动方向的 α 角度和 β 角度是随时变化的,即使 $\boldsymbol{u}$ 和 $\boldsymbol{u}'$ 保持不变.因此,接收频率 f' 是时间的函数,也许它是个慢变函数.

- **激波与马赫锥**

在流体中当物体运动速度大于波速时,将激发出一种特殊波形的脉冲波在介质中传播.这类波被称作激波或冲击波(shock wave).图 9-30 显示一颗子弹呼啸而过时产生的空气激波波前形态,其波前呈现锥面状.其实,在日常生活中用一根筷子在水面上一划,也能产生激波.因为波长为几厘米的水面波(涟波),其波速约为 20 cm/s,小于筷子划动速度.图 9-31 以质点运动为例说明激波锥状波前的生成.在 Δt 时间中运动质点掠过的距离为 $u\Delta t$,起始时被激励的球面波前的传播半径为 $v\Delta t$,它小于 $u\Delta t$.沿途先后被激励的球面波前,其半径依次按比例缩短.此时刻这大量的微观波面的公切面即包络面,形成了一个宏观波面，它是以运动质点为顶点的圆锥面，被称作马赫锥. 观测者感受的就是这个脉冲的锥状波前. 定义马赫数（Mach number）

$$Ma = u/v, \tag{9.67}$$

这里 u 是物体运动速度，v 是介质中的波速. 不难从图中求得马赫锥的角度（马赫角），

$$\sin\theta_{Ma} = \frac{v}{u} = \frac{1}{Ma}. \tag{9.68}$$

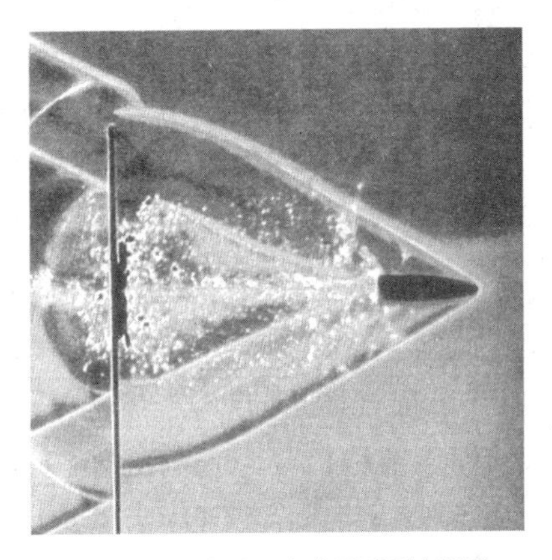

图 9-30 超声速飞行的子弹引起激波

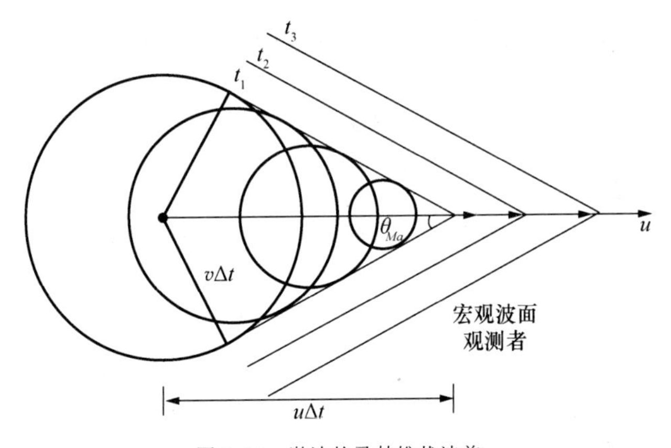

图 9-31 激波的马赫锥状波前

例如，子弹飞行速度为 700 m/s，其马赫数 $Ma\approx 2$，则马赫角 $\theta_{Ma}\approx 30°$. 水面快艇的马赫数是很大的，在 10^2 以上. 然而当它乘风破浪于水面时产生的激波的锥角却不小，且维持于常数值. 这是因为激波的波阵面非常薄，这相当于其空间波函数是一个非常尖锐的脉冲，它在水面传播时有着严重的色散. 理论计算表明，快艇尾迹的马赫角维持为一常数 $\theta_{Ma}\approx 19.5°$，全角约为 39°，这与观测结果一致.

伴随着激波的到达，一股巨大气浪冲击而来. 激波的波阵面极薄，仅有 10 nm 量级，其前后两侧气压有个突跃. 前方近乎正常气压 p_1，后方因气体被压缩而有较高气压 p_2. 压强比值 p_2/p_1 用以定量地表示激波的强弱. 比如，瓦斯爆炸，$p_2/p_1\approx 10$；炮弹爆炸，$p_2/p_1\approx 10^2$；核弹爆炸，p_2/p_1 高达 10^4 以上. 与此相联系，激波的波阵面后方高气压区域中的气流也有较大的速度. 理论计算表明当激波 p_2/p_1 达到约 5.3 时，该气流速度为波前声速的$\sqrt{2}$倍，近 500 m/s，这相当于一般子弹的初速度值；当激波 p_2/p_1 值达到 21.4 时，该气流速度为波前声速的 3.4 倍，同时该区域的热力学温度是前方的 4.5 倍，即高达 1050℃. 激波的冲击力或破坏力，主要来自它携带的高速高温气流. 当 $p_2/p_1\approx 1.5\sim 2.0$ 时，激波的冲击力就足以使动物的肝肺受到致命的伤害，或打碎窗玻璃，甚至推倒砖木结构的房屋.

9.8 介质色散 波包群速与波包展宽

· 介质色散 · 波包群速与波包展宽

● 介质色散

色散(dispersion)一词源于光学——一束白光通过玻璃棱镜被散开而形成一彩色光谱，这缘于材料光学折射率因波长而异. 此后，凡是不同波长或不同频率的波在同一介质中具有不同的传播速度的现象，在物理学中被统称为色散. 注意到波相速 $v=\omega/k$，进而将波扰动角频率 ω 与波数 k 的关系式 $\omega(k)$ 称作色散关系或色散公式. 若 $\omega(k)=ck$，c 为常数，则相速 $v=c$，与 k 无关，此时介质无色散. 光在真空中的传播就是这种情况. 否则,若 $v=\omega(k)/k$ 与 k 有关,则介质存在色散. 任何介质多少均有色散. 对于声波的具体色散公式 $\omega(k)$ 要从深入分析弹性模量 E 或 G 的微观机制中求得. 比如,深水表面重力波的色散关系式为 $\omega=\sqrt{gk}$,即 $v=\sqrt{g/k}$,这表明波长越短,波相速越小,属正常色散.

• 波包群速与波包展宽

介质的色散对波包的传播行为带来重要的影响. 一波包可以被分解为一系列不同波长的平面简谐波的合成,其中每个波长成分各有自己的传播速度,这使得波包传播速度具有新的含义. 先看本章 9.7 节描述的调幅波情形,它是波长稍有差别的两列等幅简谐波的合成波,设

$$u_1(x,t)=A\cos(\omega_1 t-k_1 x),\quad u_2(x,t)=A\cos(\omega_2 t-k_2 x),$$

则调幅波函数为

$$u(x,t)=u_1+u_2=2A\cos\left(\frac{\Delta\omega}{2}t-\frac{\Delta k}{2}x\right)\cos(\bar{\omega}t-\bar{k}x),$$

这里,

$$\bar{\omega}=\frac{1}{2}(\omega_1+\omega_2),\quad \bar{k}=\frac{1}{2}(k_1+k_2),$$

$$\Delta\omega=(\omega_1-\omega_2)\ll\bar{\omega},\quad \Delta k=(k_1-k_2)\ll\bar{k}.$$

其空间波形是一串波包如图 9-24(b)所示,其中每个波包内含许多高频振荡. 我们关注前面那个低频包络因子中的传播因子($\Delta\omega t/2-\Delta kx/2$),它给出波包随时间在空间的推移速度

$$v_g=\frac{dx}{dt}=\frac{\Delta\omega}{\Delta k},\tag{9.69}$$

称其为群速(group velocity),它代表了波包的能量传输速度.

例题 设两列简谐波的频率为 $f_1=500$ Hz,$f_2=505$ Hz,波长为 $\lambda_1=10$ cm,$\lambda_2=9.6$ cm. 由此可知,相速分别为 $v_1=50$ m/s,$v_2=48.5$ m/s; $k_1=2\pi\times10\ \mathrm{m^{-1}}$,$k_2=2\pi\times10.4\ \mathrm{m^{-1}}$,得出群速

$$v_g=\frac{2\pi(505-500)}{2\pi(10.4-10)}\ \mathrm{m/s}\approx12.5\ \mathrm{m/s}.$$

可见,波包群速不等于相速平均值.此例是个大色散情形,且 $v_g < \bar{v}$,这是正常色散.

典型的波包形状是局域的,见图 9-35,并不像调幅波那样的一串波包;其包含的波长成分是连续分布于某一范围 $(\lambda_0 - \Delta\lambda/2) \sim (\lambda_0 + \Delta\lambda/2)$,中心波长为 λ_0,谱线宽度为 $\Delta\lambda$,且 $\Delta\lambda \ll \lambda_0$.经傅里叶变换的理论分析,得到的主要结论如下.

(1) 波包的群速公式为

$$v_g = \left(\frac{d\omega}{dk}\right)_{k_0}, \tag{9.70}$$

这里 k_0 是谱函数的中心波数值,它与中心波长 λ_0 对应.波包在传播过程中不变形,见图 9-32(a).比如,对于深水表面重力波,其色散关系式为 $\omega = \sqrt{gk}$,故其中出现的波包的群速为

$$v_g = \frac{1}{2}\sqrt{\frac{g}{k}} = \frac{1}{2}v, \tag{9.71}$$

它是相速值的一半.

(2) 若色散的二级效应 $d^2\omega/dk^2$ 不可忽略,则波包在传播过程中将要变形,变得矮胖,见图 9-32(b).此时,波包中心的速度 v_0 与波包前沿速度 v_f 有所区别.显然,$v_f > v_0$.波包中心速度反映能量传播速度,仍以(9.70)式表达.波包前沿速度反映信号传播速度,其中含$(d^2\omega/dk^2)^2$ 的贡献. 深水表面重力波存在二级色散效应,$d^2\omega/dk^2 = -\sqrt{g/2k^3}$.

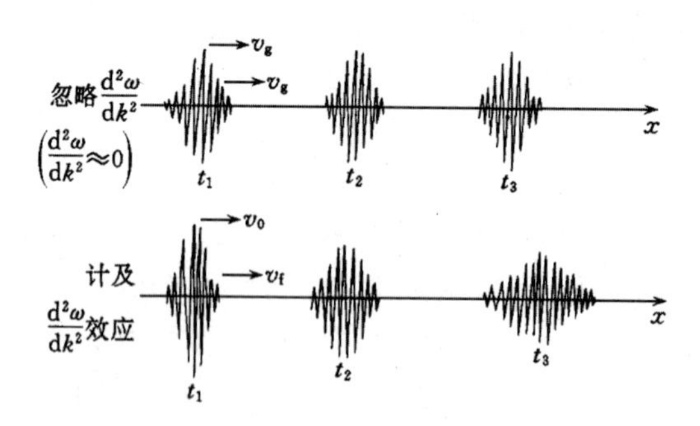

图 9-32 波包群速与波包展宽

(3) 当波包展宽到初始宽度的二倍时,所需的时间 τ 被称作特征时间.理论分析表明,二级色散效应越强,或原谱宽度 Δk 越宽,则特征时间越短.特征时间 τ 具有波包寿命的意义.特征时间 τ 越长,表明波包的稳定性越好.

9.9 孤立波与非线性波动

- 孤立波与孤子
- 非线性波动
- 小结

● 孤立波与孤子

英国科学家、造船工程师 S. 罗素于 1834 年观察到在运河上出现一光滑巨峰,竟以恒定速度、不变波形稳稳地向前推移,目送着它直至在视野中消失.这一奇特现象的成因,在当时引起了广泛的关注和争论.这一巨峰凭借什么力量抵御了色散展宽坍塌,使自己变得如此孤傲挺立? 60 年后,两位年轻的荷兰科学家 Korteweg 和 de Vreis 建立了单向运动浅水波的数学模型,即著名的 KdV 方程,得到了形状不变的孤立波解.直到 1965 年,美国科学家 Zabusky 等人用数值模拟法,考察了等离子体中孤立波相互间的碰撞过程,才证认了一个重要结论——孤立波相互作用后各自保持速度不变、波形不变而传播.如果将局域的单个脉冲波包视为一个波子,那么上述特性的孤立波就是一种特殊的波子,它们在相互碰撞后竟保持速度不变、形貌不变.科学家们因而把这类孤立波称为孤子(soliton).

● 非线性波动

实际上,我们在之前所建立的线性波动方程均是在小振幅条件下得到的.在高功率大振幅时,推导波动方程过程中出现的非线性项必须保留,从而得到了一个非线性波动方程.非线性波动方程其行波解的显著特点是,波速与质点振幅不再彼此独立,两者之间存在相互联系.具体说,波速随振幅而变,大振幅有高速度.图 9-33 显示 KdV 方程双孤子作用的过程,看得出大振幅的孤波后来居上,经历一段时

间 t 跑到了小振幅孤波的前头. 回过来理解 S. 罗素所观察到的单一孤波的现象. 其中原来存在两种相反的效应. 色散效应使波包展宽坍塌;而非线性效应,使波包中心大振幅的传播速度大于前沿速度,而压缩了波包宽度. 两者并存得以稳定平衡,使水面巨峰孤傲挺进而不变形.

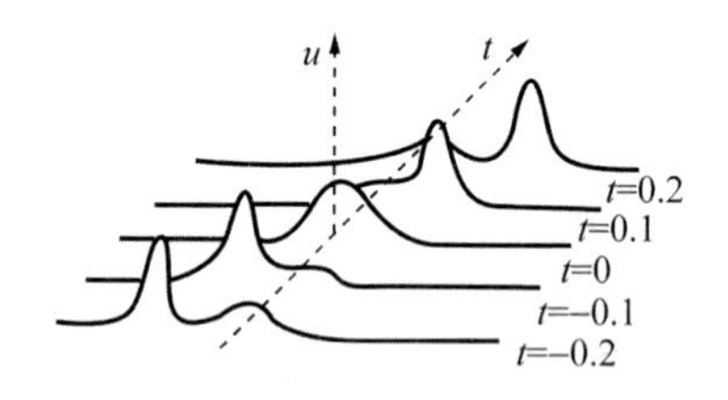

图 9-33　双孤子传播图像

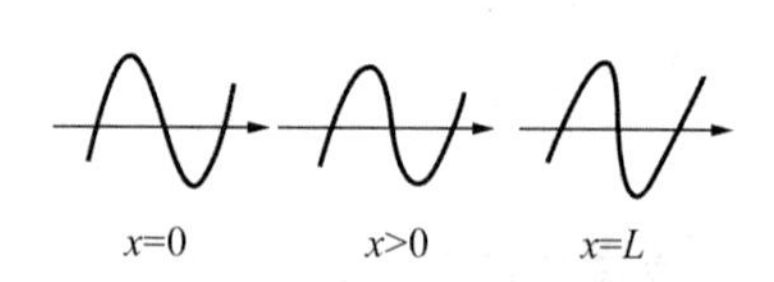

图 9-34　波形随传播距离而变

在色散介质中孤子独特的传播性能对于通信显得尤为优越. 1980 年美国贝尔实验室,在石英光纤材料中首次观察到光孤子的传播,从而极大地推进了光孤子通信的可行性研究. 我国也已将光纤孤子通信列入重大攻关项目.

在小色散介质中,大振幅波的传播由于速度-振幅的非线性效应,使其波形随传播距离而变,如图 9-34 所示,初始的简谐波形逐渐演化为锯齿波形. 原本单频的波在传播过程中逐渐地滋生出高次谐波,其能量也随之向高频转变. 这个过程持续进行,最终形成激波.

通常情况下成立的波叠加原理,不再适用于非线性波动. 满足非线性波动方程的两个解,其线性组合不再满足方程. 两列不同频率的声波,向前传播交叠一起,由于非线性效应而产生相互作用,滋生出差频、和频以及其他频率组合的声波.

随着强声和强光技术的发展,以研究大振幅波的传播规律为基本内容的非线性波动学,已成为当前非线性科学领域的重大课题. 新的理论方法和计算技术、奇异的物理图景和潜在的应用前景,正吸引着科学家们去创造、开掘和展现.

• 小结

在这里，从学习的意义上不禁使人回忆起，对描述振动和波动的那几个特征量之关系的进一步认识. 当它们——振幅 A，频率 ω 和波数 k，作为运动学量予以介绍时是各自独立的. 一旦进入动力学场合，它们之间就有了某种关系. 比如，在受迫振动中，出现了振幅对频率的依赖 $A(\omega)$. 在单摆大振幅的非线性振动中，出现了本征频率对振幅的依赖 $\omega(A)$. 在线性波动中，出现了比值 ω/k 即波速 v 对物性 E, G 或 ρ 的依赖. 在色散介质中，出现了波速对频率或波长的依赖 $v(\omega)$ 或 $v(k)$. 现在，在非线性波动中，出现了波速对振幅的依赖 $v(A)$. 看来，随着非线性波动理论和实验的进展，将有更错综的关于这些量之关系被揭示出来，那将会出现更为丰富的物理图像，向人们展现出更为奇异的波动世界.

习　题

9.1　人眼所能见到的光(即可见光)的波长范围是 4000 Å(相当于紫光)至 7600 Å(相当于红光)，$1\ \text{Å}=10^{-10}$ m，求可见光的频率范围. 人眼最敏感的光是黄绿色光，波长是 5500 Å，求黄绿光波的频率(光速 $c=3\times10^{8}$ m/s).

9.2　收音机的中波频率范围是 535 kHz 至 1605 kHz，求中波的波长范围. 电磁波的传播速度等于光速，光即是一定波长范围内的电磁波.

9.3　频率在 $20\sim20\times10^{3}$ Hz 的弹性波能触发人耳的听觉. 设空气里的声速为 330 m/s，求这两个频率声波的波长.

9.4　设有一维简谐波

$$u(x,t) = 2.0\times\cos2\pi\left(\frac{t}{0.010}-\frac{x}{30}\right),$$

式中 x 和 u 的单位为 cm，t 的单位为 s. 求振幅、波长、频率、波速，以及 $x=10$ cm 处振动的初相位.

9.5　本题图为 $t=0$ 时刻平面简谐波的波形，波朝负 x 方向传播，波速为 $v=330$ m/s. 试写出波函数 $u(x,t)$ 的表达式.

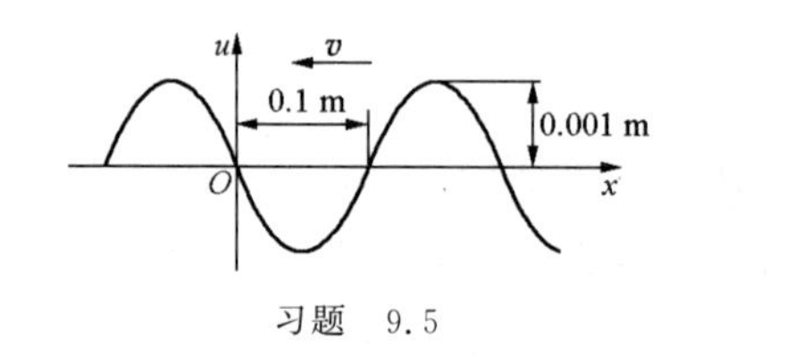

习题 9.5

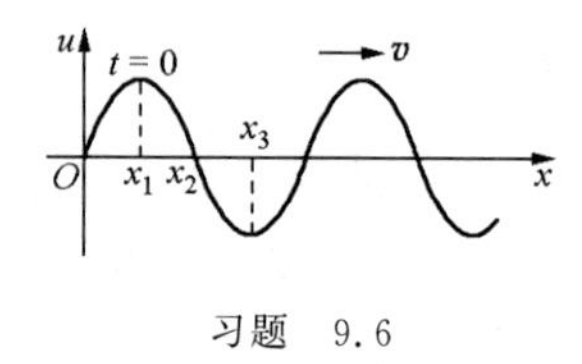

习题 9.6

9.6 已知平面简谐波在 $t=0$ 时刻的波形如本题图所示，波朝正 x 方向传播.

(1) 试分别画出 $t=T/4, T/2, 3T/4$ 三时刻的 u-x 曲线；

(2) 分别画出 $x=0, x_1, x_2, x_3$ 四处的 u-t 曲线.

9.7 有一绷紧的弦线，其质量线密度 $\eta=0.01$ kg/m，若在弦线一端施以横向力，使弦线中产生波动，波速 $v=10$ m/s，试求弦中张力.

9.8 水中声波的速度 $v=\sqrt{K/\rho}$，其中 K 为体积模量. 已知某温度下水中声速为 1.45×10^3 m/s，求水的体积模量.

9.9 设波传播时介质不吸收能量，因而通过波面的总能流守恒. 试据此证明 9.1 节的结论：球面波振幅 $A(r)\propto r^{-1}$，柱面波振幅 $A(r)\propto r^{-1/2}$.

9.10 在正常生活环境中，声强(声波的波强)应该在 10^{-8} $\mathrm{J/(m^2 \cdot s)}$以下. 试按频率 $f=1000$ Hz 估计一下，这个声强所对应的声振动的振幅多大(空气的密度 ρ 约为 1.29×10^{-3} $\mathrm{g/cm^3}$，空气中声速 v 约为 340 m/s).

9.11 面向街道的窗口面积约 $4.0\ \mathrm{m^2}$，街道上的噪声在窗口的声强级约为 60 dB，求传入室内的声功率.

9.12 试证明(9.44)式定义的声压级与(9.45)式定义的声强级分贝数相同.

9.13 图中 O 处为波源，向左右两边发射振幅为 A、角频率为 ω 的简谐波，波速为 c. BB' 为波密介质反射面，它到 O 的距离为 $5\lambda/4$，λ 为波长，试讨论 O 点两边合成波的性质.

9.14 本题图中所示为某一瞬时入射波的波形，在固定端全反射. 试画出此时刻反射波的波形.

习题 9.13 习题 9.14

9.15 入射简谐波的表达式为

$$u(x,t) = A\cos 2\pi\left(\frac{t}{T} - \frac{x}{\lambda}\right),$$

在 $x=0$ 处的自由端反射，该振幅无损失，求反射波的表达式.

9.16 在同一直线上相向传播的两列同频同幅的波，甲波在 A 点是波峰时乙波在 B 点的相位为 $-\pi/2$，AB 两点相距 20.0 m. 已知两波的频率为 25 Hz，波速为 200 m/s，求 AB 连线上静止不动点的位置.

9.17 (1) 沿一平面简谐波传播的方向看去，相距 2 cm 的 A 和 B 两点，其中 B 点相位落后 $\pi/6$. 已知振动的频率为 10 Hz，求波长与波速.

(2) 若波源以 40 cm/s 的速度向着 A 运动，B 点的相位将比 A 点落后多少？

9.18 两个观察者 A 和 B 携带频率均为 1000 Hz 的声源. 如果 A 静止，B 以 10 m/s 的速率向 A 运动，A 和 B 听到的拍频是多少？设声速为 340 m/s.

9.19 一音叉以 2.5 m/s 的速率接近墙壁，观察者在音叉后面听到拍音的频率为 3 Hz，求音叉振动的频率. 已知声速 340 m/s.

9.20 装于海底的超声波探测器发出一束频率为 30 000 Hz 的超声波，被迎面驶来的潜水艇反射回来. 反射波与原来的波合成后，得到频率为 241 Hz 的拍. 求潜水艇的速率. 设超声波在海水中的传播速度为 1500 m/s.

9.21 按相对论，电磁波(包括光波)的纵向多普勒效应公式为 $f'=\sqrt{\dfrac{1-\beta}{1+\beta}}f$，式中 $\beta=\dfrac{v}{c}$. 当 $v>0$ 表示光源离观察者而去，$f'<f$，称为红移. 天文上定义红移量为 $Z=\dfrac{\lambda-\lambda_0}{\lambda_0}$，$\lambda_0$ 为实验室中某一谱线

波长，λ 为此谱线观测到的波长.

(1) 试导出红移量 Z 和星体退行速度 v 的关系式.

(2) 已知某正常星系红移量 $Z=0.75$，求其退行速度，并进一步由哈勃定律求其距离.

(3) 目前对类星体的大数值红移一直有争议. 习题 1.7 提到的射电源退行速度为 $0.91c$，是据观测所得红移量按多普勒效应求得的. 试算出它的红移量.

9.22 深水表面波的色散关系为 $\omega^2=gk+k^3\sigma/\rho$，其中 g,σ,ρ 分别为重力加速度、水表面张力系数和密度.

(1) 试求出相速 v_p 公式.

(2) 试在同一张图上分别画出三种情形下的 $v_p(k)$ 曲线：重力起主要作用，表面张力起主要作用，二者都起作用.

(3) 试求出满足重力波相速等于表面张力波相速时的波数值 k_0，以及相应的波长值 λ_0. 已知，20℃ 时水表面张力系数 $\sigma=7.28\times10^{-2}$ N/m.

(4) 试据色散关系求出群速 v_g 公式.

(5) 证明相速等于群速时相速最小.

10 流体力学

10.1 流体的宏观物性

- 流动性与压强概念
- 可压缩性
- 黏性与黏度
- 超流动性
- 例题——旋转液体自由表面的弯曲

● 流动性与压强概念

常言道,如山之坚毅,似水之灵动.人们将液体和气体统称为流体,以与固体介质区别之.首先由于它们具有易流动、易变形、随器而容的性质.用物性语言表达,即流体的切变模量 $G=0$,其内部不存在切向应力,无切向弹性恢复力,只存在法向应力.在流体中通常用压强一量反映这种法向弹性力.所谓流体中某一点的压强 p 是指,含该点的一个面元 ΔS,其两侧流体相互作用的弹性力 f,总是沿面元的内法线方向,表现出彼此间的一种压迫性,如图 10-1 所示;单位面积上的这种压力 $f/\Delta S$,定义为该点的压强 p.流体的各向同性表现为压强与面元取向无关.压强的单位为 N/m^2(牛/米^2),称为帕斯卡,记作 Pa,它与应力单位相同.

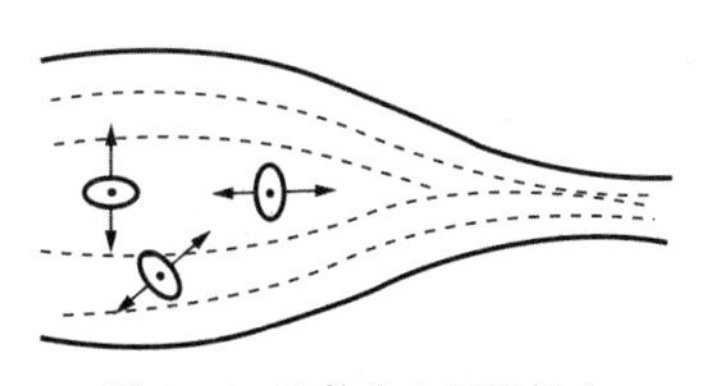

图 10-1 流体中的压强概念

流体内部压强的各向同性表现为,其压强数值与面元取向无关.这就是说,围绕流体内部某一点,拟出各种取向的面元,比如 ΔS_1, ΔS_2, ΔS_3,可以证明其相应的压强是相等的,即 $p_1=p_2=p_3$. 在静止流体中,通常取一个直角三棱镜那样的小流块,而证明上述结论. 这里值得提出的一点是,即使对于运动流体,其压强各向同性的结论也有可能成立. 这是因为那小流块的惯性质量 $\Delta m=\rho\Delta V\propto\Delta x\Delta y\Delta z$,它是三阶小量,而压力差 $\Delta F=\Delta p\cdot\Delta S=\Delta p(\Delta x\Delta y)$,它是二阶小量,接着应用牛顿运动定律 $\Delta F=\Delta m\cdot a$,便可知 $\Delta p\propto\Delta z\to 0$,即压强差 $\Delta p\to 0$,维持了压强的各向同性. 当然,对于实际流体,那个小流块的几个表面可能还受到横向的黏性力,情况变得稍复杂些,则应另当别论. 换言之,运动流体在其黏性可忽略的场合,其内部压强仍具有各向同性.

在地球表面附近,静止流体内部的压强公式为

$$p(h)=p_0+\rho gh. \tag{10.0}$$

这个公式在中学物理课本中已经介绍过. 这里,p_0 是流体表面处的压强,对于自由液面其 p_0 一般为大气压强;ρ 是流体质量体密度,g 是重力加速度;h 是该处距流体表面沿铅直方向的深度.

- **可压缩性**

静态力学实验表明,液体比固体有较大的可压缩性,而气体比液体有更大的可压缩性. 应用第 9 章 9.3 节介绍的体积模量 K,我们对可压缩性作出定量描述. 那里列出,对于钢,$K=1.6\times10^{11}$ N/m^2;水,$K=2.2\times10^9$ N/m^2;空气,$K=1.24\times10^5$ N/m^2. 换句话说,水的可压缩性几乎比钢大 10^2 倍,而空气的可压缩性比水高出 10^4 倍. 可压缩性直接联系着流体质量密度的变化率

$$\frac{\Delta\rho}{\rho_0}=\frac{\Delta p}{K}, \tag{10.1}$$

据此,可估算出海面以下 2 km 深度(此处 $p=200$ atm,1 atm $=$ 101 325 Pa),海水密度比海表面的密度增加了约 1%. 由此可见,在中等压强变化范围,液体的密度变化率是很小的,而对气体则不然. 比如,对于地球的大气层,海拔 100 m 处的压强,就比地面大气压减少 1%,即 $\Delta p\approx-1.2\times10^3$ Pa,代入(10.1)式并取 $K=1.2\times10^5$,得

到 $\Delta\rho/\rho_0 \approx -1\%$. 可见,静态气体的可压缩性十分显著,这与人们的经验是一致的.

然而,对于流动气体,其压缩性却是很小的. 流体动态压缩性指的是,在流速场中考察一流团,其体积为 ΔV,含质量 Δm,它随流场在不同时刻出现于不同位置;若其体积有所胀缩,则导致流体密度发生变化,表现出一种可压缩性. 实际气体在流动过程中虽然容易变形,而体积却变化很小,尤其在低速气流中. 理论上,从理想气体绝热过程定常运动出发,导出密度 ρ 与流速 v 的关系式,在马赫数 $Ma=v/c<1$ 条件下其表达式为

$$\frac{\rho}{\rho_0} \approx \left(1-\frac{1}{2}Ma^2+\frac{\gamma}{8}Ma^4\right), \tag{10.2}$$

其中,ρ_0 为静态气体密度,γ 为气体绝热指数,马赫数 Ma 中的 c 为气体声速. 据此作出估算,当 $Ma=0.2$,则 $\rho/\rho_0 \approx 0.98$,即密度变化率仅为 2%. 按常温条件下空气声速 $c\approx 344$ m/s 计算,与 $Ma=0.2$ 对应的流速已达 $v=c\,Ma\approx 70$ m/s. 将气体视为不可压缩的流速范围一般定于

$$v<100\ \text{m/s}. \tag{10.3}$$

当流速接近声速或超过声速时,气体密度变化率就十分明显了.

- **黏性与黏度**

运动中的实际流体总要显示出一种类似于摩擦力的黏性效应. 图 10-2 所示的实验说明了这一点. 在两块平行板之间充满液体或气体,让下面一块固定不动,施加一定恒力 $\boldsymbol{F}$ 于上面一块平板,在经历一段初始的加速距离后,它却保持于一恒定速度,虽然外力依然存在. 这说明平板与流体接触的那边界层,存在一黏力与外力平衡. 与此相联系,两平板之间出现了一个流速场 $v(z)$,存在速度梯度 $\mathrm{d}v/\mathrm{d}z$ 于其间每个流层. 任一面元 ΔS,其上下流层间的黏力与该处速度梯度成正比,下面慢层受到的黏力

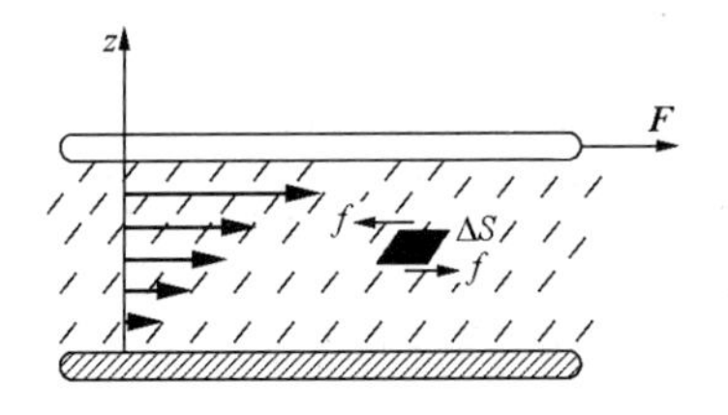

图 10-2 流体黏性实验

f 向右，上面快层受到的黏力向左. 若不计较方向，则黏力大小为

$$f \propto \frac{\mathrm{d}v}{\mathrm{d}z}\Delta S \quad 即 \quad f=\eta\frac{\mathrm{d}v}{\mathrm{d}z}\Delta S. \tag{10.4}$$

这里，比例常数 η 被称为黏度(viscosity)，它是反映流体黏性的宏观量. 比如，糖浆的 η 值大于水的 η 值；液体的 η 值大于气体的 η 值. 黏度的实用单位是牛·秒/米^2，写作 $\mathrm{N\cdot s/m^2}$ 或 $\mathrm{Pa\cdot s}$. 在历史文献或手册中，经常出现“泊”作为黏度单位，记作 P. 注意 1 泊＝0.1 帕·秒，即 1 P＝0.1 Pa·s. 下面列出几种流体的黏度值(表 10.1).

表 10.1　几种流体的黏度值

气体	温度/℃	η/(Pa·s)	液体	温度/℃	η/(Pa·s)
空气	0	1.71×10^{-5}	水	0	1.792×10^{-3}
	20	1.81×10^{-5}		20	1.006×10^{-3}
	40	1.90×10^{-5}		40	0.656×10^{-3}
H_2	0	0.84×10^{-5}		100	0.284×10^{-3}
	20.8	0.89×10^{-5}	蓖麻油	20	0.986
	−102.9	0.61×10^{-5}	甘油	25	0.494
N_2	23	1.77×10^{-5}	水银	0	1.68
O_2	0	1.93×10^{-5}		20	1.55
CO_2	0	1.37×10^{-5}	铅	441	2.116
H_2O	0	0.90×10^{-5}	正常血液	37	2.084×10^{-3}
	100	1.27×10^{-5}	血浆	37	1.257×10^{-3}

血黏度偏高，则血流不畅，增加了心肺负担，且加重了血流过程中的沉积，这对健康均为不利. 从表中所列数据看出，液体黏度随温度增加而减少，这与人们的经验一致. 食用油或蜂蜜在低温条件下，其黏度明显增加，欲倒出瓶口却黏滞难流. 值得注意的是气体的黏度随温度提高而增加，热气比冷气有更大的黏度.

最后说明一点. 图 10-2 所示的黏性实验，看起来与固体剪切弹性实验相类似，两者显示的力均沿面元的切线方向. 然而，黏性力与剪应力无论从产生机制或性质上看，存在着重要差别. 剪应力与切应变相联系，系弹性恢复力；黏性力与速度梯度相联系，并非弹性恢复力.

例题　试估算黏性阻力. 一列悬浮式列车，其每节车厢底部与轨道之间保留有一层厚度 2 mm 的气隙，面积为 $0.05\times20\ \mathrm{m^2}$. 若保持

车速为 90 m/s，即时速 324 公里. 求需要多大的力以克服这黏性阻力？

解 按(10.4)式，这黏性阻力为

$$f=\eta\frac{\Delta v}{\Delta z}S=(1.8\times10^{-5})\times\frac{90}{2\times10^{-3}}\times(0.05\times20)\,\mathrm{N}=0.81\,\mathrm{N}.$$

这个力非常小. 即使这列车有 10 节车厢，其所受的黏性阻力也不足 10 N. 当然，列车行驶过程中，还要克服迎面的空气阻力和车体四周的黏性力.

• 超流动性

若将液态氦 ^{4}He 沿饱和蒸气压曲线下降到温度为 2.172 K，液氦的性质立即发生很大的变化. 当温度稍低于这个值，液氦可以在低速下，毫无阻尼地流过极细的管子或极窄的狭缝，这毛细管的孔径可以小至 10^{-8} m，仅为可见光波长的 1/50. 这么细小的孔径就连氦气也无法通过. 这种没有黏度的无阻尼流动，被称为超流动性(superfluidity). 伴随着超流态的产生，还出现许多其他奇异现象. 超流动性是苏联科学家 П. Л. 卡皮察于 1938 年发现的. 他发现当液氦在上述极低温度下，流经间隙小于 10^{-6} m 的狭缝时，其黏度小于 10^{-11} P. 超流动性是一种量子效应，当今的量子力学已能对它给出解释.

• 例题——旋转液体自由表面的弯曲

在我国浙江省东南地区，从前居民中流行一种用明矾清洁饮用水的方法，人们手握一块明矾在水缸中不停地搅动，随之缸中水面弯曲，外高内低，位置最低处的轴心是一个涡旋中心，同时出现水中的污泥杂质向轴心聚集，并很快下沉. 现在让我们考察如图所示的情况，某种液体以一定角速度 $\boldsymbol{\omega}$ 绕铅直 z 方向作稳定旋转，试求其自由液面弯曲的

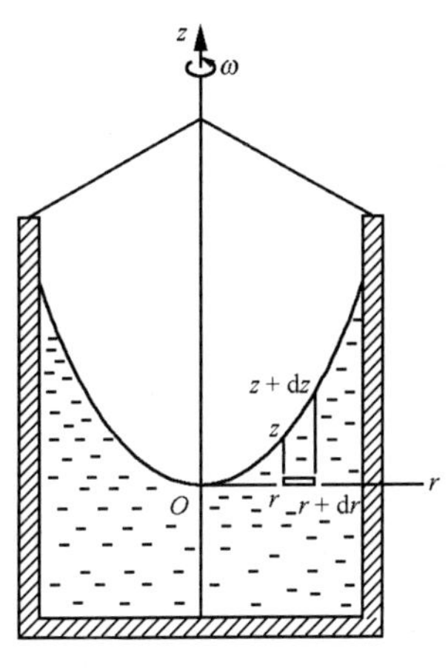

例题 旋转液体自由表面的弯曲

线型.

这里我们采用隔离质量元的方法求解该题.考虑到流场的轴对称性,取轴心 O 为原点,沿横向 r 方向在 $(r, r+\mathrm{d}r)$ 段隔离出一小流块,其长度为 $\mathrm{d}r$,其两端面的面积元为 ΔS,而距离液面的深度分别为 z 和 $z+\mathrm{d}z$.正是这液面的高度差 Δz 导致小流块两端面的压强差 Δp,从而提供了这小流块作稳定圆周运动所需要的向心力.由于该流体目前达到稳定态以后,在铅直方向无速度,故可应用静止流体的压强公式,给出

$$p(r) = p_0 + \rho g z, \quad p(r+\mathrm{d}r) = p_0 + \rho g(z+\mathrm{d}z),$$

于是,小流块左右两个端面之间的压强差 Δp 和压力差 ΔF 分别为

$$\Delta p = p(r+\mathrm{d}r) - p(r) = \rho g\,\mathrm{d}z,$$

$$\Delta F = \Delta p \cdot \Delta S = \rho g\,\mathrm{d}z \cdot \Delta S,$$

然后,应用牛顿运动定律于这小流块,即这合力 ΔF 满足向心力的要求,

$$\Delta F = \Delta m \cdot \omega^2 r, \quad 且 \quad \Delta m = \rho \mathrm{d}r \cdot \Delta S,$$

从而得到 $\mathrm{d}z$ 与 $\mathrm{d}r$ 之微分关系式,

$$g\mathrm{d}z = \omega^2 r\mathrm{d}r,$$

进而获得相应的积分表达式

$$g\int_0^z \mathrm{d}z = \omega^2 \int_0^r r\mathrm{d}r + C,$$

最终给出

$$z(r) = \frac{1}{2g}\omega^2 r^2 + C.$$

该函数表明,此种场合下其自由液面呈现旋转抛物面,其中积分常数 C 由边条件 $z_0(r=0)$ 值给出.若如图所示,$z_0=0$,则 $C=0$.不妨在此举一个数字例题,设

$$水桶半径\ R = 20\ \mathrm{cm}, \quad 角速度\ \omega = 2\times 2\pi\ \mathrm{rad/s},$$

则这木桶外缘水面相对轴心的高度差为

$$\Delta h = z(R) = \frac{1}{2g}(2\times 2\pi \times 0.2)^2\ \mathrm{m} \approx 0.32\ \mathrm{m} = 32\ \mathrm{cm}.$$

本题还有一点尚须说明,即在分析该小流块受力时,是否应当考

量黏性力的贡献. 显然,那木桶的转动能够带动其内部液体也随之旋转,所凭借的就是黏性力,而最终达到稳定态以后,沿 r 方向是存在速度梯度的. 不过,与此速度梯度相联系的黏性力其方向是垂直于 r 方向,即它对小流块端面而言是横向力,因而它对小流块的向心力并无贡献.

以上题解着眼于求得那自由液面弯曲的线型,其实从中还可以获得体内压强分布公式,

$$p(h,r) = p_0 + \rho g h_0 + \frac{1}{2}\rho\omega^2 r^2,$$

这里,h_0 为观测点到 r 轴的垂直距离. 在 r 轴之下,$h_0>0$;在 r 轴之上. $h_0<0$.

由本题引申出两个有意义的问题可供进一步讨论. 其一,若旋转液体充满且被密封在一木桶内,试求体内压强分布 $p(h,r)$,这是一个非自由液面的情形. 其二,若旋转流场的角速度并非一常数,这是流场达到稳态之前必然出现的情形,或 ω 值随 r 增大而下降,或 ω 值随 r 增大而加快. 试讨论当 $\omega(r)=\alpha r$,该旋转流场自由液面弯曲的线型.

10.2 理想流体的定常流动 伯努利方程

- 概述
- 理想流体概念
- 流速场 定常流动
- 层流 流线与流管
- 质量守恒与连续性方程
- 伯努利方程
- 小孔流速
- 虹吸现象
- 文丘里流量计
- 伯努利方程应用于静止流体

• 概述

实际流体的流动性、可压缩性和黏性,构成了流体力学的物理基础,也预示着流体动力学问题的复杂性. 自然科学理论的推进总是从简单到复杂,从低级到高级. 流体力学的发展过程也是这样. 从流体静力学到流体运动力学;从无黏性不可压缩流体的运动到黏性不可

压缩流体的运动,再到黏性可压缩流体的运动.本课程只研究不可压缩流体的运动,且限于某些简单而典型的流场.

- **理想流体概念**

无黏性且不可压缩的流体被称为理想流体.上一节比较充分地论述了液体和气体的可压缩性,其主要结论是,液体在压强中等变化范围约 10^2 倍、气体运动在低速范围约 10^2 m/s 以下,它们的可压缩性很小,可以视为不可压缩流体,其近似程度是很好的.另一方面,关于实际流体的黏性在什么条件下可被忽略呢?这倒难以概而论之.大体上说,凡是不求解流速的具体分布,或不计较机械能的损耗,运动流体的黏性效应则无关紧要.无黏性在流体静力学中总是适用的.在运动流体与容器的边界层里黏性总是明显的,因为这里的速度梯度很大.换句话说,远离边界层且速度变化不大的区域,无黏性假设是一个很好的近似.总之,理想流体概念是在一定条件一定场合下对实际流体的一种抽象,由此出发去建立流体力学的初级理论.

- **流速场 定常流动**

将牛顿力学规律和分析方法运用于流体力学的研究,可以采取两种眼光或两种方法.一种是着眼于流体中的一流块或流元,追踪它,研究它的运动轨迹和规律,这是拉格朗日运用的方法.另一种是着眼于整个流场,研究流场中速度随空间分布、随时间变化的规律,这是欧拉运用的方法.欧拉法是更为先进的场论方法,已成为流体力学理论的主流方法,而在一些特定问题中拉格朗日法辅助之.当流速场 $\boldsymbol{v}(\boldsymbol{r},t)$ 与时间无关,仅是空间分布的函数 $\boldsymbol{v}(\boldsymbol{r})$ 时,这种流场被称为定常流动(steady flow).

- **层流 流线与流管**

流场有两种形态,即层流和湍流.缕缕青烟,涓涓溪水,均系层流(laminar flow).浓烟滚滚,激流汹涌,乃属湍流(turbulent flow).层流与湍流是两种性质绝然不同的运动形态.图 10-2 黏性实验中出现的流场是一种典型的层流.层流运动的特征是流体运动有规则,各层流动互不掺混,质点运动轨线是光滑的,而且流场稳定.基于这些特点,在层流场中引入流线,用以形象地描绘流场.这如同用电力线形象地描绘电场.流线上某一点的切线方向反映该处的流速方向.一条流线四周的无穷多条流线,形成一个流管,见图 10-3.不论定常流动或非定常流动,只要是层流,那流线流管的描绘都是适用的.对于定常流动,其中相邻流管之间的流体不会交错掺混,显示出一种彼此独立而顺行不悖的运动图像.对于湍流场,流线流管的描绘已经失效.对湍流的详细论述留待 10.5 节给出.

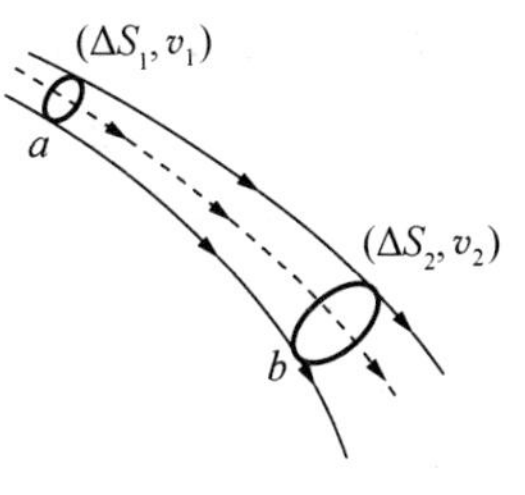

图 10-3 流线与流管

● 质量守恒与连续性方程

见图 10-3,在层流场中考察一段细流管 ab,两处的正截面积和流速分别为(ΔS_1,v_1)和(ΔS_2,v_2).在 Δt 时间中,通过面元进出这段流管的质量分别为

$$\Delta m_1 = \rho_1 \Delta V_1 = \rho_1(\Delta S_1 v_1 \Delta t),$$
$$\Delta m_2 = \rho_2 \Delta V_2 = \rho_2(\Delta S_2 v_2 \Delta t).$$

考量到质量守恒律与理想流体的不可压缩性,应有

$$\Delta m_1 = \Delta m_2, \qquad \rho_1 = \rho_2,$$

于是

$$v_1 \Delta S_1 = v_2 \Delta S_2. \tag{10.5}$$

这一关系式被称作连续性方程,亦有称其为连续性定理或连续性原理.这几个命名均突出连续性,即流管入口端的流量等于出口端的流量,流管周壁的流量为零.连续性方程表明,一流管的扩张处流速小,收缩处流速大,而保持速率与面积的乘积——流量为一常数.流量符号用 Q,即

$$Q = v\Delta S = \frac{\Delta m}{\rho \Delta t}, \tag{10.6}$$

流量单位为 m^3/s.实际管道或动脉血管总是有一定管径的,并非严

格意义的细流管. 不过,各截面流量相等的结论依然正确,而连续性定理有助于对平均速度之比作出估算,$\bar{v}_1 S_1 = \bar{v}_2 S_2$.

以上推导表明,层流场中的关于流量的连续性方程,是普遍的质量守恒定律在不可压缩流体中的一个推论,与流体黏性无关. 黏性将影响粗流管横截面上速度的具体分布,并不影响沿细流管纵向的速度比值.

- **伯努利方程**

它是一个关于理想流体定常流动的动力学方程. 见图 10-4,在重力场中存在一定常流场. 任选其中一根流线经由 A 点到达 B 点,用两点的压强、速度和距地面高度描述,分别为

$$A(p_1, v_1, h_1), \quad B(p_2, v_2, h_2).$$

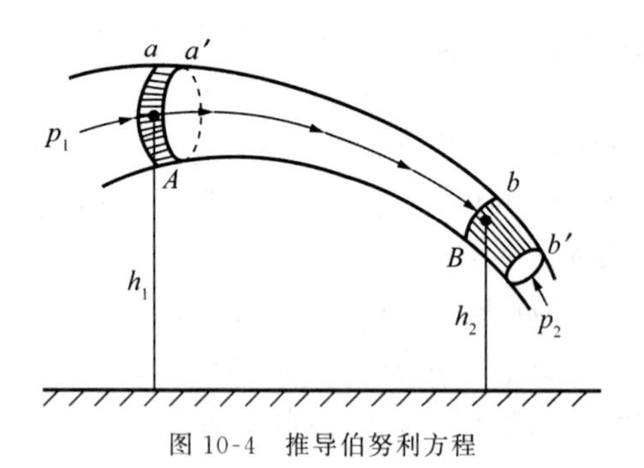

图 10-4 推导伯努利方程

这两组量的关系可运用牛顿力学中的机械能变化定理而求得. 以由流线 AB 为轴形成的一个细流管的 ab 段作为研究对象,经历 Δt 时间成为 $a'b'$ 段. 这两段在 $a'b$ 段是重叠的,重叠段有相同的动能和重力势能. 故机械能改变量 ΔE 等于流块 aa' 迁移到 bb' 流块所引起的机械能变化,虽然实际上并不存在这种超距迁移. 据此有

$$\begin{aligned}\Delta E &= E(bb') - E(aa') \\ &= \left(\frac{1}{2}v_2^2 + gh_2\right)\Delta m - \left(\frac{1}{2}v_1^2 + gh_1\right)\Delta m. \end{aligned} \qquad (1^*)$$

再分析外力对这段流管 $ab \to a'b'$ 的功. 施于四周管壁的流体压力始终是法向力,它不做功;而理想流体的假设意味着无切向黏力. 故必

须考量的是两端面的压力做的功,其代数和为

$$\Delta A = (f_1 v_1 - f_2 v_2)\Delta t$$
$$= (p_1 \Delta S_1 v_1 - p_2 \Delta S_2 v_2)\Delta t.$$

连续性方程表明

$$\Delta S_1 v_1 = \Delta S_2 v_2 = \Delta m / \rho \Delta t,$$

于是

$$\Delta A = (p_1 - p_2)\frac{\Delta m}{\rho}. \quad (2^*)$$

最后,根据机械能变化定理 $\Delta E = \Delta A$,联立(1^*)和(2^*),得

$$p_1 + \frac{1}{2}\rho v_1^2 + \rho g h_1 = p_2 + \frac{1}{2}\rho v_2^2 + \rho g h_2,$$

或写成不变量形式

$$p + \frac{1}{2}\rho v^2 + \rho g h = \text{const.} \quad (10.7)$$

这是由伯努利(Bernoulli)于 1738 年首先推导出来的,被称为伯努利方程,它表明压强、动能体密度、势能体密度三项之和在同一流线上各点处处相同,保持为一恒量.对此再作两点说明.

(1) 伯努利方程是机械能变化定理在理想流体定常流场中的体现,因该方程具有简洁的不变量形式而受人喜爱.若计及实际流体的黏性以及与其相联系的机械能损耗,则动力学方程应当是在伯努利方程中添加一修正项.

(2) 在应用伯努利方程时要注意到,它是对同一根流线而言的,该方程中各项各量(p, v, h)均是"点"函数.虽然,上述证明过程中采取了"细流管"图景,但取细流管的极限,便是流线.同时,伯努利方程仅在惯性系中成立.

- **小孔流速**

见图 10-5,一大容器下部有一小孔,液面与小孔高度差为 h.试求出小孔处的流速.视为理想流体定常流动,应用伯努利方程于流线 ab,有

$$p_a + \frac{1}{2}\rho v_a^2 + \rho g h_a = p_b + \frac{1}{2}\rho v_b^2 + \rho g h_b,$$

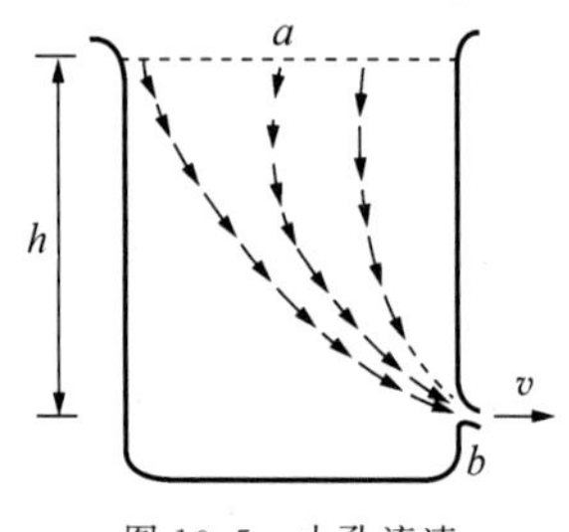

图 10-5　小孔流速

考量到

$p_a = p_0$，即为大气压；

$v_a \approx 0$，这是因为容器大而孔小；

$h_a - h_b = h$；

$p_b \approx p_0$，对此稍后再交代，

于是得小孔流速公式为

$$v_b \approx \sqrt{2gh}. \tag{10.8}$$

这结果如同一质点从 a 处自由落体至 b 处的末速度，虽然目前并非液面流团直接超越流场从小孔流出. 随着小孔处流出液体，液面高度 h 将缓慢降低，故小孔流速缓慢减少. 此种情形被称为似稳流动. 对于似稳流场，伯努利方程也是适用的.

现在说明小孔处流线上 b 点的压强 $p_b \approx p_0$（大气压）. 在小孔处考察一微流块，其一底面包含 b 点，另一底面露于大气. 这两个底面分别受到方向相反的两个力，合力为（$p_b \Delta S - p_0 \Delta S$），但是，此流块无法向速度和加速度，故（$p_b \Delta S - p_0 \Delta S$）$=0$，即 $p_b = p_0$. 这一结论与小孔喷嘴取向无关，即喷嘴水平或垂直或倾斜，均有此结论.

● 虹吸现象

图 10-6，一大容器中插入一弯管，其底端 e 点与液面 a 点的高度差为 H. 当弯管最初充满液体，则随后液体从 e 端源源流出，这一现象被称为虹吸（syphon）. 反过来想，如果流体静止，e 处流速为零，而压强 $p_e = p_0 = p_a$，则这一状态是违反伯努利方程的. 换句话说，虹吸现象是伯努利方程所要求的. 试求管口流体速度 v_e，并比较 b, c, d 三点的压强大小.

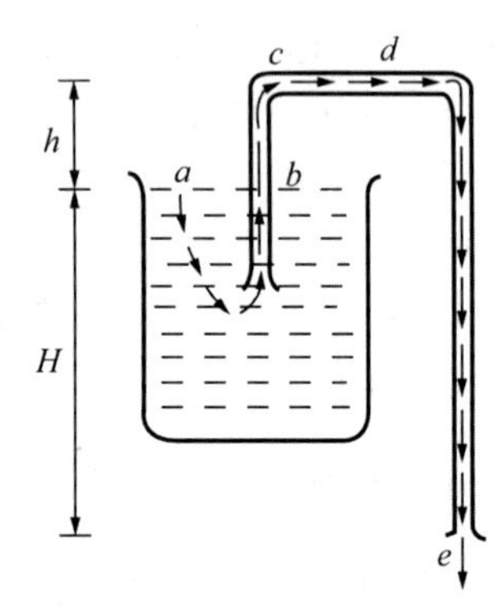

图 10-6　虹吸

应用伯努利方程于流线 $abcde$，并考量到 $p_a = p_e = p_0$，$v_a \approx 0$，遂得到以下结论：

(1) $v_e=\sqrt{2gH}$.

(2) 若虹吸管粗细均匀，有 $v_b=v_c=v_d=v_e$.

(3) 若虹吸管粗细均匀，有

$$p_b = p_e - \rho g H, \quad p_c = p_d = p_e - \rho g(h+H).$$

因此，$p_a>p_b>p_c=p_d<p_e$. 不要误以为因液体由 $c\to d\to e$，就有 c 点压强高于 d 点，d 点压强高于 e 点. 若 cd 段粗细不均匀，则压强 $p_c>p_d$，或 $p_c<p_d$ 都是可能的，但这两点的压强总小于大气压强.

- **文丘里流量计**

文丘里流量计的结构如图 10-7 所示，一段两端开口的粗管子，其中间有小段被收缩而成为管颈，再引出两根垂直且开口的支管. 将它顺向置于一个定常流场中，由两支管液面的高度差 h 得到定常流场的流速和流量. 其定量关系推导如下：取流经支管底部的一条水平流线，应用伯努利方程，并注意到 $h_1=h_2$；面积 S_1 和 S_2 分别为管筒和管颈的截面积，满足连续性方程 $S_1v_1=S_2v_2$，于是由

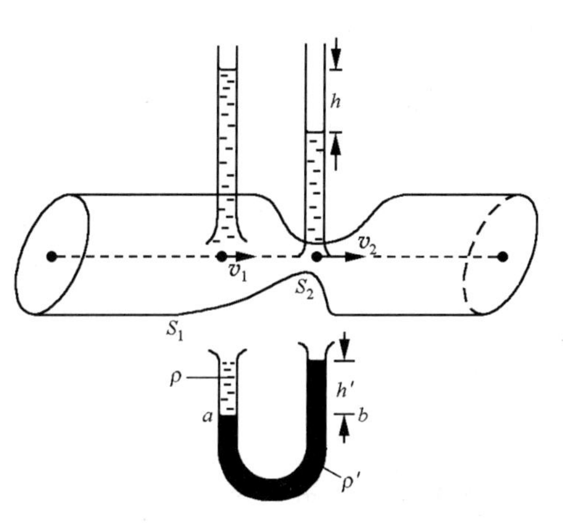

图 10-7 文丘里流量计

$$p_1+\frac{1}{2}\rho v_1^2 = p_2+\frac{1}{2}\rho v_2^2,$$

解得压强差

$$\Delta p = p_1 - p_2 = \frac{1}{2}\rho v_1^2\left(\frac{S_1^2}{S_2^2}-1\right),$$

或

$$v_1 = \sqrt{\frac{2\Delta p}{\rho\left(\frac{S_1^2}{S_2^2} - 1\right)}}. \tag{10.9}$$

对于上插支管型，压强差 $\Delta p \approx \rho g h$；对于下接 U 形管型，压强差 $\Delta p = (\rho' - \rho) g h'$，这里 ρ' 是另一种液体的密度，ρ 是流场中液体的密度. 具体说明如下：同一流体 ρ' 中的等高两点 a，b，其压强相等，即 $p_a = p_b$，且

$$p_a = p_1 + \rho g h', \quad p_b = p_2 + \rho' g h'.$$

两式相减，遂得

$$p_1 - p_2 = (\rho' - \rho) g h'.$$

例题　将犬的一根大动脉中流动的血液接到一支文丘里流量计上. 流量计宽段面积 $S_1 = 0.08\ \mathrm{cm}^2$，它等于这根动脉的横截面积；颈段面积为 $S_2 = 0.04\ \mathrm{cm}^2$. 流量计中显示的压强降落为 25 Pa. 求动脉中血流速度，已知血液密度 $\rho = 1060\ \mathrm{kg/m^3}$. 根据(10.9)式，得血流速度

$$v_1 = \sqrt{\frac{2 \times 25}{1060 \times (2^2 - 1)}}\ \mathrm{m/s} = 0.125\ \mathrm{m/s},$$

相应的血流量为 $Q = v_1 S_1 = 1\ \mathrm{cm^3/s}$.

● 伯努利方程应用于静止流体

流体静止是流体运动的一个特例. 伯努利方程当然成立，而且更为精确，因为实际流体的黏性在静止流体中不起作用. 如图 10-8，应用伯努利方程于 a 和 b 两点，得到压强差公式

$$p_b - p_a = \rho g h. \tag{10.10}$$

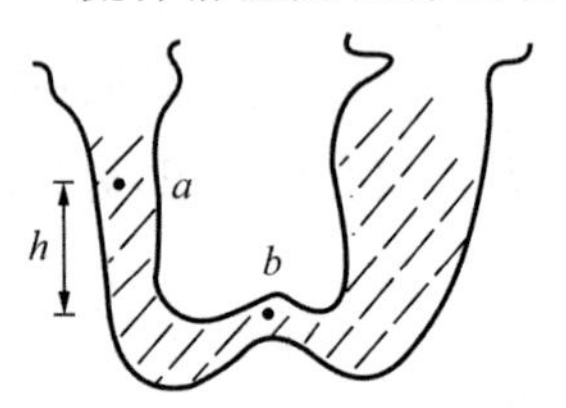

图 10-8　静止流体内部压强差

这个公式的成立只要求流体静止条件，与容器形状无关，与液面高度无关，也与连通管两边液面高度是否一致无关.

在上一小节流量计原理中，已经提前应用了这个关系式. 由这压强差公式，不难证认阿基米德原理：物体在流体中所受的浮力等于这物体所排开的流体的重量. 由压强差公式也不难证认帕斯卡原理：施加于密闭流体任一部分的压强，必然按其原数值由流体向各个方

向传递.

10.3 黏性流体的运动

- 水平圆管道中的定常流动——泊肃叶公式
- 例题——犬的大动脉血流
- 有黏性时的伯努利方程

• 水平圆管道中的定常流动——泊肃叶公式

如果关心流场的速度分布,那么流体的黏性是不可以被忽略的.流体与固体黏附的边界层给出了流速分布的边条件,这才最终地确定了流速场.这里讨论一个典型情形,如图 10-9 所示,在一水平均匀

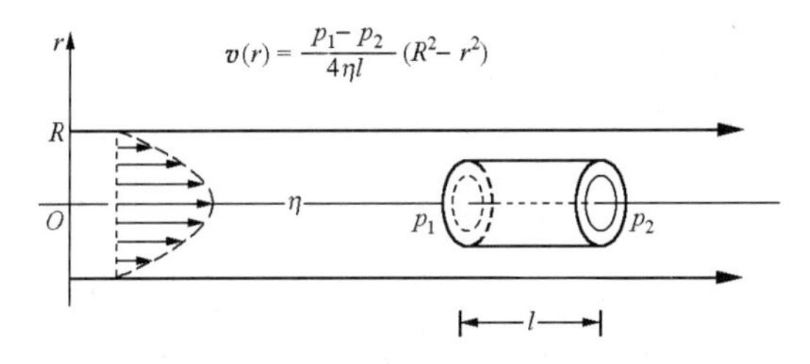

图 10-9 推导泊肃叶公式

圆管道中,流体作定常流动.定性看,流速场具有轴对性,由 $v(r)$ 函数给以描述;而且,贴近管壁流速为零,管道轴线上的流速最大.兹定量推导如下.

取一个圆筒状流层作为研究对象,其宏观长度为 l,端面细环内径 r,外径 $(r+\mathrm{d}r)$,故端面圆环面积为 $2\pi r\mathrm{d}r$,圆筒侧面积为 $2\pi rl$.它受到两个力,即端面的压力 $\mathrm{d}F$ 与侧面的黏力 $\mathrm{d}f$.注意到左端面压力向右为正,右端面的压力向左为负,故合压力为

$$\mathrm{d}F=(p_1-p_2)\cdot 2\pi r\mathrm{d}r,$$

而外侧面的黏力向左,内侧面的黏力向右.若用黏力微分增量 $\mathrm{d}f$ 表达合黏力则更为直截了当,

$$\mathrm{d}f=\mathrm{d}\left(\eta\frac{\mathrm{d}v}{\mathrm{d}r}2\pi rl\right)=2\pi\eta l\mathrm{d}\left(r\frac{\mathrm{d}v}{\mathrm{d}r}\right),$$

对于定常流动，瞬时加速度为零，故 $\mathrm{d}F+\mathrm{d}f=0$，于是，

$$\mathrm{d}\left(r\frac{\mathrm{d}v}{\mathrm{d}r}\right)=-\frac{p_1-p_2}{\eta l}r\,\mathrm{d}r,$$

两边积分，得

$$r\frac{\mathrm{d}v}{\mathrm{d}r}=-\frac{p_1-p_2}{2\eta l}r^2 \quad 即 \quad \frac{\mathrm{d}v}{\mathrm{d}r}=-\frac{p_1-p_2}{2\eta l}r,$$

此一阶微分方程的解为

$$v(r)=-\frac{p_1-p_2}{4\eta l}r^2+C,$$

这里，C 为待定常数，由管壁处流层速度为零这个边条件给以确定，即由 $v(R)=0$，得 $C=(p_1-p_2)R^2/4\eta l$. 最后得流场的速度分布为

$$v(r)=\frac{p_1-p_2}{4\eta l}(R^2-r^2). \tag{10.11}$$

由此可见，若无压强差是不能产生流场的，这是因为流体有黏性，$\eta\neq 0$. 知道了圆形管道横截面的速度分布，就可以求得流量公式，

$$Q=\int_0^R v\mathrm{d}S=\int_0^R v(r)2\pi r\mathrm{d}r=\frac{\pi}{8}\,\frac{p_1-p_2}{\eta l}R^4. \tag{10.12}$$

这个流量公式被称为泊肃叶公式. 先是德国人哈根(Hagen)于 1839 年从实验上发现流量 $Q\propto(p_1-p_2)R^4$ 规律. 泊肃叶(Poiseuille)是一位法国人，医生兼物理学家，他是在研究血管中血液的流动时，于 1840 年发现了上述流量公式. 泊肃叶的这一贡献在流体力学理论发展史上有着不可磨灭的功绩. 这一流速场的准确解的被导出，及其与实验结果的高度一致，才肯定了推广牛顿力学应用于流体的正确性，也肯定了固液黏附边界条件的正确性.

由以上两个公式(10.11)，(10.12)，可进一步得到几个有用的结果，兹分列如下.

(1) 管轴上流速最大，

$$v_0=\frac{p_1-p_2}{4\eta l}R^2. \tag{10.13}$$

(2) 圆管道横截面上平均流速为

$$\bar{v}=\frac{Q}{\pi R^2}=\frac{1}{2}v_0. \tag{10.14}$$

（3）切向黏应力为

$$\tau(r) = \eta \frac{\mathrm{d}v}{\mathrm{d}r} = -\frac{p_1 - p_2}{2l} r. \tag{10.15}$$

可见，管壁处黏应力最大，其数值为

$$\tau_{\mathrm{M}} = \frac{4\eta \bar{v}}{R}, \tag{10.16}$$

管轴处黏应力为零. 长度 l 这段管壁产生的总黏性阻力为

$$f_{\mathrm{M}} = \tau_{\mathrm{M}} \cdot 2\pi R l = 8\pi \eta l \bar{v}. \tag{10.17}$$

（4）定义管道阻力系数

$$\lambda = \frac{\tau_{\mathrm{M}}}{\frac{1}{2}\rho \bar{v}^2}, \tag{10.18}$$

其分子是管壁处的黏应力，而分母是管道中流体的平均动能体密度，而两者的计量单位是相同的，均为牛顿/米^2.

于是，水平圆管道的阻力系数为

$$\lambda = 8 \frac{\eta}{\rho v R} = \frac{8}{Re}, \tag{10.19}$$

其中

$$Re = \frac{\rho \bar{v} R}{\eta}. \tag{10.20}$$

$d=2R$ 是管道直径，Re 是个无单位的数，被称为雷诺数. 关于雷诺数 Re 在后面还将作进一步讨论. 从(10.19)式看出，雷诺数越大，管道阻力系数则越小.

- **例题——犬的大动脉血流**

犬的一根大动脉的内半径是 4 mm，流过这动脉的血流量 $Q=1\ \mathrm{cm^3/s}$. 求：（1）血流的平均速度和最大速度；（2）长为 0.1 m 的一段动脉中的压强降落；（3）维持这段血管中血液流动所需要的功率.

解　（1）根据(10.14)式，得平均速度和最大速度分别为

$$\bar{v} = \frac{10^{-6}}{\pi(4\times10^{-3})^2}\ \mathrm{m/s} \approx 1.99\times10^{-2}\ \mathrm{m/s} \approx 2\ \mathrm{cm/s},$$

$$v_0 = 2\bar{v} \approx 3.98 \times 10^{-2}\ \mathrm{m/s} \approx 4\ \mathrm{cm/s}.$$

(2) 根据(10.13)式得压强降落

$$\Delta p = \frac{4\eta l v_0}{R^2} = \frac{4(2.084\times10^{-3})}{(4\times10^{-3})^2}(0.1)(3.98\times10^{-2})\,\mathrm{Pa} = 2.07\ \mathrm{Pa}.$$

(3) 所需要的功率等于作用在这段流体的净力 $\Delta p \cdot S$ 与平均速度 $\bar{v}$ 的乘积,即

$$P = (\Delta p S)\bar{v} = (2.07)\times\pi(4\times10^{-3})^2\times(1.99\times10^{-2})\,\mathrm{W} = 2\times10^{-6}\ \mathrm{W}.$$

犬的新陈代谢率约为 10 W 或更大些,所以经过大动脉抽运血液所消耗的功率是很小的一部分,可以被忽略.倒是小的动脉分支和许许多多毛细血管中的血液流动,为克服黏性阻力而消耗着大部分的能量.

● 有黏性时的伯努利方程

在应用机械能变化定理于黏性流体的定常流动时,应当计及细流管管壁所受到的切向黏应力的功,虽然明确地给出这份功的定量表达式是个很不简单的问题.然而,可以在无黏性时的伯努利方程中添加一修正项,用以笼统地反映黏力的影响,即

$$p_1 + \frac{1}{2}\rho v_1^2 + \rho g h_1 = p_2 + \frac{1}{2}\rho v_2^2 + \rho g h_2 + w_{12}, \quad (10.21)$$

这修正项 w_{12} 体现了由黏力做功导致的机械能的耗散,其单位为焦/米^3,记为 $\mathrm{J/m^3}$.对于某些特定流场,可以进一步揭示 w_{12} 的面貌.比如,对于上段分析的水平圆管道中的泊肃叶流场,因 $v_1 = v_2$,$h_1 = h_2$,故

$$w_{12} = p_1 - p_2, \quad (10.22)$$

再由(10.12)式进一步得到

$$w_{12} = \frac{8\eta l}{\pi R^4}Q = \frac{8\eta l}{R^2}\bar{v}, \quad (10.23)$$

值得指出的是,出现于这两式中的压强降落 Δp 和流量 Q 是能被直接测量的,从而能量损耗体密度 w_{12} 可予以量化.比如,上面例题,关

于犬的大动脉血流，$R=4\ \mathrm{mm}$，$Q=1\ \mathrm{cm^3/s}$，$l=10\ \mathrm{cm}$，$\eta=2.084\times10^{-3}\ \mathrm{Pa\cdot s}$，得 $w_{12}=2.07\ \mathrm{J/m^3}$. 式(10.23)还表明，$w_{12}\propto\bar{v}$，即黏性能量损耗体密度与管道中流体平均速度成正比，这只在低流速以使层流得以维持的条件下成立. 当流速过高，管道中将出现湍流，此时 w_{12} 将与 $\bar{v}^2$ 成正比.

对于露天的水渠(明渠)，其流层与大气接触，故 $p_1=p_2$；若明渠等宽，则 $v_1=v_2$. 应用方程(10.21)，得

$$w_{12}=\rho g(h_1-h_2). \tag{10.24}$$

右端的含义是单位体积的流体经过这段落差所减少的重力势能，它并不转换为流体动能的增加，而是用以补偿黏性损耗 w_{12}. 或者说，重力克服黏力以维持匀速定常流动.

10.4 物体在黏性流体中的运动

- 黏性阻力——斯托克斯公式
- 涡旋与压差阻力
- 香蕉球
- 机翼升力

静止流体中的物体将受到一个浮力，而流体中的运动物体将受到阻力. 由流体黏性导致的这种阻力，表现为直接的黏性阻力和间接的压差阻力. 对于物体与流体之间的相对运动，实际上从地面参照系看可能是物体静止而流体运动，或物体运动而流体静止. 基于运动的相对性原理，可以采用物体静止而流体运动的图景一概代表上述两种情况，这样看待的优越性是便于借助流线流管图像来分析问题.

• 黏性阻力——斯托克斯公式

当物体速度不大或个体较小时，它受到的黏性阻力与速度成正比，即

$$f=kv,$$

比例常数 k 取决于黏度(系数)η 以及与物体形状有关的几何量. 对于半径为 r 的小球，如图 10-10(a)所示，$k=6\pi\eta r$，即小球所受的黏性阻力为

$$f = 6\pi\eta r v. \tag{10.25}$$

它被称为斯托克斯公式，是英国物理学家和数学家 G. G. 斯托克斯于 1851 年导出的. 据此公式，可以确定小球在流体中受重力作自由降落而最终保持的恒定速度(收尾速度). 这在后来密立根油滴实验和气象学等领域中获得重要应用. 黏性阻力的起因是，运动流体与静止物体接触的黏附层速度为零，黏附层邻近的速度梯度最大，由此产生的黏性力方向与流速方向相同，对物体来说，它就与物体运动方向相反而成为一个阻力. 黏附层零速度的边界条件，使得物体形状与大小对流场的重新分布有着决定性的影响. 这宛如进入电场的导体，其形状及大小对电场的重新分布将产生决定性的影响.

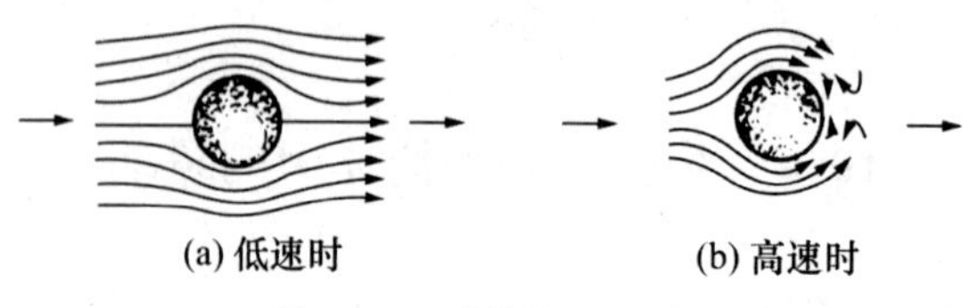

图 10-10　球体周围的流场

- **涡旋与压差阻力**

随着运动速度的增加，在物体后部将出现涡旋. 定性看，后部稍远离黏附层的流体向前运动，借助黏性带走物体后方局域中的流体；由于物体的障碍，得不到来自前方流体的及时补充，这导致后方流线的回转而形成涡旋，如图 10-10(b)所示. 一些涡旋被带走向前运动，新的涡旋又继续滋生，而呈现涡旋系列，如图 10-11 所示，它被称作卡门涡街，是流体经圆柱体后的流场，它随流速的增加，竟表现出如此多姿婀娜的图景. 大水流经桥墩，大风经过高耸的烟囱或架空的电线，均要出现这种卡门涡街. 存在涡旋的流场不一定是湍流场，但肯定是非定常流动. 涡旋区通常是低压区. 涡旋的产生和运动将耗散更多的机械能.

伴随着涡旋的出现，将在物体前端与尾端之间产生压强差. 前端流速几乎为零，压强高，而尾端涡旋区压强低. 相应的压力差的方向朝后，与物体运动方向相反，表现为一种阻力，它被称为压差阻力. 压

差阻力 $f\propto\eta v^n$，$n>1$. 对于圆柱体，$n=2$. 因此，对于高速运动，一旦出现涡旋，则压差阻力是主要的，虽然上述的直接的黏性阻力依旧存在. 高速运动的物体，诸如飞机、舰艇和列车，均尽可能地被设计为流线型——尽量收缩物体尾部可能产生涡旋的区间，以使物体表面线型与低速运动时的层流流线符合，旨在有效地减少压差阻力.

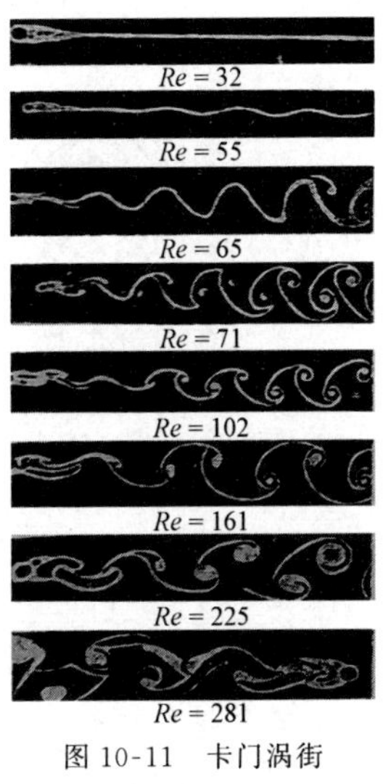

图 10-11　卡门涡街
（Re 表示雷诺数）

- **香蕉球**

如果说，黏性阻力和压差阻力的方向大体上是与物体运动方向相反，那么，当物体四周的流线分布不对称时，物体将受到一个与运动方向大体上正交的力，如机翼的升力，香蕉球的法线力. 图 10-12 用以说明足球轨线拐弯（香蕉球）的流体力学原理. 当足球既有平动（向右），又有转动（逆时针）时，其周围流线分布显得不对称了. 在上部，由于平动气流速度与转动气流速度方向大体一致，其合成流速得以加强，流线分布变得更密了；在球体下部，两种气流方向大体相反，其合成流速被削弱，流线也变得稀疏了. 而在远处，这两股流线将彼此靠近，成为一族几乎平行的均匀分布的流线. 就在这里选定两个彼此靠近的参考点，压强均为 p_0，流速为 v_0，其中一点处于上部流线上，另一点处于下部流线上. 近似地应用伯努利方程于每条流线. 由于 $v_{上}>v_0$，故 $p_{上}<p_0$；由于 $v_{下}<v_0$，故 $p_{下}>p_0$. 于是，$p_{下}>p_{上}$. 因此，从图上看足球受到一个向上的压差升力. 明确地说，这足球受到一个与平动方向大体正交的法线力，导致足球拐弯. 同时，与平动相联系的黏性阻力依旧存在，在这里它被称作曳引力. 辅助的曳引力使足球有更大程度的拐弯，使香蕉球更显魔力.

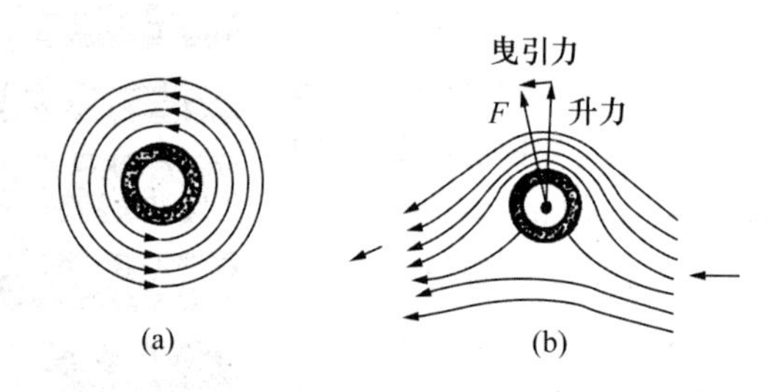

图 10-12 香蕉球原理

(a) 球转动引致周围空气环流 (b) 球转动且平动引致升力和曳引力

• 机翼升力

香蕉球周围流线分布的不对称，是由足球转动造成的；而机翼上下流线分布的不对称，是由其截面形状的不对称造成的，其上弦弯凸，下弦平坦，如图 10-13 所示. 机翼升力的原理与香蕉球的类似，虽然其情况要复杂得多. 在单单考虑升力的问题时，我们可以把伯努利方程应用于一个相对于飞机为静止的坐标系中，尽管起飞初始阶段飞机有加速度，周围的气流也非定常. 考量一个平稳的机翼周围，初始速度为 v_0、密度为 ρ 的空气的流动. 上部流速为 v_a，下部流速为 v_b，远处流速为 v_0，且 $v_a > v_0 > v_b$，这是因为上弦流线密集而下弦流线稀疏. 在伯努利方程中，忽略由机翼厚度引起的重力势能项 ρgh，于是

$$p_a + \frac{1}{2}\rho v_a^2 = p_0 + \frac{1}{2}\rho v_0^2,$$

$$p_b + \frac{1}{2}\rho v_b^2 = p_0 + \frac{1}{2}\rho v_0^2,$$

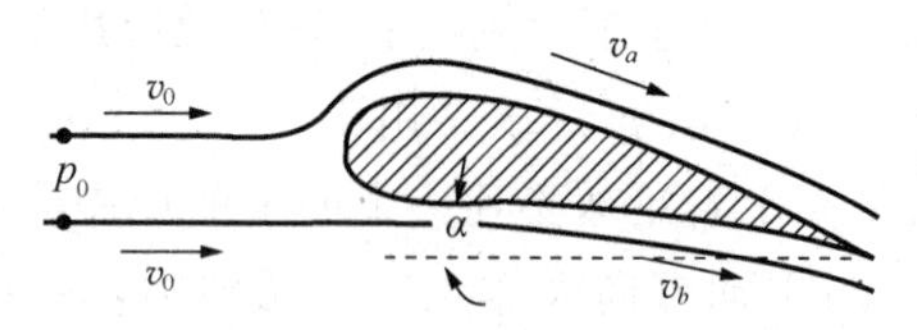

图 10-13 说明机翼升力的产生

得机翼受到的压差升力为

$$F_L = (p_b - p_a)A = A\,\frac{\rho}{2}(v_a^2 - v_b^2),$$

其中,A 是机翼面积.这个表达式是一个形式表示,因为我们不知道速度 v_a 和 v_b,并且也没有简单的办法去预测它们的数值.但是,我们可以认为两者均正比于空气的初始速度亦即远处的流速 v_0,于是,$(v_a^2-v_b^2)\propto v_0^2$,升力表达式被改写为

$$F_L = AC_L\frac{\rho}{2}v_0^2, \tag{10.26}$$

其中,比例系数 C_L 被称为升力系数,通常是由实验来测定它.升力系数与机翼形状和它的冲角 α 有着复杂的关系.冲角(angle of attack)是指机翼与初始气流方向之间的夹角.当冲角 α 较小时,升力系数 $C_L\propto\alpha$.然而,当 α 角增加到足够大时,就开始出现湍流,使升力反而减少,并使机身前进速度降低(失速).图 10-14 显示了机翼冲角对其四周流场的影响.

图 10-14　机翼冲角对四周流场的影响

上图为小冲角情形,下图冲角增大,出现了湍流

10.5　湍流与雷诺数

- 从层流到湍流
- 雷诺数
- 雷诺相似准则
- 生理流动

● 从层流到湍流

本章至此已经多次提到湍流一词，以与层流概念相对而立．湍流的特征是，流体运动极不规则，各部分激烈掺混，质点的轨线杂乱无章，而且流场极不稳定．图 10-15 显示了水流和纸烟烟雾的流场特征．雷诺（Reynold）最早对湍流现象进行系统研究．1876 年开始他对圆管内的黏性流体运动进行了实验．为了识别管内流体的流动状态，他用滴管在流体内注入有色颜料，如图 10-16 所示．当流体的速度不大时，管内呈现一条条与管壁平行、清晰可见的有色细丝，管内流体分层流动、互不掺混，质点的轨线是与管壁平行的直线．这些特征说明此时流体的运动处于层流状态，如图 10-16(a)．随着流体速度的不断增加，有色细丝变粗，开始出现波纹；进而，波纹的数目和振幅逐渐增加，显示为波浪；当速度达到某一数值时，有色细丝突然分

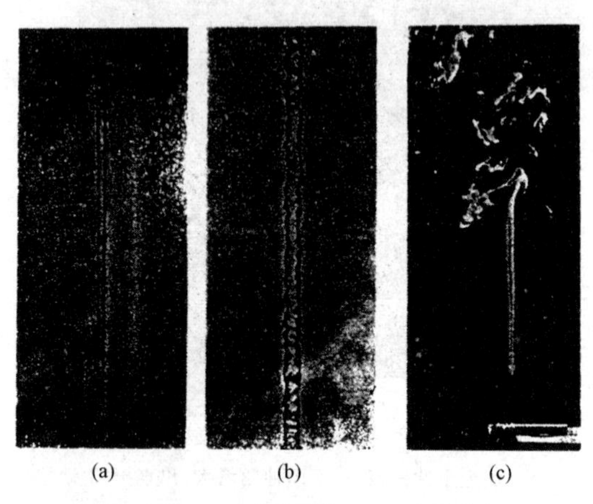

图 10-15　(a) 水的层流　(b) 水的湍流
(c) 纸烟的烟雾自下而上，先是层流，后是湍流

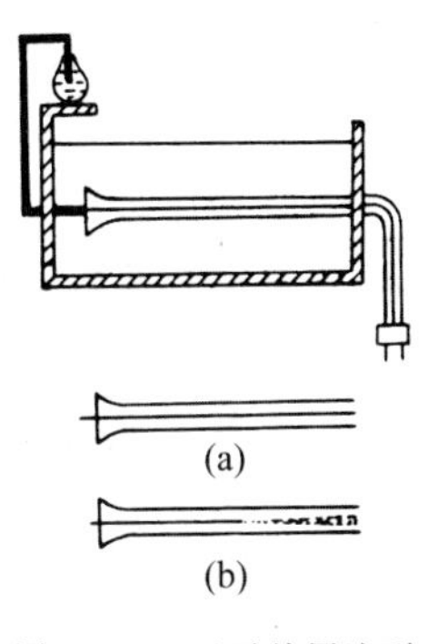

图 10-16　显示从层流到湍流的雷诺实验

裂成许多小涡旋，向外扩散，倏而消失，随之整个流体蒙上一层淡薄的颜色. 这时，管内流体各部分相互剧烈掺混，轨线紊乱. 表明此时流体的运动已处于湍流状态，如图 10-16(b).

● 雷诺数

流动是层流还是湍流，决定于一个量纲一的数即所谓雷诺数 Re，它被定义为

$$Re = \frac{\rho v l}{\eta}, \qquad (10.27)$$

其中，ρ，η 是流体密度和黏度，有时用 $\nu=\eta/\rho$ 概括流体物性，称为运动黏度；v，l 是由流场特点决定的特征速度和特征长度. 比如，对于管道中的流动，其特征速度为管道截面上的平均流速，管道直径为特征长度. 对于飞机，出现于雷诺数定义式中的特征长度为机翼弦长，飞行速度可作为特征速度.

让我们列出几个典型的 Re 值. 雾滴运动或胶液上悬浮小颗粒的沉淀，$Re<1$；风吹过电线，$Re\approx10^2\sim10^4$；对于飞机，选 $v\approx$ 100 m/s，机翼弦长 $l\approx1.5$ m，选地面空气的运动黏度 $\nu\approx1.46\times10^{-5}$ m²/s，则 $Re\approx10^7$. 一般作如下划分：$Re<1$ 为低雷诺数；$Re>5\times10^5$ 为高雷诺数；$Re>10^{10}$ 时，黏性作用就非常微弱了. 雷诺数大时，惯性力起主要作用，雷诺数小时，则黏性效应起主要作用.

雷诺数超过某一临界值时，层流将转变成湍流，即存在一个所谓临界雷诺数 Re^*. 值得注意的是，临界雷诺数决定于流场的边界形状和边界的粗糙程度. 对于圆管道中的流场，

$Re<2000$，流动是层流；

$Re>3000$，流动是湍流；

$2000<Re<3000$，流动是不稳定的，一旦有个小扰动，扰动将继续增长而转变为湍流.

这是就一般实验条件而言的. 大量实验表明，即使对于特定的流场，其临界雷诺数也不是一个固定的常数. 就以上述圆管道为例，若

入口处扰动大，或外界扰动大，则 Re^* 较小；反之，若圆管入口处扰动小，外界扰动亦小，则 Re^* 较大. 但临界雷诺数有个下限，约 $Re^* \approx 2000$，即当 $Re < 2000$ 时，不管外部的扰动有多大，管内流动保持稳定的层流状态. 临界雷诺数没有上界. 改善实验条件，摆脱一切振动的影响，则 Re^* 可以不断提高. 现在已经达到的最高 Re^* 约为 50 000. 当然，这时的层流状态是极不稳定的，稍有扰动便即刻转变为湍流.

- **雷诺相似准则**

雷诺数是一个量纲为一的特征参数，能用以反映流场的性质. 雷诺数蕴含着一个缩放定理——临界雷诺数与流场边界形状有关，却与此形状的边界的大小即空间尺度的缩放无关. 这并不限于临界雷诺数. 普遍而言，雷诺数相等的流场具有相同的流动状态和性质. 通常称为雷诺相似准则. 比如，对于圆管道中的流动，若管径缩小一半而流速增加一倍，则由(10.20)式得其雷诺数不变，于是管中流动性质也不变；原为层流(或湍流)，现在依然为层流(或湍流).

雷诺相似准则，在流体力学工程的模拟实验中有着重要的应用. 将一个缩小了的飞机模型或船舶模型，置于巨大的风洞或水洞中；制造一股特定速度的气流或水流，冲向模型；测定或显示模型周围的流场和模型体上的应力分布. 以此模拟实际飞行或航行条件下的真实流场，只要实验中的雷诺数与实际条件下的雷诺数相等. 可见，风洞、水洞实验依据的原理就是雷诺相似准则. 鉴于风洞、水洞实验对于航空航海事业和军事的重要性，建有一个高性能的风洞、水洞实验室，已经成为一个国家科技发展水平的重要标志之一.

凡论及流体运动，言必雷诺数. 多么奇妙的雷诺数. 可以说，雷诺由实验研究中提升出来的特征参数 $Re = \rho v l / \eta$，集中地体现了流体黏性与运动之间的那微妙复杂的相互作用. 后来，从流体力学基本方程组的无量纲化形式中，看出雷诺数 Re，正是流体微元的惯性力与黏性力之比. 这可以作为对雷诺数的实质的一种表述.

● 生理流动

人体中时时刻刻存在着各种生理流动，其中对于生命和健康最为重要的当推血液循环系统和呼吸系统. 人体的血管和气管有着良好的弹性，管壁可以吸收扰动能量，起着稳定流场的作用. 因而，生理流动的临界雷诺数远远超过刚性管流的 Re^* 值. 比如，人体主动脉，Re 值达 3400 时血流仍保持为层流状态. 人体中一般动脉的实际 Re 值平均为 500，峰值为 1000. 可见，人体血液循环系统中的流动几乎时时保持着层流. 呼吸系统中的气体流动也是保持在层流状态. 只有当深呼吸，或咳嗽或哮喘时出现湍流，其 Re 值竟可达到 5×10^4 之高.

循环系统和呼吸系统的老化表现为管道弹性减弱，内壁变得粗糙和管径变狭，这些因素均有助于激发湍流. 还有，由于某种病变，引起血液中红血球细胞的减少，而导致血黏度的降低，这也容易引发湍流，因为在同样的流量需求下这时的 Re 值变大了. 湍流要比层流损耗更多的有用能量，而转变为声能和热.

湍流发声的强度远大于层流，且其音调声谱与层流的有着显著的差别. 内科医生凭借一对训练有素的耳朵和一只结构简单的听诊器，监听人体生理流动的声谱，以对正常流动或异常流动作出诊断. 生理流动的发声效应，尤其是湍流发声的特性，在医学诊断学中竟有着这么重要的作用，这是出乎人们意料的.

习　题

10.1　理想流体在上部截面很大的容器中作定常流动（如图示），其出口速度 v_C，截面积 S_B，S_A 及高度 H 为已知，试讨论：

（1）在什么条件下 A，B 两处的压强分别满足 $p_A=p_B$，$p_A<p_B$，$p_A>p_B$.

（2）B，C 两点压强之间有什么关系.

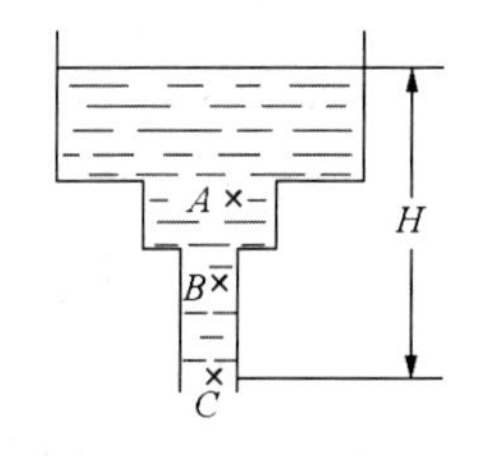

习题　10.1

10.2　匀速地将水注入大水盆内，注入的流量 $Q=150\ \mathrm{cm^3/s}$，盆底有一小孔，其面积为 0.50 cm²，问稳定时水面将在盆中保持多高？

10.3　油箱内盛有水和石油，石油的密度为 0.9 g/cm³，水的厚度为 3 m，油的厚度为 2 m. 求水自箱底小孔流出的速度.

10.4　在一高度为 H 的量筒侧壁上开一系列高度 h 不同的小孔. 试证明：当 $h=H/2$ 时水的射程最大.

10.5　在盛水圆筒侧壁上有高低两个小孔，它们分别在水面之下 25 cm 和 50 cm 处，自它们射出的两股水流在哪里相交？

10.6　一截面为 5.0 cm² 的均匀虹吸管从容积很大的容器中把水吸出. 虹吸管最高点高于水面 1.0 m，出口在水下 0.60 m 处，求水在虹吸管内作定常流动时管内最高点的压强和虹吸管的体积流量.

10.7　如图，A 是一个很宽阔的容器，B 是一根较细的管子，C 是压力计.

(1) 若拔去 B 管下的木塞，压力计的水位将处在什么地方？

(2) 若 B 管是向下渐细的，答案有何改变？

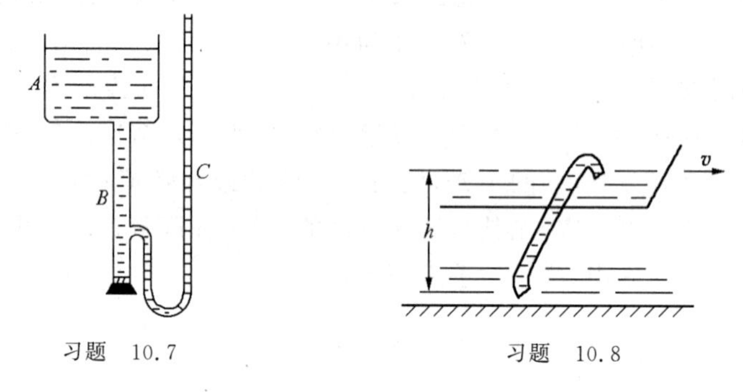

习题　10.7　　　　习题　10.8

10.8　为了避免火车停下来加水，可在铁轨旁装长水槽，自火车上垂挂一水管于水槽中，使水沿管上升流入火车的水箱(见图). 如果水箱与水槽的高度差为 $h=3.5$ m，则火车的速度至少为多大才能使水流入水箱中？若火车走了 $L=1.00$ km 的路程要使水箱得到体积为 $V=3.00$ m³ 的水，则火车速度应为多大？设管的直径为 $d=10$ cm.

10.9　在重力作用下，某液体在半径为 R 的竖直圆管中向下作定常层流，已知液体密度为 ρ，测得从管口流出的体积流量为 Q，求

(1) 液体的黏度 η;(2) 管轴处的流速 v.

10.10 密度为 2.56 g/cm^3、直径为 6.0 mm 的玻璃球在一盛甘油的筒中自静止下落.若测得小球的恒定速度为 3.1 cm/s,试计算甘油的黏度系数.甘油的密度为 1.26 g/cm^3.

10.11 试分别计算半径为 1.0×10^{-3} mm 和 5.0×10^{-2} mm 的雨滴的终极速度.已知空气的黏度为 1.81×10^{-5} Pa·s,密度为 1.3×10^{-3} g/cm^3.

10.12 一直径为 0.02 mm 的水滴在速度为 2 cm/s 的上升气流中,它是否回落向地面(不必考虑浮力)?空气的黏度可取 1.8×10^{-5} Pa·s.

10.13 在直径为 305 mm 的输油管内,安装了一个开口面积为原来面积 1/5 的隔片.管中的石油流量为 70 L/s,其运动黏度 $\nu\equiv\eta/\rho=0.0001$ m^2/s.石油经过隔片时是否变为湍流?

11 哈密顿原理

11.0 概　述

经典力学以牛顿定律为核心的理论体系通常称为矢量力学,因为这种体系是以力、加速度、动量这些矢量为基本量来说明力学系统的运动的.经典力学的另一种理论体系,是拉格朗日和哈密顿等人建立的分析力学.这种理论体系以变分原理为基础,以动能、势能这些标量组成的系统特性函数来说明力学系统的运动,所采用的数学手段是数学分析中的微分、积分和变分等,因而被称为分析力学.

物理学变分原理的基本思想起源于亚里士多德和欧几里得.早期的观点认为真实的物理过程总是要使某物理量取极小值.1662年,数学家费马首先成功地用这一思想表述几何光学的基本规律,认为实际光线总是沿时间最短的路径传播.经后人改造,成为著名的费马原理.牛顿之后,莫培督将这一思想发展到力学,明确地将动量和位移的乘积称为作用量,从而提出最小作用原理.随后经过一系列发展,这一思想被科学地表示成变分原理,分析力学也形成了完整的体系.分析力学一般包括达朗伯原理、拉格朗日方程、哈密顿正则方程、变换理论和变分原理等内容.它们以不同方式表述经典力学的基本规律,彼此之间互相等价.

力学变分原理主要分为微分形式的变分原理(如达朗伯原理)和积分形式的变分原理两类.而积分形式的变分原理则发展出了多种

表述形式,其中最有代表性、应用最广泛的是哈密顿原理.本章重点介绍哈密顿原理,并以它为基础讨论拉格朗日方程和哈密顿正则方程.

11.1 力学系统的约束与广义坐标

- 自由度与约束
- 理想约束与虚功原理
- 完整稳定约束
- 广义坐标与广义力

● 自由度与约束

自由度的概念在前面已经提到,我们把完全描述力学系统的运动所必须的独立坐标的数目,称为该系统的自由度.一个质点在三维空间自由运动,用 3 个独立的坐标变量如(x,y,z)就足以描述该质点的运动,因此该质点的自由度是 3 个.对于 n 个自由质点组成的力学系统,它的自由度是 $3n$ 个.

如果力学系统质点的位置和速度受到限制,这种限制就称为约束,相应的系统就是约束系统.例如单摆在运动中摆长保持不变,"摆长不变"就是约束,它限制小球必须在以悬点为圆心、摆长为半径的圆弧上运动.如果悬点以速度 v 匀速向上运动,这也是一种约束.但系统受力情况受到的限制则不是这里定义的约束.

系统的约束条件由约束方程表示,它一般性地写为

$$f(x_i,\dot{x}_i,t)=0, \tag{11.1}$$

其中 x_i 是简化写法,意思是 $i=1,2,3$ 表示第 1 个质点 m_1 的位置,其余类推.符号 $\dot{x}_i$ 专指 x_i 对时间的微商,即速度.约束的存在会使系统的自由度减少.

● 完整稳定约束

为了研究的方便,通常将约束区分成不同的类型.如果约束方程中只含有位置而不含速度,这样的约束称为完整约束或几何约束.如果约束方程既含有位置,又含速度,这样的约束称为非完整约束.有的约束方程虽然含有速度项,但经过微积分等的运算可以化成只含

坐标的方程,这样的约束是完整约束.

约束还可以按约束方程中是否显含时间变量 t 来分类. 凡是约束方程中不显含时间 t 的称为平稳约束或定常约束,如果显含时间 t,则属于不定常约束.

归纳起来,完整定常约束是指约束方程中只含坐标,不含速度,也不显含时间 t 的一类约束. 以下只讨论这类约束问题.

- **理想约束与虚功原理**

力学系统各质点按力学规律而运动,在无限小时间间隔内发生的实际位移称为真实位移,简称实位移,用 $\mathrm{d}\boldsymbol{r}$ 表示. 前面各章提到的位移都是实位移. 当系统受到约束时,约束所允许的位移称为虚位移,用 $\delta\boldsymbol{r}$ 表示. 质点在某一时刻的实位移是唯一的,但约束允许的位移却有很多个. 例如,质点沿光滑斜面下滑,按力学规律它必定沿斜面上某一直线运动,该直线上任一微元都是实位移;而斜面上沿该直线及偏离该直线的任意无穷小位移都是约束允许的位移,这种位移就是虚位移. 在定常约束的情况下,实位移是虚位移中的一个. 上面说的斜面是固定的,因此虚位移包含了实位移. 不定常约束时,实位移和虚位移无关.

质点作虚位移 $\delta\boldsymbol{r}$ 时,作用于质点的力 $\boldsymbol{F}$ 所做的功

$$\delta W = \boldsymbol{F} \cdot \delta\boldsymbol{r}$$

称为虚功. 由于约束实际上是使质点受到力的作用,这种力限制了质点的运动. 我们称与约束相联系的力为约束力,记为 $\boldsymbol{N}$,约束力以外的力则称为主动力,记为 $\boldsymbol{F}^{(\alpha)}$. 于是虚功也写为两部分之和:

$$\delta W = \boldsymbol{F}^{(\alpha)} \cdot \delta\boldsymbol{r} + \boldsymbol{N} \cdot \delta\boldsymbol{r}.$$

当系统包含 n 个质点,作用于每个质点的力所做虚功之和为($i=1, 2, \cdots, n$)

$$\delta W = \sum_i \boldsymbol{F}^{(\alpha)} \cdot \delta\boldsymbol{r}_i + \sum_i \boldsymbol{N}_i \cdot \delta\boldsymbol{r}_i.$$

约束力所做虚功之和等于零的系统称为理想约束系统,即理想约束条件为

$$\sum_i \boldsymbol{N}_i \cdot \delta\boldsymbol{r}_i = 0. \tag{11.2}$$

根据牛顿定律,系统平衡时每一个质点所受合力为零.因此,在理想约束情形下,系统平衡的条件为主动力所做虚功之和等于零,即

$$\sum_i \boldsymbol{F}_i^{(a)} \cdot \delta \boldsymbol{r}_i = 0, \tag{11.3}$$

这一结论称为虚功原理.

- **广义坐标与广义力**

约束的存在会使系统自由度减少.对于 n 个质点组成的完整约束系统,由于每个约束方程给定了质点坐标之间的一个关系式,因而必有一个坐标不独立,这将使系统独立坐标数减少一个.对于有 k 个完整约束的系统,它的自由度等于 $3n-k=s$ 个.

对于有 s 个自由度的完整约束系统,选取 s 个独立坐标就足以描述它的运动.这 s 个独立坐标称为广义坐标,用 $q_1,q_2,\cdots,q_s$ 表示,写成 $q_\alpha(\alpha=1,2,\cdots,s)$.广义坐标的意思是,它们可以是像笛卡儿坐标那样具有长度量纲的坐标,也可以是具有角度量纲的曲线坐标,或者是具有角动量或能量量纲的广泛意义上的坐标.对于非完整约束情形,广义坐标数不等于自由度数.

广义坐标与以往常用的笛卡儿坐标(x,y,z)不同.以往的坐标通常是描述某个质点位置的,而广义坐标是描述整个系统的.广义坐标一般不组成矢量,也不需要坐标架,只需规定零点和正方向.在自由度较少的情形下,也常取笛卡儿坐标为广义坐标.广义坐标对时间的微商 $\dot{q}_\alpha(=\mathrm{d}q_\alpha/\mathrm{d}t)$称为广义速度.广义坐标组成的抽象空间称为位形空间,它不同于通常的三维空间.对于有 n 个质点 s 个自由度的完整约束系统,质点的笛卡儿坐标 $x_i(i=1,2,\cdots,3n)$与系统的广义坐标 $q_\alpha(\alpha=1,2,\cdots,s)$之间的关系为

$$x_i = x_i(q_1,q_2,\cdots,q_s,t). \tag{11.4}$$

上式称为变换方程.系统所受约束的情形不同,变换方程的具体形式也不同.

广义坐标和虚位移的引入为力学规律的表述开辟了新的途径.从变换方程(11.4)出发,可以求得虚位移 $\delta\boldsymbol{r}_i$ 或 δx_i 与广义坐标的虚位移 δq_α 之间的关系:

$$\delta x_i = \sum_{\alpha=1}^{s} \frac{\partial x_i}{\partial q_\alpha}\delta q_\alpha + \frac{\partial x_i}{\partial t}\delta t,$$

而时间变量的虚位移 $\delta t=0$,因此

$$\delta x_i = \sum_{\alpha=1}^{s} \frac{\partial x_i}{\partial q_\alpha}\delta q_\alpha. \tag{11.5}$$

将它代入虚功原理(11.3)式,就得到广义坐标表示的虚功原理,

$$\delta W = \sum_{\alpha=1}^{s} Q_\alpha \delta q_\alpha = 0, \tag{11.6}$$

其中

$$Q_\alpha = \sum_{i=1}^{3n} F_i \frac{\partial x_i}{\partial q_\alpha} \tag{11.7}$$

称为广义力的 α 分量(对于非理想约束系统,广义力 Q_α 中还应包括约束力的贡献).

在(11.6)式中,所有虚位移 δq_α 都是独立变量,因此每一个 δq_α 的系数都应该等于零.也就是说,体系的平衡方程为

$$Q_\alpha = 0,$$

所以虚功原理可以表述为:在理想约束情形下,系统的平衡条件为作用于系统的所有广义力都等于零.

约束系统的广义力一般不从属于某个质点,也不直接对应于主动力的某个分量.当 q_α 不具有长度量纲时,Q_α 也不具有力的量纲,但 $Q_\alpha \delta q_\alpha$ 总具有功的量纲.

如果系统中作用于所有质点的主动力都具有无旋有势的性质,即 $\nabla_i \times \boldsymbol{F}_i = 0 (i=1,2,\cdots,n)$,该系统称为有势力系.这时,所有主动力都能表示成某个势函数 $V(\boldsymbol{r}_1,\boldsymbol{r}_2,\cdots,\boldsymbol{r}_n,t)$ 对相应坐标的负梯度,即

$$\boldsymbol{F}_i^{(a)} = -\nabla_i V \quad (i=1,2,\cdots,n),$$

或

$$F_i^{(a)} = -\frac{\partial V}{\partial x_i} \quad (i=1,2,\cdots,3n). \tag{11.8}$$

如果势函数中不显含 t,相应的力就是保守力.对于有势力系,广义力用势函数表示为

$$Q_\alpha = -\sum_{i=1}^{3n} \frac{\partial V}{\partial x_i}\frac{\partial x_i}{\partial q_\alpha} = -\frac{\partial V(q,t)}{\partial q_\alpha}, \tag{11.9}$$

其中 $V(q,t)=V[x(q,t),t]$，意思是势函数已经用广义坐标表示，q 是 $(q_1,q_2,\cdots,q_s)$ 的缩写.

11.2 哈密顿原理

- 哈密顿作用量和拉格朗日函数
- 哈密顿原理及其数学形式
- 哈密顿原理与牛顿定律的等价性
- 例题

• 哈密顿作用量与拉格朗日函数

考察完整、理想约束的有势力系，设它有 s 个自由度，用 s 个广义坐标 $q_1,q_2,\cdots,q_s$ 来描述并缩写为 q. 系统的运动可以看成是位形空间中的一个"代表点"的运动. 随着时间的推移，代表点在位形空间中沿某条轨迹运动，这种以时间为参量的轨迹称为系统的运动路径. 变分原理考察问题的思路是，从相同的起点 $q(t_1)$ 到相同的终点 $q(t_2)$ 之间，力学规律决定的真实运动路径只有一条，而约束允许的可能运动路径有无数条，怎样从众多可能路径中挑选出真实运动路径？哈密顿原理给出了挑选真实路径的原则.

引入依赖于系统运动路径的函数 S，该函数称为哈密顿作用量，它定义为

$$S=\int_{t_1}^{t_2} L(q,\dot{q},t)\mathrm{d}t. \tag{11.10}$$

S 量定义式的意思是，对不同的运动路径，$q(t)$ 的函数形式不同，积分所得 S 量的值也就不同.

S 量的定义式中的被积函数 $L(q,\dot{q},t)$ 称为拉格朗日函数，简称拉氏函数，它定义为

$$L=T(q,\dot{q},t)-V(q,t), \tag{11.11}$$

其中 T 表示系统的动能函数，V 表示系统的势能函数. 拉氏函数 L 是表征系统特性的重要函数，后面还要讨论.

• 哈密顿原理及其数学形式

哈密顿原理表述如下：有势力系在位形空间两点之间所能作的

各种邻近运动中,真实运动使哈密顿作用量取极值.

哈密顿原理的数学表述为:当 $\delta q(t_1)=0,\delta q(t_2)=0$ 时,真实运动使哈密顿作用量的一阶变分等于零,

$$\delta S=\delta\int_{t_1}^{t_2}L(q,\dot{q},t)\mathrm{d}t=0. \tag{11.12}$$

哈密顿原理可用示意图 11-1 说明. 从 P 到 Q 的真实运动路径为 $q(t)$,相应的哈密顿作用量为 S;而 P,Q 两点间任意相邻运动路径为 $\tilde{q}(t)$,相应的作用量为 $\tilde{S}$,则 $\delta S=\tilde{S}-S=0$.

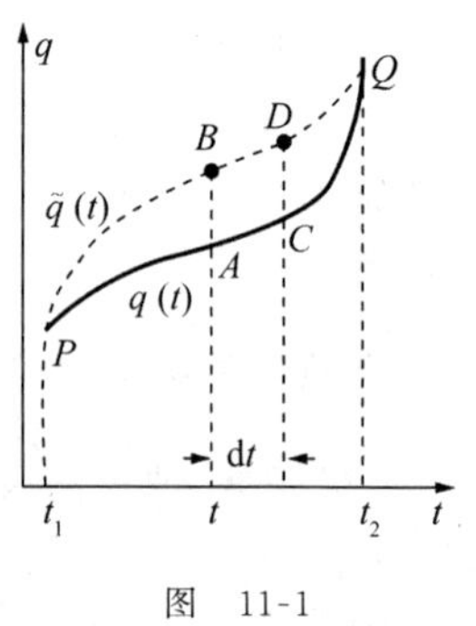

图 11-1

哈密顿原理将寻求真实运动路径的力学问题归结为求泛函极值的数学问题. 泛函是以函数为自变量的函数. $q(t)$ 是以 t 为自变量的函数,而 S 又是以 $q(t)$ 为自变量(称为自变函数)的函数,所以 S 是泛函. 泛函及自变函数的无穷小变化用符号 $\delta S,\delta q$ 表示,称为变分(或变更),以便与函数的微分 $\mathrm{d}q,\mathrm{d}t$ 相区别. 但 $\delta S,\delta q,\mathrm{d}q,\mathrm{d}t$ 都是无穷小量,服从无穷小量的运算规则,因而从变分求泛函的极值类似于从微分求函数的极值. 在位形空间中(参见图 11-1),A,B,C 各点纵坐标是

$$A:q,$$

$$B:q+\delta q,$$

$$C:q+\mathrm{d}q=q+\frac{\mathrm{d}q}{\mathrm{d}t}\mathrm{d}t.$$

这表明 $\mathrm{d}q$ 与 δq 不同. 再从 C 点出发求 D 的纵坐标,它应等于从 B 点出发求得的 D 点的纵坐标,从而可推得函数的微分(包括积分)运算与变分运算的先后次序可以交换:

$$\frac{\mathrm{d}}{\mathrm{d}t}(\delta q)=\delta\left(\frac{\mathrm{d}q}{\mathrm{d}t}\right),$$

这一结论的条件是等时变分(即 $\delta t=0$),以后常常要使用.

- **哈密顿原理与牛顿定律的等价性**

原理的正确性原则上要靠实践检验. 现在以一维运动做理论上

印证，如果从哈密顿原理能导出牛顿定律，就说明二者之间是等价的.

第一步设单个质点在保守力作用下作一维运动，广义坐标取为 x，则其动能和势能分别为

$$T = \frac{1}{2}m\left(\frac{\mathrm{d}x}{\mathrm{d}t}\right)^2, \quad V = V(x);$$

拉氏函数为

$$L = T - V = \frac{1}{2}m\left(\frac{\mathrm{d}x}{\mathrm{d}t}\right)^2 - V(x).$$

于是哈密顿作用量为

$$S = \int_{t_1}^{t_2}\left[\frac{1}{2}m\left(\frac{\mathrm{d}x}{\mathrm{d}t}\right)^2 - V(x)\right]\mathrm{d}t. \tag{11.13}$$

设真实运动为 $x(t)$，对应 S，而假设的可能运动为

$$\tilde{x}(t) = x(t) + \eta(t),$$

它与真实运动有一小偏离 $\eta(t)$，该小偏离在初态和终态为零，

$$\eta(t_1) = \eta(t_2) = 0.$$

据(11.13)式，相应的 $\tilde{S}$ 为(略去 x，$\tilde{x}$，η 的标记 t)

$$\begin{aligned}\tilde{S} &= \int_{t_1}^{t_2}\left[\frac{m}{2}\left(\frac{\mathrm{d}}{\mathrm{d}t}\tilde{x}\right)^2 - V(\tilde{x})\right]\mathrm{d}t \\ &= \int_{t_1}^{t_2}\left[\frac{m}{2}\left(\frac{\mathrm{d}x}{\mathrm{d}t} + \frac{\mathrm{d}\eta}{\mathrm{d}t}\right)^2 - V(x+\eta)\right]\mathrm{d}t \\ &= \int_{t_1}^{t_2}\left[\frac{m}{2}(\dot{x} + \dot{\eta})^2 - V(x+\eta)\right]\mathrm{d}t. \end{aligned} \tag{11.14}$$

第二步是利用数学分析方法求 δS.(11.14)式的被积函数动能项为

$$\frac{m}{2}(\dot{x}^2 + 2\,\dot{x}\,\dot{\eta} + \dot{\eta}^2) \approx \frac{m}{2}(\dot{x}^2 + 2\,\dot{x}\,\dot{\eta});$$

势能项展成泰勒级数，也略去高级小量(平方项)，

$$\begin{aligned}V(x+\eta) &= V(x) + \eta V' + \frac{1}{2}\eta^2 V'' \\ &\approx V(x) + \eta V',\end{aligned}$$

V'是 V 对 x 的一阶微商. 代入(11.14)式，得

$$\widetilde{S}=\int_{t_1}^{t_2}\left\{\left[\frac{m}{2}\dot{x}^2-V(x)\right]+[m\dot{x}\dot{\eta}-\eta V']\right\}\mathrm{d}t$$
$$=S+\int_{t_1}^{t_2}(m\dot{x}\dot{\eta}-\eta V')\mathrm{d}t,$$

移项即可求得 $\delta S=\widetilde{S}-S$,

$$\delta S=\int_{t_1}^{t_2}(m\dot{x}\dot{\eta}-\eta V')\mathrm{d}t. \tag{11.15}$$

第三步是用分部积分方法化简并求出(11.15)式. 根据函数的分部微商公式,可得

$$\frac{\mathrm{d}}{\mathrm{d}t}\left(\frac{\mathrm{d}x}{\mathrm{d}t}\cdot\eta\right)=\eta\frac{\mathrm{d}^2x}{\mathrm{d}t^2}+\frac{\mathrm{d}x}{\mathrm{d}t}\frac{\mathrm{d}\eta}{\mathrm{d}t},$$

即

$$\frac{\mathrm{d}x}{\mathrm{d}t}\frac{\mathrm{d}\eta}{\mathrm{d}t}=\frac{\mathrm{d}}{\mathrm{d}t}\left(\frac{\mathrm{d}x}{\mathrm{d}t}\cdot\eta\right)-\eta\frac{\mathrm{d}^2x}{\mathrm{d}t^2},$$

将它乘上 m 并两边积分,就可将(11.15)式右端第一部分求出:

$$m\int_{t_1}^{t_2}\frac{\mathrm{d}x}{\mathrm{d}t}\frac{\mathrm{d}\eta}{\mathrm{d}t}\mathrm{d}t=m\frac{\mathrm{d}x}{\mathrm{d}t}\cdot\eta\Big|_{t_1}^{t_2}-\int_{t_1}^{t_2}m\eta\frac{\mathrm{d}^2x}{\mathrm{d}t^2}\mathrm{d}t$$
$$=0-\int_{t_1}^{t_2}m\eta\frac{\mathrm{d}^2x}{\mathrm{d}t^2}\mathrm{d}t,$$

上式被积出的部分等于零是因为 $\eta(t_1)=\eta(t_2)=0$.

最后将分部积分的结果代入(11.15)式,得出

$$\delta S=\int_{t_1}^{t_2}\left(-m\frac{\mathrm{d}^2x}{\mathrm{d}t^2}-\frac{\mathrm{d}V}{\mathrm{d}x}\right)\eta\mathrm{d}t=0.$$

对于任意的 $\eta(t)$,该积分保证为零的条件是 $\eta(t)$ 的系数恒为零,

$$-m\frac{\mathrm{d}^2x}{\mathrm{d}t^2}-\frac{\mathrm{d}V}{\mathrm{d}x}=0.$$

显然,它就是牛顿定律的一维形式,

$$m\frac{\mathrm{d}^2x}{\mathrm{d}t^2}=-\frac{\mathrm{d}V}{\mathrm{d}x}.$$

以上的论证方法具有普遍意义,结果也可以推广到三维. 因此可以得出结论:作为经典力学基本规律的牛顿定律,完全可以等价地表述成哈密顿原理的形式.

- **例题**

试用哈密顿原理求重力场中竖直下落的自由落体的运动微分方程.

解 取 y 轴竖直向上,质量为 m 的质点的动能、势能和拉氏函数分别为

$$T = \frac{1}{2}m\dot{y}^2,$$
$$V = mgy,$$
$$L = \frac{1}{2}m\dot{y}^2 - mgy.$$

根据哈密顿原理(11.12)式,得

$$\begin{aligned}\delta\int_{t_1}^{t_2} L\mathrm{d}t &= \int_{t_1}^{t_2} \delta L\mathrm{d}t \\ &= \int_{t_1}^{t_2} m(\dot{y}\delta\dot{y} - g\delta y)\mathrm{d}t \\ &= m\int_{t_1}^{t_2}\left[\dot{y}\frac{\mathrm{d}}{\mathrm{d}t}(\delta y) - g\delta y\right]\mathrm{d}t = 0.\end{aligned}$$

化简时使用了等时变分条件. 对上式右端第一项分部积分,就得到

$$m\dot{y}\delta y\Big|_{t_1}^{t_2} - m\int_{t_1}^{t_2}\ddot{y}\delta y\mathrm{d}t,$$

其第一项(积分结果)应为零,代入原式就得到

$$-m\int_{t_1}^{t_2}(\ddot{y}+g)\delta y\mathrm{d}t = 0,$$

由于被积函数中的 δy 是任意的,要保证积分恒为零,就必须$(\ddot{y}+g)=0$,最后得到的运动微分方程为

$$\ddot{y}+g=0 \quad 或 \quad \ddot{y}=-g,$$

它与牛顿定律的结果完全一致. 这是一个简朴的例题,意在熟悉哈密顿原理的运用.

11.3 哈密顿原理与拉格朗日方程

- 从哈密顿原理导出标准形式的拉格朗日方程
- 拉格朗日方程的应用
- 哈密顿原理和第二类拉格朗日方程

• 从哈密顿原理导出标准形式的拉格朗日方程

从上节的讨论可以看出,从哈密顿原理可以导出运动方程.现在我们进一步作普遍研究,符合哈密顿原理的拉氏函数应满足什么条件.

设 $L=L(q,\dot{q},t)$,$\dot{q}$ 是广义速度.在等时变分($\delta t=0$)条件下,

$$\delta L=\frac{\partial L}{\partial q}\delta q+\frac{\partial L}{\partial \dot{q}}\delta \dot{q},$$

因此,哈密顿原理化为

$$\begin{aligned}\delta S&=\delta\int_{t_1}^{t_2}L\mathrm{d}t=\int_{t_1}^{t_2}\delta L\mathrm{d}t\\&=\int_{t_1}^{t_2}\left(\frac{\partial L}{\partial q}\delta q+\frac{\partial L}{\partial \dot{q}}\delta \dot{q}\right)\mathrm{d}t=0.\end{aligned}\tag{11.16}$$

将积分号中的第二项分部积分,因为

$$\frac{\mathrm{d}}{\mathrm{d}t}\left(\frac{\partial L}{\partial \dot{q}}\delta q\right)=\left(\frac{\mathrm{d}}{\mathrm{d}t}\frac{\partial L}{\partial \dot{q}}\right)\delta q+\frac{\partial L}{\partial \dot{q}}\delta \dot{q},$$

所以

$$\int_{t_1}^{t_2}\frac{\partial L}{\partial \dot{q}}\delta \dot{q}\mathrm{d}t=\frac{\partial L}{\partial \dot{q}}\delta q\Big|_{t_1}^{t_2}-\int_{t_1}^{t_2}\left(\frac{\mathrm{d}}{\mathrm{d}t}\frac{\partial L}{\partial \dot{q}}\right)\delta q\mathrm{d}t.$$

因为在 $t=t_1$ 和 $t=t_2$ 两端点 δq 不能变化,即 $\delta q(t_1)=\delta q(t_2)=0$,所以上式右端被积出的部分为零.将结果代入(11.16)式,得

$$\int_{t_1}^{t_2}\left(\frac{\partial L}{\partial q}-\frac{\mathrm{d}}{\mathrm{d}t}\frac{\partial L}{\partial \dot{q}}\right)\delta q\mathrm{d}t=0.$$

由于 δq 任意,保证积分为零的必要条件是 δq 的系数部分应为零,

$$\frac{\partial L}{\partial q}-\frac{\mathrm{d}}{\mathrm{d}t}\frac{\partial L}{\partial \dot{q}}=0.$$

数学上通常称这个方程为泛函极值问题的欧拉方程.对于有 s 个自由度的力学系统,可类推得(按习惯写法)

$$\frac{\mathrm{d}}{\mathrm{d}t}\frac{\partial L}{\partial \dot{q}_\alpha}-\frac{\partial L}{\partial q_\alpha}=0\quad(\alpha=1,2,\cdots,s),\tag{11.17}$$

这是一组用广义坐标表示的运动方程,称为有势力系的拉格朗日方程,或标准形式的拉格朗日方程.方程的个数与自由度数相同,都是

s 个. 它适用于完整、理想约束、有势力系的情形.

上述拉格朗日方程(简称拉氏方程)是从哈密顿原理导出的,显然它与哈密顿原理互相等价. 拉氏方程也可以从牛顿定律导出,多数分析力学著作都是以牛顿定律作为基本出发点推得拉氏方程的. 这表明在相同的适用范围内,哈密顿原理、拉氏方程、牛顿定律互相等价,它们是经典力学规律不同的表述形式.

● 拉格朗日方程的应用

应用拉格朗日方程求解力学问题的一般步骤是: 确定力学系统的自由度,适当选取广义坐标;写出力学系统以广义坐标表示的动能 T 及势能 V,进而写出拉氏函数 L;将 L 代入拉氏方程,得出系统的运动微分方程;最后解方程并适当讨论.

例 1 试用拉格朗日方程分析耦合振子的振动频率,如图 11-2,已知两质点质量均为 m,弹簧的弹性系数分别为 k_1 和 k_2.

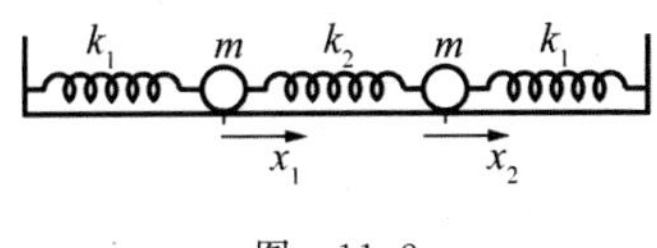

图 11-2

解 两质点限在一直线上运动时,系统有两个自由度. 选取以平衡点起算的广义坐标 x_1 和 x_2,系统的动能和势能分别为

$$T=\frac{1}{2}m\dot{x}_1^2+\frac{1}{2}m\dot{x}_2^2,$$

$$V=\frac{1}{2}k_1x_1^2+\frac{1}{2}k_1x_2^2+\frac{1}{2}k_2(x_2-x_1)^2.$$

系统的拉氏函数为 $L=T-V$,中间计算结果为

$$\frac{\partial L}{\partial \dot{x}_1}=m\dot{x}_1,\quad \frac{\partial L}{\partial x_1}=-k_1x_1+k_2(x_2-x_1);$$

$$\frac{\partial L}{\partial \dot{x}_2}=m\dot{x}_2,\quad \frac{\partial L}{\partial x_2}=-k_1x_2-k_2(x_2-x_1).$$

代入拉氏方程(11.17),得

$$\begin{cases}m\ddot{x}_1+k_1x_1-k_2(x_2-x_1)=0,\\ m\ddot{x}_2+k_1x_2+k_2(x_2-x_1)=0.\end{cases}$$

这就与第 8 章 8.3 节耦合双振子所得方程一样. 如果令 $q_1=x_2+x_1$, $q_2=x_2-x_1$,方程可以化为

$$\begin{cases} m\ddot{q}_1 + k_1 q_1 = 0, \\ m\ddot{q}_2 + (k_1 + 2k_2)q_2 = 0. \end{cases}$$

显然 q_1, q_2 是简正坐标，相应的频率为

$$\omega_1 = \sqrt{\frac{k_1}{m}}, \quad \omega_2 = \sqrt{\frac{k_1 + 2k_2}{m}}.$$

例 2　半径为 R，质量为 m 的均匀圆柱体从倾角为 φ 的斜面顶端从静止开始纯滚而下，试用拉格朗日方程求柱体到达底部时的质心加速度和角加速度.

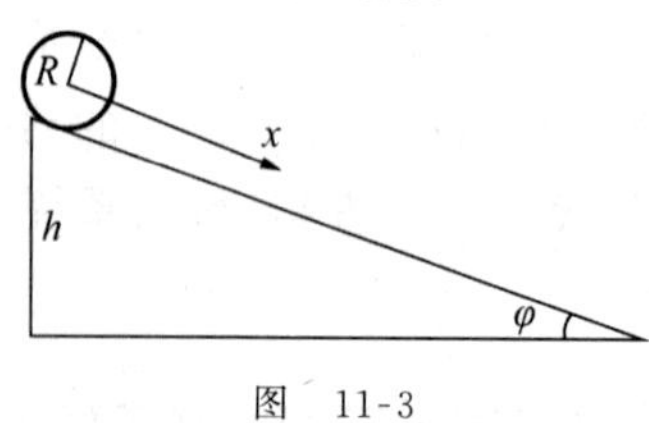

图　11-3

解　从第 7 章的讨论可知，斜面给柱体的支持力及二者之间的静摩擦力均不做功，因此系统是理想约束系统. 纯滚条件 $v_C = \omega R$ 从形式上看不是完整约束，但经过积分可得 $x_C = \theta R$，因此纯滚条件是完整约束条件，系统只有一个自由度. 选最高点起算的广义坐标 x，如图 11-3，系统的动能是

$$T = \frac{1}{2}m\dot{x}^2 + \frac{1}{2}I_C\omega^2,$$

其中 I_C 是对质心的转动惯量，$I_C = mR^2/2$. 考虑到纯滚条件 $\omega R = \dot{x}$，整理后的动能、势能及拉氏函数为

$$\begin{cases} T = \frac{3}{4}m\dot{x}^2, \\ V = -mgx\sin\varphi, \\ L = \frac{3}{4}m\dot{x}^2 + mgx\sin\varphi. \end{cases}$$

代入拉氏方程，得

$$\frac{3}{2}m\ddot{x} - mg\sin\varphi = 0,$$

由此解得质心加速度 $\ddot{x}$ 及角加速度为

$$\ddot{x} = \frac{2}{3}g\sin\varphi, \quad \beta = \frac{\ddot{x}}{R} = \frac{2g}{3R}\sin\varphi.$$

这两个例子说明，拉格朗日方程处理力学问题的角度和牛顿定

律很不相同.用隔离法解力学问题,重点是在分析力的基础上写出力和加速度的矢量表示式.拉氏方程的着眼点在于写出体系的两个标量函数 T 和 V,因为动能 T 反映了系统在约束允许下的可能运动状态,势能 V 反映了体系的受力情况.因此用广义坐标和广义速度表示的拉氏函数集中反映了系统的力学性质,由它会同拉氏方程将完全确定系统的运动状态,所以拉氏函数是一种特性函数.拉氏函数中的动能应是惯性参考系的动能,这一点从拉氏方程与牛顿定律的等价性不难理解,因此在选择运动坐标为广义坐标或讨论含有相对运动的力学系统时尤应注意.

● 哈密顿原理和第二类拉格朗日方程

哈密顿原理(11.12)式适用于完整理想约束系统的主动力都是有势力的情形.如果主动力不是有势力,即不能用势函数 V 表示,那么拉氏函数中含 V 的项应该用广义力表示.将 $L=T-V$ 代入(11.12)式,考虑到等时变分条件下变分和积分可交换次序,得

$$\delta S=\delta\int_{t_1}^{t_2}(T-V)\mathrm{d}t=\int_{t_1}^{t_2}(\delta T-\delta V)\mathrm{d}t. \tag{11.18}$$

对于非有势力系,$-\delta V$ 应用广义力 Q_α 表示.根据广义力的定义式(11.7)及势函数表示式(11.8),

$$\begin{cases} Q_\alpha=\sum_{i=1}^{3n}F_i\dfrac{\partial x_i}{\partial q_\alpha}, \\ F_i=-\dfrac{\partial V}{\partial x_i}, \end{cases}$$

可得

$$Q_\alpha=-\sum_{i=1}^{3n}\frac{\partial V}{\partial x_i}\frac{\partial x_i}{\partial q_\alpha}=-\frac{\partial V}{\partial q_\alpha},$$

上式两边乘以 δq_α,得

$$Q_\alpha\delta q_\alpha=-\frac{\partial V}{\partial q_\alpha}\delta q_\alpha.$$

因为 V 不含 $\dot{q}$,等时变分 $\delta t=0$,所以上式右端正是 $-\delta V$.于是推得两者的置换关系为

$$-\delta V=Q_\alpha\delta q_\alpha. \tag{11.19}$$

将它代入(11.18)式,得到完整理想约束系统的哈密顿原理为

$$\int_{t_1}^{t_2}\left(\delta T+\sum_{\alpha}Q_{\alpha}\delta q_{\alpha}\right)\mathrm{d}t=0. \tag{11.20}$$

上式称为一般体系的哈密顿原理.

从上式出发可导出完整理想约束系统的拉氏方程.将上式的δT具体化为

$$\delta T=\frac{\partial T}{\partial q_{\alpha}}\delta q_{\alpha}+\frac{\partial T}{\partial \dot{q}}\delta\dot{q},$$

代入(11.20)式,用分部积分法即可求得

$$\frac{\mathrm{d}}{\mathrm{d}t}\left(\frac{\partial T}{\partial \dot{q}_{\alpha}}\right)-\frac{\partial T}{\partial q_{\alpha}}=Q_{\alpha}\quad(\alpha=1,2,\cdots,s), \tag{11.21}$$

这是基本形式的拉氏方程,也称为第二类拉格朗日方程,适用于完整、理想约束系统.

11.4　哈密顿原理与哈密顿正则方程

- 相空间的哈密顿原理与哈密顿量
- 从相空间的哈密顿原理导出哈密顿正则方程
- 哈密顿量的物理意义与守恒条件
- 循环坐标与广义动量守恒
- 对称性与守恒量

● 相空间的哈密顿原理与哈密顿量

以上的讨论是将系统的s个广义坐标看作确定系统状态的独立变量,它们是时间的函数,可以通过拉格朗日方程求得.这种方法称为拉格朗日方法或拉氏表象.s个广义坐标(加上时间是$s+1$个)构成的空间称为位形空间,该空间中代表点的轨迹给出系统的运动,代表真实运动的轨迹符合哈密顿原理.

由于拉氏方程是二阶常微分方程,完全确定系统的运动需要$2s$个初值,例如s个初位置加上s个初速度.而位形空间的一个点只给定系统的s个初值,还不足以确定轨道.对此,哈密顿从另一个角度考虑问题:除了s个广义坐标之外,再引入一组新的独立变量,由这$2s$个独立变量一起描述系统的运动.由此导致经典力学的哈密顿表

象或哈密顿方法.

哈密顿引入的新独立变量是广义动量,它定义为

$$p_\alpha = \frac{\partial L}{\partial \dot{q}_\alpha}, \tag{11.22}$$

其中的 $L=L(q,\dot{q},t)$是拉氏函数. p_α 是与 q_α 共轭的或对应的广义动量,它可能是通常笛卡儿坐标系中的动量,也可能是角动量,总之乘积 $p_\alpha\dot{q}_\alpha$ 应与 L 保持相同的量纲.

广义坐标和广义动量合起来统称为正则变量. 正则变量构成的抽象空间称为相空间. 系统的运动对应于相空间中代表点的运动,并形成相应的轨迹. 位形空间中描述系统的特性函数是拉氏函数 L,而在相空间中,相应的特性函数应是用广义坐标和广义动量描述的哈密顿函数或哈密顿量 H,它定义为

$$H(q,p,t) = \sum_{\alpha=1}^{s} p_\alpha\dot{q}_\alpha - L(q,\dot{q},t), \tag{11.23}$$

定义式中的 $\dot{q}_\alpha$ 应根据 p 的定义(11.22)用 p_α 表出.

将(11.23)式表示的 L 代入哈密顿原理(11.12),就得到相空间的哈密顿原理:

$$\delta S(q,p) = \delta\int_{t_1}^{t_2}\Big(\sum_{\alpha=1}^{s} p_\alpha\dot{q}_\alpha - H\Big)\mathrm{d}t = 0. \tag{11.24}$$

上式也称为修正的哈密顿原理,表述为:有势力系在相空间两点之间所能作的真实运动使哈密顿作用量 $S(q,p)$取极值.

相空间的哈密顿原理与位形空间的哈密顿原理有相同的适用条件,都是等时变分,所求的都是端点固定条件下的极值.

● 从相空间的哈密顿原理导出哈密顿正则方程

从哈密顿原理(11.12)式导出的运动方程是有势力系的拉氏方程(11.17). 用同样的方法,从相空间的哈密顿原理(11.24)出发可以导出新的运动方程——哈密顿正则方程,推导如下.

对(11.24)式进行变分运算,注意到等时变分条件,得

$$\int_{t_1}^{t_2}\delta\Big(\sum_{\alpha=1}^{s}p_\alpha\dot{q}_\alpha-H\Big)\mathrm{d}t=\int_{t_1}^{t_2}\sum_{\alpha=1}^{s}\bigg(p_\alpha\delta\dot{q}_\alpha+\dot{q}_\alpha\delta p_\alpha$$

$$-\frac{\partial H}{\partial p_\alpha}\delta p_\alpha-\frac{\partial H}{\partial q_\alpha}\delta q_\alpha\bigg)\mathrm{d}t=0, \tag{11.25}$$

分部积分积出上式右端第一项为

$$\int_{t_1}^{t_2}\sum_{\alpha=1}^{s}(p_\alpha\delta\dot{q}_\alpha)\mathrm{d}t=\sum_{\alpha=1}^{s}p_\alpha\delta q_\alpha\bigg|_{t_1}^{t_2}-\int_{t_1}^{t_2}\sum_{\alpha=1}^{s}\dot{p}_\alpha\delta q_\alpha\mathrm{d}t.$$

因变分(11.24)式两端点是固定的,即在 $t=t_1$ 和 $t=t_2$,q_α(包括 p_α)都不能变,所以在端点上 $\delta q_\alpha=0$. 上式积分结果右端第一项为零,并化为

$$\int_{t_1}^{t_2}\sum_{\alpha=1}^{s}(p_\alpha\delta\dot{q}_\alpha)\mathrm{d}t=-\int_{t_1}^{t_2}\sum_{\alpha=1}^{s}\dot{p}_\alpha\delta q_\alpha\mathrm{d}t,$$

将它代入(11.25)式,整理可得

$$\int_{t_1}^{t_2}\sum_{\alpha=1}^{s}\bigg[\Big(\dot{q}_\alpha-\frac{\partial H}{\partial p_\alpha}\Big)\delta p_\alpha-\Big(\dot{p}_\alpha+\frac{\partial H}{\partial q_\alpha}\Big)\delta q_\alpha\bigg]\mathrm{d}t=0.$$

因 p_α,q_α 互相独立,而且 δq_α,δp_α 在积分范围内可以任意变化,要保证上式对任意的 δq_α,δp_α 都成立,它们的系数应分别等于零,所以得

$$\begin{cases}\dot{q}_\alpha=\dfrac{\partial H}{\partial p_\alpha},\\[2ex]\dot{p}_\alpha=-\dfrac{\partial H}{\partial q_\alpha}.\end{cases}\quad \alpha=1,2,\cdots,s, \tag{11.26}$$

这就是哈密顿正则方程,简称为正则方程或哈密顿方程. 它形式简单而对称,有利于作普遍的讨论. 其中处于支配地位的系统特性函数是哈密顿量 H,它必须以广义坐标和广义动量表示. 哈密顿量 H 是一个重要物理量,在物理学其他领域特别是量子力学中被广泛使用. 由经典物理过渡到近代物理,正则方程常被认为是最方便的形式.

用正则方程求解力学问题的一般步骤是,先写出系统的动能 T 和势能 V,得到拉氏函数 L 后按(11.22)式求得广义动量 p,由它解出用广义坐标 q 和广义动量 p 表示的广义速度 $\dot{q}$,然后按哈密顿量的定义式(11.23)写出 H,代入(11.26)式即得到正则方程.

例题 试用正则方程分析一维弹簧振子的运动,并给出其相空间的轨道.

解 设弹簧弹性系数为 k,物体质量为 m. 因系统只有一个自由度,选弹簧自由长处为 x 轴零点(图 11-4),动能和势能分别为

$$T=\frac{1}{2}m\dot{x}^2,$$

$$V=\frac{1}{2}kx^2.$$

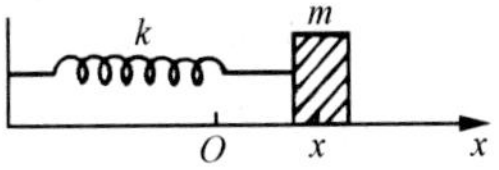

图 11-4

于是拉氏函数为

$$L=\frac{1}{2}m\dot{x}^2-\frac{1}{2}kx^2.$$

按定义,广义动量为

$$p=\frac{\partial L}{\partial \dot{x}}=m\dot{x}.$$

用广义动量表出广义速度为

$$\dot{x}=\frac{1}{m}p.$$

于是一维谐振子的哈密顿量为

$$H=p\dot{x}-L=\frac{1}{2m}p^2+\frac{1}{2}kx^2. \tag{11.27}$$

将 H 代入正则方程,得到振子的运动方程为

$$\begin{cases}\dot{x}=\dfrac{p}{m},\\ \dot{p}=-kx.\end{cases}$$

进一步解方程,就可得熟知的谐振子运动方程为

$$m\ddot{x}+kx=0.$$

最后的解为

$$\begin{cases}x=\sqrt{\dfrac{2E}{k}}\cos(\omega t+\varphi_0),\\ p=-\sqrt{2mE}\sin(\omega t+\varphi_0).\end{cases} \tag{11.28}$$

其中 E 是谐振子的总机械能,φ_0 是待定的初相位.

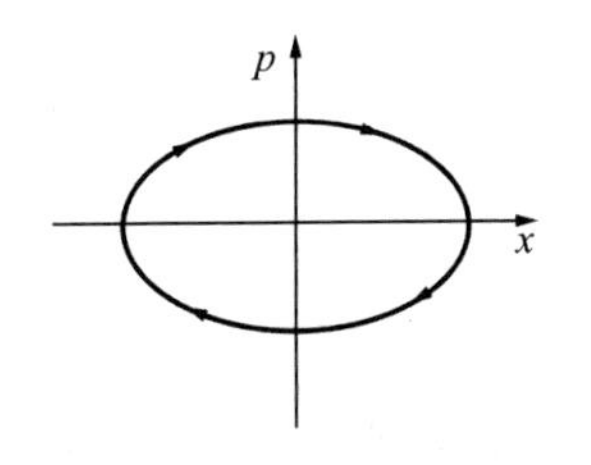

图 11-5

根据(11.28)式,谐振子某一时刻的状态用该时刻的 x 值和 p 值表示,即用 (xp) 平面上的一个点表示,该点即谐振子运动状态的代表点. 随着时间的推移,

代表点描出的曲线是椭圆(图 11-5),这从(11.27)式即可看出. xp 平面称为相平面,代表点描出的曲线称为相轨.

谐振子哈密顿量(11.27)式中,第一项 $p^2/2m$ 是系统动能, $kx^2/2$ 是势能,因此 H 代表系统机械能,而且是一个守恒量. 但这是有条件的.

● 哈密顿量的物理意义与守恒条件

哈密顿量是一个重要物理量,需要研究清楚它的物理意义及守恒条件.

求函数 $H(q,p,t)$ 对时间的微商,得

$$\frac{\mathrm{d}H}{\mathrm{d}t}=\frac{\partial H}{\partial q}\dot{q}+\frac{\partial H}{\partial p}\dot{p}+\frac{\partial H}{\partial t},$$

将正则方程代入上式右端,头两项相消,

$$\frac{\mathrm{d}H}{\mathrm{d}t}=(-\dot{p})\dot{q}+\dot{q}\dot{p}+\frac{\partial H}{\partial t},$$

即

$$\frac{\mathrm{d}H}{\mathrm{d}t}=\frac{\partial H}{\partial t}. \tag{11.29}$$

因此,如果 H 不显含 t,则 $\partial H/\partial t=0$,从而有

$$\frac{\mathrm{d}H}{\mathrm{d}t}=0,$$

进一步可得初积分为

$$H=\text{常量}. \tag{11.30}$$

这就是说,如果哈密顿量 H 不显含时间 t,H 就是守恒量. 这可以称为哈密顿量守恒原理,也称为正则方程的广义能量积分.

另外,如果对拉氏函数 $L(q,\dot{q},t)$ 求全微分,利用拉氏方程并联系 p,H 的定义式,可求得

$$\frac{\mathrm{d}H}{\mathrm{d}t}=-\frac{\partial L}{\partial t}. \tag{11.31}$$

这表明,如果拉氏函数不显含 t,则 H 就不显含 t,H 就是守恒量.

为了揭示哈密顿量 H 的物理意义,需要研究动能函数 T 的表示式. 如果势能 V 与广义速度 $\dot{q}$ 无关,则 p 的定义式(11.22)中的

$\partial L/\partial\dot{q}$ 可以用 $\partial T/\partial\dot{q}$ 代替. 当变换方程(11.4)式即 $x_i=x_i(q,t)$ 中不显含 t,则可推得动能是广义速度的二次齐次式,再根据欧拉齐次函数定理,可得

$$\sum\frac{\partial T}{\partial\dot{q}_\alpha}\dot{q}_\alpha=2T,$$

于是 H 可从定义式化为

$$\begin{aligned}H&=\sum p_\alpha\dot{q}_\alpha-L=\sum\frac{\partial L}{\partial\dot{q}_\alpha}\dot{q}_\alpha-L\\&=\sum\frac{\partial T}{\partial\dot{q}_\alpha}\dot{q}_\alpha-L=2T-(T-V),\end{aligned}$$

即

$$H=T+V.\tag{11.32}$$

这就是说,如果变换方程(11.4)式不显含 t,则哈密顿量 H 代表系统的机械能. 这就是哈密顿量的物理意义.

在 H 代表系统机械能的情形下,如果势能 V 不显含 t,即有势力为保守力时,H 守恒表示系统机械能守恒.

这些结论的不同条件归纳起来是:

(1) 当 $\partial H/\partial t=0$,H 是守恒量,但不一定等于$(T+V)$;

(2) 当变换方程不显含 t, H 等于系统总机械能$(T+V)$,但不一定是守恒量;

(3) 当变换方程不显含 t, V 不显含 t, H 等于总机械能,同时是守恒量.

- **循环坐标与广义动量守恒**

从正则方程(11.26)式的第二式可以看出,如果 H 中不含某一坐标 q_α,则 $\partial H/\partial q_\alpha=0$,从而 $\dot{p}_\alpha=0$,积分可得 $p_\alpha=$常量. 这就是说,当 H 中不含某一坐标 q_α,则与该坐标相对应的广义动量 p_α 守恒. 这一结论通常称为正则方程的广义动量积分,而称 H 中不含有的广义坐标为循环坐标. 显然,H 函数中循环坐标越多,相应的广义动量积分即守恒量就越多,正则方程的求解就越容易. 当然,H 中循环坐标的多少,从根本上来说与系统的力学性质有关,但也与广义坐标的选

择有关.

哈密顿量 H 的循环坐标与拉氏函数 L 的循环坐标是一致的. 从 H 的定义式(11.23)求偏微商,再将广义动量的定义式代入,即可证明

$$\frac{\partial H}{\partial q_\alpha}=-\frac{\partial L}{\partial q_\alpha}, \tag{11.33}$$

这表明,如果 $\partial L/\partial q_\alpha=0$,则 $\partial H/\partial q_\alpha=0$. 即 L 中不出现的坐标 H 中也不出现,所以 H 和 L 的循环坐标是一致的. 事实上,拉氏方程(11.17)也有类似的能量积分和动量积分,也存在相应的守恒量.

- **对称性与守恒量**

对称性是人们在研究自然现象的过程中凝聚出来的一种观念,它是自然界基本规律的反映. 几何对称性是人们最为熟悉的概念,物理学上所说的对称性是几何对称概念的深化与推广. 系统从一个状态变到另一个状态的过程称为变换,或者说给系统一个操作. 对称性的普遍定义是说,如果系统状态在某种操作下不变,就说系统对于该操作是对称的,这个操作就称为该系统的一个对称操作.

研究对称性的意义在于对称性与守恒律密切相关: 如果运动规律在某种变换或操作下具有不变性,一定存在一个与之相应的守恒律. 这首先是在经典物理特别是力学中认识到的. 力学中最常见的对称性是力学系统的时空对称性. 它和守恒律的联系在哈密顿正则方程中得到了较完美的体现.

如果整个系统沿空间某一方向平移一个任意大小的距离后它的力学性质不变,则称这个系统对该方向具有平移不变性或平移对称性. 这种情况下,哈密顿量 H 中必定不出现该方向的坐标变量,该坐标就是循环坐标,与之相应的动量一定是个守恒量.

如果系统在绕某轴转动一个任意角度后,它的力学性质不变,则称这个系统对该轴有转动不变性. 这时 H 中将不出现转动角度变量,与之相应的守恒量是角动量. 例如行星在太阳的万有引力作用下沿平面轨道运动,如以太阳为坐标原点取极坐标,它的力学性质显然不依赖于轨道平面内极轴方向的选取,系统的哈密顿量为

$$H = \frac{1}{2m}\left(p_r^2 + \frac{p_\theta^2}{r^2}\right) + V(r).$$

可见 θ 是循环坐标，相应的 p_θ（角动量分量）是守恒量. 这个例子中，如果选用平面直角坐标(x,y)描述，则不能直接反映系统的转动不变性，因而也没有与(x,y)相应的守恒量. 这说明系统的对称性需要选择适当的坐标才能充分反映.

同样，H 守恒反映了时间均匀性. 如果系统的力学性质与计时起点无关，那么 T,V,L,H 中都不会显含时间 t，H 就是与时间 t 相应的守恒量.

值得注意的是，哈密顿原理(11.12)式在不同的广义坐标下形式是相同的，这种不变性属于物理规律的对称性. 牛顿定律在伽利略变换下形式不变也属于物理规律的对称性. 但哈密顿原理的不变性属于任意坐标变换的协变性，在狭义相对论诞生之后人们才认识到协变性的重要意义.

对称性及其与守恒律之间的关系，在物理学的广泛领域得到了充分的发展，成为认识自然表述物理规律的一个重要途径. 善于从分析系统的对称性去寻找守恒量，是科学研究的重要方法.

通过本章的叙述可以看到，经典力学的基本规律完全可以等价地用哈密顿原理来表述. 哈密顿原理是一种变分原理，力学中还有其他一些变分原理，如最小作用量原理等，各有短长. 以原理方式表述基本规律有显著的优点，它概括性强，局限性小，不依赖于具体坐标的选取. 变分形式的基本原理还具有很强的普适性. 不论是质点组还是连续分布的场，在力学领域还是在物理学其他领域，它们的基本规律一般都可等价地用哈密顿原理的形式表示，只是其中的拉氏函数包括独立变量都要适合研究对象的特点. 甚至一些已有的方程，例如波动方程，也可考察它们是否符合某种形式的变分原理. 而在变分原理的研究中，人们早就注意到了力学变分原理也可以表述成与几何光学的费马原理相同的形式. 这种启人心智的类比为后来认识实物粒子的波动性准备了思想要素.

“科学的真正光荣在于我们能够找到一种思想方法，从中可以看到基本定律是明显的.”（费曼《费曼物理学讲义》）哈密顿原理提供给我们的正是这样一种思想方法.由于变分原理能导出作为基本定律的运动方程,因此有理由把变分原理看作物理学中最普遍的根本原理,并从它出发去创建新的理论.当科学研究遇到新情况时,可以把新的实验结果或新的理论假设构建成新的拉氏函数,然后由变分原理去演绎出新的运动方程.历史上,量子力学的薛定谔方程,量子场论中的费曼路径积分法,热力学的最小熵产生原理等,这些理论的建立,它们的思想方法是一脉相承的.因此我们可以认为,哈密顿原理代表了一种富有创新精神的思想方法,它在描述自然基本规律方面具有令人神往的永恒魅力.

习　题

11.1　试用哈密顿原理求解一维弹簧振子的运动,设弹簧劲度系数为 k,质点质量为 m.

11.2　试用拉格朗日方法求抛射体的运动微分方程.

11.3　试写出阿特武德机(图 7-16)的拉氏函数及拉氏方程,设滑轮质量可以忽略.

11.4　试写出单摆的拉氏函数及拉氏方程,设摆长为 l、摆球质量为 m.

11.5　试用拉格朗日方法求复摆(参见图 8-3)的运动微分方程.

11.6　试用拉格朗日方法求串联弹簧振子(参见图 8-5(c))的运动微分方程及本征频率.

11.7　图中所示为耦合摆,设两个单摆的摆长都为 l,所系小球质量均为 m;弹簧的劲度系数为 k,自然长度 $d_0=OO'$,体系限于铅直平面内平衡位置附近作小振动.试用拉氏方程求简正频率.

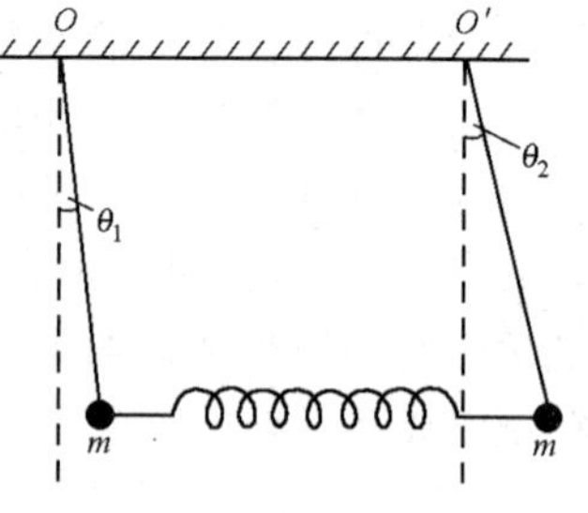

习题　11.7

11.8　试用拉格朗日方法求弹簧双振子(参见图 8-7)的本征频率.

11.9　试写出抛体运动的广义动量和哈密顿量 H,并进一步写出正则方程.

11.10 试写出单摆的哈密顿量和正则方程.

11.11 试写出复摆的哈密顿量和正则方程.

11.12 试写出串联弹簧振子(习题 11.6)的哈密顿量和正则方程.

附 录

附表 1 基本物理常量 2006 年推荐值①

物理量	符号	数 值
真空中光速	c	$299\,792\,458\ \mathrm{m\cdot s^{-1}}$
真空磁导率	μ_0	$4\pi\times10^{-7}=12.566\,370\,614\times10^{-7}\ \mathrm{N\cdot A^{-2}}$
真空电容率	ε_0	$8.854\,187\,817\times10^{-12}\ \mathrm{F\cdot m^{-1}}$
万有引力常量	G	$6.674\,28(67)\times10^{-11}\ \mathrm{m^3\cdot kg^{-1}\cdot s^{-2}}$
普朗克常量	h	$6.626\,068\,96(33)\times10^{-34}\ \mathrm{J\cdot s}$
元电荷	e	$1.602\,176\,487(40)\times10^{-19}\ \mathrm{C}$
磁通量子	Φ_0	$2.607\,833\,677(52)\times10^{-15}\ \mathrm{Wb}$
玻尔磁子	μ_B	$927.400\,949(80)\times10^{-26}\ \mathrm{J\cdot T^{-1}}$
核磁子	μ_N	$5.050\,783\,24(13)\times10^{-26}\ \mathrm{J\cdot T^{-1}}$
里德伯常量	R_∞	$10\,973\,731\,568\,527(73)\ \mathrm{m^{-1}}$
玻尔半径	a_0	$0.529\,177\,208\,59(36)\times10^{-10}\ \mathrm{m}$
电子质量	m_e	$9.109\,382\,15(45)\times10^{-31}\ \mathrm{kg}$
电子磁矩	μ_e	$-928.476\,377(23)\times10^{-26}\ \mathrm{J\cdot T^{-1}}$
质子质量	m_p	$1.672\,621\,637(83)\times10^{-27}\ \mathrm{kg}$
质子磁矩	μ_p	$1.410\,606\,662(37)\times10^{-26}\ \mathrm{J\cdot T^{-1}}$
中子质量	m_n	$1.674\,927\,211(84)\times10^{-27}\ \mathrm{kg}$
中子磁矩	μ_n	$-0.966\,236\,41(23)\times10^{-26}\ \mathrm{J\cdot T^{-1}}$
阿伏伽德罗常量	N_A	$6.022\,141\,79(30)\times10^{23}\ \mathrm{mol^{-1}}$
摩尔气体常量	R	$8.314\,472(15)\ \mathrm{J\cdot mol^{-1}\cdot K^{-1}}$
玻尔兹曼常量	k	$1.380\,6504(24)\times10^{-23}\ \mathrm{J\cdot K^{-1}}$
斯特藩常量	σ	$5.670\,400(40)\times10^{-8}\ \mathrm{W\cdot m^{-2}\cdot K^{-4}}$

附表 2 保留单位和标准值

物 理 量	符 号	数 值
电子伏	eV	$1.602\,176\,487(40)\times10^{-19}\ \mathrm{J}$
原子质量单位	u	$1.660\,538\,782(83)\times10^{-27}\ \mathrm{kg}$
标准大气压	atm	$101\,325\ \mathrm{Pa}$
标准重力加速度	g_n	$9.806\,65\ \mathrm{m\cdot s^{-2}}$

① 国际科联所属的科技数据委员会(The Committee on Data for Science and Technology，简作 CODATA)2006 年推荐值. 材料取自美国国家标准与技术研究院(National Institute of Standard and Technology，简称 NIST)网站(www.nist.gov).

习 题 答 案

第 1 章

1.1 （1）$x^2+y^2=R^2$；（2）$v=\omega R$，$\boldsymbol{v}=-R\omega(\boldsymbol{e}_i \sin\omega t-\boldsymbol{e}_j \cos\omega t)$.

1.2 （1）$x=(y-3)^2$；（2）$\Delta\boldsymbol{r}=4\boldsymbol{e}_i+2\boldsymbol{e}_j$；

（3）$\boldsymbol{v}(0)=2\boldsymbol{e}_j$，$\boldsymbol{v}(1)=8\boldsymbol{e}_i+2\boldsymbol{e}_j$.

1.3 $\Delta t_7\approx 0.8$ s.

1.4 $v_x=R\omega(1-\cos\theta)$，$v_y=R\omega\sin\theta$；$x=2n\pi R$，$n=0,1,2,\cdots$；

$y=0$ 时 $v=0$.

1.5 $v_2=\dfrac{h_1}{h_1-h_2}v_1$.

1.6 $v=v_0/\cos\theta$.

1.7 （1）17.6 Mpc；（2）7571 km/s；（3）136 亿光年.

1.8 （1）$\Delta t=0.31$ s；（2）$h_2=h_5=1.92$ m，$h_3=h_4=2.88$ m.

1.10 $\pi/4-\alpha/2$.

1.11 0.80 m.

1.12 $a_n=0.4\ \mathrm{m/s^2}$，$a\approx 0.45\ \mathrm{m/s^2}$.

1.13 17 倍.

1.14 $v_0^2\cos^2\theta/g$，$v_0^2/(g\cos\theta)$.

1.15 $\alpha\approx 77.5°$，$s\approx 447$ m.

1.17 9.8 m/s，0，−9.8 m/s.

1.18 $x(t)=\dfrac{v_0}{k}(1-\mathrm{e}^{-kt})$.

1.19 5.76 m.

第 2 章

2.1 $f_1+(f_2-f_1)/n$.

2.2 $\mu(M+m)g$.

2.3 （1）物体与板：$f'=2.0$ N，$N'=19.6$ N；

板与桌面：$f=7.4$ N，$N=29.4$ N.（2）14.7 N.

2.4 $\dfrac{m_B\sin\alpha\cos\alpha}{m_A+m_B\cos^2\alpha}$.

2.5 （1）$(M-m)g$；（2）$(M-m)g-ma$.

2.6 $\theta=\alpha$，$T=mg\cos\alpha$.

2.7 （1）$a_M=\dfrac{mg\sin\alpha\cos\alpha}{M+m\sin^2\alpha}g$，$a_{mx}=-\dfrac{M\sin\alpha\cos\alpha}{M+m\sin^2\alpha}g$，

$$a_{my}=-\frac{(M+m)\sin^2\alpha}{M+m\sin^2\alpha}g；$$

(2) $F=(M+m)g\tan\alpha$.

2.8 (1) $a_1=\dfrac{m_1m_2+m_1m_3-4m_2m_3}{m_1m_2+m_1m_3+4m_2m_3}g$,

$a_2=\dfrac{m_1m_2-3m_1m_3+4m_2m_3}{m_1m_2+m_1m_3+4m_2m_3}g$,

$a_3=\dfrac{-3m_1m_2+m_1m_3+4m_2m_3}{m_1m_2+m_1m_3+4m_2m_3}g$;

(2) $T_1=\dfrac{8m_1m_2m_3g}{m_1m_2+m_1m_3+4m_2m_3}$, $T_2=\dfrac{4m_1m_2m_3g}{m_1m_2+m_1m_3+4m_2m_3}$.

2.9 $v=\dfrac{mg}{k}(1-e^{-kt/m})$.

2.10 $y_{\max}=\dfrac{mv_0}{k}+\dfrac{m^2g}{k^2}\ln\dfrac{mg}{mg+kv_0}$.

2.11 $\theta_0=\arctan\dfrac{v^2}{gR}$. $\theta>\theta_0$，内轨受力；$\theta<\theta_0$，外轨受力.

2.12 (1) $v=\sqrt{gl}$；(2) $f_t=4.9$ N，$f_n=0.16$ N.

2.13 $f_{21}=1.90\times10^3$ N，$f_{10}=2.85\times10^3$ N.

2.15 3.46×10^5 km.

2.16 $M_{\text{Sun}}=1.97\times10^{30}$ kg.

2.17 (1) $\dfrac{GmMr}{R_0^3}$；(2) $\left(\dfrac{GMr^2}{R_0^3}\right)^{1/2}$.

2.18 (1) 1.67×10^6 m/s；(2) 4.4×10^{12} m.

2.19 (1) $\rho\geqslant\dfrac{3\omega^2}{4\pi G}$；(2) $\rho_{\min}\approx1.3\times10^{14}$ kg/m^3；(3) $R_{\min}\approx150$ km.

2.20 $a_A=a_B=0.75g$；

$a_A=\sqrt{13}g/4$，与水平面夹角 $\theta=\arctan(2/3)$，$a_B=0.25g$.

2.21 $f=\dfrac{Mm}{M+m}(2g-a')$.

2.22 真实力：重力、支持力、槽外壁所施弹力 mv^2/R.

惯性力：惯性离心力 $m\omega^2R$，科氏力 $2m(\omega R-v)\omega$.

2.23 东侧，91 N.

第 3 章

3.1 36 N.

3.2 水平方向 $f_x=835$ N，$f_y=280$ N.

3.3 $h=\dfrac{gM^2\mu_0^2(\Delta t)^2}{2m^2}$.

3.4 (1) $Mv=\dfrac{Mm}{M+m}v_0$，$v=\dfrac{m}{M+m}v_0$，$mv=\dfrac{m^2}{M+m}v_0$；

(2) $f\Delta t=\dfrac{Mm}{M+m}v_0$.

3.5 $I\geqslant 0.86$ N·s.

3.6 $v=\sqrt{4v_0^2\cos^2\theta_0+v_1^2}$，$\theta=\arctan\dfrac{v_1}{2v_0\cos\theta_0}$.

3.7 $v_1=\dfrac{ft_1}{m_1+m_2}$，$v_2=\dfrac{ft_1}{m_1+m_2}+\dfrac{ft_2}{m_2}$.

3.8 1.06×10^{-15} g·cm/s，与中微子反方向夹角 $59°58'$.

3.9 $v=v_0+\dfrac{m}{M+m}u$.

3.10 $v_0+\dfrac{m}{M+m}u$，v_0，$v_0-\dfrac{m}{M+m}u$.

3.11 (1) 8.24×10^3 m/s；(2) 4.02×10^3 m/s.

3.12 $\boldsymbol{F}=(\boldsymbol{v}-\boldsymbol{u})\mathrm{d}m/\mathrm{d}t$.

第 4 章

4.1 $\dfrac{M}{M-m}s$.

4.2 $h=\dfrac{v_0^2+v_1^2}{4g}$.

4.3 (1) -6.4×10^3 J；(2) 1.25×10^2 J；(3) -6.27×10^3 J.

4.4 $v=\sqrt{\dfrac{6k}{ml}}$.

4.5 $x=0.77$ m.

4.6 $v_{\max}=\dfrac{m_2g}{\sqrt{m_1k}}$.

4.7 $l_M=l+\dfrac{2mg}{k}$，$l_m=l$.

4.8 $v=\dfrac{Mg}{\sqrt{(M+m)k}}$.

4.9 (1) $-x_0\sqrt{\dfrac{k}{m_A+m_B}}$；(2) $x=-x_0\left(1+\sqrt{\dfrac{m_A}{m_A+m_B}}\right)$.

4.10 $F=(m_1+m_2)g$.

4.11 $h=5R/2$.

4.12 $m_B>3m_A$.

4.14 (1) $v=\sqrt{2}v_0$；(2) $v=v_0$.

4.15 $\dfrac{1}{4}h_1(1+e^2)^2$.

4.16 (1) $v_A=58.6$ m/s，$v_B=41.4$ m/s；(2) 20%.

第 5 章

5.1 $\boldsymbol{L}=m(xv_y-yv_x)\boldsymbol{e}_k$，$\boldsymbol{M}=yf\boldsymbol{e}_k$.

5.2 $\omega=4.1\times10^{16}$ rad/s.

5.3 $L(0)=\dfrac{1}{2}mlv$.

5.4 (1) b^2/l^2，绳的张力做了负功；(2) 角动量不变.

5.5 (1) $\omega(t)=\left(\dfrac{r_0}{r_0-vt}\right)^2\omega_0$；(2) $F=\dfrac{m\omega_0^2r_0^4}{(r_0-vt)^3}$.

5.6 (1) $\theta=\dfrac{2\pi m}{M+m}$；(2) $t=\left[\dfrac{2\pi^2MmR^2}{(M+m)U_0}\right]^{1/2}$.

5.7 (1) $\dfrac{1}{2}ml^2\omega$；(2) $\dfrac{1}{2}ml^2\omega$.

5.8 (1) 3.9×10^3 kg·m²/s；(2) 13 m/s；(3) 3.8×10^3 N.

5.9 6.89×10^3 m/s.

5.10 (1) k/r；(2) $R=\dfrac{k}{mv_0^2}+\sqrt{\dfrac{k^2}{m^2v_0^4}+b^2}$，$v=v_0b/R$.

第 6 章

6.1 (1，−1).

6.2 $2l/3$.

6.3 $a_M=\dfrac{1}{M+m}(F-ma_m)-g$，$a_C=\dfrac{F}{M+m}-g$.

6.4 $a_{CM}=\dfrac{kx_0}{m_1+m_2}$，$v_{CM}=\dfrac{x_0}{m_1+m_2}\sqrt{km_2}$.

6.5 $a_{CM}=g$，$v_{CM}=\sqrt{\frac{m_1}{k}}g$.

6.7 (1) $\boldsymbol{v}_C=\frac{m_1\boldsymbol{v}_0}{m_1+m_2}$；(2) $\mu l v_0\left(\mu=\frac{m_1 m_2}{m_1+m_2}\right)$；

(3) m_1 和 m_2 相对质心以 $\omega=v_0/l$ 做圆周运动.

第 7 章

7.1 $t=10$ s，$a_t=5\times10^{-3}$ m/s²，$a_n=0.25$ m/s².

$t=0$，$a_n=0$，$a_t=5\times10^{-3}$ m/s².

7.3 (1) $\boldsymbol{v}_A=v_O(1+\cos\theta)\boldsymbol{e}_i-v_O\sin\theta\boldsymbol{e}_j$，

$\boldsymbol{a}_A=\frac{v_O^2}{R}\sin\theta\boldsymbol{e}_i-\frac{v_O^2}{R}\cos\theta\boldsymbol{e}_j$；

(2) $\boldsymbol{a}_B=2a\boldsymbol{e}_i-\frac{(at)^2}{R}\boldsymbol{e}_j$.

7.4 (1) $v=\frac{uR}{r+R}$，$\omega=\frac{u}{R+r}$；

(2) $a_B=\omega^2 R$(方向垂直向上).

7.6 瞬心 P 与 A,O,B 成一矩形.

7.7 $I=3ml^2/2$.

7.8 $I=\frac{1}{10}\pi\rho l^5\tan^4\theta$.

7.9 (1) $I_O=\frac{1}{3}ml^2+\frac{1}{2}MR^2+M(l+R)^2$；

(2) $R_{OC}=\frac{ml/2+M(l+R)}{M+m}$，$I_C=I_O-(M+m)R_{OC}^2$.

7.10 $I=\frac{M}{2}\left(R^2-r^2-\frac{2r^4}{R^2}\right)$.

7.11 1.9×10^2 kg·m².

7.12 $F=84$ N.

7.13 $\beta=\frac{2m}{(M+2m)R}g$，$a_t=\frac{2m}{M+2m}g$. 守恒.

7.14 $\beta=\frac{2(m_1R_1-m_2R_2)(R_1^2l_1+R_2^2l_2)g}{M(R_1^4l_1+R_2^4l_2)+2(m_1R_1^2+m_2R_2^2)(R_1^2l_1+R_2^2l_2)}$.

7.15 $v_C=\frac{2}{3}\sqrt{3gR}$，$v_A=\frac{4}{3}\sqrt{3gR}$.

7.16 $\omega \approx 6.33\times10^{3}$ rad/s，$T\approx 9.92\times10^{-4}$ s.

7.17 $\omega=\dfrac{3mv}{2Ml}$.

7.18 $\omega=\dfrac{mv}{6MR}$，$v_M=\dfrac{mv}{6M}$.

7.19 $\omega=\dfrac{2mvr}{MR^2+2mr^2}$.

7.20 $\omega=\dfrac{3v}{2l}$.

7.21 $\omega=\left(\dfrac{3g(\sin\varphi_0-\sin\varphi)}{l}\right)^{1/2}$；

$v_{Cx}=(\omega l/2)\sin\varphi$，$v_{Cy}=-(\omega l/2)\cos\varphi$.

7.22 $t=\sqrt{2}v_0/2g$，$\omega=v_0/3R$，$a_C=\sqrt{2}g/3$.

7.23 $\omega_M=\dfrac{12mv_0}{(4m+M)l}$，$\boldsymbol{v}_{MC}=\dfrac{2m\boldsymbol{v}_0}{4m+M}$；$\boldsymbol{v}=\dfrac{4m-M}{4m+M}\boldsymbol{v}_0$.

7.24 $\mu=0.7$.

7.25 $a_C=6.5\ \mathrm{m/s^2}$，$T=9.8$ N.

第 8 章

8.1 （1）$\varphi_0=5\pi/3$；

（2）$x=10.4$ cm，$v=-18.8$ cm/s，$a=-103$ cm/s.

（3）$v=-32.6$ cm/s，$a=59.2\ \mathrm{cm/s^2}$.

8.4 （1）$A=6.0$ cm，$T=1.26$ s；（2）$f=3.8\times10^{-4}$ N.

8.5 $T=1.1$ s.

8.6 $T=2\pi\sqrt{\dfrac{l_1^2+l_2^2}{(l_2-l_1)g}}$.

8.7 （a）$\omega=\sqrt{\dfrac{k_1+k_2}{m}}$；（b）$\omega=\sqrt{\dfrac{k_1k_2}{m(k_1+k_2)}}$.

8.8 （1）$\varphi_0=3\pi/2$，$\theta_0=3.19\times10^{-3}$ rad.（2）$\varphi_0=\pi/2$.

8.9 $A=\dfrac{mg}{k}\sqrt{1+\dfrac{2kh}{(M+m)g}}$，$\varphi_0=\arctan\sqrt{\dfrac{2kh}{(M+m)g}}$.

8.10 （1）$f=2.23$ Hz；（2）$v=56$ cm/s；

（3）$m=100$ g；（4）20.0 cm 处.

8.11 以 A 为坐标原点，$x=\frac{mg}{2k}\left(1-\cos\sqrt{\frac{2k}{m}}t\right)+\frac{3}{4}l_0$.

8.12 (3) $x=\sqrt{\frac{2fs_0}{k}}\cos\left(\sqrt{\frac{k}{m}}t-\arccos\sqrt{\frac{ks_0}{2f}}\right)$；(4) fs_0.

8.13 (1) 新频率$\sqrt{\frac{k}{M+m}}$，振幅不变.

(2) 新频率$\sqrt{\frac{k}{M+m}}$，新振幅$\sqrt{\frac{M}{M+m}}A_0$.

8.14 $\omega_1=\sqrt{\frac{3k}{m}}$，$\omega_2=\omega_1$，$\omega_3=0$.

8.15 $\Delta t=20.96$ s.

8.16 (2) $k\approx 49.3$ N/m，$\beta=0.01\ \text{s}^{-1}$.

8.17 (1) $\gamma=1.59\times 10^{-3}$ N·s/m；(2) $Q=39$.

8.18 振幅为 2A，初相位 $\varphi_0=\arctan\left(-\frac{1}{2-\sqrt{3}}\right)=\frac{7\pi}{12}$.

8.19 (1) 右旋正椭圆；(2) 左旋正椭圆.

8.20 255.5 Hz 或 256.5 Hz.

第 9 章

9.1 $(7.5\sim 3.9)\times 10^{14}$ Hz，5.5×10^{14} Hz.

9.2 560～190 m.

9.3 16.5 m，16.5×10^{-3} m.

9.4 $A=2\times 10^{-2}$ m，$\lambda=0.3$ m，$f=100$ Hz，$v=30$ m/s；
$\varphi(10)=-2\pi/3$.

9.5 $u(x,t)=0.001\cos\left(3300\pi t+10\pi x+\frac{\pi}{2}\right)$.

9.7 $T=1$ N.

9.8 $K=2.1\times 10^9$ Pa.

9.10 1.07×10^{-9} m.

9.11 4.0×10^{-6} W.

9.13 $u=2A\cos\frac{2\pi}{\lambda}x\cos\omega t \quad (-5\lambda/4<x<0)$，

$u=2A\cos\omega t \quad (x=0)$，

$$u=2A\cos\left(\omega t-\frac{2\pi}{\lambda}x\right)\quad (x>0).$$

9.15 $u'(x,t)=A\cos 2\pi\left(\frac{t}{T}+\frac{x}{\lambda}\right)$.

9.16 距 A 点 1 m，5 m，9 m，13 m，17 m 为波节.

9.17 （1）$\lambda=24$ cm，$v=240$ cm/s；（2）落后 $\pi/5$.

9.18 A：30 Hz；B：29 Hz.

9.19 约 204 Hz.

9.20 约 6 m/s.

9.21 （1）$v=\frac{(Z+1)^2-1}{(Z+1)^2+1}c$；

（2）$v=0.51c$，$R\approx 76$ 亿光年；

（3）$Z=3.6$.

9.22 （1）$v_p=\sqrt{\frac{g}{k}+\frac{\sigma k}{\rho}}$；

（3）$k_0=3.67\times 10^2$/m，$\lambda_0=1.71$ cm；

（4）$v_g=\frac{1}{2\omega}(g+3k^2\sigma/\rho)$.

第 10 章

10.1 $h_A-h_B=\left(1-\frac{S_B^2}{S_A^2}\right)H$ 时 $p_A=p_B$；

$h_A-h_B>\left(1-\frac{S_B^2}{S_A^2}\right)H$ 时 $p_A<p_B$；

$h_A-h_B<\left(1-\frac{S_B^2}{S_A^2}\right)H$ 时 $p_A>p_B$.

10.2 46 cm.

10.3 9.7 m/s.

10.5 水面下 0.75 m，距侧壁 $\sqrt{2}/2$ m.

10.6 $p=8.56\times 10^4$ Pa，$Q_V=1.71\times 10^{-3}$ m³/s.

10.7 （1）与 B 管管口等高.

10.8 $v_1=8.3$ m/s，$v_2=9.0$ m/s.

10.9 （1）$\eta=\frac{\pi R^4(p_1-p_2+\rho g l)}{8Ql}$.（2）$v=\frac{2Q}{\pi R^2}$.

10.10 $\eta=0.82\ \mathrm{Pa\cdot s}$.

10.11 $1.2\times10^{-2}\ \mathrm{cm/s}$，$30\ \mathrm{cm/s}$.

10.12 黏性力 $f>mg$，不回落.

10.13 $Re\approx6500>2300$，是.

第 11 章

11.2 $L=\frac{1}{2}m(\dot{x}^2+\dot{y}^2)-mgy$，$\ddot{x}=0$，$\ddot{y}=-g$.

11.3 $L=\frac{1}{2}(m_1+m_2)\dot{q}^2+m_2gq+m_1g(l-q)$，

$(m_1+m_2)\ddot{q}-(m_2-m_1)q=0$.

11.4 $L=\frac{1}{2}ml^2\dot{\theta}^2+mgl\cos\theta$，$l\ddot{\theta}+g\theta=0\quad(\theta\approx\sin\theta)$.

11.5 $L=\frac{1}{2}m(l^2+k_C^2)\dot{\theta}^2-\frac{1}{2}mgl\theta^2$，$\ddot{\theta}+\frac{gl}{l^2+k_C^2}\theta=0$. l 是转轴到质心 C 的距离，$mk_C^2=I_C$.

11.6 $L=\frac{1}{2}m\dot{x}^2-\frac{1}{2}(k_1+k_2)x^2$，$m\ddot{x}+(k_1+k_2)x=0$.

11.7 $L=\frac{1}{2}ml^2(\dot{\theta}_1^2+\dot{\theta}_2^2)-\frac{1}{2}mgl(\theta_1^2+\theta_2^2)-\frac{1}{2}kl^2(\theta_1-\theta_2)^2$，

$\omega_1=\sqrt{\frac{g}{l}}$，$\omega_2=\sqrt{\frac{g}{l}+\frac{2k}{m}}$.

11.8 $L=\frac{1}{2}(m_1+m_2)\dot{r}_C^2+\frac{1}{2}\mu r^2-\frac{1}{2}k(r-r_0)^2$，$\omega=\sqrt{\frac{k}{\mu}}$，$r$ 为 m_1 和 m_2 间距，r_0 为弹簧自然长，$\dot{r}_C$ 为质心速度，μ 为约化质量.

11.9 $p_x=m\dot{x}$，$p_y=m\dot{y}$，$H=\frac{1}{2m}(p_x^2+p_y^2)+mgy$.

11.10 $H=\frac{1}{2ml^2}p_\theta^2-mgl\cos\theta$.

11.11 $H=\frac{1}{2m(l^2+k_C^2)}p_\theta^2-mgl\cos\theta$.

11.12 $H=\frac{p_x^2}{2m}+\frac{1}{2}(k_1+k_2)x^2$.